HAMBURGER GEOGRAPHISCHE STUDIEN

Herausgegeben von Albert Kolb, Erich Otremba, Wilhelm Brünger
Schriftleitung Wilhelm Brünger

Heft 12

STRUKTUR UND FUNKTION DES PERSONEN- UND GÜTERVERKEHRS IN DER STADTLANDSCHAFT HAMBURG

von

HARALD BRANDES

Hamburg 1961

Im Selbstverlag
des Instituts für Geographie und Wirtschaftsgeographie
der Universität Hamburg
In Kommission bei Cram de Gruyter & Co., Hamburg

Die Abhandlung wurde am 15. Juli 1959 von der Mathematisch-Naturwissenschaftlichen Fakultät der Universität Hamburg unter dem Dekanat von Prof. Dr. W. Mevius auf Antrag von Prof. Dr. W. Brünger als Dissertation angenommen.

Druck: A. F. Blöcker, Hamburg-Wandsbek

Vorwort

Die vorliegende Arbeit entstand in Anlehnung an ein von mir im Geographischen Hauptseminar des Instituts für Geographie und Wirtschaftsgeographie der Universität Hamburg gehaltenes Referat über die Verkehrsprobleme Groß-Hamburgs. Hatte ich mich vorher durch zahlreiche eigene Erhebungen mit dem Verkehrsraum Hamburg und seinen Gegebenheiten vertraut gemacht, so wurden für die folgenden Untersuchungen die Angaben von Fachleuten des Verkehrswesens mit herangezogen.

Ihnen allen sei an dieser Stelle für ihre Hilfe und ihr Entgegenkommen gedankt.

Vor allem danke ich Herrn Professor Dr. Wilhelm Brünger, der mir Gelegenheit bot, diesen Problemkreis im Rahmen einer Dissertation zu bearbeiten, und mir manchen wertvollen sachlichen und methodischen Hinweis gab.

Mein besonderer Dank gilt Herrn Professor Dr. Albert Kolb, der die Veröffentlichung in den Hamburger Geographischen Studien anregte und ihre Ausstattung mit zahlreichen farbigen Abbildungen ermöglichte.

Hamburg, im November 1961

Harald Brandes

INHALTSVERZEICHNIS

EINLEITUNG

I. AUFGABENSTELLUNG

Das Thema „Die Struktur und Funktion des Personen- und Güterverkehrs in der Stadtlandschaft Hamburg" kann entsprechend der Vielschichtigkeit des Begriffes ‚Verkehr' in mannigfacher Weise behandelt werden. Historiker, Ingenieure, Betriebswirte, Volkswirte, Juristen, Mediziner, Verkehrswissenschaftler, Geographen und andere Wissenschaftler werden jeweils aus ihrem Forschungsbereich heraus das Problem unter einem anderen Aspekt betrachten und zu anders gearteten Untersuchungsmethoden und Untersuchungsergebnissen gelangen.

Für den Geographen ergibt sich die Blickrichtung auf diesen Problemkreis aus der Zielsetzung der Geographie, die es sich als Wissenschaft vom Raum zur Aufgabe gemacht hat, die Erscheinungen der Erdoberfläche und die sie verursachenden Kräfte in ihrer Gesamtheit zu erfassen und zu untersuchen, sei es durch das Studium der regionalen Verteilung einzelner Erscheinungen, sei es durch das Studium der Summe aller Faktoren eines Raumgefüges in ihrer wechselseitigen Bedingtheit.

Hatte die Länderkunde, das zentrale Anliegen der Geographie, wegen der Fülle des zu bearbeitenden Materials dabei zunächst die großräumige Bearbeitung der Erdoberfläche in vorwiegend ideographischer, d. h. anschaulich beschreibender Weise vorgenommen, so folgt ihr nun die intensive Durchforschung kleiner Raumeinheiten in nomothetischer, d. h. ursächlich forschender Betrachtungsweise, die an exemplarischen Fällen die einzelnen Faktoren der Landschaft in ihren kausalen und genetischen Zusammenhängen aufzuzeigen und die einzelnen Kräfte darzustellen versucht, die zur Ausbildung des Landschaftsbildes beigetragen haben und noch beitragen. Einen derartigen Beitrag zur länderkundlichen Intensivforschung will auch die vorliegende Arbeit zu liefern versuchen, wobei der Verkehr als Erscheinung und gestaltende Kraft eines Landschaftsraumes zentrales Anliegen der Untersuchung sein soll.

Diese Betonung des Verkehrs, d. h. die Überwindung des Raumes durch Menschen und Güter, in seiner Bedeutung für das Sein und Werden eines Kulturlandschaftsraumes bei gleichzeitigem Verhaftetsein mit dessen gesamtgeographischen Eigenheiten erscheint mir durchaus berechtigt. Denn seitdem sich der Mensch im Besitze seiner technischen Hilfsmittel neben den endogenen und exogenen Kräften der Natur, die seit jeher die Erdoberfläche gestaltet haben, an der Ausgestaltung der Kulturlandschaft beteiligt, ist es besonders das Verkehrswesen mit seinen Stationen, Wegen und Fahrzeugen, das das Antlitz der Erde nicht nur direkt durch seine Anlagen formt, sondern auch indirekt, indem es die Schaffung großflächiger Siedlungskomplexe und eine Differenzierung der Funktionen einzelner Teile einer Raumeinheit ermöglicht und dadurch ständig Umorientierungen des kulturlandschaftlichen Gefüges herbeiführt. Andererseits spiegeln die Verkehrsanlagen als Erscheinungen der Kulturlandschaft, obwohl von Menschenhand ausgestaltet oder gar erst geschaffen, doch in irgendeiner Weise die bei ihrem Bau angetroffenen natur- und kulturgeographischen Gegebenheiten wider, sei es, daß sie sich ihnen anpassen, sei es, daß sie sie durch geeignete Ingenieurbauten umgestalten.

Gerade ein Raum wie Hamburg ist besonders gut geeignet, diese Probleme in ihrer Komplexheit zu verfolgen. Finden sich doch hier Wohngebiete, Arbeitsgebiete städtischen Charakters, Industrie- und Hafenanlagen sowie landwirtschaftlich genutzte Flächen mosaikartig angeordnet nebeneinander und bedingen die ihnen eigentümlichen Verkehrsspannungen. Durchgangsverkehr, Zielverkehr und Quellverkehr sowie Pendlerverkehr, Personen- sowie Güterverkehr spielen sich auf engstem Raum nebeneinander ab; Wasser-, Land- und Luftwege treffen in Hamburg zusammen, so daß der Verkehr unter, auf und über der Erdoberfläche in mehreren Stockwerken vonstatten geht.

Während die Naturlandschaft Hamburgs [1], der Untergrund [2],[3], das Klima [4],[5] und die Stadtlandschaft [6],[7] in Untersuchungen dargestellt wurden, ist dem Verkehr trotz seiner oben aufgezeigten Bedeutung mit Ausnahme des Elbbrückenproblems [8] von geographischer Seite bisher nur wenig Beachtung geschenkt worden.

Deshalb soll in dieser Arbeit untersucht werden, wie die Gegebenheiten der Naturlandschaft durch anthropogene Kräfte für die Verkehrsanlagen der Kulturlandschaft nutzbar gemacht wurden, bzw. noch nutzbar gemacht werden können, welche Verkehrsspannungen vorhanden sind, durch welche Verkehrsströme diese bei den gegebenen Wegen ausgeglichen werden und auf welche Weise der Verkehr den Kulturraum mitgestaltet hat und seine weitere Entwicklung mitgestalten wird, um aus dieser Perspektive einen Beitrag zu den Momenten zu liefern, die das Bild, die Entwicklung und die Problematik der heutigen Stadtlandschaft Hamburg bestimmen.

II. METHODISCHE VORBEMERKUNGEN

1. Allgemeine Methoden

Um die Methoden darlegen zu können, mit denen die regionale Verkehrsgeographie und Siedlungsgeographie die oben aufgezeigten Fragestellungen im Rahmen stadtlandschaftlicher Forschungen zu beantworten vermögen, erscheint es mir notwendig, sich zunächst mit einigen der bisherigen Ergebnisse verkehrsgeographischer und siedlungsgeographischer Arbeiten auseinanderzusetzen.

Bereits 1841, zu Beginn der nach wissenschaftlichen Methoden arbeitenden Geographie, zeigte Johann Georg Kohl in seinem Werk „Der Verkehr und die Ansiedelungen der Menschen in ihrer Abhängigkeit von der Gestaltung der Erdoberfläche" [9] an Hand seiner auf zahlreichen Weltreisen gesammelten Erfahrungen und Beobachtungen den engen Zusammenhang zwischen den Siedlungen und den sie verbindenden Verkehrswegen sowie deren Abhängigkeit von den naturgeographischen Gegebenheiten auf. Entsprechend dem damaligen Stand der geographischen Wissenschaft stellte er Lage, Zahl und Größe der Siedlungen und Verlauf der Verkehrswege großräumig in vorwiegend ideographischer Weise dar.

1) Brünger, W.: Die Landschaft Hamburgs und ihre natürliche Gliederung. In: Hamburg, Großstadt und Welthafen. Festschrift zum XXX. Deutschen Geographentag 1955 in Hamburg. Kiel 1955, S. 23.
2) Koch, E.: Beiträge zur Geologie des Untergrundes von Hamburg. Hamburg 1927.
3) Gripp, K.: Geologie von Hamburg und seiner näheren und weiteren Umgebung. Hamburg 1933.
4) Perlewitz, G.: Das Klima von Hamburg. Hamburg 1928.
5) Reidat, R.: Klimadaten für Bauwesen und Technik. Hamburg 1953.
6) Kabel, E.: Hamburgs Stadtkern in seiner städtebaulichen Entwicklung. Dissertation, Hannover 1928.
7) Schwieker, F.: Hamburg, eine landschaftskundliche Stadtuntersuchung. Hamburg 1925.
8) Lukner, B.: Der Elbübergang Hamburg—Harburg in seiner Verkehrsbedeutung. Ungedruckte Dissertation im Geographischen Institut der Universität Hamburg. Hamburg 1950.
9) Kohl, G.: Der Verkehr und die Ansiedelungen der Menschen in ihrer Abhängigkeit von der Gestaltung der Erdoberfläche. Dresden 1841.

Einen anderen Forschungsweg beschritt Ferdinand Freiherr von Richthofen, der durch seine Reisen in China auf die Wechselwirkungen zwischen den naturräumlichen und kulturräumlichen Faktoren aufmerksam geworden war und dessen Ansichten uns durch seine von Otto Schlüter herausgegebenen Vorlesungen über „Allgemeine Siedlungs- und Verkehrsgeographie" [10]) überliefert wurden. Nicht Geschichte und Reisebeschreibungen waren die Vorbilder, nach denen er die Geographie gestalten wollte, sondern die als exakte Naturwissenschaft messende und kausal forschende Geologie. So entwickelte sich durch ihn in methodischer Hinsicht die geographische Wissenschaft von der reinen Beschreibung zu einer nach empirischen Gesichtspunkten arbeitenden, kausalen Beziehungswissenschaft. Die Erforschung der naturgeschaffenen Grundlagen eines Raumes und ihre Auswirkungen auf die Entwicklung und Gestaltung der Verkehrsanlagen und der Verkehrsmittel galten als der Beitrag der Geographie zur Verkehrswissenschaft.

Aber bald erkannten die geographischen Wissenschaftler, daß nicht nur Geomorphologie, Klima, Boden, Bodenschätze, agrarische Produktionsmöglichkeiten und andere Naturfaktoren allein die Ausgestaltung des Verkehrswesens eines Raumes bestimmen und somit nicht allein durch das Aufzeigen dieser Bedingungen der Verkehr und die Ausbildung der Verkehrsanlagen verständlich gemacht werden können. Denn zwei verschiedene, von der Natur gleichgestaltete Raumeinheiten erfahren nicht notwendig die gleiche oder ähnliche Ausbildung des Verkehrswesens, da die in diesen Räumen wirkenden Menschen und deren Fähigkeiten und Mittel zu seiner Gestaltung im allgemeinen mehr oder weniger differenziert sind.

Durch ihre Zwecksetzung und ihre technischen Hilfsmittel, mit denen das sich gesteckte Ziel erreicht werden kann, wird jedoch erst die Naturlandschaft zur Kulturlandschaft geformt. Je höher die Kulturstufe ist, der der Mensch angehört, desto größer sind seine Möglichkeiten, die Naturlandschaft zu einer für seine Zwecke geeigneten Kulturlandschaft auszugestalten oder gar umzugestalten. Mit dem Wachsen der Kulturhöhe schwindet gleichzeitig die Intensität der direkten und indirekten Kausalbeziehungen zwischen der Ausgestaltung der Kulturlandschaft durch den Menschen und den vorhandenen Gegebenheiten der bis dahin nur durch die Kräfte der Natur gestalteten Teile der Urlandschaft.

Die Eigenschaften der Elemente der Kulturlandschaft sind somit nicht allein durch die natürlichen Bedingungen im Sinne der klassischen Mechanik determiniert, sondern hängen von zwei voneinander unabhängigen, ja sogar artverschiedenen Variablenmannigfaltigkeiten ab. Die eine Variablenmannigfaltigkeit, die die Summe aller von der Natur gelieferten Voraussetzungen umfaßt, zeigt bei globaler Betrachtung in den einzelnen Landschaftsräumen der Erde Unterschiede, erweist sich aber – abgesehen von Erdbeben, Vulkanismus oder Senkungserscheinungen etwa im Bereich von Salzstöcken – lokal als über große Zeiträume konstant. Die Komponenten der anderen Variablenmannigfaltigkeit werden gebildet von der menschlichen Zielsetzung und den menschlichen Kräften und Mitteln, die der Kulturlandschaft ihr Gepräge verleihen, und global und lokal ein ganz anderes Verhalten zeigen. In kürzester Frist, oft nur in Jahrzehnten oder Jahren, ändern sich die Kulturentwicklung des Menschen, die Zwecksetzung, nach der er die Landschaft zu gestalten trachtet, und die Möglichkeiten, über die er verfügt, um seine Vorhaben durchzuführen.

10) Richthofen, F. v.: Siedlungs- und Verkehrsgeographie. Berlin 1908.

Durch diesen Gegensatz zwischen der Permanenz der naturräumlichen Potenzen und der Mobilität der anthropogenen Postulate ist das Bild der Kulturlandschaft einem ständigen Wechsel unterworfen und steht damit nicht nur in Beziehung zum Raum, sondern auch zur Zeit. Neben die Natur tritt der Mensch als Landschaftsgestalter, neben das chorologische Prinzip tritt bei kulturgeographischen und damit speziell auch bei verkehrsgeographischen Untersuchungen das chronologische Prinzip.

Besonders durch die Arbeiten Alfred Hettners [11]) gelang es der geographischen Forschung, die deterministische Raumidee zu überwinden und die gestaltenden Kräfte des Menschen mit zu berücksichtigen. Man erkannte, daß die physisch geographischen Bedingungen der Urlandschaft keine Kräfte darstellen, die die Kulturlandschaft gestalten, sondern lediglich latente Möglichkeiten, die vom Menschen bei der Gestaltung der Kulturlandschaft auf eine ihm gemäße Weise in Wert gesetzt werden können. Diese Erkenntnis bedingte aber zugleich, daß sich die verkehrsgeographische Forschung in Zielsetzung und Methodik nicht allein nach dem Kausalitätsprinzip der klassischen Mechanik richten darf, sondern auch die anderen hier mitspielenden Faktoren in ihrer Gesetzmäßigkeit aufspüren muß. „Denn eine rein registrierende, descriptive, nur auf das Erscheinungsbild abgestimmte Verkehrsgeographie dringt nicht bis zur wissenschaftlichen Problematik durch. Eine funktionale Betrachtungsweise, d. h. die Abhängigkeit von Natur und Menschenwerk, ist nötig" [12]).

Entsprechend der Berücksichtigung der anthropogenen Kräfte ist eine enge Fühlungnahme mit den anderen Teildisziplinen der Geographie des Menschen und den Nachbarwissenschaften, die sich mit dem Menschen befassen, erforderlich. Geben doch deren Ergebnisse, wenn auch für andere Zwecke gewonnen, oft Gelegenheit, tiefer in die geographische Problematik des Verkehrs einzudringen und zu deren Lösung zu gelangen.

Eine geschichtliche Betrachtung der Verkehrsformen und der Verkehrsmittel zum Beispiel [13]),[14]),[15]),[16]),[17]), [18]) ist im allgemeinen von geographischen Belangen losgelöst; ihre Ergebnisse vermögen jedoch Aufschluß zu geben über die ererbten Formen der Kulturlandschaft, deren Verständnis sonst kaum gelingt. Zum andern ermöglicht es erst die Anwendung des genetischen Prinzips, einen Einblick in die Struktur des Verkehrswesens in Vergangenheit und Gegenwart und damit in seine Dynamik und die an seiner Gestaltung wirkenden Kräfte zu erhalten.

Die Statistik gestattet es, die in einem Raum zunächst nur qualitativ erkennbaren Zusammenhänge quantitativ zu untermauern, und muß deshalb herangezogen werden.

Volkswirtschaft, Betriebswirtschaft und Technik liefern der Geographie nur wenige Unterlagen. Daß theoretische, volkswirtschaftliche Überlegungen für die

---

11) Hettner, A.: Die Geographie, ihre Geschichte, ihr Wesen und ihre Methoden. Breslau 1927.
12) Christaller, W.: Die Parallelität des Verkehrs und der zentralen Orte dargestellt am Beispiel der Schweiz. Verhandlungen des XXVIII. Deutschen Geographentages Frankfurt 1951, Remagen 1952, S. 159
13) Ennen, E.: Neuere Arbeiten zur Geschichte des nordwesteuropäischen Städtewesens. Vierteljahresschriften für Sozial- und Wirtschaftsgeschichte. 1949
14) Hamburger Hochbahn: 60 Jahre Straßenbahn. Hamburg o. J.
15) Melhop, W.: Historische Topographie der Freien und Hansestadt Hamburg von 1880 bis 1895. Band I, Hamburg 1895
16) Melhop, W.: Historische Topographie der Freien und Hansestadt Hamburg von 1880 bis 1895. Band II Hamburg 1895
17) Melhop, W.: Historische Topographie der Freien und Hansestadt Hamburg von 1895 bis 1920. Band III Hamburg 1925
18) Möller, E.: Großstädtische Verkehrsprobleme. Hamburg 1949

geographische Forschung als eine empirisch arbeitende Disziplin der Naturwissenschaft nur einen sehr bedingten Wert haben, zeigt der Versuch Christallers [19]), auf deduktivem Wege die zentralen Orte und ihre Lagebeziehungen zu charakterisieren und in einem allgemein gültigen abstrakten Schema festzulegen.

Wenn auch die Erarbeitung solcher Ergebnisse in der Regel nicht Mittelpunkt einer geographischen Arbeit ist, so müssen sie doch zur Interpretation herangezogen werden, um das eigentliche Ziel des geographischen Anliegens, nämlich das Wesen des Verkehrs in einer Raumeinheit zu erfassen und zu werten, zu erreichen.

Von den Teildisziplinen der Anthropogeographie ist es neben der Wirtschaftsgeographie besonders die Siedlungsgeographie, die in einen immer enger werdenden Kontakt zur Verkehrsgeographie tritt; denn die Siedlungen sind die Punkte, nach denen sich die Linien des Verkehrsnetzes orientieren. Bisher galt das Hauptinteresse der Verkehrsgeographie dem Studium der zwischenörtlichen Verkehrsbeziehungen, wobei die Siedlungen als Stationen aufgefaßt wurden, in denen der Verkehr sich sammelt und verteilt [20]),[21]). Aber mit der Entwicklung der Großsiedlungen und insbesondere der Großstädte seit der zweiten Hälfte des vorigen Jahrhunderts nimmt auch der innerörtliche Verkehr immer umfangreichere Formen an und verlangt nach einer ihm gemäßen Betrachtungsweise, wobei sich siedlungs- und verkehrsgeographische Probleme miteinander verknüpfen.

Aber nicht nur die Verkehrsgeographie muß sich mit der Siedlung und ihrem Wesen auseinandersetzen, auch die siedlungsgeographische Forschung muß sich mit dem Verkehrswesen befassen. Denn in der Siedlungsgeographie und damit speziell in der Stadtgeographie ist im Laufe der Zeit ebenfalls neben die Untersuchung der natürlichen Grundlagen eines Stadtgebietes, deren Bedeutung in modernen Arbeiten [22]),[23]),[24]) wieder betont wird, das Studium der anthropogenen Kräfte und ihrer Bedeutung für die Gestaltung des Stadtkörpers mit seinen einzelnen Zellen getreten. Während Dörries und seine Schüler durch das Studium der Morphologie das Wesen einer Stadt zu erfassen versuchten, drang durch die Arbeiten Sten de Geers [25]) und Bobeks das funktionale Prinzip in die Stadtgeographie ein und setzte sich durch. So konnte Theodor Kraus 1957 über die stadtgeographische Forschung sagen: „Überwunden ist jedoch die beziehungswissenschaftliche Betrachtungsweise mit der Typisierung von Orts- und Verkehrslage. Auch Typisierung von Aufrissen und Grundrissen ist nicht mehr Hauptstück der Betrachtungsweise. Grundzug neuerer Untersuchungen ist es, Formen und Strukturen als Wirkungsgefüge zu erkennen und sie auf Funktionen zurückzuführen" [26]). Die Frage nach den Funktionen der einzelnen Teile eines Siedlungsgefüges und ihre Bedeutung im Wirkungsgefüge der Siedlung wird aber beantwortet durch das Studium der Verkehrsbeziehungen, die zwischen den einzelnen Siedlungszellen bestehen, und den Verkehrsströmen, die zwischen ihnen fließen. Denn während die Physiognomie einer Stadt ein gewisses Beharrungsvermögen zeigt, auch wenn die Funktionen

19) Christaller, W.: Die zentralen Orte Süddeutschlands. Jena 1933
20) Fochler-Hauke, G.: Verkehrsgeographie. In: Geographisches Seminar. Band 4. Braunschweig 1957
21) Otremba, E.: Allgemeine Geographie des Welthandels und des Weltverkehrs. In: Erde und Weltwirtschaft. Band 4. Stuttgart 1957
22) Egli, E.: Die neue Stadt in Landschaft und Klima. Zürich 1951
23) Lembcke, C.: Städte am Wasser. Berlin 1952
24) Randzio, E.: Unterirdischer Städtebau am Beispiel Großberlins. Veröffentlichung der Akademie für Raumforschung und Landesplanung. Abh. 20, Bremen-Horn 1951
25) Geer, Sten de: Greater Stockholm. The Geographical Review, 1923. S. 497
26) Kraus, Th.: Aufgabe der siedlungsgeographischen Forschung. In: Geographisches Taschenbuch, Wiesbaden 1956 / 57, S. 461

sich ändern, ist der Verkehr nach Art und Umfang stets ein Spiegelbild der funktionalen Gegebenheiten. Dadurch wird jedes Studium des innerstädtischen Verkehrs ein stadtgeographisches Studium, und das Studium der funktionalen Struktur einer Stadt ist gleichzeitig ein verkehrsgeographisches Studium. Stadt- und Verkehrsgeographie verschmelzen in diesem Falle zu einer Einheit, der Stadtverkehrsgeographie.

So hat sich im Laufe von etwa hundert Jahren in der Anthropogeographie und damit auch in ihren Teildisziplinen, der Verkehrsgeographie und der Stadtgeographie, in Zielsetzung und Methodik eine gleichlaufende Entwicklung vollzogen. Der Ideographie am Beginn folgte die deterministische Beziehungswissenschaft mit ihren mechanistischen Arbeitsmethoden; sie wurde erweitert durch eine anthropogen orientierte Wissenschaft, die möglichst alle Komponenten zu berücksichtigen versucht und neben der Erscheinung die Funktion als das Wesentliche herausstellt, wodurch die beiden Disziplinen beim Studium der innerstädtischen Verkehrsbeziehungen zu einer Einheit werden.

2. Spezielle Methoden

Um eine derartige stadtverkehrsgeographische Untersuchung für den Hamburger Raum durchführen zu können, stellte ich zahlreiche qualitative und quantitative Beobachtungen über Art, Umfang und Problematik des innerstädtischen Verkehrs in allen Teilen der Stadt an. Dabei ergaben sich gemäß der Aufgabenstellung drei Problemkreise, die studiert werden mußten, nämlich die Beschaffenheit und Funktion der Verkehrsanlagen, der Verlauf der Verkehrsspannungen und Verkehrsströme sowie die Wechselwirkungen zwischen dem Verkehrswesen und Faktoren der Stadtlandschaft. Die dabei beschrittenen Wege und einige prinzipielle Ergebnisse seien hier vorangestellt.

Verlauf, Ausgestaltung und Funktion der Verkehrsanlagen ließen sich meist aus den direkt beobachtbaren Erscheinungen erklären. Wo diese Relation nicht unmittelbar ersichtlich war, wurden Karten oder geeignete Literatur aus benachbarten Fachgebieten herangezogen, die in den meisten Fällen, besonders bei ererbten Formen, Aufschluß geben konnten.

Ebenfalls vermochte ich im wesentlichen durch eigene Beobachtung die Wechselwirkungen zwischen Verkehr und Siedlung aufzuspüren. Dort, wo weder die Beobachtung noch Literatur Auskunft gaben, wurden fachkundige Personen befragt.

Am schwierigsten erwies sich die quantitative Erfassung der Verkehrsspannungen und des Ablaufs der aus ihnen resultierenden Verkehrsströme. Ein Überblick über den Flugverkehr, den Schiffsverkehr und den öffentlichen Nahverkehr konnte noch relativ leicht erzielt werden, da diese den Raum nicht flächenhaft überziehen, sondern linienhaft durchziehen und an Haltestellen als Quellen und Senken des Verkehrs gebunden sind. Aussagen über die Häufigkeit und Schnelligkeit der Verkehrsverbindungen gaben die Fahrpläne. Dabei habe ich auf Strecken, die keinen starren Fahrplan besitzen, wenn nicht anders vermerkt, die kürzeste Fahrzeit für die Berechnungen zugrunde gelegt. Bei der Untersuchung der Zahl der Fahrtverbindungen ist in der Regel der Zeitraum von Dienstag bis Freitag als Maß genommen worden, da der Wochenendverkehr starke Abweichungen zeigt.

Die Zahl der Fahrgäste der einzelnen Verkehrsmittel konnte aus der Anzahl der verkauften Fahrkarten erschlossen werden. Dabei mußte jedoch berücksichtigt werden, daß die Berufstätigen, die einen großen Teil der Fahrgäste stellen, neben der Einzelfahrkarte oft die tariflich begünstigte Zeitkarte benutzen, die von den einzelnen Verkehrsgesellschaften auf Grund von Erfahrungen und stichprobenartigen Zählungen mit einer unterschiedlichen Zahl von Fahrten in Ansatz gebracht werden; denn eine Zeitkarte für die Straßenbahn, die in der Stadt über ein umfangreiches, dichtes Liniennetz verfügt, wird erfahrungsgemäß öfter verwendet werden als eine Zeitkarte für eine Nebenbahn, die nur über eine Strecke verfügt und damit weniger Gelegenheit zur Benutzung bietet (Tab. 1).

Verkehrsmittel	Monats-karten	Wochen-karten
	Fahrteinheiten	
Straßenbahn	100	15.5
Untergrundbahn	80	15.5
Stadtbahn	60	14
Hafenfähren	60	12
Altona - Kaltenkirchen - Neumünster - Eisenbahn	50	12

Tabelle 1 **Zahl der berechneten Fahrten für Zeitkarten**

Ziel und Quelle des Berufsverkehrs konnten aus den Angaben der Landesarbeitsämter ermittelt werden, die die Pendlerzahlen an Hand der fortgeschriebenen Beschäftigtenkartei jederzeit feststellen können. Da zwar jeweils der Beginn eines Arbeitsverhältnisses aber nicht immer das Ende eines Arbeitsverhältnisses seinen Niederschlag in der Kartei findet, sind diese Zahlen unter Umständen etwas größer als es der Wirklichkeit entspricht. Weiterhin blieb zu beachten, daß als Arbeitsstätte im allgemeinen das Büro oder Geschäft des Arbeitgebers gerechnet wird, das nicht in allen Fällen, z. B. im Baugewerbe, identisch ist mit dem Arbeitsplatz. Eine genaue Zuordnung der Lage von Wohnung und Arbeitsplatz gaben nur die vorliegenden Ergebnisse stichprobenartiger Großzählungen, deren Zählräume durch die Verwaltungsgrenzen festgelegt werden. Da die Stadtteile Hamburgs eine sehr unterschiedliche Größe aufweisen (z. B. Hoheluft - Ost 58.1 ha, Fischbek - Neugraben 2 252.3 ha), habe ich oft eine Umrechnung auf Dichtewerte vorgenommen.

Über den Verlauf des Güterverkehrs werden für mannigfache Zwecke Listen angefertigt und Statistiken aufgestellt, die jeden Einzelvorgang erfassen und auf die im Rahmen dieser Untersuchung zurückgegriffen werden konnte.

Neben diesen Vorgängen des gewerblichen Verkehrs mußte in der Arbeit auch der Individualverkehr, insbesondere der in der letzten Zeit immer stärker gewordene Kraftwagenverkehr berücksichtigt werden, über den stichprobenartig durchgeführte Zählungen Aufschluß gaben.

Da alle diese Erhebungen an verschiedenen Stellen nur zu verschiedenen Zeiten vorgenommen werden konnten, ergibt sich als prinzipieller Mangel eine zeitliche Inhomogenität des verwendeten Materials.

Der ursprüngliche Plan, den gesamten Verkehr, d. h. auch den Nachrichten- und Energieverkehr, in die Arbeit mit einzubeziehen, wurde wegen der Fülle des zur Verfügung stehenden Materials wieder fallen gelassen, und diese Verkehrsarten einer späteren Darstellung vorbehalten.

In den folgenden Ausführungen werden die Ergebnisse der Untersuchungen, soweit es möglich ist, kartographisch dargestellt werden, da die Karte das exakteste und zugleich adäquateste Aussagemittel der Geographie ist. Durch sie vermögen die räumlichen Lagebeziehungen am besten aufgedeckt und das Strukturbild dargelegt zu werden.

Während die Untersuchung im allgemeinen den empirisch analytischen Weg einschlug, d. h. eine Erscheinung beobachtete und von ihr ausgehend ihre Ursachen in der Stadtlandschaft und ihre Bedeutung für die Stadtlandschaft zu analysieren versuchte, standen für die Darstellung grundsätzlich zwei Möglichkeiten zur Wahl. Den gleichen Weg wie bei der Untersuchung zu gehen, erschien mir jedoch unzweckmäßig, da fast alle Erscheinungen des Verkehrs mit einem umfangreichen Komplex anderer stadtlandschaftlicher Elemente verknüpft sind und eine ständige Wiederholung stadtlandschaftlicher Eigenheiten die Folge wäre. Deshalb werde ich den umgekehrten Weg beschreiten und die Faktoren des Verkehrswesens bezüglich einer stadtlandschaftlichen Eigenschaft jeweils geschlossen abhandeln. Die Anordnung dieser Komplexe wird so erfolgen, wie es der zwischen ihnen bestehende kausale Zusammenhang erforderlich macht. Abschließend werde ich, auf die Teilergebnisse fußend, versuchen, durch synthetische Zusammenschau Struktur, Funktion und Problematik des Verkehrswesens in Hamburg aufzuzeigen.

III. ABGRENZUNG DES UNTERSUCHUNGSRAUMES

Als Abgrenzung dieses Raumes, der fortan auch kurz als „Verkehrsraum Hamburg" bezeichnet werden soll, möchte ich nicht die verwaltungspolitische Kommunalgrenze Hamburgs, sondern eine durch die Struktur des innerstädtischen Verkehrs bedingte verkehrsgeographische Grenze wählen. Sie besitzt per definitionem einen ähnlichen Verlauf wie die Grenze des als städtisch zu bezeichnenden Teils von Hamburg, so daß die Aufgabe, die Grenze des Stadtverkehrsraumes zu bestimmen, in enger Beziehung zu dem Problem tritt, die Stadtgrenze festzulegen.

Um die geographisch wesenhafte Grenzlinie eines Stadtkörpers aufzufinden, hat die stadtgeographische Forschung zahlreiche Methoden entwickelt, wobei sie neben der Untersuchung von Dichtegrenzwerten, Landnutzungsverhältnissen, sozialer Struktur, stadtmorphologischen Gegebenheiten und anderen Faktoren seit Hassinger, der mit der Isochronenmethode die Großstadtgrenzen Wiens aufzuzeigen versuchte, auch das Verkehrswesen mit zur Abgrenzung herangezogen hat [27],[28],[29],[30].

Durch das Eindringen der funktionalen Auffassung in die Stadtgeographie ist es zum Zusammenfallen von Siedlungs- und Verkehrsgrenzen gekommen; denn die heutige Definition des geographischen Stadtbegriffes, wie ihn etwa Klöpper formuliert, besagt: „Städte sind volkreiche Siedlungen mit hoher Bevölkerungsdichte,

---

27) Hassinger, H.: Beiträge zur Verkehrs- und Siedlungsgeographie von Wien. Mitteilungen der Geographischen Gesellschaft Wien. 53. Band. Wien 1910
28) Hassinger, H.: Großstadtgrenzen erörtert am Beispiel Wiens. Raumforschung und Raumordnung. 6. Jg. Berlin 1942
29) Mayer, R.: Methoden zur Bestimmung der Stadtgrenze. Zeitschrift für Erdkunde, 4. Jg. Frankfurt/M. 1936, S. 548
30) Rubic, Y.: The geographic limitation surrounding a town. Zagreb 1949

die zur Ermöglichung ihrer Existenz eine gegenüber der Umgebung verstärkte Umformung des Naturraumes bewirkt haben. In ihnen müssen im Vergleich zur Umgebung vermehrte Vorkehrungen getroffen werden, um ihren Bewohnern und Benutzern den Verkehr innerhalb und zu der Stadt zu ermöglichen" [31]). Ähnlich fordert Bobek von einer Stadt: 1. eine geschlosssene Ortsform, 2. eine gewisse Größe, 3. städtisches Leben, wobei er unter städtischem Leben die Summe der in der Stadt sinnfällig werdenden Tätigkeiten, Verkehrsbewegungen und Einrichtungen, die der materiellen und kulturellen Bedarfsdeckung der Stadtbewohner und gegebenenfalls auch der der Bewohner eines weiteren Hinterlandes dienen, versteht [32]). Beide betonen beim Begriff der Stadt außer ihrer morphologischen Erscheinung in der Kulturlandschaft die vermehrten Verkehrseinrichtungen für die Bewohner als Charakteristikum, das somit als Kriterium zur Abgrenzung mit herangezogen werden kann und herangezogen werden muß. Deshalb gilt es zunächst, die Grenze des zu betrachtenden Gebietes durch das Studium der Verkehrserschließung des Hamburger Raumes für den Personenverkehr festzulegen.

1. Das Verkehrsnetz

Den Bewohnern der Stadt und denen des weiteren Gebietes stehen neben einem weitverzweigten, umfangreichen Straßennetz mannigfache öffentliche Nahverkehrsmittel zur Verfügung. Die Bundesbahn führt einen elektrischen Triebwagenbetrieb (S-Bahn) von der Innenstadt nach Wedel im Westen und nach Poppenbüttel im Norden sowie einen dampfbetriebenen Vorortbetrieb von Altona nach Elmshorn im Nordwesten, vom Hamburger Hauptbahnhof nach Ahrensburg im Nordosten, nach Friedrichsruh im Osten, nach Harburg im Süden und von hier nach Neugraben im Südwesten von Hamburg durch (Abb. 31, 33). Die Altona-Kaltenkirchen-Neumünster Eisenbahn Gesellschaft (AKN) und die Alsternordbahn (ANB) betreiben zwei eingleisige Nebenbahnen von Altona bzw. Ochsenzoll nach Ulzburg und Kaltenkirchen im Norden der Stadt (Abb. 25). Das nördliche Gebiet wird weiterhin aufgeschlossen von der Untergrundbahn (U-Bahn), die von der Hamburger Hochbahn Aktiengesellschaft (HHA) betrieben wird. Ihr Netz besteht aus einem Ring, der um das Staubecken der Großen Alster liegt und von dem fünf Zweiglinien abgehen, die in die Innenstadt zum Jungfernstieg, nach Eimsbüttel, nach Langenhorn – Ochsenzoll, nach Volksdorf – Groß-Hansdorf und nach Volksdorf – Ohlstedt-Wohldorf führen (Abb. 30). Ergänzt wird dieses Eisenbahnnetz von siebzehn Straßenbahnlinien, die auf 23 Strecken fast alle Stadtteile der Innenstadt oder untereinander verbinden (Abb. 38). 23 Omnibuslinien, die wie die Straßenbahn zur HHA gehören, leisten Zubringerdienste von den Außenbezirken zu den Straßenbahnstationen (Abb. 41) oder fahren als Schnellbusse bis in das Stadtinnere. An dem gesamten Busverkehr Hamburgs, der in den letzten Jahren einen immer stärkeren Aufschwung nahm und heute mit einem relativ dichten Netz fingerartig von der Innenstadt in die Umgebung greift, beteiligen sich außer der HHA die Verkehrsbetriebe Hamburg-Holstein (VHH), die Bundesbahn, die Bundespost und 17 private Verkehrsunternehmen (Mullikas - Quickborn, Reimers - Rellingen, Rieck - Wandsbek, Maack - Bendestorf, Jonas - Neuenfelde, Peill - Stade, u. a.) (Abb. 25). Auf der Alster und ihren Kanälen verkehren die Alsterdampfer der HHA, auf der Elbe mit ihren zahlreichen Hafenbecken die Dampfer und Motorschiffe der Hamburger Hafen - Dampfschiffahrts Aktiengesellschaft (HADAG).

31) Klöpper, R.: Der geographische Stadtbegriff. In: Geographisches Taschenbuch, Wiesbaden 1956/57. S. 453
32) Klöpper, R.: Der geographische Stadtbegriff. In: Geographisches Taschenbuch, Wiesbaden 1956/57. S. 456

Wenn diese öffentlichen Nahverkehrsmittel auch mit einem dichten Liniennetz das Gebiet überziehen, so unterscheiden sie sich doch stark in der Zahl der von ihnen angebotenen regelmäßigen Verbindungen, durch die Reisegeschwindigkeit und durch die Fahrkosten. Da die Betrachtung des Liniennetzes also nur ein unvollständiges Bild der Verkehrserschließung Hamburgs liefert, sollen die genannten Faktoren im einzelnen studiert werden und versucht werden, auf diesem Wege empirisch eine Grenze des Hamburger Stadtverkehrsbereiches zu finden.

2. Die Frequenzzonen

Ausgehen möchte ich dabei von der Untersuchung der Verkehrsfrequenz, da die vermehrten Verkehrsvorkehrungen das Wesen einer Stadt gegenüber dem nichtstädtischen Umland ausmachen. Dazu habe ich die Zahl der regelmäßigen Abfahrten der öffentlichen Verkehrsunternehmen von den einzelnen Haltepunkten des Hamburger Raumes durch Zählungen und an Hand von Fahrplänen [33]) festgestellt (Tab. 2).

Verkehrsknotenpunkt	Verkehrsmittel	Zahl der Abfahrten
Hamburger Hauptbahnhof	S-Bahn, Vorortbahn, U-Bahn, Straßenbahn, Omnibus	3 778
Dammtor	S-Bahn, Vorortbahn, U-Bahn, Straßenbahn	2 910
Hamburg, Rathausmarkt	U-Bahn, Straßenbahn, Omnibus, Alsterdampfer	2 730
Berliner Tor	S-Bahn, Vorortbahn, U-Bahn, Straßenbahn, Omnibus	2 252
Altonaer Hauptbahnhof	S-Bahn, Vorortbahn, Straßenbahn, Omnibus	1 752
Barmbek, Bahnhof	S-Bahn, U-Bahn, Straßenbahn	997
St. Pauli - Landungsbrücken	U-Bahn, Straßenbahn, Hafenfähren	745
Baumwall	U-Bahn, Straßenbahn, Hafenfähren	743
Ohlsdorf, Bahnhof	S-Bahn, U-Bahn, Straßenbahn, Omnibus	668
Harburger Hauptbahnhof	Vorortbahn, Straßenbahn, Omnibus	644
Harburg, Rathausplatz	Omnibus	643
Bergedorf, Bahnhof	Vorortbahn, Omnibus	494
Ochsenzoll, Bahnhof	U-Bahn, ANB, Omnibus	195
Wedel, Bahnhof	S-Bahn, Omnibus	135

Tabelle 2 **Zahl der werktäglichen Regelabfahrten der öffentlichen Nahverkehrsmittel**

33) Winterfahrplan 1957/58, Sommerfahrplan 1958 von
Amtlicher Kleinfahrplan, Hamburger Nahverkehr. Bundesbahndirektion Hamburg, Hamburg.
Amtliches Kursbuch, Nordwestdeutschland. Bundesbahndirektion Wuppertal, Wuppertal.
Amtliches Omnibuskursbuch, Deutsche Bundesbahn – Deutsche Bundespost, Deutsche Bundespost, Posttechnisches Zentralamt, Darmstadt. Deutsche Bundesbahn, Oberbetriebsleitung West, Essen. Berlin.
Bergedorf – Stormarnscher Fahrplan. Verkehrsbetriebe Hamburg-Holstein A. G., Hamburg
Fahrplan Hamburger Hochbahn Aktiengesellschaft. Hamburg
ZOB - Kursbuch. Zentral-Omnibus-Bahnhof G.m.b.H. Hamburg
verschiedenen privaten Omnibusverkehrsunternehmen.

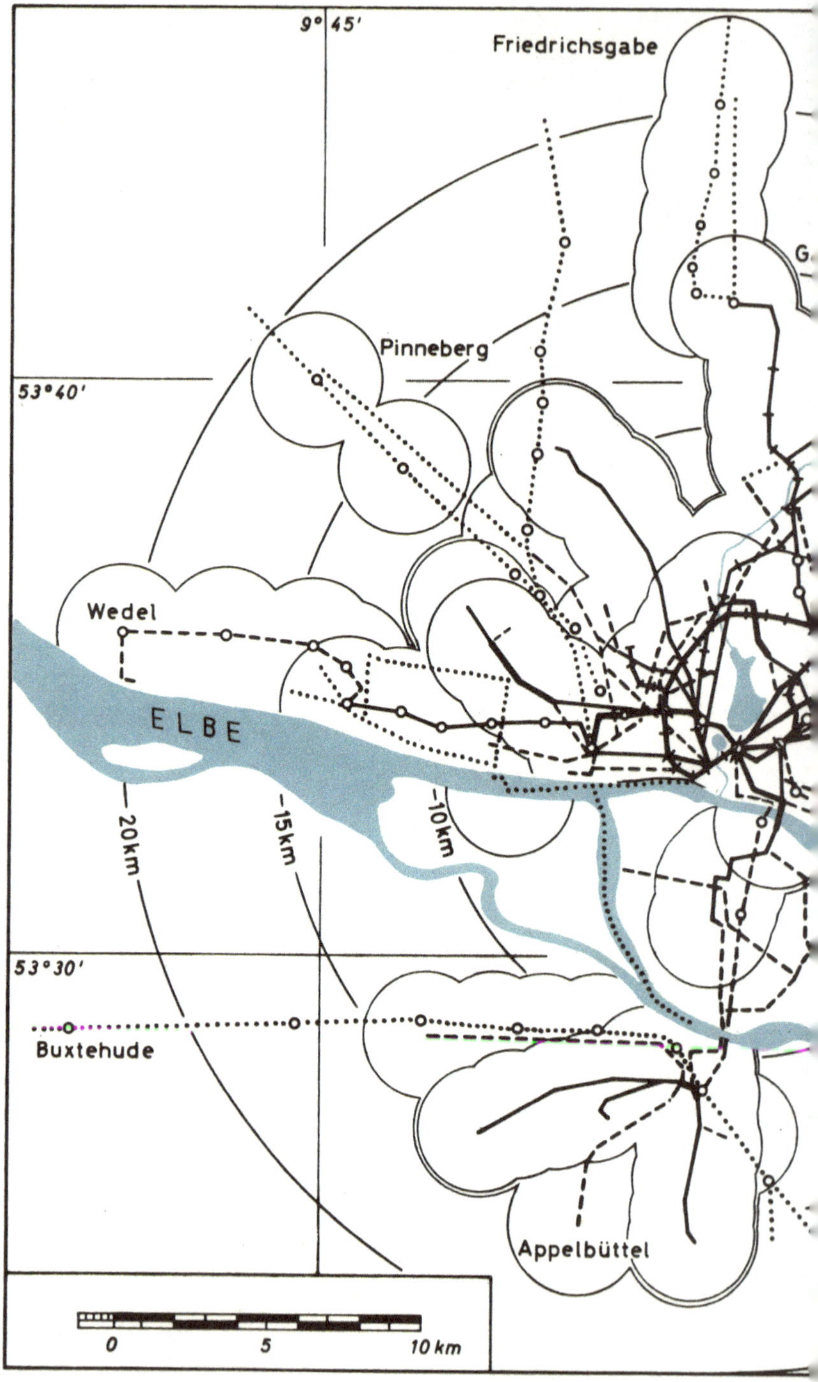

Abbildung 1 **Verkehrsfrequ**

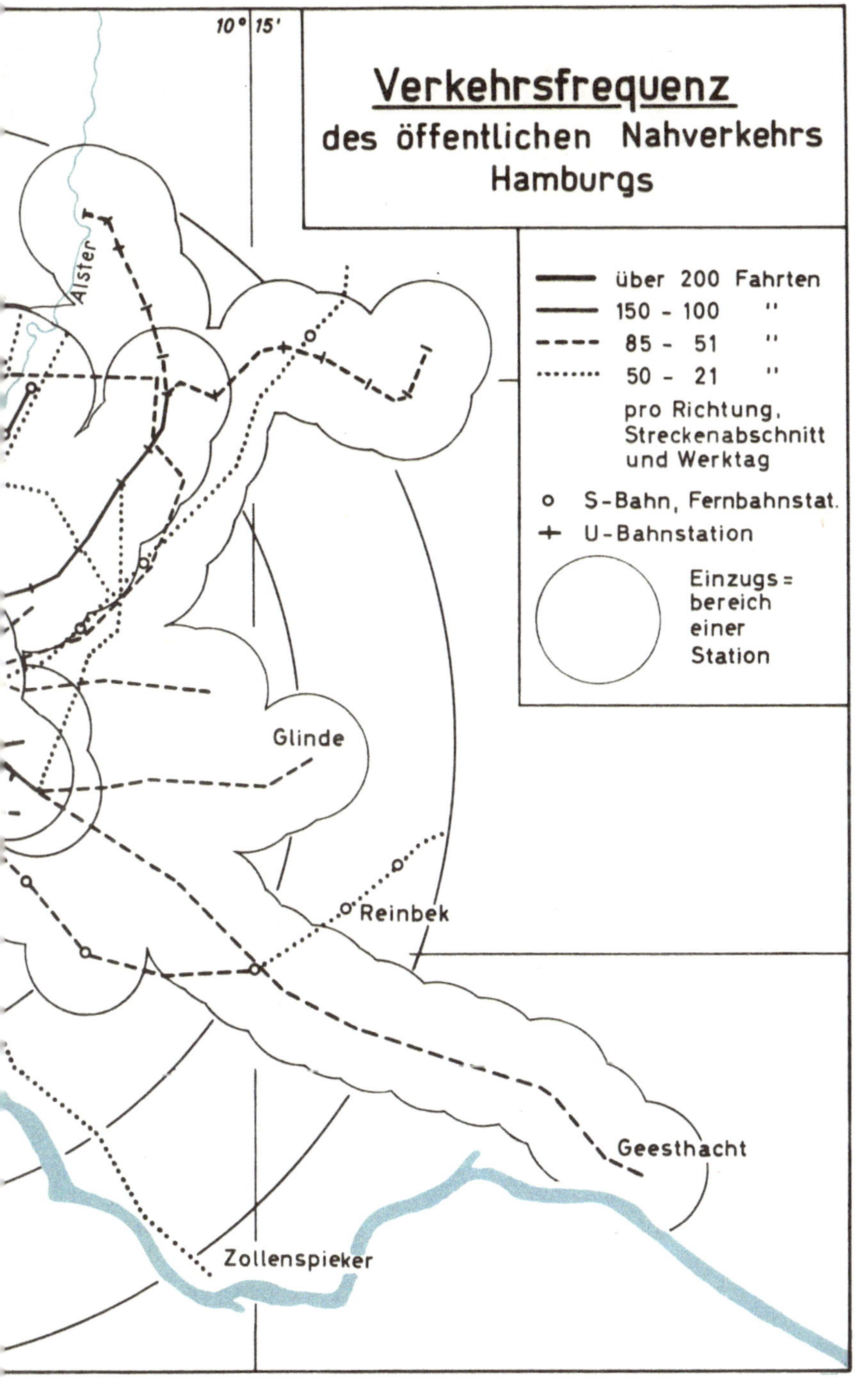

öffentlichen Nahverkehr Hamburgs

Hierbei schält sich das Gebiet um den Hauptbahnhof (Bundesbahn, U-Bahn, Straßenbahn an den Haltestellen Mönckebergstraße und Steintorwall, Omnibusse am Zentralomnibusbahnhof (ZOB)) mit werktäglich 3778 Regelabfahrten im Nahverkehr, d. h. ohne den Fernverkehr der Bundesbahn und am ZOB, als der verkehrsreichste Bereich Hamburgs heraus, den ich deshalb als das Zentrum des innerstädtischen Personenverkehrs bezeichnen möchte. Erst mit beträchtlichem Abstand folgen die Werte der anderen Verkehrsknotenpunkte.

Eine ähnliche Staffelung der Werte zeigen die Fahrtfrequenzen auf den einzelnen Streckenabschnitten, die ich auf einem Kartogramm dargestellt habe (Abb. 1). Dabei bedeuten die angegebenen Werte die Zahl der Fahrten auf dem betreffenden Streckenabschnitt in einer Richtung. An den Endstationen ist sie gleich der Zahl der Abfahrten, an den Zwischenstationen ist diese doppelt so groß.

Die maximalen Frequenzzahlen liegen um das Gebiet des Hamburger Hauptbahnhofes, der bereits oben als Zentrum erkannt worden war. Von ihm fallen die Werte sprunghaft zu den Außenbezirken ab. Nördlich des Hauptbahnhofes befindet sich eine Zone, die etwa die Fläche eines Halbkreises mit dem Radius 5 km und dem Mittelpunkt am Hauptbahnhof hat und in der die Nahverkehrsstrecken mehr als zweihundert Mal werktäglich in einer Richtung bedient werden. Das entspricht bei einer etwa zwanzigstündigen Betriebszeit (von 5 Uhr des einen Tages bis 1 Uhr des folgenden Tages) im Schnitt einem 6 Minuten-Abstand der Verkehrsmittel. Die 200 Fahrten-Frequenzzone umfaßt die Altstadt und die Neustadt Hamburgs, die ehemaligen Vorstädte St. Georg im Osten und St. Pauli im Westen, sowie die am rechten Alsterufer gelegenen Stadtteile Harvestehude, Rotherbaum, Eimsbüttel und Eppendorf und die am linken Alsterufer gelegenen Stadtteile Winterhude, Uhlenhorst, Barmbek, Eilbek, Borgfelde und Rothenburgsort, Hamm, Horn im Osten, Altona im Westen. Eine scheinbare Abweichung von diesem an sich geschlossenen Bild findet sich im Ortsteil Bahrenfeld, in dem täglich über 200 Abfahrten in Richtung Hamburg Hauptbahnhof stattfinden; die Bahnen nehmen nicht alle unmittelbar ihren Weg dorthin, sondern machen zum Teil erst einen Umweg über Altona. Würde man nur die Zahl der Fahrten betrachten, die auf dem kürzesten Wege zum Hauptbahnhof laufen, so ergäbe sich eine niedrigere Zahl als 200.

Auffällig und charakteristisch für die Hamburger Verhältnisse ist, daß das Verkehrszentrum, geometrisch gesehen, nicht der Mittelpunkt eines Vollkreises, sondern lediglich der eines Halbkreises ist, dessen Durchmesser von der Elbe gebildet wird. Der südliche Teil des Vollkreises weist eine wesentlich geringere Verkehrserschließung auf, so daß die Elbe in der Erschließung des Nahverkehrsbereiches als eine bedeutende, hemmende Grenzlinie angesehen werden muß.

Die Strecken mit 110 – 150 Fahrten zum Zentrum liegen in einem Kreisring um den Hamburger Hauptbahnhof, dessen innerer Radius etwa 5 km, dessen äußerer Radius etwa 10 km beträgt. Diese Zone bildet jedoch kein einfaches geometrisches Gebilde, sondern ist in mehrere Schläuche aufgelöst, die den Bahnstrekken folgen. Am meisten sind die Alsterdörfer und die Walddörfer rechts und links der Alster im Norden Hamburgs begünstigt, in deren Bereich diese Zone bei Ochsenzoll, Poppenbüttel und Volksdorf bis an die 15 km - Linie der Luftlinienentfernung vom Zentrum vorstößt. Im Westen wird diese Linie bei Blankenese beinahe ebenfalls erreicht. Während im Nordwesten bei Lurup und Schnelsen die Straßenbahnen bis zum 10 km - Luftlinienkreis vorstoßen, ist der Osten, wo die Straßenbahnen in Horn, Billstedt und Billbrook nur den 5 km - Luftlinienkreis erreichen, sehr benachteiligt.

Der Süden des Gebietes nimmt wieder eine Sonderstellung ein. In Wilhelmsburg berührt die 110 - 150 Fahrten - Frequenzzone nur den 5 km - Luftlinienkreis. Besser als der südliche Teil Wilhelmsburgs ist das Harburger Gebiet erschlossen, das sich neben dem zunächst erkannten Hamburger Zentrum nördlich der Elbe als ein zweites Zentrum, das als Subzentrum bezeichnet werden soll, südlich der Elbe herausschält. Es besteht also kein ständiger Abfall der Fahrtfrequenzen vom Zentrum zu den Rändern hin, sondern es entsteht ein neuer Frequenzanstieg, so daß das Elbtal mit einem relativen Frequenzminimum von zwei Frequenzmaxima unterschiedlicher Intensität flankiert wird.

Die dritte Frequenzzone, in der die Verkehrsmittel in einem Abstand von 15 - 20 Minuten verkehren, umfaßt das Gebiet des elektrischen S-Bahnbetriebes, des U-Bahnverkehrs, der Straßenbahnlinien samt den an sie anschließenden Buslinien. Sie überdeckt fast die gesamte 10 km-Luftlinienentfernungszone mit Ausnahme der südlichen Teile von Finkenwerder, Moorwerder und des nordwestlich des Flughafengeländes gelegenen Gebietes. Sie löst sich in einzelne Zungen auf, die am Rande des Elbtales bis Wedel, Geesthacht, Neugraben und Rönneburg vorstoßen. Weitere Ausbuchtungen dieser Zone folgen den Ufern der Geestflüsse: dem Alstertal bis Wohldorf, dem Billetal bis Aumühle und dem Tal der Glinder Au bis Glinde, die dadurch als verkehrsintensive Linien hervortreten. Seine größte Entfernung vom Zentrum hat der Außenrand dieser Zone im Geesthachter Raum mit 28 km, seine geringste in Moorwerder mit 9 km. Weitere Subzentren treten in Bergedorf, Reinbek und Ahrensburg, den nordöstlich der Innenstadt gelegenen Gemeinden, in Erscheinung.

Außerhalb dieser Zone nehmen die Frequenzzahlen sehr schnell und stetig ab. Während im Zentrum Linien über 200 Fahrten in einer Richtung aufweisen, gibt es innerhalb des 20 km - Luftlinienkreises Orte, z. B. Fliegenberg, die täglich nur über drei Abfahrten in Richtung Zentrum verfügen. Bedenkt man, daß z. B. von München nach Frankfurt am Main täglich 28 Städtezüge verkehren [34]), so erscheint die Verbindung zwischen dem Zentrum und dem keine 20 km entfernten, im Marschgebiet gelegenen Fliegenberg - Stöckte mit nur drei Omnibusfahrten sehr gering und man kann dieses Gebiet kaum als städtisch im Sinne der Klöpperschen Definition bezeichnen.

Genau genommen darf man sich bei der Betrachtung der Verkehrshäufigkeit nicht nur auf das Studium der Gesamtzahl der Fahrten beschränken, sondern muß auch ihre Verteilung über den Tag berücksichtigen. Drei Beispiele, der Zugverkehr auf dem Hamburger Hauptbahnhof (Abb. 34), der Einsatzplan der Straßenbahn (Abb. 39) und die Bewegungen auf dem ZOB (Abb. 40), zeigen die für den Personennahverkehr typische Anordnung der Fahrzeiten. Einem maximalen Einsatz in den Morgenstunden und Abendstunden steht ein geringerer Betrieb während des Tages gegenüber. Einige Linien verkehren in der Nacht alle 60 Minuten. Wie man leicht sieht, ist die Zahl der Nachtfahrten gegenüber der der Tagesfahrten gering und kann vernachlässigt werden. Dieses Bild findet sich bei fast allen anderen Verkehrsmitteln des öffentlichen Personenverkehrs, so daß es tatsächlich genügt, die Gesamtzahl der Fahrten zu betrachten, da die Berücksichtigung der zeitlichen Verteilung kein wesentlich anderes räumliches Strukturbild liefern würde.

Um ausgehend von der Streckenbelastung Frequenzzonen konstruieren zu können, habe ich das Einzugsgebiet einer Station kreisförmig mit einem maximalen

34) Beilage: Städteverbindungen. Deutsche Bundesbahn. Oberbetriebsleitung West, Essen. In: Amtliches Kursbuch. Nordwestdeutschland. Winter 1957/58. Bundesbahndirektion Wuppertal, Wuppertal 1957

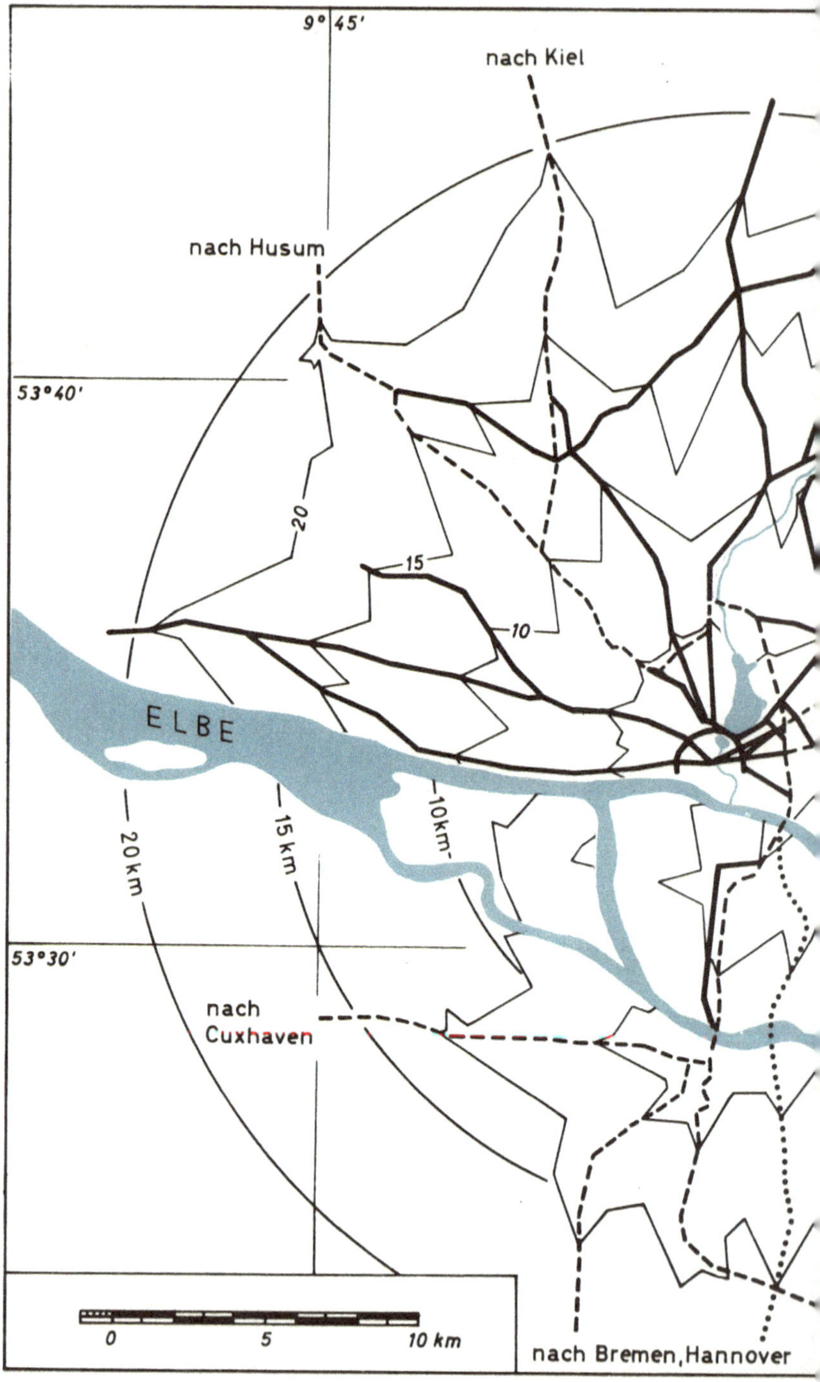

Abbildung 2 **Verkehrsfe**

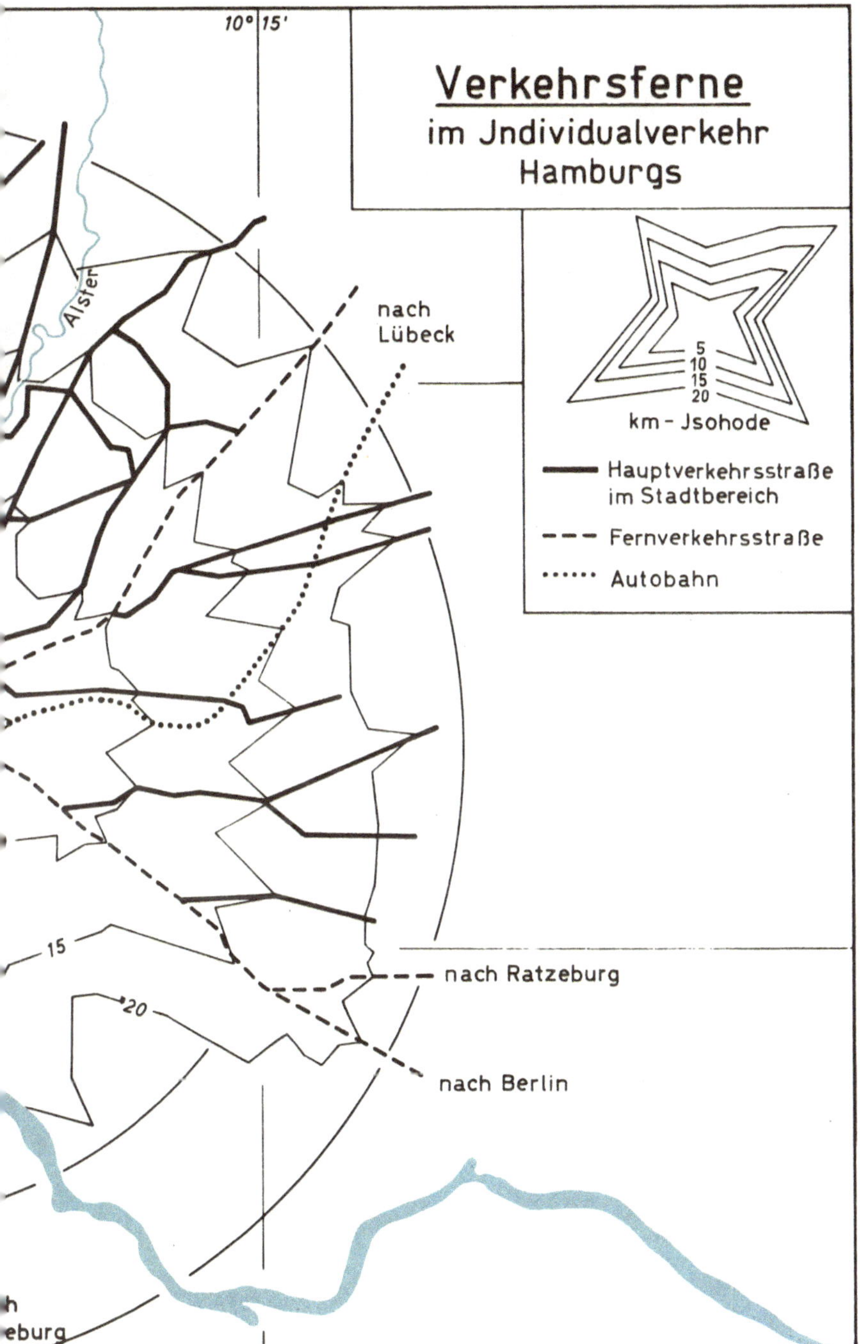

Individualverkehr Hamburgs

Radius von 2 km, das entspricht einem Fußweg von 20 Minuten Dauer, angenommen. Es gilt nun festzustellen, wie weit der Grenzverlauf der Frequenzzonen zur Abgrenzung des innerörtlichen Verkehrsgebietes herangezogen werden kann und welche Übereinstimmung sich insbesondere mit der siedlungsmorphologischen Grenze ergibt. Das Kartogramm (Abb. 5) zeigt einen nahezu übereinstimmenden Verlauf der äußeren Grenze der 51 Fahrten-Frequenzzone mit der Siedlungsgrenze, d. h., daß das geschlossen oder locker mit städtischen Häusern bebaute Gebiet Hamburgs innerhalb, das keine oder nur sporadisch städtische Bebauung aufweisende Gebiet außerhalb der Frequenzzone liegt, in der von jeder Station im Mittel alle 24 Minuten mindestens eine Verbindung, gegebenenfalls mit Umsteigen, zum Zentrum besteht.

3. Die Verkehrsferne im Individualverkehr

Eine weitere Aussage über die Verkehrserschließung des städtischen Bereichs gibt die Betrachtung der Verkehrsferne, deren Bestimmung üblicherweise nach der von Hassinger am Beispiele Wiens durchgeführten Isochronenmethode erfolgt[35]. In Anlehnung an die vorhergehenden Erörterungen habe ich das Hauptbahnhofgebiet als Zentrum gewählt und möchte im folgenden unter der Verkehrsferne eines Punktes die Entfernung vom Hauptbahnhof verstehen. Da sich der Personenverkehr nicht allein auf den öffentlichen Verkehrsmitteln abspielt, sondern auch auf den individuellen Verkehrsmitteln, wie Fahrrad und Kraftfahrzeug, die in Hamburg etwa 30% des Nahverkehrs bewältigen[36], sollen für beide Verkehrsarten die Isochronen betrachtet werden. Weil der Betrieb dieser Verkehrsmittel verschiedenen Gesetzen gehorcht, müssen bei der Isochronenkonstruktion verschiedene Wege beschritten werden.

Die Teilnehmer des Individualverkehrs sind nicht an Stationen gebunden, sondern verkehren direkt zwischen Quelle und Ziel der Verkehrsbewegung. Abgesehen von Stockungen während des zähen Verkehrsflusses in der Hauptverkehrszeit und durch den Stau an signalgesteuerten Knoten, streben sie die Non-stop-Fahrt an, wobei ihr Geschwindigkeitsbereich zwischen 5 km/h im Fußgängerverkehr und 70 km/h im Kraftwagenverkehr auf den Schnellstraßen liegt. Da man also eigentlich für jeden Teilnehmer des Individualverkehrs eine eigene Isochronenkarte entwerfen müßte, habe ich eine modifizierte Isochronenmethode angewandt (Abb. 2) und nicht den Zeitverbrauch aufgetragen und Punkte gleicher zeitlicher Entfernung durch Linien verbunden, sondern die kilometrische Entfernung aufgetragen und die Punkte gleicher räumlicher Entfernung durch Linien gleicher Weglänge, die ich als Isohoden bezeichnen möchte, verbunden. Während bei den öffentlichen Verkehrsmitteln die Strecken und Einzugsbereiche der Stationen festliegen und leicht ermittelt werden können, sind im Individualverkehr zahlreiche Wegkombinationen möglich. Bedingt durch die Struktur des Hamburger Straßennetzes, auf die im folgenden noch eingegangen wird, wird man, um vom Zentrum zu einem anderen Punkt zu gelangen, in der Regel zunächst auf einer der radialen Ausfallstraßen soweit wie möglich fahren, um dann über die Nebenstraßen auf kürzestem Wege sein Ziel aufzusuchen. Die Linien gleicher Weglänge werden also von der Einhüllenden der Kreisschar gebildet, deren Mittelpunkte auf der Hauptstraße liegen und deren Ra-

35) Hassinger, H.: Beiträge zur Verkehrs- und Siedlungsgeographie von Wien. Mitteilungen der Geographischen Gesellschaft Wien. 53. Band, Wien 1910

36) Lademann, F.: Der öffentliche Nahverkehr in Hamburg. In: Hamburg, Großstadt und Welthafen. Festschrift zum XXX. Deutschen Geographentag in Hamburg 1955. Kiel 1955. S. 195

dien umgekehrt proportional zur Entfernung vom Zentrum abnehmen. In ihrem Verlauf sind die Linien gleicher Weglänge, die Isohoden, mit den Linien gleichen Zeitaufwandes, den Isochronen, identisch. Da Weglänge und Zeitaufwand durch die Geschwindigkeit miteinander in Beziehung stehen, kann man durch geeignete Umnumerierung die Isohodenkarte für jeden Teilnehmer des Individualverkehrs in eine Isochronenkarte umgestalten.

Einige häufig auftretende Daten seien als Beispiel angeführt:

Verkehrsteilnehmer	PKW	Fahrrad	Fußgänger
Mittlere Geschwindigkeit	40 km/h	20 km/h	5 km/h
Isohodennummer	Isochronennummer		
5 km	7.5 min	15 min	60 min
10 km	15.0 min	30 min	120 min
15 km	22.5 min	45 min	180 min
20 km	30.0 min	60 min	240 min

Tabelle 3 Umnumerierungstabelle

Beim Vergleich der Isohoden mit der siedlungsmorphologischen Grenze ergibt sich für die 22 km - Isohode, die der 33 Minuten - Isochrone des Personenkraftwagenverkehrs entspricht, die beste Übereinstimmung. Das bedeutet, daß von fast allen Punkten des Siedlungsgebietes die Innenstadt mit dem Personenkraftwagen in circa 30 Minuten erreicht werden kann. Außerhalb dieser Linie hat bisher noch keine geschlossene städtische Besiedlung stattgefunden. Die 22 km - Isohode und die Siedlungsgrenze (Abb. 5) weisen nicht die gleiche Parallelität auf wie die Grenze der 51 Fahrten-Frequenzzone und die Siedlungsgrenze, so daß offensichtlich ein engerer Zusammenhang zwischen der Siedlung und dem Nahverkehrsnetz besteht als zwischen den Gegebenheiten des Individualverkehrs und der Siedlung. So finden sich innerhalb der 33 Minuten - PKW - Isochrone längs der Bundesstraße 4 nach Kiel und östlich Rahlstedts Gebiete, die noch nicht von der städtischen Besiedlung erfaßt wurden, während das außerhalb der Linie gelegene Geesthacht siedlungsmäßig zu Hamburg gehört. In ihrem Verlauf zeigt die 33 Minuten - PKW - Isochrone das bereits bekannte Bild. Sie umgrenzt zwei Halbkreise, einen größeren nördlich der Geestrandlinie Wedel – Geesthacht und einen kleineren südlich der Linie Moorburg – Neuland, zwischen denen ein nordsüdlicher Streifen liegt, der das Wilhelmsburger Gebiet einschließt, den Westteil Finkenwerders und Moorwerder ausschließt. Die Abstufung zur Innenstadt erfolgt in konzentrischen Linien. Die 7.5 Minuten - PKW - Isochrone umfaßt außer der Veddel nur Gebietsteile nördlich der Elbe, wobei sich nördlich des Alsterstausees ein für den Individualverkehr negativer Sektor herausbildet.

4. Die Verkehrsferne im öffentlichen Verkehr

Einfacher lassen sich die Isochronen des öffentlichen Nahverkehrs konstruieren, da die wirklichen Fahrzeiten den Fahrplänen entnommen werden können. Für die Hamburger Verhältnisse muß jedoch beachtet werden, daß der öffentliche Verkehr

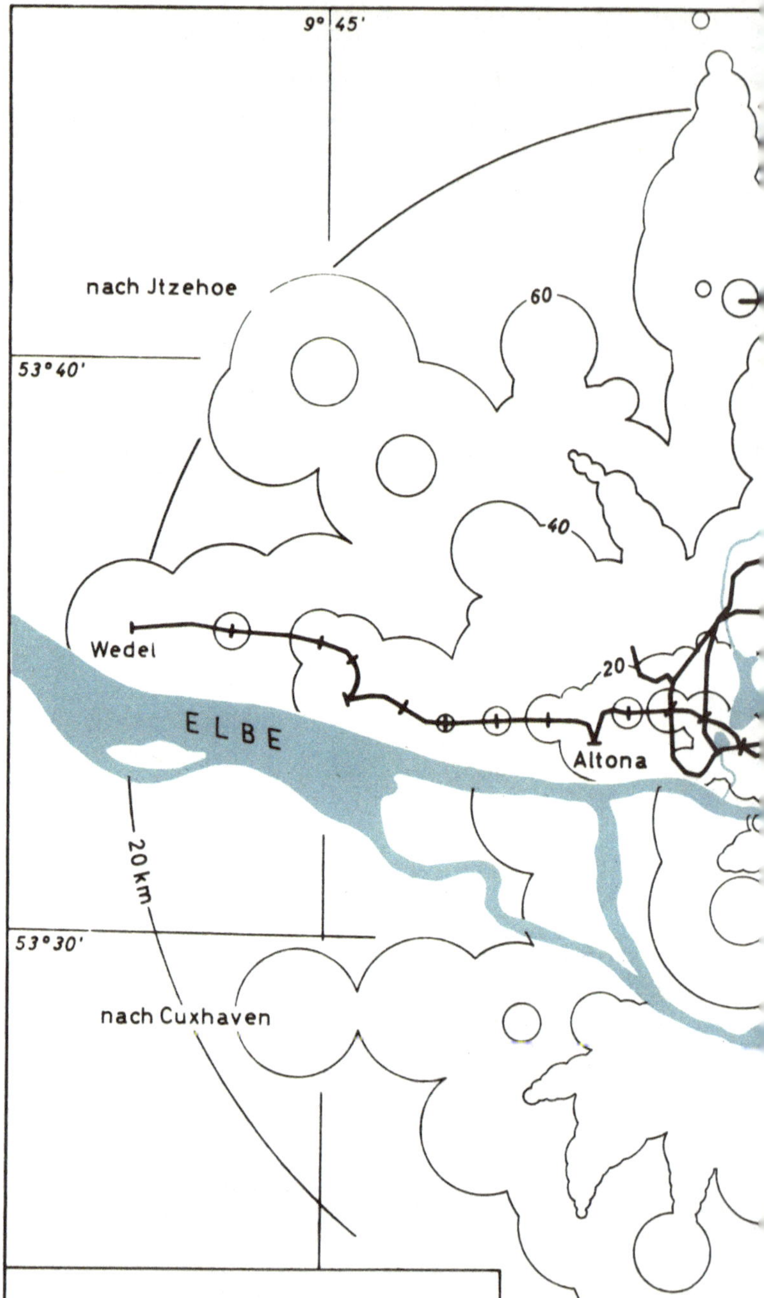

Abbildung 3 **Verkehrs**

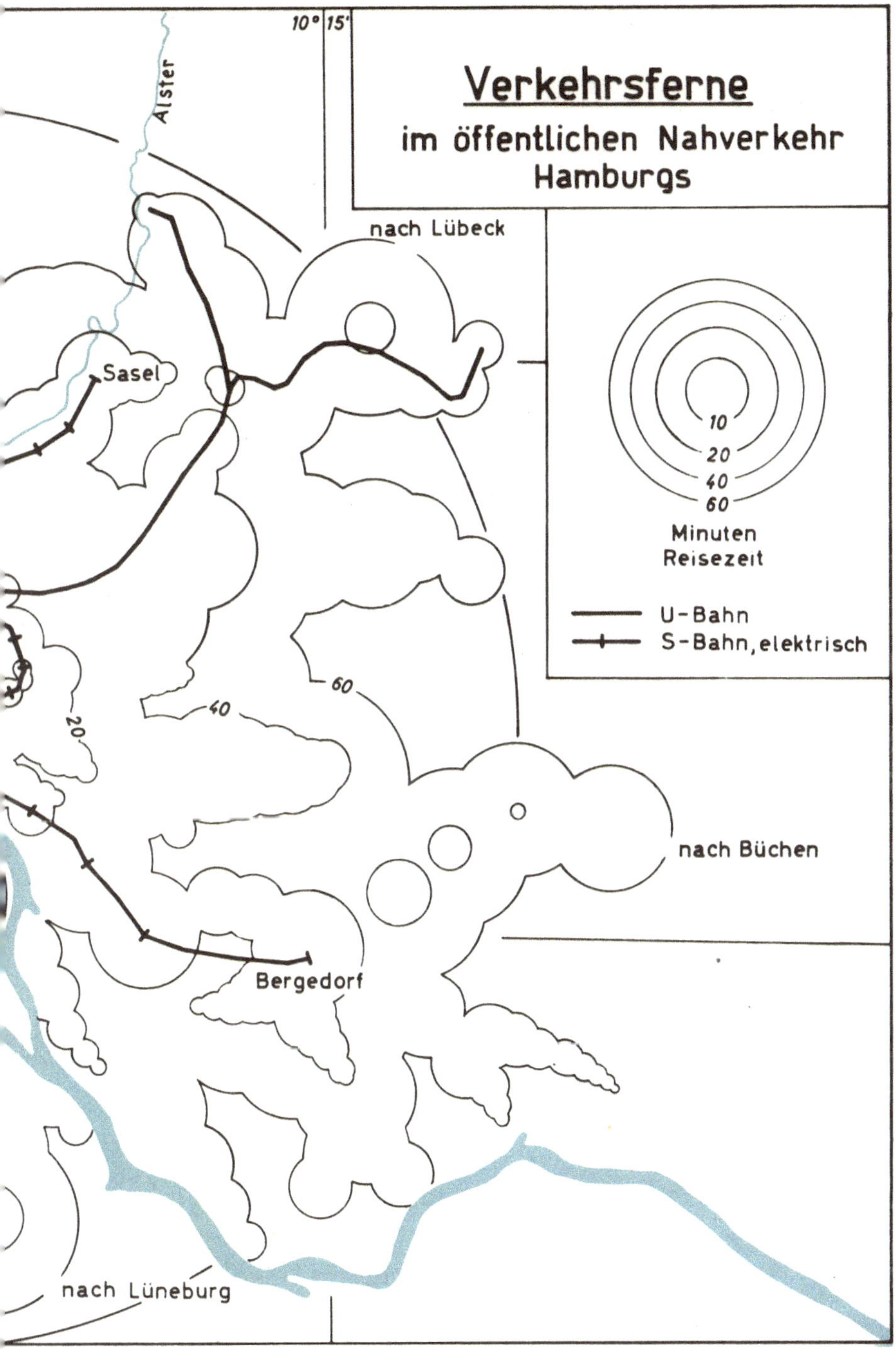

im öffentlichen Nahverkehr Hamburgs

von mehreren Verkehrsunternehmen auf zahlreichen Linien durchgeführt wird, die nicht alle ihren Weg vom Hauptbahnhof nehmen, der wieder als Zentrum zugrunde gelegt werden soll, um eine einheitliche Darstellung zu erreichen. Beim Zurücklegen eines Weges in Hamburg ist also oft ein einmaliges oder mehrmaliges Umsteigen zwischen zwei Linien desselben Verkehrsmittels oder Übersteigen auf ein anderes Verkehrsmittel erforderlich. Der durch das Umsteigen bedingte Zeitaufwand hängt davon ab, ob die beiden Stationen der Verkehrsmittel, zwischen denen gewechselt wird, zusammenliegen oder durch einen längeren Fußweg getrennt sind (z. B. in Ochsenzoll zwischen der U-Bahn und der ANB, in Altona zwischen der Straßenbahn und der AKN), und ist im folgenden jeweils mit 5 Minuten berücksichtigt, da dieser Betrag in der Regel ausreichen dürfte. Daneben tritt noch ein Zeitverlust durch schlechte Anschlußbedingungen auf, der wegen der Zunahme der Verkehrshäufigkeit zur Innenstadt bei Fahrten zum Zentrum im allgemeinen geringer ist als bei Fahrten nach außerhalb. Da er sich nach meinen Erfahrungen bei geeigneter Disposition auf ein Minimum herabsetzen läßt, soll er außer acht gelassen werden, so daß die Isochronen die Fahrzeiten bei optimalen Umsteigebedingungen wiedergeben. Im Gegensatz zum Individualverkehr kann man mit einem öffentlichen Nahverkehrsmittel sein Ziel nicht direkt erreichen, sondern ist an die Stationen gebunden und muß zum Ausgangsbahnhof bzw. vom Zielbahnhof noch einen zusätzlichen Weg zu Fuß, mit dem Fahrrad oder mit dem Kraftfahrzeug zurücklegen. Bei meiner Isochronenkonstruktion habe ich einen Fußweg und eine Geschwindigkeit von 6 km / h angenommen. Das gleiche Maß benutzt auch das Statistische Landesamt[37]). Da es sich hierbei meist um sehr kurze Wegstrecken handelt, dürfte dieser Wert wohl nicht zu hoch gegriffen sein, während der von Pirath angegebene Wert von 2 km Luftlinie = 2.2 km Weglänge = 30 Minuten Zeitaufwand[38]) für den städtischen Bereich reichlich niedrig liegt.

Die 0-10 Minuten-Zeitzone (Abb. 3) bildet einen dreieckigen Stern mit Ausläufern nach Süden, Westen und Osten, da sich im Norden der Alsterstau als hemmendes Element im Verkehrsraum bemerkbar macht. Die 10 Minuten-Isochrone fällt ungefähr mit dem 5 km - Luftlinienkreis zusammen. Bei der 20 Minuten - Isochrone ist das kreisförmige Bild zerstört, da sich längs der Bahnstrecken der Bundesbahn, auf denen die größten Reisegeschwindigkeiten vorhanden sind, Ausbuchtungen gebildet haben. Die 60 Minuten-Isochrone, die sich in ihrem Verlauf nördlich der Elbe dem 20 km - Luftlinienkreis anpaßt, ist im Nordwesten, bedingt durch die schlechten Anschlußverhältnisse der AKN, stark eingebuchtet und weist entlang der Bundesbahnlinien Ausbuchtungen auf, die bis in den Bremer, Stader, Lüneburger und Lübecker Raum reichen. Das zerlappte Isochronenbild findet seine Erklärung in der inhomogenen Verkehrserschließung des Hamburger Raumes, dessen öffentliche Verkehrsmittel sehr unterschiedliche Reisegeschwindigkeiten aufweisen (Tab. 4).

Deshalb besteht auch keine auffallende Übereinstimmung zwischen den Isochronen und der Siedlungsgrenze. Die 60 Minuten-Isochrone folgt ihr zwar streckenweise, geht aber längs der Bahnlinien über sie hinaus und bleibt dort, wo keine Bahnlinien vorhanden sind, z. B. im Geesthachter Raum, hinter ihr zurück.

---

37) Legat: Die öffentlichen Verkehrsmittel Hamburgs und Schleswig-Holsteins als Verkehrsträger der Pendelwanderung. Hamburg in Zahlen. Jg. 1957, Heft 11. Statistisches Landesamt der Freien und Hansestadt Hamburg. Hamburg 1957. S. 201

38) Pirath, C.: Die Verkehrsplanung, Grundlagen und Gegenwartsprobleme. Aufbau-Sonderhefte. Heft 4. Stuttgart 1948. S. 11

Verkehrsmittel		Reisegeschwindigkeit
Eiltriebwagen		90 km/h
Eilzug		72 km/h
Personenzug		45 km/h
S-Bahn		37 km/h
Walddörfer Bahn		36 km/h
Langenhorner Bahn		32 km/h
Schnellbus		26 km/h
U-Bahn:	Ring	25 km/h
Kraftomnibus		21 km/h
Straßenbahn:	Außengebiet	19 km/h
	Innenstadt	9 km/h
Alsterdampfer		9 km/h

Tabelle 4 **Reisegeschwindigkeit der öffentlichen Personenverkehrsmittel**

5. Die Tarifzonen

Als letztes Mittel zur Abgrenzung des städtischen Verkehrsgebietes möchte ich die Tarife heranziehen, da im Hamburger Raum besondere Personennahverkehrstarife gelten. Auf den Verkehrsmitteln der HHA darf man für einen Fahrpreis von 0.50 DM drei verschiedene Strecken der U-Bahn, Straßenbahn, Kraftomnibusse und Alsterschiffe benutzen, wobei die Fahrtstrecke bis zu 40 km betragen kann (z. B. Groß-Hansdorf – Fleestedt); das entspricht einem Kilometertarif von 0.0125 DM. Da vom Zentrum gerechnet die Fahrtstrecke im Maximalfall 20 km beträgt, ergibt sich ein Kilometerpreis zwischen 0.02 und 0.03 DM. In der gleichen Größenordnung

Entfernung	Fahrpreis	Verkehrsmittel	Streckenbeispiel	Bemerkung
bis 40 km	0.50 DM	U-Bahn, Straßenbahn, Omnibus	Groß-Hansdorf - Fleestedt	Über-steiger
29-41 km	0.95 DM	S-Bahn	Rissen - Poppenbüttel	5. Zone
41 km	2.30 DM	Omnibus	ZOB - York	
53-65 km	1.50 DM	Vorortbahn	Friedrichsruh - Elmshorn	7. Zone
61 km	4.40 DM	Omnibus	ZOB - Itzehoe	

Tabelle 5 Tarifübersicht

liegt der Tarif auf den Vorortbahnstrecken nach Wedel, Elmshorn, Ahrensburg, Friedrichsruh und Neugraben. Außerhalb des von diesen Verkehrsmitteln erschlossenen Gebietes gilt auf den Fernstrecken der Eisenbahnen und auf den Omnibusstrecken (mit Ausnahme der oben erwähnten Kraftomnibusstrecken der HHA) ein

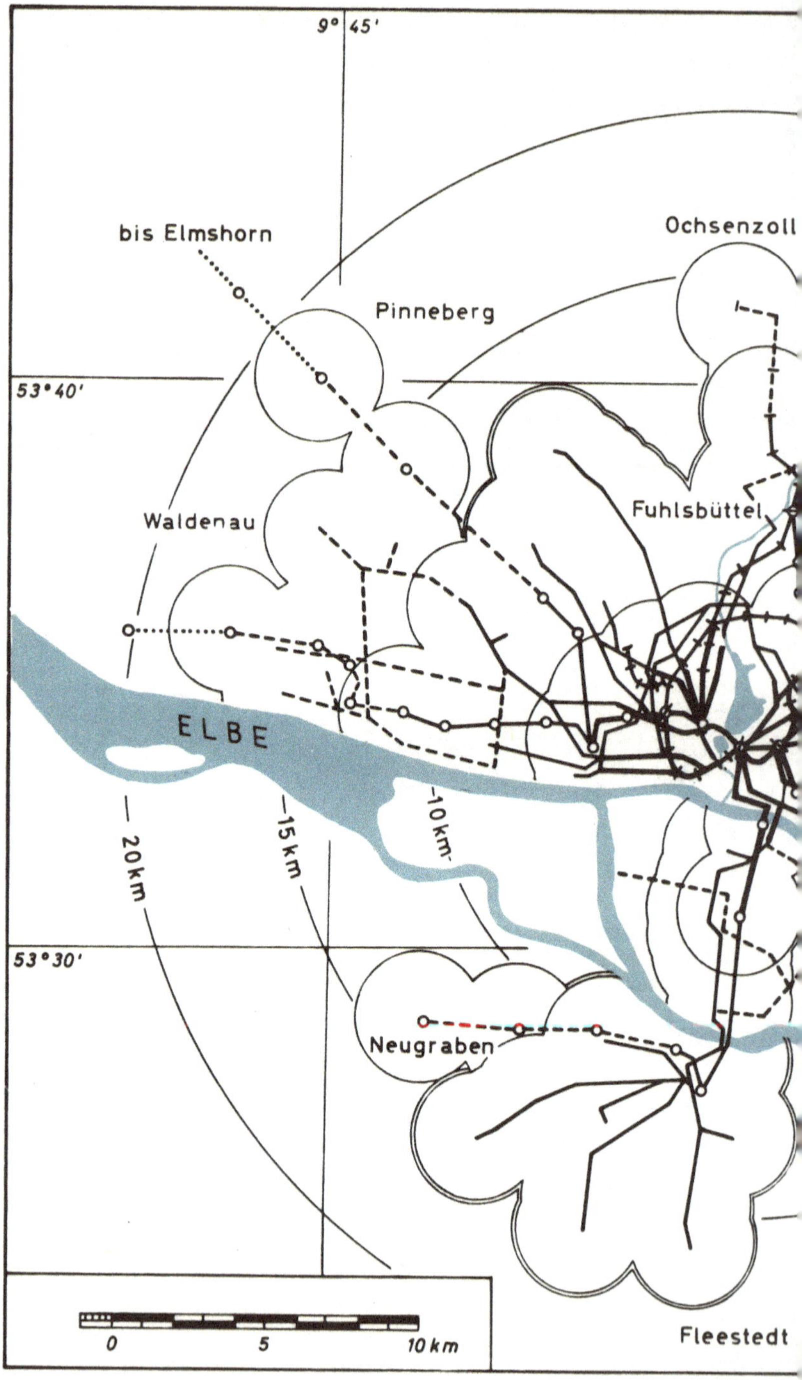

Abbildung 4 Tarifzone

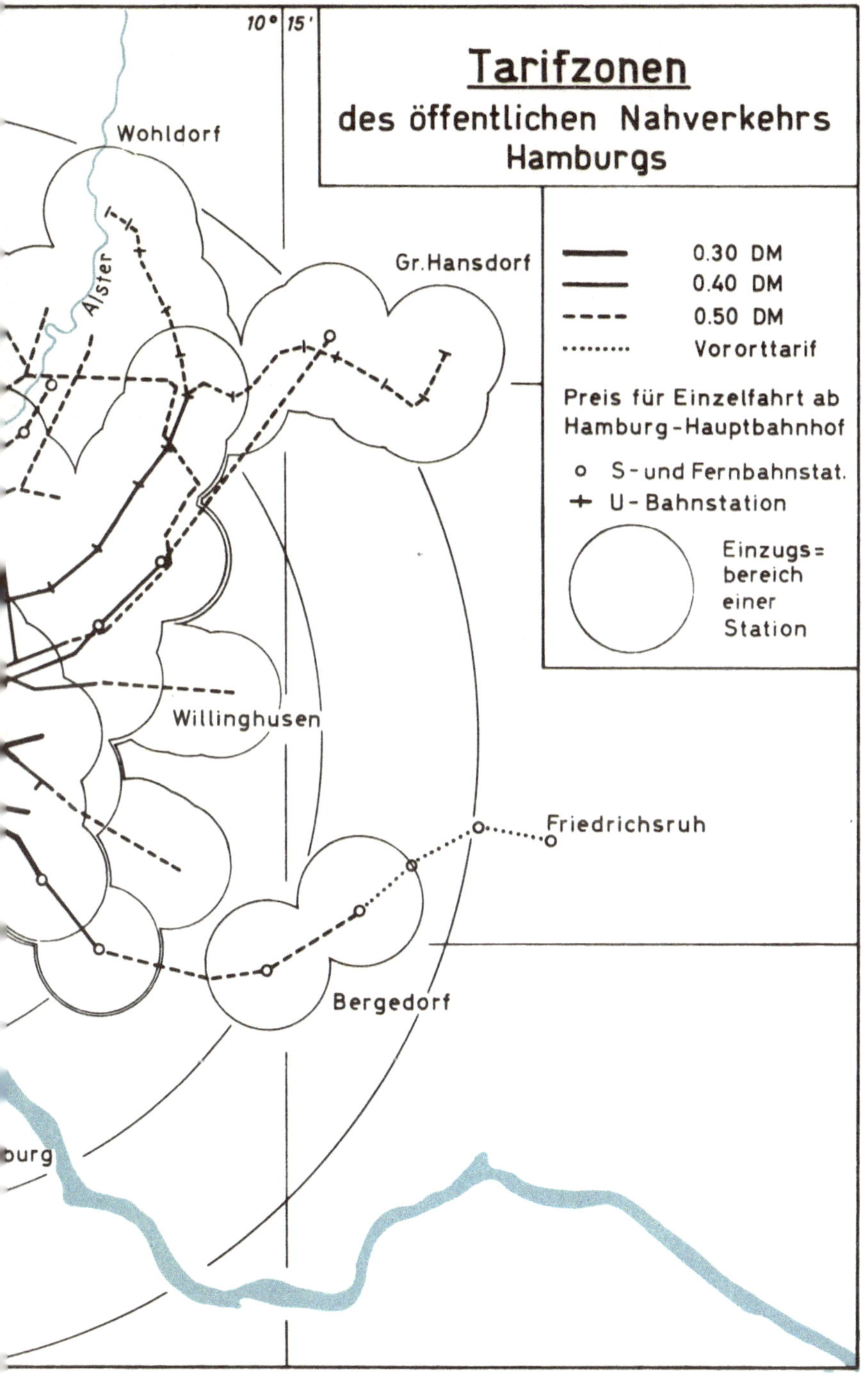

ntlichen Nahverkehr Hamburgs

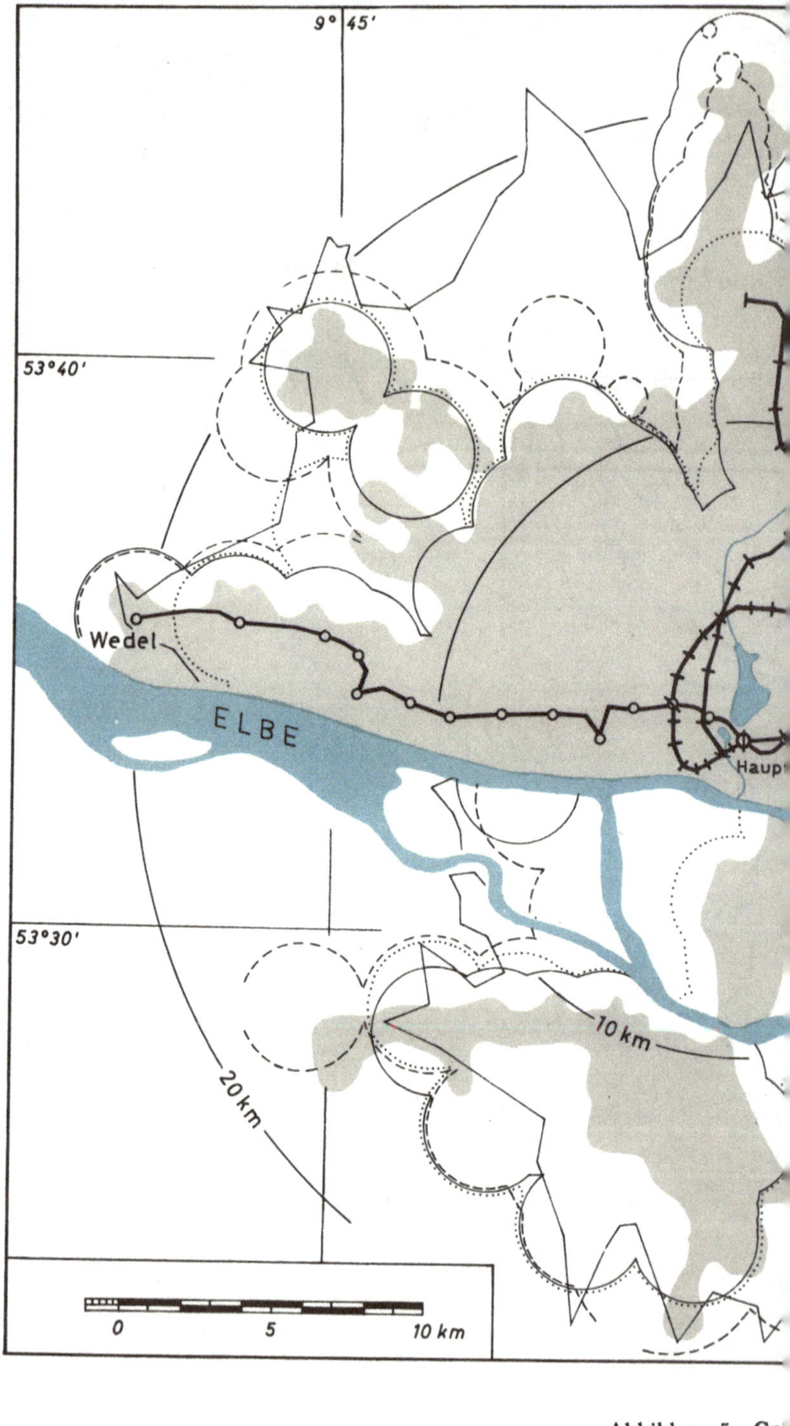

Abbildung 5 Ge

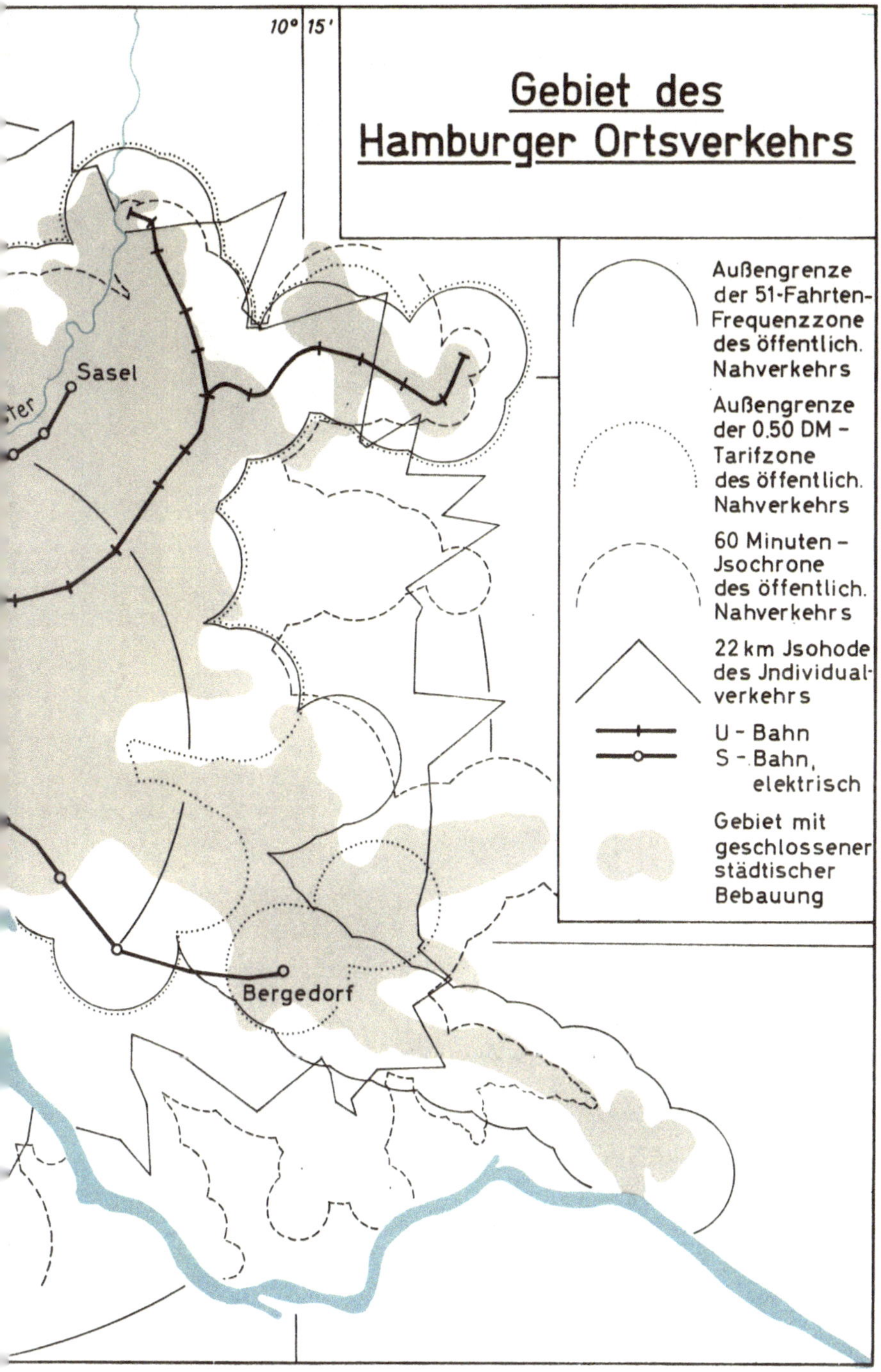

Hamburger Ortsverkehrs

Kilometertarif zwischen 0.06 und 0.08 DM je Einzelfahrt. Das bedeutet, daß sich von einer bestimmten Grenzlinie an die Fahrpreise nahezu verdreifachen (Tab. 5).

Das Tarifkartogramm (Abb. 4), bei dessen Konstruktion der Hauptbahnhof als Mittelpunkt gewählt wurde, bestätigt noch einmal die bereits erkannten Eigenarten des Hamburger Verkehrsgebietes. Die Zone des 0.30 DM-Tarifes füllt etwa das Gebiet des 5 km-Luftlinienkreises aus; nicht erfaßt werden der Sektor nördlich der Außenalster und das südlich der Elbe gelegene Terrritorium mit Ausnahme der Eisenbahnstation Wilhelmsburg. Für den 0.40 DM-Tarif kann man fast jeden Punkt der 10 km-Luftlinienfläche erreichen. Begünstigt gegenüber den benachbarten Gebieten sind die Walddörfer bis Volksdorf und Harburg, das wieder seine inselartige Stellung einnimmt; benachteiligt ist das Marschgebiet der Süderelbe. Die äußere Grenze der Zone des 0.50 DM-Tarifes zeigt einen ähnlichen Verlauf wie die anderen aufgefundenen Grenzen. Eine eindeutige Abweichung ergibt sich jedoch zu Ungunsten des Wandsbeker Raumes und der östlich von ihm gelegenen Gebietsteile, da sie in dieser Richtung nur 7 km vom Zentrum entfernt ist, während die maximale Entfernung bei Groß-Hansdorf 23 km Luftlinie beträgt. Außerhalb dieser Grenze erfahren die Vorortstrecken eine tarifliche Begünstigung; auf den anderen Strecken setzt der Kilometertarif ein, so daß die Fahrpreise proportional mit der Entfernung zunehmen.

Abschließend sei erwähnt, daß es nicht der Sinn dieses Abschnittes sein sollte, das gesamte Tarifgefüge in allen Einzelheiten darzulegen, sondern daß lediglich einige wesentliche Erscheinungen des Tarifsystems aufgezeigt und zur Abgrenzung herangezogen werden sollten.

6. Abgrenzung

Die bisher gefundenen Ergebnisse lassen bereits folgende Strukturelemente des Hamburger Verkehrsraumes erkennen: Der Verkehrsraum Hamburg ist kein homogenes Gebilde, sondern besteht aus verschiedenen in ihrer verkehrsmäßigen Erschließung sehr differenzierten Teilen. Gemessen an der Zahl der Nahverkehrsabfahrten, bilden der Hauptbahnhof und das anschließende Gebiet der Neustadt und der Altstadt den Verkehrsmittelpunkt Hamburgs. Von hier erfolgt der Intensitätsabfall nicht gleichmäßig nach allen Richtungen, sondern nach einer Zone des regelmäßigen Abfalls entstehen einzelne Subzentren, die eine erneute Verstärkung des Verkehrs aufweisen. Die Grenzen des Verkehrsgebietes sind, wie immer man sie auch im einzelnen wählen mag, zerlappt. Die gegenüber der Umgebung bevorzugten Gebiete folgen meist schlauchartig den Flußufern; die benachteiligten liegen im Verkehrsschattengebiet des Alsterbeckens und im Wandsbeker Raum. Jede der oben aufgezeigten Zonen weist eine Dreiteilung mit einem größeren Halbkreis im Norden, einem kleineren im Süden und einem rechteckigen Verbindungsstück in der Mitte auf. Dieses Strukturbild hat seine Ursachen in den natur- und kulturgeographischen Gegebenheiten des Hamburger Raumes, die es deshalb in den folgenden Kapiteln aufzuzeigen gilt.

Um eine Abgrenzung dieses Gebietes vorzunehmen, kann man grundsätzlich jede der oben aufgezeigten Linien heranziehen. Ich habe die Frequenzzone innerhalb der 51 Fahrten-Linie für diesen Zweck gewählt, da sie die beste Übereinstimmung mit der Bebauungsgrenze zeigt und da nach der anfangs gegebenen Definition der Umfang der Verkehrsvorgänge das Wesen des innerörtlichen Verkehrs ausmacht. Als ungeeignete Abgrenzungsmittel haben sich wegen der unterschiedlichen Reisegeschwindigkeiten die Zeitzonen und wegen der eigenartigen tarifpolitischen Situation Hamburgs die Tarifzonen erwiesen.

Der Hamburger Raum des innerstädtischen Verkehrs in der von mir gewählten Definition und Grenzziehung umfaßt somit ein halbkreisförmiges Gebiet nördlich der Elbe mit einem mittleren Radius von 25 km und den Gemeinden bzw. Ortsteilen Wedel, Eidelstedt, Pinneberg, Schnelsen, Friedrichsgabe, Harksheide, Lehmsahl, Wohldorf, Groß-Hansdorf, Rahlstedt, Willinghusen, Glinde und Geesthacht an der Grenze, ein halbkreisförmiges Gebiet südlich der Elbe mit einem mittleren Radius von 10 km und Wulmsdorf, Eißendorf, Fleestedt, Rönneburg an der Grenze und einen dazwischenliegenden Streifen mit Billwerder, Wilhelmsburg und dem Nordteil von Finkenwerder.

A. GRUNDRISS, AUFRISS UND FUNKTION DER INNERSTÄDTISCHEN VERKEHRSANLAGEN

Die bei den Abgrenzungsversuchen festgestellte Inhomogenität der verkehrsmäßigen Erschließung des Hamburger Raumes läßt vermuten, daß die Verkehrsanlagen in Gestaltung und Verlauf eine ähnliche inhomogene Ausbildung aufweisen, die in einem bestimmten Verhältnis zu den bei ihrer Schaffung vorgefundenen natur- und kulturgeographischen Faktoren und den ihnen gestellten funktionalen Aufgaben steht. Daher erscheint es mir notwendig, zunächst diese aufzuzeigen, um die spezifische Struktur des Hamburger Verkehrsnetzes und damit des Hamburger Verkehrsraumes zu kennzeichnen.

I. DIE BEDEUTUNG DER OBERFLÄCHENFORMEN

Typisch für Hamburg ist das Nebeneinander von Land- und Wasserverkehrswegen, deren Differenzierung durch die Beschaffenheit und Anordnung der Oberflächenformen und des Untergrundes erfolgt. Denn die Wasserstraßen folgen in der Regel den Wasserläufen, die unmittelbar schiffbar sind oder schiffbar gemacht werden können; beim Landwegebau hingegen meidet man die vermoorten Talauen und bevorzugt die Gebiete mit tragfähigem Untergrund, wobei die Schienenwege eine größere Abhängigkeit vom Relief zeigen als die Kraftfahrzeugstraßen, da die bis zu 1 500 t schweren Eisenbahnzüge größere Steigerungen nur schwer zu bewältigen vermögen.

Von entscheidender Bedeutung für die Beschaffenheit der Oberflächenformen des Hamburger Raumes und der Ausgestaltung der Verkehrswege ist seine Zugehörigkeit zum Norddeutschen Flachland. Wie dieses verdankt auch er seine heutigen Oberflächenformen der Arbeit der pleistozänen Vorstöße des skandinavischen Inlandeises, der fluviatilen Erosion der Schmelzwassermengen und den alluvialen Bildungen, die die Hohlformen ausfüllen. Es lassen sich fünf verkehrsgeographisch und geomorphologisch differenzierte Landschaftsteile, die in verschiedenen Höhenstufen angeordnet sind, unterscheiden:

a) das verkehrsbautenreiche, den Wasser- und Landverkehr miteinander verzahnende Verkehrsgebiet des Urstromtales,
b) das verkehrsbautenarme, den Landverkehr konzentrierende Verkehrsgebiet der ebenen Vorgeestflächen,
c) das verkehrsbautenreiche, den Querverkehr abstoßende Verkehrsgebiet der steilen Geeststirn,
d) das verkehrsbautenarme, den Verkehr anziehende Verkehrsgebiet der fluviatil zerschnittenen, flachwelligen Grundmoränenfläche,
e) das verkehrsbautenreiche, den Verkehr behindernde Verkehrsgebiet der stärker reliefierten Stauchendmoränenwälle.

1. Das Verkehrsgebiet des Urstromtales

Seine unterste Höhenregion bildet die Wasseroberfläche des von Südosten nach Nordwesten das Gebiet durchziehenden Elbstromes, deren Niveau bei mittlerem Tideniedrigwasser 7 dm unter dem Amsterdamer Pegelnull (Mittleres Tideniedrigwasser = − 0.7 m Normalnull (NN) = + 2.8 m Hamburger Null (HN) = 0.0 m Hamburger Kartennull (KN)) liegt. Die heutigen Wassermengen der bei Geesthacht 400 m breiten Oberelbe füllen das von dem Schmelzwasser der Weichselvereisung geschaffene Urstromtal, das an seiner schmalsten Stelle (Hamburg Altstadt – Harburg) eine Breite von 10 km besitzt, nur noch unvollkommen aus und verteilen sich unterhalb Geesthachts auf mehrere Arme, die mäandrierend das Stromspaltungsgebiet zwischen dem Harburger Ufer und dem Ufer der Hamburger Innenstadt durchziehen. Die bedeutendsten Arme sind die 400 m breite und 17 km lange Süderelbe, die am Harburger Ufer entlangfließt, und die 300 m breite und 16 km lange Norderelbe, die sich an der Bunthausspitze von der Süderelbe trennt, am hohen Nordufer der Neustadt und von St. Pauli vorbeifließt und sich unterhalb Finkenwerders wieder mit der Süderelbe vereint. Geringere Breiten weisen die Dove-Elbe und Goose-Elbe auf, die die Wasseradern der Vier- und Marschlande darstellen und durch Abdeichung vom Hauptstrom abgetrennt wurden. Ebenfalls von den Hauptströmen abgedeicht oder durch Schleusen abgetrennt sind der Reiherstieg, das Köhlfleet, die Dradenau und kleinere Wasserarme, deren Wassermengen sich bei Finkenwerder zur 3000 m breiten Elbe vereinen.

Unterhalb Finkenwerders ist durch den starken Wechsel der Strombreite eine Verwilderung des Strombettes eingetreten. Es haben sich Sandbänke, die bei Niedrigwasser aus dem Wasser herausragen, und flache Barrenstrecken gebildet, die die Räumkraft des Wassers schwächen und eine ständige Versandung des Stromes hervorrufen.

Oberhalb Finkenwerders und unterhalb der oberen Tidegrenze, die in der Mitte des vorigen Jahrhunderts bei Geesthacht lag und in den letzten hundert Jahren infolge der Stromregulierungsarbeiten 14 km flußaufwärts bis Lauenburg gewandert ist, kommt es bei Stillstand des Wassers zum Absatz des feinen, mitgeführten Materials, das im Bett des Urstromtales zwischen den Wasserarmen bis zu 9 m mächtige, schüsselförmig eingemuldete Flußmarscheninseln aufbaute, deren Oberfläche von 1 m über NN in Finkenwerder bis auf 4 m über NN in den Vierlanden ansteigt. Die von zahlreichen Wetterungen durchzogenen Marschgebiete sind bis auf wenige schmale Streifen Außendeichsland im Laufe der Jahrhunderte eingedeicht worden oder durch Baggergut, das beim Ausbaggern der Fahrwasserrinne der Elbe gewonnen wurde, aufgehöht. So wurde über der Marsch des Hammerbrooks 1842 eine 2.50 m mächtige Schicht aus Boberger Dünensand und Schutt des Hamburger Brandes aufgeschüttet und nach dem Zweiten Weltkrieg aus Trümmern eine weitere Schicht von 2.50 m aufgetragen, so daß das Gebiet jetzt 5.70 m über NN liegt. Die Inseln der Alstermündungsmarsch, das Hafengebiet, Teile von Wilhelmsburg und Finkenwerder wurden ebenfalls aufgehöht, und noch heute setzen die Spülrohre ihre Tätigkeit in Moorburg und Georgswerder fort.

Da die natürliche Aufschlickung am Stromstrich am stärksten ist und zum Geestufer hin abnimmt, ist die Oberfläche der Randmarschen zur Marsch-Geest-Grenze hin schwach geneigt, und über diesen niedriger gelegenen Teilen der Marsch bildeten sich durch stauende Nässe des wegen des widersinnigen Gefälles am Abfließen gehinderten Regenwassers die Flachmoore der Randmoorzone. Das ausgedehnteste Moorgebiet Hamburgs mit 3 km Breite und 15 km Länge findet sich nördlich des Harburg - Horneburger - Geestbogens. Es ist im Norden durch Wetterung und Hinterdeich gegen die Marsch abgegrenzt und im Süden durch die aus dem Harburger Höhengebiet vorstoßenden Schwemmkegel der fossilen Flüsse stark zerlappt. Der Moorstreifen zwischen Fürstenmoor und Rüpker Moor ist durch Kultivierungsmaßnahmen zu anmoorigen Wiesen umgewandelt worden, die von zahlreichen Entwässerungsgräben durchzogen werden, das Moorgebiet von Lauenbruch und Harburg ist im Zuge des Hafenausbaus aufgehöht worden, und das Friesenwerder Moor im Osten wird seit 1542 durch den Seevekanal entwässert.

Am Nordufer der Elbe ist kein zusammenhängender Moorstreifen vorhanden; nur bei Escheburg, Boberg und Horn finden sich einzelne Moorflecken.

Die einzige stärkere Reliefierung des Marschgebietes weist Kirchdorf auf, wo eine 3 m hohe Düne die Marschdecke durchbricht und zum Siedlungsansatz wurde.

Diese Anordnung der Wasserarme, Marschen, Randmoore und Dünen, die kurz skizziert wurde, ergibt naturgemäß auch den Grundplan für den Verlauf der Wasserwege und Landwege im Urstromtal. Aufgabe des Menschen ist es, diese natürlichen Faktoren für seine Zwecke sinngemäß in Wert zu setzen.

Um das verwilderte Stromspaltungsgebiet in eine geordnete Wasserverkehrslandschaft zu verwandeln und um die Wasserstraßen den jeweiligen Bedürfnissen der Schiffahrt anzupassen, wurden und werden zahlreiche Strombaumaßnahmen durchgeführt. Durch Abdämmungen, Abschleusungen und Durchstiche, deren Ausführung die leichte Bearbeitbarkeit des Marschenschlicks und der Flußsande begünstigte, wurde das Wasserstraßennetz übersichtlicher gestaltet, und wurden die zahlreichen Wasserarme zu wenigen Wasserstraßen umgewandelt.

Die Goose-Elbe (1482), die Dove-Elbe (1490), die Stillhorner Elbe, die Veddel-Elbe, das Köhlfleet und mehrere kleine Wasserarme wurden stromaufwärts zugedeicht, und dadurch wurde das Oberwasser auf zwei breite und tiefe Stromarme beschränkt, die heutige Norderelbe und die Süderelbe mit dem Köhlbrand als Fortsetzung. Als die Wassermengen der Alster nicht mehr ausreichten, um das Fahrwasser unterhalb des Alstertiefs, in dem der erste Hafen lag, tief genug zu halten, wurde durch einen Durchstich im Zuge des Zollkanals (1258) das Billewasser in die Alstermündung abgeleitet. Das Wasser der Oberbille wurde durch den Durchstich des Bergedorfer Schleusengrabens (1443) der Dove-Elbe zugeführt, deren unterer Abschnitt, der sich mit der Goose-Elbe zur Billwerder Elbe vereinigt, durch den Durchstich des Grandeswerders (1550) ebenfalls an das Nordufer verlagert wurde, um die drohende Versandung der Norderelbe vor dem Eichholz zu verhindern. Nach

Durchstich des Spadenländer Busches (1570) mußte auch die Stillhorner Elbe ihr Wasser zum großen Teil an die Norderelbe abgeben. Die bis heute aber bedeutendste Stromregulierung ist die Schaffung des „Neuen Grabens" (1604) durch den Brook; denn durch sie entstand die Hauptwasserstraße des Hamburger Stückguthafens, der Große Grasbrook im Norden und der Kleine Grasbrook im Süden, die beiderseits des Stromes zu Hafenbecken ausgebaut wurden. Der Kalte-Hofe-Durchstich (1878) zweigte endgültig einen beträchtlichen Teil des Oberelbwassers aus dem Hauptbett der Süderelbe zur Norderelbe ab.

Dadurch war die Grundlage für den Ausbau der norderelbischen Hafenlandschaft gegeben, da man es verstanden hatte, die naturgeographischen Gegebenheiten des Hafenwasserraumes optimal auszunutzen. Am Südufer hat bei gleichen, ja vielleicht noch günstigeren naturgeographischen Voraussetzungen keine derartige Entwicklung stattgefunden. Dieses Beispiel zeigt bereits deutlich, daß nicht die naturgeographischen Faktoren allein, sondern erst ihre zweckvolle Nutzung durch den Menschen das Gesicht der Kulturlandschaft gestaltet.

Zur Schaffung der benötigten Fahrwassertiefe genügte jedoch nicht die Abdämmung und Durchstechung im Marschgebiet, sondern der Fluß selber mußte sowohl im Hafengebiet als auch oberhalb und unterhalb Hamburgs durch Ausbaggerungen künstlich vertieft werden. Als erste Baggermaßnahme im Hamburger Gebiet wurde die Barrenstrecke bei Blankenese (1846), die bei mittlerem Tideniedrigwasser nur eine Tiefe von 2 m besaß, beseitigt. Durch weitere Baggerungen konnte man eine Vertiefung der Unterelbe auf eine Fahrwassertiefe von 6 m (1897) erreichen[39]. Nachdem bis dahin 2 Millionen cbm Baggergut gefördert worden waren, reichten aber selbst die großen Leistungen der modernen Bagger (3 000 cbm / 10 h) nicht mehr aus, um die von der Schiffahrt geforderte, weitere Vertiefung des Fahrwassers und gleichzeitige Freihaltung der Fahrrinne von abgelagerten Sänden durchzuführen.

Um weiterhin die Wasserwege nutzen zu können, waren die Strombauer gezwungen, die breiten Stellen und scharfen Krümmungen des Elbfahrwassers zu beseitigen, um dadurch einen gleichmäßigen Strömungsquerschnitt und eine große Räumkraft des Wassers zu erzielen. Als erste Strombaumaßnahme (1900 - 1906) wurde die Köhlbrandmündung, die seeschifftiefe Zufahrt zu dem Harburger Hafengebiet, 600 m flußabwärts gelegt und am gegenüberliegenden Altonaer Ufer ein Leitdamm gebaut, um eine ausgeglichene Wasserführung zu erreichen. Unterhalb Altonas wurde der Fluß in ein 400 m breites Bett gezwängt, das im Hafengebiet durch die Hafenwerke, bei Waltershof durch die hölzernen Pfahlwände, bei Finkenwerder durch die Deckwerke des aufgehöhten Vorlandes und unterhalb Finkenwerders durch Niedrigwasserleitdämme, die auf der Höhe von Schulau so angelegt sind, daß neben der Hauptfahrwasserrinne unmittelbar an den heutigen Uferlinien Nebenfahrwasserrinnen zur Este- und Lühemündung im Süden und zur Pinnau- und Krückaumündung im Norden freigehalten werden, und Stacks begrenzt, die unterhalb Schulaus bis zu 1 000 m lang sind und das Fahrwasser allmählich von 400 m auf 1 100 m verbreitern. Nun besaß das Fahrwasser eine garantierte Tiefe von 9 m (1914). Durch weitere Strombaumaßnahmen außerhalb des Hamburger Gebietes an der Ostebank und bei Cuxhaven ist ein Regeltiefgang von 11 m erreicht worden. Die den Hamburger Hafen anlaufenden modernen Massengutfrachter mit einem Tiefgang bis zu

39) Krause, M.: Die Elbe, Hamburgs Lebensader. Ihre Betreuung durch die Wasser und Schiffahrtsdirektion Hamburg. In: Hamburg, Großstadt und Welthafen. Festschrift zum XXX. Deutschen Geographentag in Hamburg 1955. Kiel 1955. S. 54

13.5 m erfordern jedoch einen ständigen Ausbau des Hafens und der Elbwasserstraße, um den Hamburger Hafen und seine seeseitige Zufahrt funktionsfähig zu erhalten.

Die Oberelbe wurde ebenfalls durch den Bau von Buhnen oberhalb und unterhalb Geesthachts von einem verwilderten Strombett in eine geordnete Wasserstraße verwandelt. Die Mündung der Dove-Elbe wurde aus strömungstechnischen Gründen stromaufwärts verlegt, die Bunthausspitze stromaufwärts durch einen Leitdamm verlängert, um eine günstigere Verteilung des Oberwassers auf die Norderelbe und Süderelbe zu erreichen. Durch diese und weitere geplante Maßnahmen oberhalb des Hamburger Gebietes sollte auf der Elbe eine durchgehende Mindestfahrwassertiefe von 1.70 m hergestellt werden, die dem üblichen 700 t-Elbekahn mit 3/4 Abladung das ganze Jahr hindurch den Verkehr bis zur Saalemündung erlaubte. Der Zweite Weltkrieg und die politische Nachkriegsentwicklung ließen diese Pläne jedoch nicht zur Ausführung gelangen, so daß die Oberelbwasserstraße heute kaum noch den Anforderungen des 700 t-Kahnes, geschweige denn denen des auf den anderen deutschen Wasserstraßen üblichen 1 000 t-Kahnes mit 2.30 m Tiefgang genügt.

Ebenso wie die Unterelbe durch Strombaumaßnahmen den Erfordernissen der heutigen Seeschiffahrt angepaßt wird, muß auch landeinwärts eine vollschiffige Verbindung geschaffen werden, um die Leistungsfähigkeit des Hamburger Hafens zu erhalten. Drei Projekte zur Lösung dieses Problems stehen zur Diskussion. Durch den geplanten Hansakanal, der im Zuge des Hamme-Wümme-Urstromtales eine günstige Trassierungsmöglichkeit besitzt, würde eine Verbindung zwischen der Elbe und der Weser hergestellt werden. Der Vorteil dieses ostwestlichen Kanals ist für den Hamburger Hafen relativ gering, da der Binnenschiffsverkehr aus dem Westen nur bis Bremen geht und eine bessere Verbindung Hamburgs zu seinem Hinterland nicht geschaffen würde. Der zweite Plan, der eine Kanalisierung der Oberelbe und die Anlage mehrerer Staustufen vorsieht[40], ist für Hamburg die günstigere Lösung, da die Oberelbe, Saale- und Moldauhäfen, das Hamburger Einzugsgebiet, wieder eine leistungsfähige Wasserstraßenverbindung erhielten. Das dritte Projekt ist bis zu einem gewissen Grade nur eine Variante des zweiten und sieht statt der größere Schwierigkeiten bereitenden Kanalisierung des Elbelaufes den Bau eines nordsüdlich verlaufenden Elbeseitenkanals vor[41], der dem Ilmenaulauf über Lüneburg-Uelzen folgt und bei Wolfsburg in den Mittellandkanal einmündet. Diese Wasserstraße würde sowohl für den Schiffsverkehr mit dem Ruhrgebiet als auch für den Schiffsverkehr mit den oberelbischen Häfen eine Wegabkürzung von 50 km bringen. Darüber hinaus erhielte der Hamburger Hafen eine leistungsfähige Wasserverbindung in das sich immer mehr entwickelnde Salzgitterer Industriegebiet, auf der billig Massengüter und Schwerlasten befördert werden könnten.

Trotz der zahlreichen Strombauwerke, durch die sich der Mensch den Strom gefügig gemacht hat, sind immer wieder Baggerungen notwendig, die von der Wasser- und Schiffahrtsdirektion Hamburg mit zwei kleineren Eimerbaggern und einem Greifbagger auf der Oberelbe und fünf großen Eimerbaggern und drei Saugbaggern auf der Unterelbe durchgeführt werden. 60% des geförderten Baggergutes werden,

40) Hoffmann, R.: Die Erweiterung und Kapazitätserhöhung unseres Wasserstraßennetzes durch die Kanalisierung der Elbe und Saale mit Anschluß der Stadt Leipzig an die Elbwasserstraße. Wissenschaftliche Zeitschrift der Hochschule für Verkehrswesen in Dresden. 4. Jg., Heft 2/3. Dresden 1956. S. 295

41) Leichtweiß: Gedanken zum Ausbau des Nord-Süd-Kanals und dem Ausbau der Elbe. Zeitschrift für Binnenschiffahrt. Jg. 1957, Heft 9. Duisburg 1957. S. 330

um den Geschiebehaushalt des Stromes nicht zu stören, wieder zwischen den Buhnen verklappt, 40 % werden für Aufhöhungsmaßnahmen im Marschgebiet verwendet (Tab. 6) [42], [43].

Jahr	Baggergebiet			Summe
	Oberelbe	Hafen und Kanäle	Unterelbe	
1953	200	3 009	3 035	6 244
1954	200	2 881	4 334	7 415
1955	200	2 905	2 777	5 882
1956	200	4 168	2 791	7 159

Tabelle 6 **Baggergutmengen**
(Mengen in 1 000 cbm)

Durch diese anthropogenen Maßnahmen ist es bisher gelungen, die naturgeographischen Möglichkeiten für den Verkehr in ihrer Gunst zu nutzen, in ihrer Ungunst zu mildern und einen vollfunktionsfähigen Seehafen zu schaffen.

Von den Hauptschiffahrtsstraßen wurden zahlreiche Hafenbecken und -kanäle in den weichen Marschenschlick hineingearbeitet, so daß durch die Arbeit des Menschen im Lauf von über sieben Jahrhunderten in der Hamburger Elbmarsch durch geschickte Ausnutzung der natürlichen Grundlagen eine vielgestaltige Wasser- und Landverkehrslandschaft entstand, deren wesenhafte Züge an einigen Beispielen charakterisiert werden sollen.

Im Ostteil der Alstermündungsmarsch und im Westteil der Billemündungsmarsch wurden die zahlreichen zwischen den Marscheninseln der Altstadt verlaufenden, kurzen Wasserarme zu oft nur 10 bis 20 m breiten Fleeten ausgebaut, auf denen flachbodige Schuten verkehrten, die Waren aus den schmalen, dicht an dicht aufgereihten Handelshäusern der Altstadt holten oder dorthin brachten. Ein beim U-Bahn-Bau aufgefundener hölzerner Anlegesteg am Reichenstraßenfleet mag die erste Kaianlage Hamburgs gewesen sein. Mit dem Aufkommen des Kraftwagenverkehrs und der Verlagerung des Schiffsverkehrs auf die Elbe ging der schwerfällige Verkehr mit den hölzernen Schuten, die mit langen Peekhaken durch die Fleete gepeekt wurden, immer mehr zurück, und sie wurden im Laufe der letzten Jahrzehnte mit Trümmerschutt zugeschüttet (1876-1878: Dovenfleet, Reichenstraßenfleet; 1946: Deichstraßen-, Gröningerstraßen-, Katharinen-, Steckelhörn- und Brauerstraßenfleet). Die dadurch gewonnenen Landflächen dienen nun dem Kraftwagenverkehr; sei es als Straße, wie beim Reichenstraßenfleet, das zur Verbreiterung der Reichenstraße benutzt wurde, sei es als Parkplatz, wie beim Gröningerstraßenfleet. Abgesehen von einigen funktionslosen Brückenrelikten, die die ehemaligen Schnittstellen des Land- und Wasserverkehrs kennzeichnen, lassen sich auch in der Grundrißgestaltung noch heute die alten Wasserläufe erkennen. Der einzige zur Zeit hier noch vorhandene

42) Krause, M.: Die Elbe, Hamburgs Lebensader. Ihre Betreuung durch die Wasser- und Schiffahrtsdirektion Hamburg. In: Hamburg, Großstadt und Welthafen. Festschrift zum XXX. Deutschen Geographentag in Hamburg 1955. Kiel 1955. S. 56

43) Statistisches Landesamt der Freien und Hansestadt Hamburg: Statistisches Jahrbuch 1957. Hamburg 1958. S. 136

Wasserweg ist das 50 m breite Nikolaifleet, der bedeutendste der Alstermündungsarme, in dem 1188 der erste privilegierte Alsterhafen gegründet wurde und auf dem noch heute Schuten verkehren.

Im Westteil der Alstermündungsmarsch folgen die 30 m breiten Fleete nicht den natürlichen Wasserarmen, sondern wurden als geradlinige Gräben im Zuge der Befestigungsanlagen ausgehoben (1504). Ihr Verlauf ist jedoch nicht ganz geradlinig, sondern mit einer leichten Ausbuchtung nach Westen dem konkav gekrümmten Verlauf des Geestufer-Prallhanges angepaßt, der sich, obwohl die Marsch um 6 m aufgehöht wurde, klar im Gelände erkennen läßt. Die beiden Fleetzüge Bleichenfleet-Herrengrabenfleet und Alsterfleet-Admiralitätsstraßenfleet sind für den heutigen Schutenverkehr die einzige Wasserverbindung zwischen der Elbe und der Alster. Der dritte mittelalterliche, künstliche Fleetgraben, das Rödingsmarktfleet, wurde 1886 zugeschüttet und bot so Platz für die Anlage einer Straße und einer Hochbahnstrecke durch die dichtbebaute Neustadt (1912). Die Hochbahntrasse paßt sich dem Verlauf des ehemaligen Fleetes an und zeigt dadurch im Grundriß eine mäandrierende Form, so daß trotz Wandlung des Verkehrsmittels die Trasse als ererbte Form erhalten blieb.

Ein vergrößertes Abbild dieser Situation bildet die Hammerbrooker Marsch, die von drei parallelen, 4 km langen und 30 m breiten Kanälen durchzogen wird, deren Namen „Nordkanal", „Mittelkanal" und „Südkanal" die Regelmäßigkeit der Anlage noch betonen. Mit einem hyperbelartigen, leichten Knick passen sich die ostwestlich verlaufenden Kanäle der Richtung des Hamm-Horner-Geestbogens im Norden an. Mit der Abnahme des Schiffsverkehrs und der Zunahme des Straßenverkehrs sind auch hier unter Beibehaltung der alten Trassen die zugeschütteten Kanäle zu Straßen umgestaltet worden (Nordkanalstraße, z. Zt. geplant). Nur der Mittelkanal ist noch in voller Länge erhalten; der westliche Teil des Südkanals, der gesamte Nordkanal, sowie die quer zu ihnen verlaufenden Stichkanäle sind bis auf das Hochwasserbassin in der Zeit nach dem Zweiten Weltkrieg verschwunden. Unter diesen Umständen dürfte auch der Lindleysche Plan, der 1840 einen Ausbau des Kanalsystems bis nach Bergedorf vorsah, nicht mehr zur Ausführung kommen.

In dem südlich der Altstadtmarsch gelegenen Hamburger Brook wurden das Kehrwiederfleet-Brooksfleet-Holländer Brooksfleet und das Wandrahmsfleet mit 25 m Breite eingeschnitten (1888), auf denen die Hafenschuten verkehren, die den Gütertransport von und zu den längs der Fleete errichteten mehrstöckigen Speichern durchführen. Ein ähnliches Bild zeigen die 60 m breiten, geradlinigen Kanäle der Peute-Insel, die den Antransport der Rohstoffe zu den dort gelegenen Industriebetrieben auf dem Wasserweg ermöglichen. Ebenfalls durch Kanäle erschlossen ist das Gebiet des Billwerder Ausschlag mit seinen Industrien, des östlich davon gelegenen Billbrook, der noch viele Freiflächen aufweist, und das westliche Wilhelmsburg mit seinen rohstoffverarbeitenden Betrieben.

Eine andere Struktur zeigt das Wasserverkehrsgebiet des Seeschiffhafens. Fächerförmig von der Norderelbe ausgehend sind die rechteckigen, flußabwärts offenen Becken in die Marscheninseln eingeschnitten worden. Sie sind jedoch nicht gleichmäßig längs des Stromes angeordnet, sondern jeweils zu Gruppen zusammengefaßt, wobei jede Gruppe einer Marscheninsel des Urstromtales entspricht, da die Hafenbauer bei jeder Erweiterung des Hafenbeckenraumes eine ganze Marscheninsel durch eine Gruppe von Hafenbecken aufschlossen, im übrigen aber das Wassernetz unangetastet ließen, um die hydrologischen Zustände möglichst wenig zu verändern. Jede dieser Hafenbeckengruppen zeigt entsprechend den Anforderungen, die der Mensch zur Bauzeit an sie stellte, und den Funktionen, die sie heute zu erfüllen haben, ein anderes Gesicht.

Nördlich der Norderelbe liegt die Hafengruppe des Großen Grasbrook, in der 1866 durch Erweiterung des alten Stadtgrabens das erste am Elbstrom gelegene Hafenbecken mit 1100 m Länge, 100 m Breite und 5,2 m Tiefe geschaffen wurde. Parallel zu ihm fanden nur noch zwei weitere Hafenbecken, der Grasbrookhafen (1871) und der Baakenhafen (1887), auf der Insel Platz.

Die zweite Hafengruppe mußte daher südlich der Norderelbe auf dem Kleinen Grasbrook angelegt werden (1876 - 1893). Fächerartig greifen die Becken der vier Seeschiffstückguthäfen (Segelschiffhafen, Hansahafen, Indiahafen, Südwesthafen) vom Amerikahöft in die Insel hinein und lassen zwischen sich nur schmale, 150 m breite Kaizungen stehen. Mit einer Breite bis zu 280 m, einer Länge bis zu 1700 m und einer Tiefe von 6.9 m weisen sie größere Dimensionen auf als die Häfen des Großen Grasbrook. Der vorhandene Raum ermöglichte es, die obere linkselbische Hafengruppe mit einem Halbring von Flußschiffhäfen (Moldau-, Saale- und Spreehafen) zu umgeben und den Seeschiffen und Binnenschiffen getrennte Wege zuzuweisen, so daß eine möglichst geringe gegenseitige Behinderung eintritt. Die breiten Wasserflächen gestatten es, daß die Schiffe nicht nur an den Kaimauern anlegen, sondern auch im Strom an den dort eingerammten Dückdalben festmachen können, um mit einem anderen Schiff ohne Kaibenutzung Ladung zu tauschen.

Ungünstiger sind die Verhältnisse bei den unteren linkselbischen Stückguthäfen auf dem Kuhwerder, da die zur Zeit des Hafenausbaus (1902 – 1908) hier verlaufende Hamburger Staatsgrenze nicht die günstigste Ausnutzung der geomorphologischen Gegebenheiten zuließ, sondern zu Einschränkungen zwang. Deshalb konnten die Kaizungen und Hafenbecken nicht bis zum Strom vorgezogen werden, sondern enden an einem quer zu ihnen verlaufenden Wendebecken (Vorhafen). Dem Nachteil, beim Auslaufen eine zweifache Kursänderung vornehmen zu müssen, steht der Vorteil gegenüber, die Schiffe beim Einlaufen statt auf dem Strom im Wendebecken mit dem Bug elbabwärts drehen zu können, ohne dabei wie bei den oberen Hafengruppen die Schiffahrt auf dem Strom zu behindern. An den landseitigen Enden der Hafenbecken sind wiederum Durchstiche geschaffen, die es den Binnenschiffen ermöglichen, von den Seeschiffbecken ohne Kreuzung des Seeschiffverkehrs in die flußaufwärts um sie herumgeführten Binnenwasserstraßen zu gelangen.

Auch der Waltershofer Hafen (1915) und der Griesenwerder Hafen (1930) konnten aus verwaltungspolitischen Gründen nicht bis zur Norderelbe durchgeführt werden und machten die Anlage eines Vorhafens (Parkhafens) erforderlich. Mit einer Fläche von 280 × 1500 m bei einer Wassertiefe von 9 m ist der Waltershofer Hafen zur Zeit das größte Hamburger Hafenbecken, dessen Fläche fünfmal so groß ist wie die des Sandtorhafens. Die Fläche des projektierten Mühlenwerder Hafens und die flußabwärts gelegenen Gebiete von Finkenwerder stehen für Erweiterungen des Hafenwasserraumes zur Verfügung.

An der Süderelbe wurden in der Randmoorzone die Schutzgräben der Harburger Zitadelle, ähnlich wie der Hamburger Stadtgraben zum Sandtorhafen, zum Binnenhafen ausgebaut (16. Jh. - 1845). Seine Wasserfläche läßt noch heute den sternförmigen Grundriß des ehemaligen Schloßgebietes als ererbte Form erkennen. Im elbabwärts gelegenen Hafenerweiterungsgebiet von Lauenbruch mußten die vier Harburger Seehafenbecken wegen des Verlaufs der verwaltungspolitischen Grenzen mit der Längsachse senkrecht zum Strom und ohne Vorhafen angelegt werden (1908-1929), so daß die Schiffe beim Einlaufen und Auslaufen eine Wendung von 90 Grad durchführen müssen. Bei der relativ geringen Schiffahrt auf der Süderelbe stellt dies jedoch kein allzu großes Hindernis dar. Im Grundriß unterscheiden sich die Massengut-Industrie-Häfen Harburgs von den Stückgut-Umschlagshäfen der Norderelbe durch die zwischen den 1000 m langen und schmalen (120 m) Hafenbecken gelegenen breiten (300 m) Kaiflächen, auf denen sich die Industriebetriebe eingerichtet haben, und das Fehlen der Binnenschiffhäfen. Auch an der Süderelbe stehen im Raum von Altenwerder, auf der Hohen Schaar und auf Kattwyk noch Hafenerweiterungsflächen zur Verfügung.

Ebenfalls nur Zubringer für die Industrie und die Werften sind die meist außendeichs gelegenen kurzen und schmalen Stichkanäle am Reiherstieg, auf Steinwerder und im Norden Finkenwerders.

Trotz der mannigfachen Umgestaltung durch den Menschen zeigt die Wasserverkehrslandschaft des Hafens in ihren Grundzügen noch immer das Bild des Stromspaltungsgebietes. Um dennoch im Bereich der das Fahrwasser einengenden Sandbänke und in den krümmungsreichen Hauptwasserstraßen ein sicheres Manövrieren der Schiffe zu ermöglichen, wurden längs der Wasserstraßen Richtungsmarken (reflektierende Landbaken oberhalb der Seevemündung, Tonnen, Leuchttürme und Leuchtfeuer unterhalb Wuhlenbergs) aufgestellt, die für den Aufriß der Verkehrslandschaft des Urstromtales charakteristisch sind.

Aber nicht nur die Wasserwege, sondern auch die Landwege, Straße und Schiene, sind in ihrem Verlauf durch den Grundriß der Wasserlandschaft des Stromspaltungsgebietes beeinflußt. Als Leitlinien für die Straßentrassierung boten sich zunächst die Deiche an. In dem Bereich oberhalb der Elbbrücken, in dem die Gezeiten nur noch schwach zu spüren sind, sind die 5 m hohen Deiche (9.2 m über NN), die die Aufgabe haben, bei Hochwasser dem Druck des gestauten Wassers zu widerstehen, als mächtige, wallartige Staudeiche ausgebildet, deren breite Krone die Anlage eines Fahrdammes gestattet. In den Vier- und Marschlanden dienen fast alle Deiche dem Straßenverkehr. Sie bilden entsprechend der Inselstruktur windungsreiche Ringstraßenzüge, wie z. B. der Straßenzug Neuengammer Elbdeich - Neuengammer Hausdeich - Siethwende - Reitbrooker Hinterdeich - Kiebitzdeich, der Neuengamme umschließt. Meist lassen jedoch nur die landeinwärts gelegenen, funktionslosen, erniedrigten und verbreiterten Schlafdeiche einen Verkehr in beiden Richtungen in vollem Umfang zu, während die aktiven Deiche nur als Einbahnstraßen zu benutzen sind (z. B. der Neuengammer Elbdeich ist stromaufwärts für Fahrzeuge über 1.80 m Breite gesperrt).

Die Unterelbdeiche haben nicht nur bei Hochwasser dem Druck des gestauten Wassers, sondern auch bei Sturmfluten den Angriffen der auflaufenden Brandungswellen standzuhalten. Um deren Kraft brechen zu können, ist ihre Außenböschung flach geneigt, so daß die Deichkrone schmal ist und nur einen Fußweg von 0.5 m Breite zu tragen vermag. Die Fahrstraßen verlaufen binnendeichs am inneren Deichfuß (z. B. im Alten Land) oder außendeichs im Deichvorland (z. B. Finkenwerder Auedeich). An den Stellen, an denen die Straße vom Binnendeichsgebiet ins Außendeichsgebiet wechselt, ist der Deich durch eine Deichscharte unterbrochen, die bei Hochwasser mit Bohlen verriegelt werden kann.

Zur Aufschließung der innerhalb der Ringdeiche gelegenen Gebiete wurden rechteckige Raster schnurgerader Straßen geschaffen, deren Längsprofil die gleiche

Einmuldung wie die Marschenfläche zeigt. Ihre Abmessungen sind jeweils der Größe der Marschinsel, die sie durchziehen, angepaßt. Auf den kleinen Inseln der Altstadtmarsch sind die schmalen, parallel zueinander zwischen den Ringdeichstraßen verlaufenden Twieten nur 60 m lang (z. B. Cremon); auf der Elbinsel Wilhelmsburg beträgt die Länge der parallelen Nordsüd-Straßen bis zu 5 km. Die Straßennamen des Billwerders: „Oberer Landweg", „Mittlerer Landweg" und „Unterer Landweg" unterstreichen die Regelmäßigkeit der Verkehrsanlagen der Marsch.

Ein hiervon abweichendes Verhalten zeigen die modernen Schnellstraßen, die Autobahn und die Wilhelmsburger Reichsstraße. Zwar war wegen der geringen Besiedlung im Marschgebiet noch genügend Raum vorhanden, um sie in jüngster Zeit bis auf 5 km an das Verkehrszentrum heranzuführen, aber die vorhandenen Verkehrswege, Straßen, Schienen, Kanäle, mußten, um kreuzungsfreie Schnellstraßen zu schaffen, überführt oder unterführt werden. Am wenigsten paßt sich die Wilhelmsburger Reichsstraße dem bisher aufgezeigten Strukturbild der Marschenstraße an. Die Brücken über den Ernst-August-Kanal und das Gleis der Wilhelmsburger Industriebahn und die Unterführungen unter den Gleisen der Bundesbahn, der Peute-Bahn, und der Hohe-Schaar-Bahn rufen ein mehrfaches Steigen und Fallen im Straßenniveau hervor. Dadurch wird das den naturgeographischen Faktoren adäquate Straßennetz von einem den kulturgeographischen Erfordernissen angepaßten Straßennetz überlagert.

Die Randmoorzone ist wegen ihrer morastigen Beschaffenheit fast verkehrsleer. Nur an den schmalsten Stellen führen schnurgerade Straßendämme hindurch und verbinden den Achterdeich der Marsch mit den Straßen auf der Vorgeest, wobei sie die weit ins Moorgebiet hineinragenden Schwemmfächer der Vorgeest als Absprungbrett benutzen. Da der Verkehr bisher das Moorgebiet mied, sind noch weite Flächen für die Anlage moderner, großräumiger Verkehrsbauten vorhanden (z. B. Autobahn östlich Harburgs).

Eine in ihrem Erscheinungsbild fast nur durch die Verkehrsanlagen bestimmte Landschaft bilden die aufgehöhten Gebiete des Urstromtales, in denen sich Straßen, Schienen und Wasserwege miteinander verzahnen. Ein Musterbeispiel der kammartigen Verzahnung von Land- und Wasserwegen liefert der Grundriß des Kleinen Grasbrook. Der Veddeler Damm und der Hafenhauptbahnhof Hamburg Süd bilden die Sammeltangente für alle Landverkehrsströme dieses Gebietes, die Norderelbe bildet die Sammeltangente für den Wasserverkehr. Von ihnen verlaufen die Straßen und Gleise zu den Kaihöften, die Hafenbecken zu den Kaiwurzeln, so daß sich Hafenbecken, Schienen und Straßen in paralleler Anordnung mehrfach wiederholen. Die gegenseitige Zuordnung der einzelnen Verkehrswege ist entsprechend den verschiedenartigen Funktionen der Hafenverkehrsbereiche differenziert. Auf den Kaizungen der Umschlaghäfen laufen die Landwege unmittelbar an der Kaimauer entlang, um eine direkte Verladung zwischen den Wasser- und Landfahrzeugen vornehmen zu können. Bei den älteren Anlagen sind die Gleise an der Landseite, die Straßen an der Wasserseite der einstöckigen Stückgutschuppen angeordnet; oft ist auch noch ein Gleis an der Wasserseite eingepflastert. Auf den modernen Kaizungen ist eine strenge Trennung des Bahn- und Straßenverkehrs vorgenommen. Die Landseite bleibt dem immer mehr zunehmenden Lastkraftwagenverkehr vorbehalten, dessen Güter den Weg durch den Schuppen nehmen, nur in eiligen Fällen kann die wasserseitige Rampe befahren und Ware direkt zum Schiff gebracht werden. Die Wasserseite wird für den Eisenbahnverkehr ausgebaut, da Direktverladungen zwischen Schiff und Eisenbahn häufiger sind. In den Industriegebieten (z. B. Steinwerder, Wilhelmsburg, Peute) befinden sich die Lagerplätze der Werke unmittelbar am Wasser, während Schiene und Straße landeinwärts liegen, da hier kein Güteraustausch zwischen Land- und Wasserfahrzeugen stattfindet. Auch auf dem Brook grenzen die hohen Lagerhäuser des Freihafens mit ihrem Schutenverkehr mit der Rückfront unmittelbar an das Wasser; Straßen und eingepflasterte Schienen sind landeinwärts verlegt, da hier ebenfalls nicht umgeschlagen, sondern nur gelagert wird. Die Grundstücke der Hammerbrooker Industrie- und Lagereibetriebe stoßen mit der einen Seite immer an einen der Kanäle, mit der gegenüberliegenden an die Straße. Gleisanlagen fehlen hier, da bei der Aufschließung dieses Gebietes die Entwicklung der Eisenbahn erst begann.

Bei einer derartigen Fülle der Wasserwege und Landwege im Marschgebiet kommt es zwangsläufig nicht nur zu einer Verzahnung, sondern auch zu einer Überschneidung der verschiedenen Verkehrswege, so daß Unterwassertunnel, feste und bewegliche Brücken, sowie Fährschiffe spezielle Verkehrsanlagen des Stromspaltungsgebietes sind.

Da bei der Kreuzung des konfluminalen Seeschiffsverkehrs mit dem transfluminalen Landverkehr, der schwerfälligere Seeschiffsverkehr möglichst wenig behindert werden darf, müßte eine feste Brücke, wie die 1937 zwischen Teufelsbrück und dem Alten Land geplante 78 m hohe Elbbrücke[44]), als Hochbrücke ausgebildet werden. Die durch die wegen der geringen Tragfähigkeit des Untergrundes erforderlichen Gründungsmaßnahmen und durch die wegen des großen Höhenunterschiedes benötigten Rampenanlagen verursachten Kosten brachten das Projekt zum Scheitern und lassen auch in Zukunft derartige Konstruktionen als eine inäquate Lösung des Problems erscheinen.

Die Anlage von beweglichen Brücken über das Hauptfahrwasser von Norderelbe und Süderelbe-Köhlbrand wird den bestehenden Verkehrsspannungen nicht gerecht; denn der starke Wasserverkehr und der umfangreiche Landverkehr würden sich ständig gegenseitig behindern, wie es z. B. bei der Rendsburger Drehbrücke über den Nordostsee-Kanal der Fall ist. Deshalb ist der seeschifftiefe Teil des Hamburger Hafens brückenarm, und man muß im Landverkehr oft weite Umwege machen, um von einem Teil des Hafens in einen anderen zu gelangen. Die Gunst des alluvialen Stromspaltungsgebietes für den Wasserverkehr ist gleichzeitig eine Ungunst für den Landverkehr. Lediglich über die Nebenarme mit ihrem geringen Schiffsverkehr konnten bewegliche Brücken gebaut werden, so daß insgesamt fünf bewegliche Brücken über die 1 800 ha messende seeschifftiefe Wasserfläche des Hafens führen, deren Funktion und Ausgestaltung ich kurz darlegen möchte.

An der Rethe, der Verbindung zwischen dem Köhlbrand und den Industrie- und und Getreidehäfen des Reiherstiegs, erheben sich zwei 50 m hohe Türme, an denen an je 32 Stahlseilen eine 73 m lange und 10 m breite Hubbrücke hängt, die zwei Fahrbahnen und ein Gleis trägt, durch das die Hohe Schaar und der Kuhwerder miteinander verbunden werden. Da eine Drehbrücke den für den Bau von Kaianlagen vorgesehenen Raum eingeengt hätte und da eine Klappbrücke nicht gebaut werden konnte, weil die Brückenachse unter einem spitzen Winkel auf das Ufer trifft, wurde die Hubbrücke gebaut, deren Antrieb wegen der in unseren Breiten bestehenden Vereisungsgefahr nicht mit Seilscheiben, sondern mit endlosen Gelenkzahnradstangen erfolgt, die ermöglichen, daß die Brücke auch bei Vereisung bewegt werden kann, ohne aus der Horizontalen zu gleiten. In 1.5 Minuten kann sie

44) Der Plan der Hamburger Elbhochbrücke. Die Bautechnik. 16. Jg., Heft 19. Berlin 1938. S. 247

um 35.25 m gehoben werden und gibt bei mittlerem Hochwasser eine lichte Durchfahrtshöhe von 42 m frei; bei gesenkter Brücke ermöglicht die Konstruktionsunterkante von 6.25 m über NN jederzeit den Binnenschiffen die ungehinderte Zufahrt zu den Betrieben am Reiherstieg.

Über den Reiherstieg, der nicht dem Durchgangsverkehr, sondern dem Zubringerverkehr zu den dortigen Werften, Industriebetrieben und Lagerplätzen dient, führen zwei Brücken. In der Mitte verbindet die als schnell bewegliche, doppelte Rollklappbrücke ausgebildete, 40 m lange und 7 m breite Neuhofer Straßenbrücke Neuhof und Wilhelmsburg miteinander. Die im Nordteil gelegene, 1906 als Drehbrücke gebaute Argentinienbrücke wurde, da die Schiffahrt auf dem Reiherstieg ohne Behinderung durch sie abgewickelt werden konnte, 1934 zu einer festen Brükke ausgebaut und bewältigt nun den gesamten Kraftwagenverkehr zwischen dem Kleinen Grasbrook und dem Kuhwerder. Im Osten hat sie Anschluß an den Veddeler Damm, die Sammeltangente des Kleinen Grasbrook und den Verschiebebahnhof Hamburg Süd, im Westen fächert sich das Gleis- und Straßennetz auf und führt zu den Kaizungen der unteren, linkselbischen Hafengruppe; über der Eisenbahnbrücke ist bereits eine Brückenkonstruktion für die Gleise der geplanten Hafenhochbahn vorhanden.

Ebenfalls als bewegliche Brücken konstruiert, aber heute festgelegt sind die Brücken über den Zollkanal, die es Schiffen mit hohen Aufbauten ermöglichten, unter Umgehung des Freihafens auf die Oberelbe zu gelangen.

Die übrigen beweglichen Brücken liegen im Bereich des Harburger Binnenhafens, der aus der ringförmigen Fläche des ehemaligen Schloßgrabens, die zum Überwinterungshafen und Verkehrshafen ausgebaut wurde, und den von ihr radial zu den Industriebetrieben und Umschlagplätzen abzweigenden Kanälen, die im Lauf ehemaliger Flußarme angelegt wurden, besteht. Die Bahn umgeht das Wassergebiet in einem südlichen Halbkreis und sendet von dort einzelne Stichgleise in die Kaiflächen zwischen den Kanälen. Die Straße hingegen sucht, von den Elbbrücken im Osten kommend, auf dem kürzesten Wege Anschluß an die Cuxhavener Straße im Westen, läuft dabei unmittelbar am Südufer des Verkehrshafens entlang und über-

Brücke	Öffnungszeiten
Klappbrücke über den östlichen Bahnhofskanal	7.30 – 16.30 Uhr stündlich
Drehbrücke über den Kaufhauskanal	7.50 – 15.50 Uhr „
Klappbrücke über den westlichen Bahnhofskanal	8.05 – 16.05 Uhr „
Drehbrücke über den Lotsekanal	nach Vereinbarung
Zugbrücke über den Ziegelwiesenkanal	„ „

Tabelle 7 **Öffnungszeiten der Harburger Hafenbrücken**

quert die Kanalabzweigungen; ebenso kreuzt der Dampfschiffsweg, der von der Anlegestelle der Personendampfer am Westufer des Überwinterungshafens zur Geest führt, die Kanäle. So weist der Straßenzug Nartenstraße - Dampfschiffsweg auf 800 m vier bewegliche Brücken auf. Da das Straßenniveau in dem aufgeschütteten Randmoorgebiet nur 2 m über dem Wasserspiegel des Harburger Schleusenhafens liegt, die Kanäle aber auch Seeschiffen mit höheren Aufbauten zugänglich sein sollen, müssen die Brücken, bedingt durch die Oberflächenverhältnisse und die Erfordernisse der Schiffahrt, beweglich gestaltet sein. Da sie aus betriebstechnischen Gründen von einem Brückenwärter bedient werden, sind sie nicht gleichzeitig, sondern nacheinander geöffnet (Tab. 7) und blockieren oft mehrere Stunden am Tag den Straßenverkehr.

Um dies durch die Ungunst der von Wasserstraßen durchzogenen Talaue für den Landverkehr verursachte Hindernis zu beseitigen, wird zur Zeit eine neue Straße gebaut, die wie die Eisenbahn das Kanalgebiet im Süden umgehen soll. Diese bereits bei den Brücken über die Harburger Industriekanäle mit ihrem relativ geringen Schiffsverkehr auftretende gegenseitige Behinderung von Land- und Wasserverkehr macht zugleich deutlich, daß es völlig unzweckmäßig wäre, die Hauptschiffahrtsstraßen von Norderelbe und Süderelbe - Köhlbrand durch bewegliche Brücken zu überqueren.

Jahr	Anzahl	Jahr	Anzahl	Jahr	Anzahl
1914	19	1919	13	1924	64
1915	15	1920	34	1925	75
1916	18	1921	44	1926	94
1917	20	1922	69	1927	124
1918	11	1923	56	1928	167

Tabelle 8 **Zahl der beförderten Achsen auf den Köhlbrandfähren** (in 1 000 Achsen)

Da aber wegen der Inselstruktur des Stromspaltungsgebietes auch über sie Verbindungsmöglichkeiten für Landfahrzeuge und Personen erforderlich sind, müssen auf Grund der geomorphologischen Faktoren und der anthropogenen Forderungen andere Wege beschritten werden. Über den Köhlbrand wurde bis zur Fertigstellung eines in den Köhlbrandverträgen (1868, 1898, 1908), die den Harburger Häfen die Seeschiffszufahrt garantieren, vorgesehenen Unterwassertunnels ein Trajektbetrieb eingerichtet. Die beiden Köhlbrandfähren, die seit 1912 ihren Dienst tun, befördern Eisenbahnwagen und Kraftfahrzeuge zwischen Waltershof und Neuhof. Das eigenartige Aussehen ihrer 15 m hohen Eisenkonstruktion findet seine Ursache in den hydrologischen Gegebenheiten, auf die später noch im einzelnen eingegangen werden wird. Denn da der Köhlbrand wie das gesamte Hamburger Seehafengebiet im Einflußbereich der Gezeiten liegt, müssen die Fähranlagen stets den jeweiligen Wasserständen angepaßt werden können, deren Höhenunterschied maximal 5 m beträgt. Durch Drehen an acht Schraubenspindeln wird das bewegliche Tragdeck gehoben und gesenkt und so in die Höhe des Kais gebracht; 15 m lange, eiserne Rampen gleichen den beim Ladevorgang entstehenden geringen Höhenunterschied aus. Je zwei Schiffsschrauben an Bug und Heck sorgen dafür, daß die 8 Knoten laufenden Fähren bei den wechselnden Strömungsverhältnissen stets manövrierfähig bleiben. Sie sind an Bug und Heck gleichgestaltet, so daß sie zwischen den beiden Fährnischen hin und herfahren können, ohne auf der belebten, 300 m breiten Wasserstraße wenden zu müssen. Als die beiden $36 \times 15 \times 5$ m großen Fährschiffe, die auf zwei Gleisen 6 Eisenbahnwagen von je 30 t Gewicht oder eine entsprechende Anzahl von Kraftfahrzeugen zu tragen vermögen, den immer stärker werdenden

Eisenbahnverkehr (Tab. 8)[45]) nicht mehr zu bewältigen vermochten, wurde 1928 zur Entlastung die Waltershofer Industriebahn gebaut.

Seit der Zeit dienen sie, abgesehen von eiligen Überführungsfahrten und Reparaturfahrten der Hafenbahn, nur dem Kraftwagenverkehr. Bei täglich 66 Fahrten in jeder Richtung wurden an einem Werktag von mir 2 365 Wagen gezählt, unter denen mit Holzstämmen bepackte Lastzüge aus den Waltershofer Massenguthäfen, Tankfahrzeuge und Omnibusse des Werkverkehrs den Hauptanteil stellten. Der Neubau einer 1954 in Dienst gestellten Autofähre, die den Höhenunterschied durch hydraulisches Heben und Senken des Tragdeckes ausgleicht und 32 Personenkraftwagen oder eine entsprechende Zahl von Lastkraftwagen und Omnibussen zu befördern vermag, charakterisiert den steigenden Umfang des Kraftwagenverkehrs, der eines Tages den Bau eines Tunnels erforderlich machen wird.

Anzahl	Länge	Breite	Tragfähigkeit	Hubzeit
2	10.0 m	3.0 m	10 t oder 130 Personen	35 sec
2	8.0 m	2.6 m	6 t oder 80 Personen	30 sec
2			24 Personen	25 sec

Tabelle 9 **Elbtunnel - Fahrstühle**

Die auf der Norderelbe von den Landungsbrücken in Teufelsbrück, Neumühlen, Altona und St. Pauli verkehrenden Fähren befördern nur Personen. Während der Eisenbahnverkehr auf die Elbbrücken östlich des Seehafengebietes angewiesen ist, wurde für den Straßenverkehr ein Unterwassertunnel geschaffen (1907 - 1911), der die Vorstadt St. Pauli auf dem rechten Ufer der Norderelbe mit der Werftinsel Steinwerder auf dem linken Ufer durch zwei 448.5 m lange und 4.7 m breite Tunnelröhren miteinander verbindet. Verkehrserfordernisse und geomorphologische Fakten prägten die Ausgestaltung des Tunnels. Da der Tunnelkörper so tief gelegt werden mußte, daß er die Schiffahrt in der 10 m tiefen Fahrrinne nicht behindert, und da der vor der 20 m hohen, steilen Geeststirn des Nordufers gelegene, nur 75 m breite, aufgehöhte Marschstreifen keine Gelegenheit bot, den Höhenunterschied von 23.5 m zwischen der Tunnelsohle und dem Straßenniveau durch eine Rampe zu überwinden, wurden auf jedem Ufer senkrechte Schächte mit 22 m innerem Durchmesser errichtet, deren von flachen Kuppeln überwölbte, oberirdische Eingänge sich wie zwei Torpfosten am Eingang zu den oberen Hafengruppen gegenüberstehen. In ihnen sind Wendeltreppen an der Schachtwand und je sechs Fahrstühle (Tab. 9) für Kraftfahrzeuge und Personen vorhanden, die während des Schichtwechsels (montags – freitags 6.00 – 7.00 Uhr; 16.00 – 17.15 Uhr; sonnabends 6.00 bis 7.00 Uhr, 12.00 – 13.00 Uhr) nur dem Personenverkehr dienen (Leistungsfähigkeit: 9 000 – 10 000 Personen / Stunde).

Die Bedeutung des Elbtunnels für den Landverkehr von und zum Hafengebiet wird durch seine starke Inanspruchnahme unterstrichen (Tab. 10)[46]).

45) Hetzell, Wedekind: Hamburgs Hafenbauten auf Waltershof. Die Bautechnik. 7. Jg. Heft 50. Berlin 1929. S. 762

46) Angaben der Behörde für Wirtschaft und Verkehr der Freien und Hansestadt Hamburg, Strom- und Hafenbau

Die stetig zunehmende Zahl der Doppelhübe zeigt die immer stärker werdende Frequentierung des Tunnels in den letzten Jahren; aber erst die Zahlen über die einzelnen Verkehrsteilnehmer geben Aufschluß über die Entwicklung ihrer strukturellen Zusammensetzung. Die Zahl der Fußgänger und Radfahrer ist gegen den Vorkriegsstand bis um 72 % gesunken und in den letzten Jahren nahezu konstant geblieben, bzw. hat leicht abgenommen. Umgekehrt und wesentlich rascher verlief die Entwicklung bei den Kraftfahrzeugen. 1956 betrug im Vergleich zu 1938 die Zahl der Personenkraftwagen das 11.5 fache, die der Lastkraftwagen das 3.6 fache und die der Motorräder das 6.2 fache. So hat sich bei Zunahme des Verkehrs gleichzeitig ein Wandel der Verkehrsarten vom Fußgänger- und Radfahrerverkehr zum motorisierten Verkehr vollzogen. Für die Fußgänger und Radfahrer, die 1938 fast 100 % der Beförderungsfälle, 1956 aber nur noch 85 % der Beförderungsfälle ausmachten, erwies sich die Überwindung des Höhenunterschiedes mit dem Fahrstuhl als günstig; für den sich immer mehr entwickelnden Kraftfahrzeugverkehr ist der Fahrstuhlbetrieb zu umständlich und zeitraubend. Außerdem genügen die Abmessungen nicht den heutigen Fahrzeuggrößen und vermögen keine Lastzüge, die gerade im Hafenbetrieb benötigt werden, zu befördern, so daß diese noch immer auf den 5 km langen Umweg über die Elbbrücken angewiesen sind.

Jahr	Fußgänger	Radfahrer	PKW	LKW	Motorräder	Doppelhübe
	(in 1 000)					
1938	15 493	4 339	36	22	23	–
1950	5 845	733	63	10	17	480
1951	6 518	1 388	113	17	29	520
1952	5 215	1 920	164	25	50	615
1953	5 627	2 916	216	57	76	680
1954	4 473	2 663	307	80	102	725
1955	5 129	2 785	365	73	111	775
1956	5 712	2 658	413	84	143	815

Tabelle 10 **Beförderungsfälle des Elbtunnels**

Die zwischen den Ufern des seeschifftiefen Abschnittes der Norderelbe bestehenden Verkehrsspannungen machen somit den Bau eines mit Rampen versehenen Unterwassertunnels erforderlich. Um den Höhenunterschied zwischen der Tunnelsohle und dem Straßenniveau und damit die Rampenabmessungen möglichst klein zu halten, kann eine solche Verkehrsanlage nur dort errichtet werden, wo ein Tal in die 20 - 30 m hohe Geeststirn eingeschnitten worden ist, nämlich beim Dokkenhudener Trockental, beim Flottbektal, beim Pepermölenbek-Trockental und beim Alstertal, oder wo im Zuge des Stadtgrabens die Geestkante durch einen anthropogenen Einschnitt unterbrochen wird. Die Wahl eines dieser Täler hängt jedoch von den geomorphologischen Verhältnissen auf dem Gegenufer und der Lage der Tunneltrasse im Zuge der bestehenden Verkehrsspannungen, die später noch zusammenhängend diskutiert werden sollen, ab.

Der Dockenhudener Tunnel würde eine Unterfahrung der Elbe auf einer Länge von 3 km erforderlich machen, fände im breiten Marschgebiet von Neuenfelde genügend Platz für eine Rampenanlage, hätte über Dockenhuden - Iserbrook - Schenefeld - Halstenbek Anschluß an die Pinneberg - Husumer Westküstenstraße (Bundesstraße 5) und würde im Süden bei Fischbek - Ovelgönne auf die westliche Elbuferstraße und die über Hannover durch die Hessische Senke führende Bundesstraße 3 mit Anschluß nach Bremen und ins Ruhrgebiet treffen. Er läge also gerade im Spannungsfeld des Nord - Süd - und Nord - West - Verkehrsstromes, der Skandinavien mit dem Süden und Westen Europas und die Landwirtschaftsgebiete der jütländischen Halbinsel mit den Industriegebieten des Rhein-Ruhr-Reviers verbindet, und könnte den Durchgangsverkehr im Westen tangential an der Stadt vorbeiführen, während sich für den Umlandverkehr eine bessere Verbindung zwischen der Umgebung von Buxtehude und Stade mit ihren Pendlergemeinden und dem Zentrum ergäbe.

Der 4 km weiter östlich gelegene Tunnel, der den Einschnitt des Flottbektales bei Teufelsbrück ausnutzt, würde ebenfalls in der Richtung der europäischen und regionalen Verkehrsspannungen liegen, im Norden über die Baron Voght Straße - Flottbeker Drift - Elbgaustraße - Eidelstedter Markt oder über Klein Flottbeker Weg - Theodorstraße - Schnackenburgsallee[47]) Zugang zur schleswig-holsteinischen Westküstenstraße und Ostküstenstraße (Bundesstraße 4 nach Kiel), im Süden über Neugraben - Wulmstorf Zugang zur Elbuferstraße nach Cuxhaven (Bundesstraße 73) und zu den Fernverkehrsstraßen nach Süden und Westen und im Osten über Othmarscher Kirchenweg - Bleickenallee/Bernadottestraße - Königsstraße Verbindung zur Innenstadt haben. Nachteilig gegenüber dem Dockenhudener Tunnel wäre die Lage des Südrampen - Ausgangs am Fuße der über 100 m hohen wartheeiszeitlichen Endmoränenhöhen, von Vorteil wären die besseren Anschlüsse an das Fernstraßennetz nach Norden und das Stadtstraßennetz, sowie die Möglichkeit, den Elbinseln Finkenwerder und Waltershof mit ihren Werft- und Mineralölbetrieben einen landfesten Zugang zum Nordufer zu geben.

Eine unmittelbare Entlastung des jetzigen Elbtunnels würde im Gegensatz zu den beiden ersten Projekten der Altonaer Tunnel im Tal des Pepermölenbeks bringen, der wie ein Trichter die über die Königsstraße von Westen, über die Bernstorffstraße von Norden und über die Reeperbahn von Osten herangeführten Verkehrsströme westlich der Alster sammeln und ins Hafengebiet und nach Süden leiten würde. Auf Steinwerder gäbe die am Westknoten der Argentinienbrücke, der Drehscheibe des Straßenverkehrs im Hafen, mündende Rampe einen guten Anschluß zu den Betrieben auf Steinwerder und am Reiherstieg, sowie zu den Häfen des Kleinen Grasbrook, des Kuhwerder und der Hohen Schaar. Eine Südrampe fände in dem den Endmoränenhöhen vorgelagerten, mit Hafenanlagen ausgebauten, schmalen Randmoorstreifen links der Süderelbe kaum Platz, so daß der Verkehr des Norderelbtunnels weiterhin die Süderelbbrücken benutzen müßte.

Die gleichen Verhältnisse gelten für die Südrampen des Stadtgraben- und Alstertaltunnels, von denen der erste seine Nordrampe am Verkehrsknotenpunkt Millerntor / Zeughausmarkt hätte, von dem die Ost - West - Achse den Verkehr zur Innenstadt, die Wallringstraße unter tangentialer Umgehung der Innenstadt den Verkehr nach Osten, der Straßenzug Budapester Straße - Eimsbüttler Chaussee den Verkehr nach Norden und der Straßenzug Reeperbahn - Königsstraße den Verkehr in die

47) Denkschrift des Senats der Freien und Hansestadt Hamburg: Neuordnung des Hamburger Stadtverkehrs, Hamburg 1956, S. 39

westlichen Stadtteile vermitteln. Ebenfalls nur eine Verbindung zwischen dem Steinwerder und dem Nordufer würde der Alstertaltunnel, die östlichste der vier Tunneltrassen, herstellen, deren am Schaartor mündende Nordrampe über die Ost-West-Achse Anschluß nach Osten und Westen und über den Straßenzug Herrengraben-Hohe Bleichen-Dammtorstraße[48]) Anschluß nach Norden hätte, durch den jedoch der Verkehr zwischen dem Freihafen und den nordwestlich Hamburgs gelegenen Gebieten auf die ohnehin überlasteten Straßen der Neustadt gezogen werden würde.

Eine gemeinsame Betrachtung dieser in ihrem Verlauf von den geomorphologischen Faktoren vorgegebenen Trassen läßt meines Erachtens die Projekte des Teufelsbrücker Tunnels und des Stadtgrabentunnels als diejenigen erscheinen, die am besten den herrschenden Verkehrsspannungen gerecht werden. Sie fangen den durchgehenden Transfluminalverkehr im Westen außerhalb der Innenstadt tangential ab und schaffen eine kürzere Verbindung zwischen dem Süderelberaum, dem zentralen Marschraum und dem Norden Hamburgs.

Darüber hinaus dürften diese Ausführungen erneut aufgezeigt haben, daß im Hamburger Verkehrsraum der Umfang der bestehenden Verkehrsspannungen, die Ausbildung der Oberflächenformen und die Leistungsfähigkeit der vorhandenen Verkehrsanlagen eng miteinander verknüpft sind und daß deren einander begünstigende und hemmende Momente die lokalen Verkehrsprobleme hervorrufen.

Jahr	Eisenbahn	Straßenbahn	Kraftwagen	Eisenbahn	Straßenbahn	Kraftwagen
	Norderelbbrücke			Süderelbbrücke		
1872	10	–	–	10	–	–
1952			31 200			
1957	611	444	60 500	310	212	35 500

Tabelle 11 **Mittlere tägliche Belastung des Elbübergangs**
(Zahl der Fahrten)

Geringere Schwierigkeiten bereiten die Oberflächenverhältnisse bei der Überschneidung der Wasser- und Landwege im Bereich der Binnenwasserstraßen und -kanäle, in dem wegen der geringeren Höhe der Schiffsaufbauten in der Regel feste Brücken geschaffen werden können, deren Konstruktionsunterkante im Gebiet des Hamburger Hafens 4.50 m über dem mittleren Tidehochwasser (= 6.10 m über NN) liegt, so daß bei mittlerem Tideniedrigwasser Schiffe mit 6.80 m hohen Aufbauten unterdurchfahren können. Mit 79 Straßenbrücken und 86 Eisenbahnbrücken über 1 600 ha Wasserfläche steht der binnenschifftiefe, brückenreiche Teil des Hafens dem seeschifftiefen, brückenarmen Teil gegenüber. Da diese Brücken, die an den landseitigen Enden der Seehafenbecken über die 25-30 m breiten Binnenschiffszufahrten und über die Kanäle der Industrie- und Speicherviertel geschlagen sind, für den Landverkehr im Hafen die einzige Möglichkeit bieten, die Wasserwege zu überschreiten, konzentriert sich auf ihnen der Straßen- und Schienenverkehr, der in den Hafen führt oder aus dem Hafen kommt, so daß sie zu empfindlichen Engpässen werden. Vermögen sie den an sie gestellten Anforderungen nicht

48) Denkschrift des Senats der Freien und Hansestadt Hamburg: Neuordnung des Hamburger Stadtverkehrs, Hamburg 1956, S. 39

mehr gerecht zu werden, müssen sie, wenn möglich, verbreitert oder durch Parallelzüge ergänzt werden, wie z. B. an den Hauptübergängen über die Norder- und Süderelbe mehrfach geschehen ist und noch heute geschieht.

Denn am Ostrand des Hafens ist der einzige landfeste Übergang durch das gesamte Stromspaltungsgebiet vorhanden, der gleichzeitig stromaufwärts den Bereich der Seeschiffahrt begrenzt. Auf ihm wird der Landverkehr, dem der Seeschiffsverkehr stromabwärts auf der 130 km langen und über 3 km breiten Unterelbe keine feste Übergangsmöglichkeit gibt, zusammengedrängt. Da außerdem flußaufwärts erst wieder in dem 50 km entfernten Lauenburg eine Elbbrücke vorhanden ist, muß die Hamburger Elbbrücke nicht nur den lokalen Verkehr zwischen den nördlichen und südlichen Stadtteilen und dem dazwischen gelegenen Hafengebiet, sondern auch den nationalen Verkehr zwischen Schleswig-Holstein und den übrigen Ländern Deutschlands und den internationalen Verkehr zwischen den skandinavischen Ländern und dem mitteleuropäischen Raum abwickeln. Diese natur- und kulturgeographisch bedingte Konvergenz ständig wachsender Verkehrsströme (Tab. 11) erfordert einen fortlaufenden Ausbau dieses Überganges, so daß heute mehrere parallele Brücken vorhanden sind und noch weitere gebaut werden, bzw. geplant sind (Tab. 12)[49], [50], [51], [52].

Baujahr	Norderelbe	Süderelbe
1872	Zweigleisige Eisenbahnbrücke	Zweigleisige Eisenbahnbrücke
1887	Zweispurige Straßenbrücke	
1899		Zweispurige Straßenbrücke
1912	Zweigleisige Eisenbahnbrücke	Zweigleisige Eisenbahnbrücke
1926	Eingleisige und dreispurige Freihafenelbbrücke	
1927	Dreispurige Straßenbrücke	
1937		Vierspurige Reichsstraßenbrücke
1938		Vierspurige Autobahnbrücke
1957	Dreispurige Straßenbrücke	
Planung	Auswechseln der zweispurigen gegen eine dreispurige Straßenbrücke Vierspurige Autobahnbrücke Zweigleisige Eisenbahnbrücke	Zweigleisige Eisenbahnbrücke

Tabelle 12 **Ausbau des Elbüberganges**

Da die breiten Wasserarme und die wenig tragfähige Marschendecke des 10 km breiten, verwilderten Urstromtales einem Brückenbau große Schwierigkeiten bereiten,

49) Leo, G.: Erweiterung der sogenannten „Neuen Elbbrücke" und der Billhorner Brücke in Hamburg. Die Bautechnik. 6. Jg., Heft 54. Berlin 1928. S. 794
50) Amtlicher Kleinfahrplan. Hamburger Nahverkehr. Deutsche Bundesbahn. Bundesbahndirektion Hamburg. Winterfahrplan 1957/58. Hamburg 1957. Sommerfahrplan 1958, Hamburg 1958
51) Buchfahrpläne des Güterverkehrs der Bundesbahndirektion Hamburg. Winterfahrplan 1957/58. Hamburg 1957. Sommerfahrplan 1958, Hamburg 1958
52) Angaben der Baubehörde der Freien und Hansestadt Hamburg, Tiefbauamt

fand erst 1872 der erste Brückenschlag durch die Cöln-Mindener-Eisenbahngesellschaft statt. Nachdem bereits 1908-1912 der Bau eines zweiten Gleispaares erforderlich wurde, kann heute der Eisenbahnverkehr, der von den täglich zehn Zugfahrten des ersten Jahres auf täglich über 600 Zugfahrten in der Hauptverkehrszeit angewachsen ist, nur noch mit Hilfe eines starren Fahrplanes, d. h. gleiche Geschwindigkeit für alle Zuggattungen, bewältigt werden und wird bei einem weiteren Anwachsen den Bau einer dritten Brücke notwendig machen, für die die Planung unter Benutzung der Bunthausspitze als Brückenpfeiler eine Güterzugstrecke zwischen den Verschiebebahnhöfen Meckelfeld und Billwerder vorsieht.

Jahr	Summe	davon		Prozentualer Anteil		Prozentualer Zuwachs		
		LKW	PKW	LKW	PKW	LKW	PKW	Summe
1952	30 000	16 000	14 000	53 %	47 %	100 %	100 %	100 %
1953	36 000	16 500	19 500	46 %	54 %	103 %	139 %	120 %
1954	42 000	19 000	23 000	45 %	55 %	119 %	164 %	140 %
1955	47 500	19 500	28 000	41 %	59 %	122 %	200 %	158 %
1956	54 000	18 000	36 000	33 %	67 %	112 %	257 %	180 %
1957	60 500	19 000	41 500	31 %	69 %	119 %	298 %	209 %

Tabelle 13 **Mittlere tägliche Zahl der Kraftwagen auf den Norderelbbrücken**

Infolge der allgemein zunehmenden Motorisierung und der Verlagerung des kontinentalseitigen Güterverkehrs des Hamburger Hafens vom Binnenschiff auf den Lastkraftwagen ist auch der Kraftwagenverkehr, besonders in der Zeit nach dem Zweiten Weltkrieg, stark angestiegen (Tab. 13)[53]) und verlangte eine mehrmalige Erweiterung der Straßenbrücken. Während über die Süderelbe eine vierspurige Autobahnbrücke und eine vierspurige Straßenbrücke gebaut und die alte zweispurige Straßenbrücke dem Straßenbahnverkehr zugewiesen wurde, standen am Übergang über die Norderelbe trotz der doppelt so großen Belastung bisher nur zwei Brücken von 7.00 und 7.60 m Breite zur Verfügung, auf denen an einem Werktag (April 1958) von mir 61 203 Kraftfahrzeuge und 432 Straßenbahnen gezählt wurden. Damit war die Grenze ihrer Leistungsfähigkeit fast erreicht, und in den Hauptverkehrszeiten bildeten sich an den Brückenauffahrten lange Fahrzeugschlangen, die nur schubweise vorankamen und z. B. für die 1 500 m lange Strecke von der Veddeler Brückenstraße / Hovestieg bis zum Beginn der Billhorner Brückenstraße 20 Minuten benötigten. Beim zur Zeit erfolgenden Umbau wird die ältere der bisherigen Brücken abgebrochen und die jüngere um 2.70 m angehoben, um größeren Schiffen die Durchfahrt von der Unterelbe zur Oberelbe und dem Lastkraftwagenverkehr aus dem Freihafen die kreuzungsfreie Einfädelung in das Fernstraßennetz zu ermöglichen. Sie bleibt dann dem Straßenbahnverkehr vorbehalten, während für die übrigen Verkehrsteilnehmer an jeder Seite eine neue Brücke mit einem Fußweg, einem Radfahrweg und drei Fahrspuren für den Kraftwagenverkehr angegliedert wird (Gesamtbreite: 36.30 m). Eine besondere Situation entsteht am Übergang über die

53) Angaben der Baubehörde der Freien und Hansestadt Hamburg, Tiefbauamt

Norderelbe noch dadurch, daß sie das nicht zum Zollinland gehörende Freihafengebiet durchfließt. Damit der Landverkehr zwischen dem nördlichen und südlichen Freihafengebiet nicht die im Zollinland gelegene Norderelbbrücke zu benutzen braucht, wurde 1927 die 16.87 m breite, zweistöckige Freihafenelbbrücke geschaffen, die im unteren Stockwerk ein Gleis der Hafenbahn, drei Fahrspuren, Fuß- und Radweg aufnimmt und im oberen Stockwerk Platz für die Gleise der geplanten Hafenhochbahn bietet. Bis dahin mußten alle Personen zweimal die Zollkontrolle passieren, die Eisenbahnwagen für die Überführungsfahrt plombiert werden, und die Zollbeamten mußten jährlich bis zu 100 000 Fuhrwerke bei der Fahrt durchs Zollinland begleiten[54]).

Trotz des Brückenbaus und des verwaltungsmäßigen Zusammenschlusses der beiden Brückenkopforte Hamburg und Harburg, die bis 1937 verschiedenen politischen Territorien angehörten, ist der negative Einfluß des Stromspaltungsgebietes auf den Landverkehr noch heute im Verkehrsgefüge wirksam und bedingt die bereits beobachtete Inhomogenität des Hamburger Verkehrsraumes, in dem sich beiderseits der Talaue mit ihrem schmalen Verkehrspaß getrennte Verkehrszentren entwickelt haben, deren Verkehrsaffinität zu ihren landeinwärts gelegenen Einzugsgebieten der Geest wesentlich stärker ist als zu dem jeweiligen jenseits der Marsch gelegenen Gegenufer.

Der ständige Ausbau der Stromübergänge erforderte aber auch eine entsprechende Umgestaltung des anschließenden Straßennetzes, zumal sich, da der Landverkehr früher die feuchte Stromaue mied, kein brückenorientiertes Straßennetz ausgebildet hat. Während man in dem schwach besiedelten Marschgebiet des Urstromtales relativ leicht brückenorientierte Durchgangsstraßen anlegen konnte, mußte man sich an den Ufern mit dem Ausbau des vorhandenen, aber nach anderen Gesetzmäßigkeiten gestalteten Straßennetzes begnügen, da der Besiedelungsvorgang schon alle Freiflächen erfaßt hatte.

Die älteste Durchgangsstraße Wilhelmsburgs, die heutige Georg Wilhelm Straße (1811 unter Napoleon gebaut), die schnurgerade zwischen den beiden Anlegestellen der Fähren verläuft, besaß im Süden einen direkten Anschluß an die Bremer Straße und fand im Norden ihre Fortsetzung in der Harburger Straße auf dem Großen Grasbrook, die über die Bergstraße zum Dammtor und zu den Ausfallstraßen des Nordens führte. Nach dem Bau der Elbbrücken wurde diese Trasse im wesentlichen beibehalten und ist noch heute als ererbte Form im neuen Straßennetz vorhanden. Da die Straßenbrücken jedoch, um der Seeschiffahrt einen möglichst großen Raum zu lassen, weiter elbaufwärts errichtet wurden als die Fährstellen, mußten die fährorientierten Durchgangsstraßen und die Elbbrücken durch Querstraßen (Banksstraße, Harburger Chaussee im Norden; König Georg Deich, Nartenstraße im Süden) miteinander verbunden werden. Durch den Bau der Wilhelmsburger Reichsstraße wurde erst 1953 eine direkte Verbindung zwischen den beiden Brückenübergängen geschaffen, so daß die Georg Wilhelm Straße heute als ererbte Form ihre ursprüngliche Funktion, nämlich den Durchgangsverkehr zu bewältigen, verloren hat und nur noch dem Anliegerverkehr und abschnittsweise dem Straßenbahnverkehr dient, der weiterhin der alten Trasse folgt, da er kein Durchgangsverkehr ist, sondern das dortige Siedlungsgebiet bedient.

Am Südufer bestimmten die Lage der Bahnhofsanlagen und des Hafens den Straßenverlauf (Nartenstraße) und verursachten eine zweifache Abknickung des

---

54) Sperber, F.: Die dritte (sogenannte Freihafen-) Elbbrücke bei Hamburg. Die Bautechnik. 2. Jg., Heft 26., Berlin 1924. S. 289

Nordsüdstraßenzuges, eine durch die Benutzung ererbter Straßenzüge bedingte charakteristische Erscheinung des Grundrisses, die auch die neuen Entlastungsstraßen (Hannoversche Straße, Buxtehuder Straße) besitzen werden.

Am Nordufer lief der Zubringer Banksstraße-Deichtorstraße-Dovenfleet über das Gebiet des Gemüsemarktes, die parallele Amsinckstraße (jetzt Högerdamm) bot nur einen unvollkommenen Ersatz als Entlastungsstraße; aber auch die geplante, sechsspurige Neue Amsinckstraße, von der Abschnitte bereits fertiggestellt sind, wird im Grundriß den zweimal abgeknickten Verlauf aufweisen.

Gegenüber diesen Nachteilen hat die periphere Lage der Elbübergänge zum Verkehrszentrum den Vorteil, daß der Durchgangsverkehr zwischen den linkselbischen Gebieten und dem östlichen Schleswig-Holstein im Osten tangential an der Innenstadt vorbeigeleitet werden kann.

So zeigen die Elbübergänge und die an sie anschließenden Straßennetze mit ihrem mehrfach abgeknickten Verlauf und dem ständigen Ausbau paralleler Straßenzüge eine Struktur, die nur aus der vom Menschen vorgenommenen optimalen Ausnutzung der geomorphologischen Potenzen des Stromspaltungsgebietes für den Land- und Wasserverkehr verständlich wird.

Noch mehr als im Hafengebiet durchdringen sich im Kanalgebiet der Randmarschen Wasser- und Landwege. Im brückenreichen Hammerbrook gab es auf einer Fläche von 477 ha 49 Brücken, von denen heute durch das in letzter Zeit erfolgte Zuschütten der Kanäle einige nur noch als funktionslose Reliktformen vorhanden sind. Die in nordsüdlicher Richtung vom Geestrand zum Billedeich verlaufenden Straßen besitzen auf einer Länge von 750 m drei Brücken (z. B. Erste, Zweite, Dritte Amsinckstraßenbrücke), wobei die in den Brückennamen erkennbare Durchnumerierung die Regelmäßigkeit der Verkehrsanlagen in der Marsch erneut zum Ausdruck bringt. Diese Brücken, die oft nur eine zweispurige Fahrbahn aufweisen, stellen besonders in den Straßenzügen, durch die der Durchgangsverkehr zu den Elbbrücken läuft (Amsinckstraße, Hammerbrookstraße, Heidenkampsweg), empfindliche Engpässe dar, die die Leistungsfähigkeit des gesamten Straßenzuges entscheidend mitbestimmen und bei anwachsendem Verkehr einen Ausbau erfordern (z. B. Neue Hammerbrookstraße; Neue Amsinckstraße und Heidenkampsweg z. Zt. im Bau).

Um für den Schutenverkehr auf den Kanälen ein möglichst großes Lichtraumprofil zu gewinnen, hat man die Brückenfahrbahnen höher gelegt als das übrige Straßenniveau, so daß der Verlauf der Straßen in dem fast tischebenen Marschgebiet im Aufriß ein mehrfaches Auf und Ab, eine „anthropogene Reliefierung" zeigt. Dennoch verbleibt für die Schiffahrt unter den Brücken nur eine beschränkte Höhe, so daß amtlich vier Wasserwege festgelegt sind, auf denen die Schuten und Kähne bis zu einer bestimmten Höhe der Aufbauten ungefährdet die Brücken passieren können (Tab. 14)[55].

Aber nicht nur in der durch anthropogene Kanäle zerschnittenen Marsch, sondern auch im Bereich der natürlichen Wasserläufe finden sich zahlreiche, seit jeher (1260: Hohe Brücke über das Nikolaifleet) die Marscheninseln der Altstadt untereinander verbindende Brücken, bei denen die Konzentration des ständig anwachsenden Verkehrs auf wenige Übergänge in jüngster Zeit (1954: Nikolaifleetbrücke) unter Beibehaltung alter Trassen den Neubau paralleler Brücken erforderlich machte.

55) Angaben der Baubehörde der Freien und Hansestadt Hamburg, Tiefbauamt

Höhe	Wasserstraße	
4.86 m	**Billesystem:**	
	Tiefstackschleuse	– billeaufwärts bis Blaue Brücke
		– billeabwärts bis Grüne Brücke
		– Bullenhuser Kanal
		– Billbrookkanal
		– Billekanal bis Ausschläger Billdeich
	Hammerbrooksystem:	
	Rückerskanal	– Mittelkanal bis Schurzallee
		– Mittelkanal bis Borstelmannsweg
4.46 m	**Billesystem:**	
	Tiefstackschleuse	– billeaufwärts bis Blaue Brücke
		– billeabwärts bis Schwarze Brücke
		– alle Zweigkanäle
	Hammerbrooksystem:	
	Rückerskanal	– Mittelkanal bis Schurzallee
		– Mittelkanal bis Borstelmannsweg
3.34 m	**Billesystem:**	
	Tiefstackschleuse	– billeaufwärts bis Rote Brücke
		– billeabwärts bis Brandshofer Schleusenbrücke
		– alle Zweigkanäle
	Hammerbrooksystem:	
	Rückerskanal	– Südkanal bis Hammerbrookstraße
		– Mittelkanal bis Schurzallee
		– Mittelkanal bis Sonninstraße (Bahnbrücke)
	Hochwasserbassin	– Nordkanal bis Hammerbrookstraße
2.85 m	**Billesystem:**	
	Tiefstackschleuse	– gesamter Billelauf mit Zweigkanälen
	Brandshofer Schleuse	– gesamter Billelauf mit Zweigkanälen
	Hammerbrooksystem:	
	Rückerskanal	– gesamtes Kanalsystem
	Hochwasserbassin	– gesamtes Kanalsystem
	Hammerbrook Schleuse	– gesamtes Kanalsystem

Tabelle 14 **Zulässige Höhe der Schiffsaufbauten auf den Kanälen**
(Stand: September 1957)

Die Verkehrslandschaft des Urstromtales ist also gekennzeichnet durch die Verflechtung der Wasser- und Landwege, deren gegenseitige Verzahnung die Anlage des Hafens ermöglichte, deren gegenseitige Durchdringung die Schaffung von Brücken, Tunneln und Fähren erforderte, die durch ihre horizontale und vertikale Profilbeschränkung bei dem steigenden Verkehrsvolumen ihre Funktionen nicht mehr erfüllen können und als Engpässe einen Teil der lokalen Verkehrsproblematik des Verkehrsraumes Hamburg darstellen, deren Lösung nur durch zeitraubende und kostspielige Ingenieurbauten erfolgen kann.

2. Das Verkehrsgebiet der Vorgeestflächen

Eine andersgeartete Struktur und andere Funktionen innerhalb des Verkehrsraumes Hamburg besitzen die Verkehrsanlagen der aus den Resten der Elbterrasse und dem sandigen Material der Schwemmfächer fossiler Flüsse bestehenden, tragfähigen und ebenen Vorgeestflächen, die sich in wechselnder Breite beiderseits des Urstromtales leistenartig hinziehen. Durch ihre Lage zwischen der den Landverkehr abweisenden, feuchten Randmoorsenke und den 150 m hohen Endmoränenwällen, deren Überwindung dem Landverkehr nicht möglich ist, hat die zerlappte Vorgeestfläche zwischen Buxtehude / Altkloster und Harburg den Landdurchgangsverkehr in starkem Maße an sich gezogen. Die nebeneinander verlaufende Unterelbebahn Cuxhaven - Stade - Harburg und Unterelbestraße Buxtehude - Harburg, die stellenweise die gesamte Breite der Vorgeest einnehmen und keinen Platz für eine Siedlungszeile lassen, saugen trichterförmig den Landverkehr des Dreiecks Stade - Bremervörde - Harsefeld - Buxtehude an, bündeln ihn und führen ihn nach Harburg. Gleichzeitig sammeln sie den Landverkehr, der durch die heute trockenen, schluchtartigen Täler aus dem Harburger Höhengebiet oder aus den südlichen Randmarschen kommt, wobei er, die vor den Mündungen der Harburger Trockentäler gelegenen, zungenförmigen Schwemmfächer als Sprungsteine benutzend, den kürzesten Weg durch die Randmoorsenke wählt, so daß die Zahl der Straßenabzweigungen gleich der Zahl der Trockentäler ist. Am Ostrand der Vorgeestfläche erreichen die konvergierenden Verkehrsströme ihre größte Konzentration (Tab. 15).

Buxtehuder Straße	Unterelbebahn
2 871 Lastkraftwagen	54 Regelgüterzüge
8 463 Personenkraftwagen	41 Bedarfsgüterzüge
383 Nahverkehrsomnibusse	41 Reisezüge
11 717 Kraftwagen	136 Zugfahrten

Tabelle 15 **Werktägliche Belastung der Unterelbe-Vorgeesttrasse**

Den Landverkehr des Gebietes, das sich östlich der Harburger Endmoränen zwischen Elbe, Luhe und Neetze bis in das Uelzener Becken hinein erstreckt, sammeln die am Südrand des mehrere Kilometer breiten Luhe-Ilmenau-Vorgeestgebietes entlangführende Eisenbahnstrecke Uelzen - Lüneburg - Winsen - Harburg und die an seinem Nordrand verlaufende Heide - Harz - Straße (Bundesstraße 4), die ihren Verkehr am Rand des Hamburger Verkehrsraumes an die Autobahn abgibt. Auch die auf der schmalen, von Hittfeld bis Jesteburg im Seevetal aufwärtsziehenden Terrassenleiste angelegte Landstraße, deren Einzugsgebiet die verkehrsleere Heide im Südosten ist, dient jetzt nur noch als Zubringer zu den an den Talschlüssen der Harburger Trockentäler gelegenen Ortschaften, da der Durchgangsverkehr auf die am Rande des Seevetales entlangführende Autobahn abgewandert ist. Die günstige Trassierungsmöglichkeit, die die Natur hier für den Verkehr nach Westen bietet, ist weder beim Bau der Eisenbahnlinie noch beim Bau der Straße nach Bremen genutzt worden. Die Bremer Chaussee, für deren Anlage Napoleon 1811 den kürzesten Weg zwischen Bremen und Harburg wählte, verläuft statt dessen über das stark reliefierte Harburger Höhengebiet und erforderte bei ihrem Bau gewaltige Erdbewegungen, um durch die Anlage von Einschnitten in den Erhebungen und Dämmen in den Senken verlorene Steigungen zu vermeiden; die Bahn nach Bremen muß in mehreren Windungen aus der Marsch in das Höhengebiet hinauffahren, da die Strecke aus verkehrspolitischen Gründen über Buchholz anstatt über Jesteburg, wie die Planung es zunächst vorgesehen hatte, gelegt wurde[56]).

Am Nordufer des Stromes ist nur im Geesthachter Raum eine 600 - 700 m breite Vorgeestfläche vorhanden, die die Nordufer-Geestrandstraße Geesthacht-Bergedorf und die Stichbahn Geesthacht - Bergedorf trägt.

Die günstige Trassierungsmöglichkeit zwischen zwei landverkehrsfeindlichen Gebieten läßt das Verkehrsgebiet der Vorgeest zur stark frequentierten Sammelader für den Landverkehr werden; der Wasserverkehr tritt wegen des Fehlens schiffbarer Wasserläufe zurück.

3. Das Verkehrsgebiet der Geeststirn

Die Überwindung des das Urstromtal begrenzenden Randes der Hohen Geest, die am Nordufer, dem Prallhang, als eine im Westen bis zu 10 m, im Osten bis zu 30 m hohe Geeststirn fast senkrecht aus dem Talboden aufsteigt, bereitet allen Verkehrsmitteln große Schwierigkeiten. Nur dort, wo sich Flüsse (z. B. Wedeler Au, Flottbek, Alster, Bille) tief in die saaleeiszeitliche Grundmoränenplatte eingeschnitten haben, kann sich der Landverkehr zwischen der hochgelegenen Geest mit ihren Wohngebieten und der tiefgelegenen Marsch mit ihren Hafen- und Industrieanlagen auf natürlichen Trassen abspielen; der 600 m breite Einschnitt des Alstertales gestattet sogar der Schiffahrt einen Zugang zu den Wasserläufen der Geest. Aber die zwölf Geeststirnquer-Tallängs-Straßen reichen nicht aus, um entlang der 48 km langen Geestkante den gesamten Verkehr zwischen dem „Oberland" und dem „Unterland" zu bewältigen, so daß spezielle Verkehrsanlagen errichtet werden mußten, um trotz der Ungunst der naturgeographischen Faktoren die durch die bestehenden Verkehrsspannungen erzeugten Verkehrsströme fließen zu lassen.

Zu den am Hang gelegenen Häusern von Blankenese und Oevelgönne führen stark geneigte Rampen und Treppen, auf denen ein Fuhrwerksverkehr nicht möglich ist und Güter wie Kohlen und Kartoffeln allenfalls mit einem Handwagen befördert werden können oder getragen werden müssen. Straßennamen wie Elbtreppe, Flashoffs Treppe oder Himmelsleiter kennzeichnen die Beschaffenheit der die Geeststirn überwindenden Landverkehrswege, die sich von Blankenese bis Bergedorf nachweisen lassen. Oberhalb von Neumühlen und unterhalb von Bergedorf wird der Verkehr zwischen der Geest und der Marsch von zahlreichen Rampenstraßen (z.B. St. Pauli Hafenstraße: 3 % Gefälle), Serpentinenstraßen (z.B. Kuhberg: 5 % Gefälle) und den Geestrand senkrecht querenden Steilstraßen (Repsoldstraße: 8 % Gefälle) vermittelt. So steil waren früher fast alle Straßen der Altstadt, die zwischen Steinstraße und Niedernstraße bei einem Höhenunterschied von 12 m ein mittleres Gefälle von 4.3 % aufwiesen, das durch die allmähliche Aufhöhung der Altstadtmarsch und im Zuge der Altstadtsanierung in den zwanziger Jahren dieses Jahrhunderts auf 2.8 % vermindert wurde[57]).

56) Staisch, E.: Eisenbahnen rollen durch das Tor zur Welt. Hamburg 1956. S. 37

57) Sperber, F.: Stadterweiterung, Sanierung und Straßendurchbrüche. In: Hamburg und seine Bauten unter Berücksichtigung der Nachbarstädte Altona und Wandsbek 1914. II. Band. Architekten- und Ingenieurverein zu Hamburg. Hamburg 1914. S. 209

Da die bei der Überwindung der Geeststeilkante auftretenden Steigungen, die dem modernen Kraftwagenverkehr höchstens bei Glatteis Schwierigkeiten bereiten, für den Fuhrwerksverkehr und Eisenbahnverkehr sehr hinderlich sind, wurde im Bereich der Kaianlagen des Altonaer Uferhafens, der keinen natürlichen Zugang, sondern nur Rampenstraßen zur Geesthochfläche besitzt, ein Schleppbahnbetrieb eingerichtet (1912). Durch eine Elektrolokomotive, die ihren Strom einer zweidrähtigen Oberleitung entnahm, konnten gleichzeitig bis zu 3 Zweispänner mit je 5 t Last über die Kaistraße, die ein Gefälle von 5.6 % aufweist, nach oben geschoben werden, wobei für die 630 m lange Strecke 12 Minuten Fahrzeit benötigt wurden. Mit dem Aufkommen des Kraftwagenverkehrs ging die Benutzung der Bahn, deren frühere Bedeutung die Bilanz der ersten zehn Monate zeigt (Tab. 16), immer mehr zurück, 1951 mußte sie aus finanziellen Gründen stillgelegt werden, und heute zeugen nur noch einige Oberleitungsmasten als funktionlose Reliktformen von dieser Verkehrseinrichtung, die dem Landverkehr die Überwindung der durch die Ausbildung der geomorphologischen Faktoren dieses Verkehrsraumes verursachten Hindernisse ermöglichte[58]). Die zwischen dem Altonaer Uferhafen und dem 28 m höher gelegenen Altonaer Bahnhof zu befördernden Güterwagen der Eisenbahn wurden zunächst (1845) auf einen Schlitten gestellt, der die Wagen auf einer schiefen Ebene (15.4 % Gefälle) in waagerechter Lage nach oben bzw. unten transportierte. Da diese Einrichtung bei dem ständig zunehmenden Verkehr zu umständlich und zu wenig leistungsfähig war, wurde wenige Jahre später ein 961 m langer Tunnel gebaut, durch den die Güterzüge bei einem Gefälle von 2.8 % direkt vom Bahnhof Altona Kai zum jetzigen Altonaer Güterbahnhof fahren können.

22 596 mehrspännige Fuhren
1 915 einspännige Fuhren
1 527 Handwagen
26 038 Fahrzeuge

Tabelle 16 **Beförderungszahlen der Altonaer Schleppbahn**

Östlich der Alster hingegen gestattet die vorgelagerte, breite Randmarsch, zur Überwindung des Höhenunterschiedes lange Rampenstrecken zu errichten. Die durch das Stromspaltungsgebiet verlaufende hannoversche Eisenbahnlinie beginnt bereits nach dem Verlassen der Norderelbbrücke auf einer 900 m langen Pfeilerstrecke anzusteigen, überquert den Oberhafenkanal im zweiten Stockwerk der Oberhafenbrücke und tritt im Zuge des ehemaligen Stadtgrabens in einem flachen Einschnitt in den Geestsporn ein. Dadurch besitzt sie eine geringere Steigung als die Horner Rampe der Güterumgehungsbahn (über 1 %), die von schweren Güterzügen nur mühsam überwunden werden kann, so daß auf der Güterumgehungsbahn gegenüber 400 Zugfahrten auf der Hauptstrecke täglich nur 16 Zugfahrten stattfinden[59]). Die U – Bahn, die durch geeignete Kombination von Tunnel- und Viaduktstrecken den Höhenunterschied der Geeststirn bewältigt, verläßt die Tunnelstrecke des Grundmoränengebietes am Hafentor (Schienenoberkante: 15.20 m über NN), fährt, obwohl der Höhenunterschied zwischen der Grundmoränenfläche und dem aufgehöhten

58) Kalbfus: Eisenbahnen und Bahnhöfe (in Altona). In: Hamburg und seine Bauten unter Berücksichtigung der Nachbarstädte Altona und Wandsbek 1914. II. Band. Architekten- und Ingenieurverein zu Hamburg. Hamburg 1914. 675

59) Helberg, W.: Der Bundesbahndirektionsbezirk Hamburg. Die Bundesbahn. 29. Jg., Heft 19. Darmstadt 1955. S. 792

Marschenvorland 12 m beträgt, ohne Änderung des Schienenniveaus auf einem 1500 m langen Viadukt durch die Neustadt-Marsch und tritt am Adolphsplatz in die Tunnelstrecke der Altstadt-Geest ein, die aus dem schmalen und nur flachen Geestsporn des Alster-Gleithanges besteht. Die für die dadurch erforderlich werdende Absenkung des Schienenniveaus auf 4.00 m über NN benötigte Rampe (4.8 % Gefälle) ist teils als Viadukt, teils als Betontrog über die Wasserfläche des windungsreichen Mönkedammfleetes (minimaler Krümmungsradius 71 m) und durch das 1842 zugeschüttete Gerberstraßenfleet geführt, in dessen Bereich die Gleise wegen der geringen Tragfähigkeit des Untergrundes in zwei getrennten Tunnelröhren liegen, deren Sandbett man zwischen auf Pfählen gegründeten Betonwänden nach Abtrag des Marschenbodens geschaffen hat[60], [61]).

Im Ganzen betrachtet, erweist sich die steile Geeststirn des Nordufers mit ihren wenigen, einen natürlichen Zugang bietenden Tälern für den Wasser- und Landverkehr als so ungünstig und abweisend, daß die aufgezeigte Grenze des Verkehrsraumes ihr auf weite Strecken folgt. An den Stellen, an denen die kulturgeographischen Anforderungen die naturgeographischen Widerstände überwiegen, müssen kostspielige und verkehrstechnisch ungünstige Verkehrsbauten hergestellt werden.

Von Vorteil ist der Niveauunterschied hingegen für die Anlage unterirdischer Kraftfahrzeugstellplätze, die in die Geest hineingearbeitet werden können und eine rampenlose Zufahrt zur Marsch besitzen. In den großen Kontorhäusern der Marsch-Geest-Grenze der Altstadt ist hiervon bereits Gebrauch gemacht worden (z. B. Sprinkenhof, Cityhof); in den Vorstädten St. Pauli und St. Georg sowie in der Neustadt stehen weitere innenstadtnahe Möglichkeiten zur Verfügung.

4. Das Verkehrsgebiet der Grundmoränenfläche

Den größten Flächenteil des Verkehrsraumes Hamburg nimmt die nördlich der Elbe gelegene, leicht gewellte, saaleeiszeitliche Grundmoränenfläche ein, die nach Westen durch die Wedeler Au, die bei Wedel in die Elbe mündet, und die Pinnau, deren Einzugsgebiet sich im Süden fast bis an die Geeststirn erstreckt, die im Osten durch die Bille, die bei Bergedorf aus der Geest tritt, und die im zentralen Teil durch die im Endmoränengebiet des Kisdorfer Wohlds und im Moorgebiet von Henstedt entspringende, 50 km lange Alster und deren Nebenflüsse (Einzugsgebiet: 587 qkm) entwässert wird. So ist das gesamte Grundmoränengebiet von einem verästelten Netzwerk teils heute noch Wasser führender (z. B.: offen: Tarpenbek, Osterbek, verrohrt: Ottersbek), teils trockener (z. B. Wevelsbek, Pepermölenbek), fluviatiler Hohlformen überzogen, die sie in zahlreiche schildförmig gewölbte Inseln und Halbinseln gliedern und den Verlauf der Wasser- und Landwege in seinen Grundzügen festlegen.

Der 9 km lange Alsterlauf zwischen der Mündung und Fuhlsbüttel und die unteren Abschnitte seiner wasserreichen Nebenflüsse wurden (1901 - 1911) zu 2 m tiefen, 20 - 30 m breiten und 3 - 4 km langen Kanälen (Isebekkanal nach Eimsbüttel, Osterbekkanal nach Barmbek, Mundsburger - Eilbeker Kanal nach Eilbek) ausgebaut und damit den Geeststadtteilen eine Wasserstraßenverbindung zum Hafen gegeben. Die anderen Geestflüsse dienen wegen ihrer Wasserarmut und der geringen

---

60) Schimpff, G.: Die Hochbahn in Hamburg. Organ für Fortschritte des Eisenbahnwesens. Jg. 1915, Heft 17-20. Wiesbaden 1915. S. 286

61) Kreß: Bemerkenswerte Bauausführungen bei der Berliner und Hamburger Hochbahn. Die Bautechnik. 2. Jg., Heft 37. Berlin 1924. S. 412

Breite ihres Geestkanten-Durchbruches nur dem Sportbootverkehr; die Güterschiffahrt findet in den Schutenhäfen (Pinneberg, Wedel, Flottbek, Schiffbek, Bergedorf) unterhalb der Marsch-Geest-Grenze ihr Ende. Um für die Alsterschiffahrt unter den Kanalbrücken ein möglichst großes Lichtraumprofil zu gewinnen, sind die Brückenfahrbahnen wie im Kanalgebiet der Marsch höher gelegt als das anschließende Straßenniveau, wodurch der höchste Punkt des Brückenstraßen-Längsschnittes über dem tiefsten Punkt des Talquerschnittes liegt, so daß man von einer „anthropogenen Reliefumkehr" sprechen könnte, die im Straßenverkehr schlechte Sichtverhältnisse und Unfallgefahren schafft.

Die Talungen wurden auch zu Leitlinien für die Trassierung der Eisenbahnfernstrecken, die sich im Bereich der Hamburg im Nordosten umgebenden, stark reliefierten Endmoränen deren ausgeglichenes Gefälle (Meiendorfer Tunneltal : Lübecker Eisenbahn, Billetal : Büchener Eisenbahn) und im städtischen Bereich die sie umgebenden Freiflächen (Kollautal : Güterumgehungsbahn) zunutze machten, die wegen der geringen Tragfähigkeit der alluvialen, fluviatilen Abschlämmassen nicht von der städtischen Bebauung erfaßt worden waren. Die Strecken der innerstädtischen Bahnen folgen nur streckenweise den fluviatilen Leitlinien (Isebektal: U-Bahn, Alstertal: U-Bahn, S-Bahn), da ihre Trassen durch den Verlauf der bestehenden Verkehrsspannungen vorgezeichnet werden. Das dabei infolge der naturgegebenen Höhenunterschiede auftretende, für den Eisenbahnbetrieb ungünstige Gefälle hat man durch den Bau von Tunnel- und Einschnittstrecken im Bereich der Geesthöhen und die Anlage von Damm- und Viaduktstrecken im Bereich der Talungen zu verringern versucht, so daß die Bahnanlagen der U-Bahn entsprechend der vielgestaltigen, geomorphologischen Gliederung des Hamburger Gebietes eine wechselvolle Ausgestaltung zeigen (Tab. 17). Durchgangsstraßen nehmen nur die breiten Talungen der durch die weichseleiszeitlichen, subglazialen Schmelzwasser geschaffenen Tunneltäler (z. B. Meiendorfer Tunneltal : Meiendorfer Landstraße, Trilluper Tunneltal : Lemsahler Landstraße) und die saaleeiszeitlich geformten, heutigen Trokkentäler (Dockenhudener Trockental : Dockenhudener Landstraße, Wevelsbek : Grindelberg) auf. Die übrigen konfluminalen, durchgehenden Straßenzüge verlaufen auf den höher gelegenen, trockenen Terrassen (z. B. Alster : Alte Landstraße) oder entlang der oberen Talkanten (z. B. Isebek : Eppendorferweg, Beim Schlump; Elbe: Elbchaussee, Lohbrügger Landstraße - Alte Holstenstraße) und meiden die vermoorten und versumpften Talböden; selbst beim Bau der modernen Verkehrsstraßen hat man den tragfähigen Untergrund des hohen Geestufers dem der Talaue vorgezogen (z. B. Bergedorf - Steinbeker Umgehungsstraße).

In den letzten Jahren sind an den Flußufern durch geschickte Ausnutzung der naturgeographischen Gegebenheiten im Innern der Stadt gelegene Erholungsgebiete, Grünanlagen und Wanderwege (z. B. Elbhöhenwanderweg, Alsterwanderweg, Kollauwanderweg) geschaffen worden, die es dem Fußgänger gestatten, fast das gesamte Hamburger Gebiet zu durchwandern, ohne vom Fahrverkehr belästigt zu werden.

Für den transfluminalen Landverkehr stellen die den konfluminalen Wasser- und Landverkehr anziehenden Geestflüsse jedoch ein starkes Hindernis dar.

An ihren tiefeingeschnittenen, oft kerbtalartigen Durchbrüchen durch die Geeststirn muß der den Geestfluß querende Verkehr auf dem einen Ufer von der Geesthochfläche herab- und auf dem gegenüberliegenden wieder auf das bisherige Niveau hinauffahren; dabei liegt meist dem abgeböschten Gleithang mit seinem geringen Gefälle (z. B. Rathausstraße) der Prallhang mit seiner steilen (bis zu 5 % Steigung), serpentinenartigen Straße (z. B. Wedeler Mühlenstraße) gegenüber. Diese vom früheren Fuhrwerksverkehr nur schwer zu bewältigenden Gefälls- und Steigungsstrecken, die z. B. im Volksmund den Namen „Teufelsbrück" entstehen ließen, da man den Teufel selber im Spiel glaubte, wenn die schwer beladenen Fracht-

Bauart der Strecken	Länge	
	absolut	prozentual
Dammstrecken	29.0 km	43.7 %
Einschnittstrecken	17.3 km	26.1 %
Tunnelstrecken	11.7 km	17.6 %
Brückenstrecken und Viaduktstrecken	8.4 km	12.6 %
Länge der U-Bahn Strecken	66.4 km	100.0 %

Höchster Streckenpunkt (Buchenkamp)	53 m über NN
Niedrigster Streckenpunkt (Adolphsplatz)	4 m über NN
Größtes Gefälle (Mönkedammfleet)	5 %
Kleinster Krümmungsradius (Rödingsmarkt)	72 m
Zahl der Brücken	172

Tabelle 17 **Streckenspiegel der U-Bahn**

wagen auf der Ost-West-Handelsstraße Geesthacht – Bergedorf – Hamburg-Altstadt – Blankeneser Elbfähre bei der steilen Abfahrt in das Flottbektal und bei der Überfahrt über die Flottbekbrücken Schäden an den Rädern und Achsbrüche erlitten, bereiten den modernen Verkehrsmitteln nur noch geringe Schwierigkeiten. Dennoch ist der gewundene (minimaler Kurvenradius 35 m), steile (5 % Gefälle) Abstieg der 4,50 m breiten Steinbeker Hauptstraße zur Steinbekbrücke bis zu der im letzten Jahr erfolgten Fertigstellung einer Umgehungsstraße eine unfallgefährdete Stelle gewesen, und die Straßenbahn vermag den Kerbtaleinschnitt des Pepermölenbeks nur auf einer die oberen Talkanten verbindenden Brücke (Altonaer Hochstraße) zu überwinden.

Knoten	Belastung
Sechslingsforte	80 000 Kfz./d
Stephansplatz	60 000 Kfz./d
Ferdinandstor	50 000 Kfz./d

Tabelle 18 **Mittlere tägliche Knotenpunktsbelastung**

Durch den Bau weiterer Brücken über die Geeststirn-Einschnitte könnten nicht nur verlorene Steigungen vermieden, sondern auch der Geestrand-Querverkehr und der Geestrand-Längsverkehr in verschiedenen Ebenen gekreuzt werden. Diese durch die Höhenunterschiede an den Geeststirn-Einschnitten gegebene Möglichkeit, rampenlose, mehrstöckige Verkehrsknoten zu errichten, ist bisher nur bei den anthropogenen Einschnitten im Zuge der ehemaligen Stadtbefestigungen konkretisiert worden (Seewartenstraße – Helgoländer Allee; Steintordamm - Straßentunnel (z. Zt. geplant); Berlinertordamm - Brücke (z. Zt. im Bau)).

Aber nicht nur an der Steilkante, sondern auch auf der Grundmoränenfläche könnten die zwar geringeren Niveauunterschiede zwischen den Talauen und den Grundmoräneninseln an den Kreuzungspunkten des konfluminalen und des transfluminalen Landverkehrs für die Anlage mehrstöckiger Verkehrsknoten geeignet in Wert gesetzt werden und kostspielige, raumfressende Rampenanlagen ersparen (z. B. Glockengießerwallbrücke – Ferdinandstor (z. Zt. geplant; Stephansplatz; Sechslingspforte - Buchtstraße). Denn diese Kreuzungspunkte sind die am stärksten belasteten Verkehrsknoten Hamburgs (Tab. 18), da nicht nur, wie gezeigt, die Flüsse den konfluminalen Landverkehr anziehen, sondern wegen ihrer Brückenarmut auch den transfluminalen Verkehr auf wenige Übergänge (Tab. 19) an den ehemaligen Furtstellen (z. B. Hudtwalckerstraßenbrücke), über die ehemaligen Mühlendämme (z. B. Ratsmühlendamm, Jungfernstieg, Burstah, Serrahn) und über die im Zuge der Oberalster-Kanalisierung aufgeschütteten Schleusendämme, (z. B. Wulksfelder Schleusenbrücke, Bäckerbrücke) bündeln, die infolge ihrer Verkehrskonvergenz ständig ausgebaut werden müssen (seit 1950 : Bäckerbrücke, Duvenstedter Damm; z. Zt. im Bau: Alsterfleetbrücke).

Fluß	Länge	Zahl der Brücken	
		gesamt	davon für den Durchgangsverkehr
Tarpenbek	25 km	12	2
Oberalster (Ehlersberg - Fuhlsbüttel)	18 km	10	6
Wedeler Au	10 km	5	1

Tabelle 19 **Brückenspiegel der Geestflüsse**

Noch stärker als durch die Geestflüsse wird der transfluminale Landverkehr durch die jeweils oberhalb der Mühlendämme gelegenen Mühlenstauteiche, deren größter, die Große Alster, 4 km × 1 km mißt, gehemmt und zu Umwegen gezwungen (Tab. 20).

Dadurch ist die Alster, die zur Zeit des vorherrschenden Wasserverkehrs die Lebensader Hamburgs war, in der Zeit des vorherrschenden Landverkehrs zu einem großen Verkehrshindernis geworden, durch das die sie querenden Verkehrsströme zwischen den westlichen und östlichen Stadtteilen Hamburgs und zwischen dem westlichen Schleswig-Holstein und dem Hafen und den Elbbrücken auf wenige Übergänge konzentriert werden (Tab. 21). Obwohl die Alster eine kürzere Sperrstrecke als die Elbe darstellt, ist der Umfang ihres transfluminalen Verkehrs dreimal so groß. Aus dieser Tatsache folgt, daß die Verkehrsaffinität zwischen den Geestflächen rechts und links der Alster größer ist als die zwischen den durch die Marsch getrennten Elbufern und daß die Hauptverkehrsströme Hamburgs ostwestlich gerichtet sind.

Richtung / Trasse	absolute Entfernung	Umweg gegen Luftlinie	
		absolut	prozentual
a. nordsüdlich: Entfernung Pinneberg-Veddeler Markt			
Luftlinie	21 km		
Eimsbüttler Chaussee-Stadtgrabentunnel	23 km	2 km	9 %
Fruchtallee-Lombardsbrücke-Elbbrücke	23 km	2 km	9 %
Schnelsen-Barmbeker Straße-Elbbrücke	25 km	4 km	19 %
Fruchtallee-Barmbeker Straße-Elbbrücke	28 km	7 km	33 %
b. ostwestlich: Entfernung Barmbeker Markt - Altonaer Bahnhof			
Luftlinie	8 km		
Alstertunnel-Hallerstraße	8 km	0 km	0 %
über Lombardsbrücke	9 km	1 km	13 %
über Hudtwalckerstraßenbrücke	10 km	2 km	25 %

Tabelle 20 **Ausmaß der durch den Alsterstau bedingten Umwege**

Übergang	Kraftfahrzeuge	Straßenbahn	U-Bahn	S-Bahn	Eisenbahn
Hudtwalckerstraßenbrücke	25 356	366	690		
Lombardsbrücken	73 436	496		422	405
Jungfernstieg / Poststraße	30 511	1 338	268		
Graskellerbrücke / Heiligengeistbrücke	22 732	528			
Schaartorbrücke	17 633	206	422		
(Tagesmenge Oktober 1957)	169 668	2 934	1 380	422	405

Tabelle 21 **Gesamtbelastung des Alsterüberganges**

Die Konzentration der wachsenden Verkehrsströme (Tab. 22)[62]) auf wenige Übergänge machte ihren ständigen Ausbau notwendig. Am unteren Mühlendamm werden die Graskeller- und Heiligengeistbrücke, die wegen ihrer geringen Breite nur als Einbahnstraßen benutzt werden können, z. Zt. durch die sechsspurige Alsterfleetbrücke im Zuge der Ost-West-Achse ergänzt, am oberen Mühlendamm wurde der Jungfernstieg durch Zuschütten eines Teiles der Binnenalster auf 48 m verbreitert (1848). Über die Große Alster wurde zur Abkürzung der durch den Mühlenstauteich bedingten Umwege (Tab. 20) im Zuge der mittelalterlichen Stadtbefestigung 1848 die dreibogige Lombardsbrücke mit fünf Fahrspuren und vier Eisenbahngleisen, 1953 die Neue Lombardsbrücke mit vier Fahrspuren geschlagen. Am oberen Ende des ersten Alsterstaus verkehrt alle 15 Minuten eine kleine Personenfähre, die täglich etwa

62) Angaben der Baubehörde der Freien und Hansestadt Hamburg, Tiefbauamt

1000 Personen befördert[63]). Um, nachdem die Wagenfähre, die im Mittelalter den transfluminalen Verkehr zwischen Harvestehude und Uhlenhorst versah, ihren Betrieb eingestellt hat, dem Kraftfahrzeugverkehr diesen zeitersparenden Weg (Tab. 20) ebenfalls zugänglich zu machen, ist ein Alstertunnel geplant. Am oberen Ende des zweiten Mühlenstaus wird die vierspurige Hudtwalckerstraßenbrücke, die in den Hauptverkehrszeiten den an sie gestellten Anforderungen kaum noch gerecht werden kann, in nächster Zukunft wohl auch eine Verbreiterung erfahren.

Jahr	Zusammen	davon		Prozentualer Anteil		Änderung gegen 1952		
		LKW	PKW	LKW	PKW	LKW	PKW	Zusammen
1952	44 700	8 600	36 100	19 %	81 %	100 %	100 %	100 %
1953	54 900	8 500	46 400	16 %	84 %	99 %	129 %	123 %
1954	61 000	8 600	52 400	14 %	86 %	100 %	145 %	136 %
1955	67 000	7 500	59 500	11 %	89 %	87 %	165 %	150 %
1956	72 000	5 900	66 100	8 %	92 %	69 %	183 %	161 %
1957	79 000	6 000	73 000	8 %	92 %	69 %	202 %	177 %

Tabelle 22 **24-stündiger Werktagsverkehr auf den Lombardsbrücken**
(Entwicklung des Kraftfahrzeugverkehrs)

Um die umfangreichen Verkehrsströme sammeln und verteilen zu können, macht der Ausbau der Alsterübergänge gleichzeitig die Schaffung leistungsfähiger Anschlußstrecken notwendig. Im Gegensatz zu dem relativ jungen Elbübergang, der kein brückenorientiertes Straßennetz besitzt, weisen die seit Jahrhunderten benutzten Alsterübergänge ein ausgeprägtes furt-, damm- und brückenorientiertes Straßennetz auf. Die unteren Dammübergänge sind an das Ost-West-Straßensystem der Innenstadt angeschlossen, der Verkehr des mittleren Brückenüberganges fließt über das Wallring-Straßensystem, und der obere Furtübergang liegt zwischen den Verkehrszentren des Eppendorfer und des Winterhuder Marktes.

Wenn es auch möglich sein wird, durch Verbreiterung und kreuzungsfreie Führung die Leistungsfähigkeit der alsterquerenden Verkehrswege zu steigern, so werden die durch natur- und kulturgeographische Fakten festgelegten und vererbten Verkehrsknoten doch immer empfindliche Verkehrsengpässe bleiben. Die Versuche, wenigstens den Alstermündungsraum der Innenstadt durch eine Umgehungstrasse nördlich des Alsterbeckens vom Durchgangsverkehr zu entlasten, haben wenig Erfolg gehabt, da auf der 1941 fertiggestellten, eingleisigen Güterumgehungsbahn an der Geeststirn zu große Steigungen zu überwinden sind (tägliche Zahl der Güterzugfahrten : Lombardsbrücke: 250, Umgehungsstrecke: 16) und da die dem linken Alster- und Isebekufer folgende Bundesstraße 4/5 wegen der südwest-nordöstlichen Fließrichtung des Isebeks nicht nur einen großen Umweg (Tab. 20) darstellt, sondern auch wegen der dadurch entstehenden Kreuzung mit den stark belasteten, radialen Ausfallsstraßen der Innenstadt zahlreiche Gefahrenpunkte besitzt. Eine echte Entlastung des Alsterüberganges könnte, weil die im weiten Bogen nach Osten vor-

63) Angaben der Hamburger Hochbahn Aktiengesellschaft, Hamburg

springende Außenalster sich wie ein Riegel vor den nordwest-südöstlichen Landverkehr schiebt, nur durch den Bau des vorgeschlagenen Stadtgrabentunnels gebracht werden, der den regionalen und lokalen Verkehr vom Nordwesten westlich der Alster und der Innenstadt tangential abfangen, in das Hafen- und Süderelbegebiet leiten und die Kopplung des Alster- und Elbüberganges aufheben würde.

Aber nicht nur die großflächigen Mühlenstauteiche der wasserreichen, unteren Flußabschnitte hemmen den transfluminalen Verkehr, sondern auch die oberen Einzugsgebiete der Geestflüsse, deren saure Sandböden infolge der zahlreichen Niederschläge und des wegen des schwachen Gefälles geringen Abflusses postglazial vermoorten, werden auf Grund der geringen Tragfähigkeit des Untergrundes vom Landverkehr möglichst gemieden. Im Gegensatz zu den Flachmooren der Randmoorsenke, die in einem geschlossenen Streifen zwischen den Chausseen der Vorgeestflächen und den Deichwegen des Marschgebietes liegen, treten die Hochmoore der diluvialen Hochfläche nur als isolierte Areale auf, zwischen denen längliche oder ovale, sandige oder lehmige Höhenrücken als trockene Pässe vorhanden sind, auf denen sich der Landverkehr durch die Moorzone zusammendrängt (z. B. Moorpaßstraßen-Knotenpunkt Ochsenzoll).

Erst in den letzten Jahrzehnten sind die peripheren Moore, deren verkehrshindernde Wirkung auch in dem Verlauf der Verkehrsraumgrenze zum Ausdruck kommt, da deren Einbuchtungen zum Verkehrszentrum meist dort liegen, wo ein Moorgebiet die gleichmäßige Ausdehnung des Stadtkörpers verhindert hat, und die bei der fortschreitenden Besiedlung im Stadtkörper als Verkehrsvakuolen erhalten gebliebenen Moorflächen (z. B. Eppendorfer Moor) in die Verkehrsplanung einbezogen worden.

Flugplatzfläche	11 m über NN
Geestrückenscheitel	20 m über NN
Niendorfer Schule	33 m über NN
Niendorfer Kirche	56 m über NN
Langenhorner Schornstein	92 m über NN

Tabelle 23 **Höhenwerte des Flughafengebietes**

Der östlich der Stadt gelegene 10 qkm große Horner Moorkomplex ermöglichte es noch in den dreißiger Jahren dieses Jahrhunderts, die Lübecker Autobahn bis auf 5 km anbaufrei an das Verkehrszentrum heranzuführen. In dem trockengelegten Jaarsmoor fand der 60 ha große Verschiebebahnhof Eidelstedt mit 110 km Gleis und 525 Weichen Platz (1911 - 1922). In dem 11 km nordwestlich der Innenstadt gelegenen Borsteler Moor konnte 1911 der Flughafen in geringer Entfernung vom Verkehrszentrum angelegt werden. Da es eine in die diluviale Grundmoränenfläche eingesenkte Hohlform ausfüllt, ist es im Südosten und Nordwesten von höher gelegenen Geschiebelehmrücken umgeben, die wegen ihrer trockenen Lage zu Ansatzpunkten für Siedlungen wurden (Bebauungszunahme im flughafennahen Gebiet 1911 - 1957: 700%), deren Gebäude und Schornsteine (Tab. 23) die in ihrer Richtung durch die vorherrschende Windrichtung festgelegten, über Langenhorn und

Niendorf liegenden An- und Abflugschneisen einengen. Das nordwestlich des jetzigen Flughafens befindliche Ohmoor bietet sich als natürliches Erweiterungsgebiet an.

Nr.	Straßenzug	Strecke von	Strecke bis	Ordnung
1	Borgfelder Straße / Hammer Landstraße	Berliner Tor	Schurzallee Nord	Bundesstraße
2	Eppendorfer Weg	Eimsbüttler Chaussee	Eppendorfer Baum	,,
3	Wandsbeker Chaussee	Landwehr	Hammer Straße	,,
4	Mundsburger Damm / Hamburger Straße	Hartwicusstraße	Lohkoppelstraße	Landstraße
5	Lokstedter Steindamm	Martinistraße	Siemersplatz	,,

Nr.	Länge	K	A_r	A_l	G	A	K'	A'_r	A'_l	G'	A'	V
1	3.0 km	3	20	6	29	32	1.0	6.7	2.0	9.7	10.7	90 %
2	2.7 km	15	8	7	30	45	5.6	3.0	2.6	11.1	16.7	50 %
3	2.0 km	7	7	8	22	29	3.5	3.5	4.0	11.0	14.5	68 %
4	2.0 km	10	5	10	25	35	5.0	2.5	5.0	12.5	17.5	60 %
5	1.5 km	2	4	7	13	15	1.3	2.7	4.7	10.0	8.7	85 %

K = Zahl der Kreuzungen
A_r = Zahl der Abzweigungen nach rechts
A_l = Zahl der Abwzeigungen nach links
G = Zahl der Gefahrenpunkte $(K + A_r + A_l)$
A = Zahl der Abbieg- bzw. Einbiegmöglichkeiten $(2K + A_r + A_l)$
V = Prozentualer Anteil der Abzweigungen an den Gefahrenpunkten

$$\left(\frac{A_r + A_l}{G} \, 100 \right)$$

K' = K / km usw.

Tabelle 24 **Straßenstruktur**

Die ursprünglich negative Bedeutung der Moorflächen für den Verkehr hat sich somit infolge des großen, anders nicht mehr zu befriedigenden Flächenbedarfs der modernen Verkehrsmittel in Innenstadtnähe in eine verkehrspositive umgewandelt.

Die zwischen den Geestflüssen gelegenen, seit jeher für den Landverkehr positiven, schildförmig aufgewölbten, großflächigen Grundmoräneninseln und -halbinseln und die schmalen Geestsporne weisen ein engmaschiges Netz von Straßen auf, die im allgemeinen dem Anliegerverkehr dienen und den Durchgangsverkehr auf die wenigen Straßenzüge verweisen, die zu den Furtstellen oder Mühlenstaudämmen am Rande der Geestinsel führen. Diese aus den ehemals dem Fuhrwerksverkehr dienenden Sandwegen entstandenen Furtverbindungsstraßen, die meist auf den Scheiteln der Geestflächen verlaufen, da die Fuhrleute von der Höhe die beste Geländeeinsicht hatten, haben als Träger des Durchgangsverkehrs und Sammler und Verteiler des Anliegerstraßenverkehrs eine doppelte Funktion zu erfüllen. Da oft nur eine Durchgangsstraße über eine Geestinsel führt, müssen alle Nebenstraßen von ihr bedient werden, so daß gleichzeitig Rechts- und Linksabbiegeverkehr entsteht. Nur in wenigen Fällen besitzt das System der Nebenstraßen eine regelmäßige Form (z. B. Fritz Schumacher Siedlung, Harvestehuder Klostergebiet), meist münden die Anliegerstraßen in Abständen von 80 - 90 m planlos in die Durchgangsstraße ein, so daß die Straßenmündungen oft gegeneinander versetzt sind und die Durchgangsstraßen mehr Abzweigungen als Kreuzungen aufweisen (Tab. 24). Da an jeder dieser Einmündungen mit abbiegenden, einbiegenden und ggf. mit kreuzenden Verkehrsströmen zu rechnen ist, wird der Verkehr auf den Durchgangsstraßen so behindert, daß auf den Geestinsel-Scheitelstraßen die Reisegeschwindigkeiten geringer sind (Tab. 24, Nr. 3; Tab. 25) als auf den infolge der geomorphologischen Situation kreuzungsärmeren Geeststirn-Längsstraßen (Tab. 24, Nr. 1; Tab. 25). Die Zähflüssig-

Straßenzug	Reisegeschwindigkeit (km/h)			
	minimale	mittlere	80/20 %	maximale
Hammer Landstraße	24.8	37.1	43.2	60.9
Wandsbeker Chaussee	19.0	33.8	37.8	53.0

80/20 %=mittlere Geschwindigkeit von 60 % der Kraftfahrzeuge, ohne Berücksichtigung der schnellsten (20%) und langsamsten (20 %) Kraftfahrzeuge.[64])

Tabelle 25 **Kraftfahrzeug-Reisegeschwindigkeit auf Hamburger Ausfallstraßen**

keit des Verkehrs ist in den Gebieten noch größer, in denen neben dem Durchgangsverkehr auch der Park- und Halteverkehr der an den Durchgangsstraßen gelegenen Geschäfte abgewickelt werden muß. Da eine größere Leistungsfähigkeit des Straßennetzes wegen der engen Bebauung nur durch eine Trennung der verschiedenartigen Verkehrsströme erreicht werden kann, scheint mir die bestmögliche Inwertsetzung der geomorphologischen Gegebenheiten darin zu bestehen, die durch ihre Struktur und ererbte Funktion am besten geeigneten Geestinsel-Scheitelstraßen dem Durchgangsverkehr vorzubehalten und von den Anliegerstraßen abzuschließen (z. B. Grindelberg/Hochhausring), den Parkverkehr der Durchgangsstraßen-Anlieger auf das Nebenstraßensystem (z. B. Wandsbeker Marktstraße/Litzowstraße) oder auf besondere Park- und Ladeplätze zu verweisen und das System der Anliegerstraßen zu in ihren Grenzen durch die Tallinien bereits vorgezeichneten Verkehrskomplexe zusammenzufassen und deren gesamten Verkehr in einem Knoten in die jeweilige Durchgangsstraße einzufädeln.

64) Sill, O.: Städtische Schnellverkehrsstraßen. Brauchen wir auch Stadtautobahnen? Manuskript eines Vortrages in München 1956

5. Das Verkehrsgebiet der Endmoränenstaffeln

Abschließend möchte ich auf die Verkehrsverhältnisse in den Endmoränengebieten eingehen, deren im Warthe- und Weichselglazial in mehreren Staffeln aufgestauchten Endmoränenbögen sich um das Grundmoränengebiet legen.

Die wartheeiszeitlichen Altmoränengebiete Hamburgs, aus deren durch periglaziale Fließbewegungen eingeebneten Plateaus nur vereinzelte, kleinere Erhebungen aufragen (z. B. Kiekeberg 127 m über NN), sind randlich durch von periglazialen Schmelzwassern geschaffene, wegen ihres sandigen Untergrundes heute trockene, schluchtartige Täler gegliedert, die, obwohl gelegentlich Gefällsstrecken bis zu 15% auftreten, dem Kraftfahrzeugverkehr eine Zufahrt, meist jedoch nur bis zu den an den Talschlüssen gelegenen Häusern, bieten. Der Straßendurchgangsverkehr zieht in der Regel den Weg über die Vorgeestflächen (z. B. Cuxhavener Straße) und durch die Talungen (z. B. Sülldorfer Landstraße) dem Weg über das Höhengebiet vor. Erst in neuerer Zeit sind die relativ verkehrsleeren Endmoränengebiete für die Schaffung großflächiger Autobahnverzweigungen (z. B. Horster Dreieck) herangezogen worden, so daß sich wie bereits bei den alluvialen Marsch- und Moorgebieten beobachtet, auch in den diluvialen Endmoränengebieten ein Wandel in der Bedeutung der geomorphologischen Faktoren für den Bau von Verkehrsanlagen vollzogen hat, durch den das bisher wegen seines Reliefs von Landstraßen- und Eisenbahnverkehr gemiedene Gebiet zu einem wichtigen Trassierungspunkt für das moderne Verkehrsnetz geworden ist. Die Ursachen für diese Wertverschiebung sind darin zu suchen, daß die heutige Ingenieurtechnik durch Kunstbauten größere Höhenunterschiede zu meistern vermag, daß die heutigen Kraftfahrzeuge größere Steigungen müheloser überwinden können als die früheren Pferdegespanne, und vor allem darin, daß diese Gebiete aufgesucht werden müssen, da die für die Verkehrswegtrassierung günstigeren Strecken bereits ausgelastet und nicht mehr aufnahmefähig sind, so daß die kulturgeographischen Erfordernisse ein In-Kauf-Nehmen der naturgeographischen Ungunst notwendig machen.

Von den Eisenbahnstrecken führt nur die serpentinenreiche Bremer Strecke, deren Trasse durch verkehrspolitische Überlegungen bestimmt wurde, durch das Harburger Endmoränengebiet. Die Bergedorf-Geesthachter-Eisenbahn endet im Osten Hamburgs am Fuße des 93 m hohen Höchelsberges der Kisdorf-Barendorfer Endmoränenstaffel, während die Fernstrecke durch das nördlich gelegene Billetal verläuft, und die Blankenese-Wedeler-Eisenbahn umfährt das Blankeneser Höhengebiet der Blankeneser-Garlstorfer Staffel, der 40 m Isohypse folgend, im Norden. Das Ausmaß der Schwierigkeiten, die die Endmoränenhöhen dem Eisenbahnbetrieb bieten, mag durch die Tatsache illustriert werden, daß die Strecke von dem ebenerdigen Bahnhof Klein Flottbek bis zu dem in einem 20 m tiefen Einschnitt am Fuße des Endmoränenrückens gelegenen Bahnhof Blankenese bei einer mittleren Steigung von 0.5% vor ihrer Anrampung im letzten Abschnitt derartig starke Steigungen besaß, daß z. Zt. des Dampfbetriebes die Züge oft auseinandergekoppelt und in kleineren Einheiten nach Blankenese gezogen werden mußten[65]).

Im Bereich der 60 – 70 m über NN liegenden, als einzelne Erhebungen ausgebildeten, steilen, weichseleiszeitlichen Endmoränen sind Landstraßen und Fernbahnstrecken durch die breiten Tunneltäler gelegt und die Walddörferbahn und die Autobahn zum Queren der Endmoränenstaffeln gezwungen worden, deren Reliefierung

65) Kloth, H.: Altona in Vergangenheit und Gegenwart. Hamburg 1951. S. 92

durch die Anlage bis zu 6 m hoher Dammstrecken zwischen den Moränenwällen und bis zu 12 m tiefer Einschnitte in den Moränenwällen gemildert wurde.

6. Zusammenfassung

Es ergibt sich, daß Struktur und Funktion der Verkehrsanlagen des Hamburger Verkehrsraumes im starken Maße durch die Ausbildung und räumliche Lage der Oberflächenformen geprägt sind. Das Nebeneinander von Land- und Wasserflächen ruft eine Verzahnung und Durchdringung des Land- und Wasserverkehrs hervor, die in zahlreichen Brückenbauwerken ihren Ausdruck findet (Tab. 26).

Durch das Vorhandensein verkehrspositiver Oberflächenelemente wie Flüsse, Talungen, Vorgeeststreifen und Geestrücken, die meist linienhaft ausgebildet sind, und verkehrsnegativer Oberflächenelemente wie Marsch, Moore und Endmoränen, die meist flächig ausgebildet sind, entstehen infolge der anziehenden Kraft der einen und der abweisenden Kraft der anderen den Verkehr konzentrierende, stark belastete Paßstrecken, deren Aneinanderreihung das Gerippe des Verkehrsnetzes liefert. Die fächerförmige Anordnung der verkehrspositiven Bänder auf der Geest nördlich und südlich der Elbe hat zur Ausbildung zweier getrennter, in der Hamburger und Harburger Altstadt konvergierender Straßenfächer geführt, die, durch das dem Hafenverkehr vorbehaltene Marschgebiet getrennt, nur unvollkommen miteinander verbunden sind. Die mosaikartig eingestreuten, bisher verkehrsfeindlichen Gebiete bieten in Innenstadtnähe Platz für die Anlage moderner Verkehrswege und -stationen wie Autobahnen, Düsenflugplätze, Verschiebebahnhöfe und Hafenbecken.

Art der Brücken	Zahl
Straßenbrücken	646
Bundesbahnbrücken	218
Hochbahnbrücken	172
Brücken im Hafengebiet	170
Fußwegbrücken	68
Gesamtzahl der Brücken	1 274

Tabelle 26 **Brückenspiegel**

Darüber hinaus dürfte deutlich geworden sein, daß zwar die geomorphologischen Gegebenheiten einen starken Einfluß auf Ausgestaltung und Funktion der Verkehrsanlagen, sowie Umfang und Ablauf des Verkehrs haben, daß aber diese Faktoren nicht mono-kausal durch sie determiniert, sondern multi-kausal auch mit anderen naturräumlichen Gegebenheiten und kulturräumlichen Erfordernissen verknüpft sind. Ohne diese ausführliche Darlegung der geomorphologischen Verhältnisse in ihrer Bedeutung für den Verkehr sind das Hamburger Verkehrswesen und seine Problematik kaum verständlich; andererseits sind sie aber nicht allein aus ihnen zu erkennen, sondern machen eine Untersuchung der anderen, verschiedentlich angedeuteten Faktoren erforderlich.

II. DIE BEDEUTUNG DER UNTERGRUNDBESCHAFFENHEIT

Da die menschliche Zwecksetzung durch die beim Ausbau des Verkehrsraumes vorgenommene Ausnutzung der geomorphologischen Gegebenheiten die Anlage von Kraftfahrzeug-Unterwassertunneln im Seehafen und von unterirdischen Schnellbahntunneln in den dichtbebauten Stadtgebieten verlangt, muß in die Betrachtung der naturräumlichen Verhältnisse der Untergrund mit einbezogen werden, für dessen Beschaffenheit und Bedeutung für den Verkehr die Lage des Hamburger Raumes in der mitteleuropäischen Geosynklinale, die sich zwischen der fennoskandischen Masse im Norden und dem mitteleuropäischen Gebirgsblock im Süden in nordwestlich – südöstlicher Richtung hinzieht, wesentlich ist. In ihr haben sich in der Hohlform des rheinisch streichenden „Hamburger Loches", in der die Obergrenze der Kreidezeitablagerungen, die am Rande des Gebietes vereinzelt fast bis an die heutige Oberfläche aufsteigt, in 2000 m Tiefe liegt, in wechselnden Schichten tertiäre Tone und Sande abgelagert, deren prädiluviales Relief die vom skandinavischen Festland vorstoßenden Gletschermassen mit ihren mitgeführten und auf dem Wege aufgearbeiteten Geschiebemergeln, Geschiebelehmen und Geschiebesanden in einer Mächtigkeit bis zu 200 m auffüllten. Die Schmelzwasser des im Hamburger Raum endenden Warthevorstoßes – auf die Frage, ob es sich dabei um eine selbständige Eiszeit oder nur um einen Vorstoß der Saalevereisung handelt, sei in diesem Zusammenhang nicht weiter eingegangen –, die zunächst durch das Hamme-Wümme-Urstromtal zur Weser abflossen, durchbrachen nach Abschmelzen des Eises bis in die Pattensener Gegend den Blankenese-Harburger Endmoränengürtel und schufen die Urelbe und damit für Hamburg die direkte Wasserstraße zum Meer, eine wesentliche, naturgeographische Voraussetzung für die Entwicklung der Hamburger Seeschiffahrt.

Die Schmelzwasser des oberen Elbeeinzugsgebietes, dessen zu Beginn des Weichselglaziales bei Havelberg liegende, obere Grenze sich langsam nach Südosten verlagerte, arbeiteten am Ende des nördlich Hamburgs endenden Weichselvorstoßes die Urelbe zu einem tiefen und mehrere Kilometer breiten Urstromtal aus, zapften durch rückschreitende Erosion den Oberlauf des Ohre-Aller-Weser-Urstromtales und den Oberlauf der ihm aus dem Osten zuströmenden Heideflüsse, die nun zur Elbe hin abfließen, an und formten damit einen 1000 km langen, in das Landinnere führenden Wasserweg, der die Voraussetzung für die Entwicklung Hamburgs zum Binnenschiffhafen wurde.

Über den von diesen Schmelzwassern sedimentierten, diluvialen Kiesen und Talsanden enstand, als während der flandrischen und Dünkirchen Transgression das Meerwasser bis in den Hamburger Raum vordrang und die Wassermassen das mitgeführte Material dort, wo der flußaufwärts kommende Flutstrom und das Oberwasser aufeinandertrafen, infolge des Staus absetzten, als alluviale Sedimentationsschicht der aus Ton, Klei und Schlick aufgebaute Marschenkörper, in den sich die Elbe, als ihre nach Abnahme der Eisbedeckung und Eisfreiwerden der Ostsee verringerten Wassermengen das Urstromtal nicht mehr auszufüllen vermochten, in zahlreichen Rinnen einschnitt und die Werder des zentralen Teils der heutigen Hamburger Verkehrslandschaft bildete.

1. Strom- und Hafenbau

Die leichte Bearbeitbarkeit der oberflächennahen, durch keine Auflast verfestigten Marschenschicht und die Standfestigkeit der unteren Sand- und Mergelschichten ermöglicht die Schaffung von Durchstichen, den Aushub von Hafenbecken, die Pfahlgründung der Kaibauten und damit die Entstehung des Hafenverkehrsraumes mit seinen im Strom liegenden Hafenbecken und Kaianlagen. Der Bau von Unterwassertunneln ist durch die Beschaffenheit und Lagerung der geologischen Schichten ebenfalls begünstigt, da nicht nur die Tunnelkörper wegen ihrer Tieflage unterhalb des Marschkörpers auf den tragfähigen, tertiären Tonen und Sanden und den diluvialen Sanden und Kiesen gebettet werden können, sondern auch die Tunnelschächte die Marschschicht durchstoßen und die tragfähigen Schichten erreichen[66].

2. U-Bahn Bau

Anders liegt die Problematik beim U-Bahn Bau, bei dem, um in den Stationen große Treppen- und Fahrstuhlanlagen zu vermeiden, keine Tieftunnel, sondern nur in der Nähe der Erdoberfläche gelegene Flachtunnel gebaut werden können, so daß als Baugrund nicht die tragfähigen tertiären Schichten, sondern nur die jüngeren, diluvialen und alluvialen Ablagerungen erreicht werden.

Die Mehrzahl der vorhandenen und geplanten Tunnelstrecken führt entsprechend der siedlungsgeographischen Struktur Hamburgs durch das Geestgebiet, dessen Untergrund aus Geschiebemergeln, -lehmen und -sanden besteht, die jedoch nicht in großräumigen, homogenen Komplexen abgelagert sind, sondern eine unregelmäßige Verteilung und eine ungleichförmige Ausbildung zeigen. Den mengenmäßig größten Anteil hat der sehr verschiedenartig ausgestaltete, alle Fraktionen vom Ton bis zum tonigen Sand enthaltende Geschiebemergel, dessen durch Verwitterungsvorgänge entkalkte, plastisch weiche, bei Wasseraufnahme quellende und bei Trockenheit sich zusammenziehende, obere Schicht wegen ihrer Weichheit zwar leicht von Baggergeräten ausgehoben, wegen ihrer Plastizität beim Einbringen aber nicht wieder genügend verdichtet werden kann, sondern abgefahren werden muß, und dessen infolge der größeren Auflast harte und zähe, untere Schicht maschinellem Aushub größeren Widerstand entgegensetzt. Da die Geschiebemergelschicht während der Saale-Eiszeit phasenhaft abgelagert und die einzelnen Schichten beim Oszillieren des Eisrandes immer wieder von Eismassen und Schmelzwassern überfahren wurden, finden sich in sie eingebettet hierher transportierte, kleinere und größere, erratische Blöcke, wassererfüllte Sandlinsen interstadialer Schmelzwasserströme, Bändertonablagerungen interstadialer Seen, sowie Torf- und Faulschlammausfüllungen interstadialer Teiche. Die unteren Mergel- und Sandschichten sind meist so verfestigt, daß sie einen Tunnelkörper zu tragen vermögen und nur die eingelagerten, kleinen Komplexe geringerer Tragfähigkeit, zu denen auch die anthropogenen Faulschlamm- und Torflinsen im Gebiet der ehemaligen Festungsgräben gehören, ausgewechselt zu werden brauchen; lediglich im Bereich junger fluviatiler Formen, in dem man wegen der zu weit fortgeschrittenen Bebauung nicht mehr wie beim bisherigen Schnellbahnbau Dämme oder Viadukte anlegen kann (z. B. Isebektal), müssen kostspielige Bodenauswechslungs- und Gründungsmaßnahmen vorgenommen werden (z. B. beim Durchqueren des Wandsetales mit seinen Faulschlamm- und Fließerdeablagerungen im Zuge der geplanten Farmsener Strecke).

66) Stockhausen: Der Elbtunnel. In: Hamburg und seine Bauten unter Berücksichtigung der Nachbarstädte Altona und Wandsbek 1914. II. Band. Architekten- und Ingenieurverein zu Hamburg. Hamburg 1914. S. 143

Die siedlungsgeographische Struktur Hamburgs mit der Lage der Hauptarbeitsgebiete im Marschenraum der Altstadt und des Hafens macht den Schnellbahnbau auch im Gebiet der alluvialen, noch durch keine Auflast verfestigten, stark kompressiblen Schichten (Tab. 27) notwendig, in dem die der Untergrundbeschaffenheit adäquate Bauweise die Anlage von Damm- und Viaduktstrecken ist, bei denen die Viaduktportale auf bis in die tragfähigen Schichten gerammten Pfählen gegründet sind (z. B. Strecke Landungsbrücken - Rödingsmarkt, Hammerbrooker Strecke (nach dem Zweiten Weltkrieg abgerissen)). Da aber in der engbebauten Innenstadt nicht immer geeignete Freiflächen für einen Hochbahnbau (z. B. ehemaliges Rödingsmarktfleet) zur Verfügung stehen und die Viaduktportale, deren Abstand aus Sicherheitsgründen eine gewisse Größe (z. B. Hafentor: 15 m) nicht unterschreiten darf, für den sich hindurchzwängenden Straßenverkehr eine große Behinderung darstellen (z. B. Hafentor, Großer Burstah / Rödingsmarkt, Ost - West - Achse / Rödingsmarkt), ist man im Marschgebiet auch zum Tunnelbau gezwungen, dessen Bedingungen ich kurz skizzieren möchte, weil sie nicht nur einen detaillierten Einblick in die Untergrundbeschaffenheit des Raumes, sondern auch ein Maß für den durch sie hervorgerufenen Schwierigkeitsgrad des U-Bahn-Baues vermitteln. Als Beispiel sei die sog. Kelljunglinie, die jüngste U-Bahnstrecke Hamburgs (1929: Kellinghusenstraße - Stephansplatz, 1931: Stephansplatz - Jungfernstieg, seit 1956 im Bau: Jungfernstieg - Hauptbahnhof), gewählt, die zwischen den Stationen Stephansplatz und Jungfernstieg die Alsterniederung der Neustadt und zwischen den Stationen Meßberg (z. Zt. im Bau) und Hauptbahnhof die Bille- und Elbmarsch der Altstadt durchquert.

Material	Faktor
Geschiebelehm	1
Schlick	50
Torf	100

Tabelle 27 **Kompressibilitätsfaktoren**

Am westlichen Alsterufer liegt die Oberkante des tragfähigen Geschiebemergels ca. 10 m unter der Erdoberfläche, darüber lagern eine im Mittel 4 m mächtige Schicht wasserdurchtränkter Sande von Tonfraktion, die durch eine Drainanlage trockengelegt wurde, darüber eine im Mittel 3 m mächtige Torfschicht, die wegen ihrer geringen Tragfähigkeit gegen eine Kiesschicht ausgewechselt wurde, und darüber eine im Mittel 3.5 m mächtige Auffüllungsschicht aus Bauschutt und Boden, wobei es sich nicht um durchgehende Schichten gleicher, sondern um Einlagerungen wechselnder Mächtigkeit handelt [67]).

Weiter östlich ist der Sand, der über dem Geschiebemergel liegt, in der Nähe des heutigen Alsterlaufes derart fein, fast triebsandartig, daß sein Wasser nicht durch Drainage abgezogen werden konnte, sondern die Schicht ausgewechselt werden mußte.

Im Bereich des heutigen Alsterlaufes, in dem noch die Ausfüllungen des ehemaligen Mühlenkolkes und Bauwerksreste der ehemaligen Mühlenanlage vorhanden

67) Siebert, B.: Erweiterungsbau des Hamburger Untergrundbahnnetzes. In: Die Bautechnik. 9. Jg., Heft 1. Berlin 1931, S. 11 ff.

sind, steht der tragfähige Geschiebemergel erst in 15 m Tiefe unter dem Straßenniveau an; über ihm befinden sich in wechselnder Mächtigkeit, in waagerechter und geneigter Lagerung, miteinander verworfen und vermengt die Geröll- und Findlingsschicht der Gletscherbachsohle, kiesige bis feinkörnige, druckwasserhaltige Sande, Torf- und Kleischichten mit Sandlinsen, die ausgewechselt wurden. Da die bis zu 1 cbm großen erratischen Blöcke, die sich nur durch ein dichtes Bohrnetz im Vorwege lokalisieren ließen, beim Rammen der Spundwände Schwierigkeiten bereiteten, entwickelte man die sog. Hamburger Tunnelbauweise, bei der der Tunnelkörper in einer offenen Baugrube gefertigt wird, deren lichtes Maß um 1.60 m größer ist als der Abstand der Tunnelaußenwände. Denn durch den beiderseits des Tunnelkörpers freibleibenden Raum von 0.80 m wird die Gefahr verringert, daß ein beim Auftreffen auf Findlinge abgelenkter Rammträger in das Tunnelprofil eindringt und gezogen oder abgetrennt werden muß.

Am Ostufer der Alster besteht der Untergrund fast nur aus Aufschüttungsmaterial, das zur Verbreiterung der die Binnenalster umgebenden Straßen in die Alster geschüttet worden ist, so daß neben zahlreichen Bohrungen mittelalterliche Pläne (z. B. der von Lawrence [68])) herangezogen werden mußten, um ehemalige Wasserarme lokalisieren und eine entsprechende Gründung des Tunnelbauwerkes vornehmen zu können.

Im Gegensatz zu den Untergrundverhältnissen der Alsterniederung zeichnen sich die der Bille- und Elbemarsch dadurch aus, daß die tragfähigen, diluvialen Schichten erst in größerer Tiefe anstehen, die alluvialen Schichten geringerer Tragfähigkeit dementsprechend mächtiger sind und die natürlichen Ablagerungen in diesem über 1 000 Jahre alten Siedlungsgebiet von einer mächtigen anthropogenen Schutt- und Abfallschicht überdeckt werden, die aus Sanden und Lehmen der Geest, mit denen bei steigendem Wasserstand während der Transgressionsperiode die Wohnflächen der Altstadtmarsch aufgehöht wurden, aus dem natürlichen Dunganfall der im Mittelalter als Haustiere gehaltenen Rinder und Schweine (bis zu 1.5 m) und aus dem Trümmerschutt, mit dem die Fleete verfüllt wurden, besteht [69]).

Am alten Fischmarkt finden sich unter der Geländeoberkante eine 4-5 m mächtige Bauschuttschicht, darunter teils von Pflanzenresten durchsetzte weiche und breiige Schichten aus Torf, Schlick und humosem Schluff, die von geringer Steifigkeit und starker Kompressibilität sind und einen schlechten Baugrund darstellen, in 12 m Tiefe tragfähige, fein- und mittelkörnige, wasserführende Sande und in 26 m Tiefe sandige und steinige Geschiebemergel, die stellenweise bis zur Kleischicht aufragen.

Im Bereich des zugeschütteten Brauerstraßenfleetes besteht der Untergrund aus einer sandigen, humosen und torfigen, Pfahl- und Mauerwerksreste enthaltenden, bis zu 7 m mächtigen Aufschüttungsschicht, einer von torfigen Lagen durchsetzten, bis zu 2 m unter die geplante Tunnelunterkante reichenden Kleischicht und einer Schicht feiner, wasserführender Sande, die von einer wasserstauenden Sohle feinsandiger Bändertone unterlagert wird.

Östlich des Brauerstraßenfleetes reicht die Pfähle, Mauerwerks- und Fundamentsreste aufweisende, im Schnitt 4-5 m mächtige Schuttschicht stellenweise bis zu 4.50 m

68) Bolland, J.: Hamburgs Weg zur Großstadt. In: Hamburg, Großstadt und Welthafen. Festschrift zum XXX. Deutschen Geographentag in Hamburg 1955. Kiel 1955. S. 137

69) Schindler, R.: Hamburg in vor- und frühgeschichtlicher Zeit. In: Hamburg, Großstadt und Welthafen, Festschrift zum XXX. Deutschen Geographentag in Hamburg 1955. Kiel 1955. S. 126

unter die geplante Bauwerkssohle. Die unter der einzelne Torflinsen enthaltenden, maximal bis zu 21 m mächtigen, kompressiblen Kleischicht befindlichen mittel- bis grobkörnigen Sande sind zwar fest gelagert, aber wasserführend und stehen unter subartesischem Druck, der durch den Verlauf der aus aufgearbeiteten Bändertonen und Lauenburger Tonen bestehenden wasserstauenden Sohle bedingt wird. Auch die darunter erbohrte Geschiebemergelschicht bildet keinen überall gleich tragfähigen Untergrund, sondern ist noch in 24-28 m Tiefe unter der Geländeoberkante im Bereich ehemaliger Auskolkungen von Kleilinsen durchsetzt.

Da die sich von Punkt zu Punkt ändernden Untergrundverhältnisse ein dichtes Bohrnetz erfordern (z. B. Fischmarkt-Deichtorplatz: 103 Bohrungen auf 931 m, davon 14 im Brauerstraßenfleet (89 m)) und die große Tiefenlage der tragfähigen Schichten (bis zu 28 m) umfangreiche Auswechslungs- und Gründungsmaßnahmen notwendig machen, ist der U-Bahn Bau im Marschgebiet Hamburgs zeitraubender und kostspieliger (90 Mill. DM/2 km) als in den Sandgebieten Berlins oder in den standfesten Kreideschichten von Paris [70], [71], [72].

3. Straßen- und Bahnbau

In Gebieten alluvialer Überdeckung wird beim Straßen- und Bahnbau ebenfalls der nicht tragfähige Untergrund ausgewechselt oder durch aufgeschüttete Dämme verdichtet (z. B. wurde der 180 ha große Billwärder Verschiebebahnhof mit 3 Mill. cbm Boberger Dünensand aufgeschüttet) [73].

Da das durch die Kapillarwirkung des feinkörnigen Materials in die Hohlräume eindringende Wasser bei Frost gefriert und das in die durch die beim Gefriervorgang eintretende Volumenminderung entstehenden Hohlräume aus dem Untergrund nachgesogene Wasser die Eislinsen ständig vergrößert, müssen auch die bindigen Lehm- und Mergelschichten der diluvialen Geestfläche beim Straßenbau ausgewechselt werden, weil sonst der eisdurchsetzte Unterbau beim Beginn der Tauperiode zu einer weichen, breiigen Masse zerfließt, die Straßendecke zu schwimmen beginnt und durch die Verkehrsbelastung zerstört wird (z. B. Sievekingsallee / Caspar-Voght-Straße).

Das Vorhandensein bindiger, frostempfindlicher, oberflächennaher Schichten ist mit ein Grund dafür gewesen, daß die Hamburger Straßen bisher mit Kopfsteinpflaster (seit dem 13. Jh.), Reihensteinpflaster (seit 1842) oder Kleinpflaster (seit 1944) gepflastert wurden, da die einzelnen Pflastersteine besser als eine Straßendecke kleineren Schwankungen des Untergrundes ohne größeren Schaden für die Fahrbahn nachzugeben vermögen.

Als Pflastermaterial werden in der Marsch Ziegel, die aus den anstehenden Tonen gebrannt werden, auf der Geest Granitsteine, die zunächst aus den vorhandenen, erratischen Blöcken gehauen und später aus dem skandinavischen Raum und dem Mittelgebirgsraum herantransportiert wurden, verwendet. Da bei der von Hand ausgeführten Straßenpflasterung zu den hohen Arbeitslöhnen durch die Lage Hamburgs im bruchsteinarmen Norddeutschland noch hohe Transportkosten treten, werden seit 1938 nicht nur die Straßenoberflächen als Decken, die maschinell gefertigt

70) Geologisches Landesamt der Freien und Hansestadt Hamburg: Gutachten des Geologischen Landesamtes über die Untergrundverhältnisse im Bereich der geplanten U-Bahnstrecke Jungfernstieg – Farmsen der Hamburger Hochbahn Aktiengesellschaft. Hamburg 1955
71) Angaben des Geologischen Landesamtes der Freien und Hansestadt Hamburg
72) Angaben der Hamburger Hochbahn Aktiengesellschaft, Hamburg
73) Staisch, E.: Eisenbahnen rollen durch das Tor zur Welt. Hamburg 1956. S. 88

werden können und deren Bitumenmaterial von der in Hamburg ansässigen, erdölverarbeitenden Industrie geliefert werden kann, sondern auch die Unterbauten an Stelle der Packlagen aus Granit und anderen Gesteinsbrocken aus mechanisch verdichtbaren Bitumengemischen, Zinn- und Kupferschlacken der Hamburger Industrie hergestellt [75]).

Material		Fläche	Herstellungskosten
Pflaster		41.3 %	
davon	Kleinpflaster	16.7 %	60 DM/qm
	Reihensteinpflaster	16.4 %	80 DM/qm
	Rauhes Pflaster	8.2 %	40 DM/qm
Decken		33.1 %	
davon	Asphaltdecken	24.1 %	15 DM/qm
	Sonstige Decken	7.8 %	
	Betondecken	1.2 %	25 DM/qm
Unzureichend befestigt		25.6 %	
Gültig für Hamburger Staatsgebiet 1954 mit 3 000 km Straßenlänge und 25 000 000 qm Fahrdamm. [74])			

Tabelle 28 **Straßenbelag**

4. Flughafenbau

Die bis zu 4 m mächtige Moorschicht, deren geringe Tragfähigkeit das Flughafengelände von der Besiedlung freigehalten hatten, erwies sich beim Ausbau des Flugplatzes zum Flughafen als ein sehr ungünstiger Untergrund. Obwohl, nachdem man sich 1911 darauf beschränkt hatte, das Moor mit Müll trocken zu schütten, 1919 unter den Rollbahnen 20 km Drainrohre und unter den Hallen 2 100 m Sielrohre verlegt wurden, deren sich infolge des natürlichen Gefälles in einem Speicher sammelnde Wassermengen bei einer maximalen Pumpleistung von 220 l / sec in die im Westen vorbeifließende Tarpenbek gepumpt werden [76]), mußte der Flugverkehr 1928 vom 23. 11. – 6. 12. stillgelegt werden, da die schweren Maschinen in das versumpfte und überschwemmte Rollfeld so einsackten, daß die Fluggesellschaften sich weigerten, den Hamburger Flugplatz anzufliegen (s. Hamburger Fremdenblatt Nr. 327, Hamburg 1928). Wegen des ansteigenden Flugverkehrs und des größer werdenden Flugzeuggewichtes (Tab. 29) [77]), [78]), [79]) wurden

74) Witt, F.: Hamburgs Straßen und ihre Geschichte. Hamburg 1954. S. 145
75) Willigerod, F.: Neue Straßen in modernen Bauweisen. In: Planung, Bau und Betrieb von Verkehrsanlagen in Hamburg. Forschungsarbeiten aus dem Straßenwesen. Neue Folge, Heft 36. Bielefeld 1958. S. 67
76) Peter, K.: Rund um das Rollfeld. Hamburg 1922. S. 10
77) Peter, K.: Rund um das Rollfeld. Hamburg 1922. S. 34
78) Statistisches Landesamt der Freien und Hansestadt Hamburg: Statistisches Jahrbuch 1957, Hamburg 1958. S. 171
79) Borchers, H.: Der Flughafen Hamburg Fuhlsbüttel. In: Planung, Bau und Betrieb von Verkehrsanlagen in Hamburg. Forschungsarbeiten aus dem Straßenwesen. Neue Folge, Heft 36. Bielefeld 1958. S. 108

1942 auf einer 82 000 qm großen Fläche 250 000 cbm Moorboden gegen eine Sand- und Kiesschicht ausgewechselt, auf der betonierte Start- und Landebahnen angelegt wurden, die den Flugverkehr von den Untergrundverhältnissen unabhängig machten. Auch im Flughafenerweiterungsgelände des Ohmoores wird man einen Ersatz der bis zu 4 m mächtigen Moor- und Torfschicht durch tragfähiges Material vornehmen müssen.

Jahr	Zahl der Starts	Maximalgewicht der Verkehrsmaschinen
1923	1 836	20 t
1956	21 549	80 t
Planung		130 t

Tabelle 29 **Rollbahn-Belastung**

5. Zusammenfassung

Die Ausführungen haben gezeigt, daß der Untergrund des Verkehrsraumes Hamburg, besonders in den alluvial geformten Gebieten, sehr differenziert ausgebildet ist und beim Bau von Verkehrsanlagen sorgfältige Bodenuntersuchungen und kostspielige Gründungsmaßnahmen erforderlich macht.

Die Gunst der Marschendecke für den Hafenausbau erweist sich als Ungunst für den Bau eines oberflächennahen, unterirdischen Schnellbahnnetzes, so daß der U-Bahn Bau nur langsam vorangeht und der öffentliche Nahverkehr im Marschgebiet noch für lange Zeit ein Oberflächenverkehr bleiben wird. Daraus ergibt sich für die Planung die Aufgabe, ggf. oberirdische, eisenbahnähnliche Strecken zu schaffen, indem man entweder eine Straßenbahn möglichst unabhängig vom Kraftfahrzeugverkehr auf einem eigenen Damm verkehren läßt (z. B. Heidenkampsweg, Neue Amsinckstraße) oder eine Hochbahnstrecke, evtl. in Form einer Alweg-Bahn, über den Freiflächen der Marschkanäle (z. B. Innenstadt – Zollkanal – Mittelkanal – Bille – Billstedt) errichtet. Günstiger für den Bau unterirdischer Verkehrswege sind die Geestgebiete, in denen die bisher vorhandenen Tunnelstrecken der U-Bahn verlaufen und noch manche Strecke bei der Umgestaltung des Verkehrswesens angelegt werden wird.

III. DIE BEDEUTUNG DER HYDROLOGISCHEN GEGEBENHEITEN

1. U-Bahn Bau

Trotz der Flachlage tauchen die Schnellbahntunnel in den Grundwasserbereich ein, dessen Eigenschaften in einem engen Zusammenhang mit den gesamten hydrologischen Eigenschaften des Raumes stehen, deren wesentlichstes Kennzeichen die Lage Hamburgs am oberen Ende des 130 km langen Tidebereiches der Niederelbe ist, in dem der Wasserstand periodisch mit dem durch die Einwirkung von Mond und Sonne hervorgerufenen Auflaufen des Flutstromes und Ablaufen des Ebbestromes schwankt.

Da die Wassermengen der die bis zu 14 m mächtigen Kleischicht der Bille- und Elbemarsch unterlagernden, bis zu 15 m mächtigen und nach unten immer kiesiger werdenden Sandschicht, deren Wassergehalt und Auftrieb mit der Porengröße zunimmt, mit dem Grund- und Flußwasser der Elbe durch Druckübertragung in Verbindung stehen, übertragen sich die durch die Gezeiten bedingten Druckschwankungen des Elbwassers mit einer Phasenverschiebung von etwa einer Stunde auf das ufernahe Grundwasser, so daß sich in den Meßpegeln und offenen Baugruben auf Grund hydrostatischer Gesetze die Höhe des Grundwasserspiegels maximal um 2 m ändert.

Da in den Baugruben außer dem uferfiltrierten Elbwasser das Niederschlagswasser der Umgebung und das von der Geest zur Marsch strömende Grundwasser zusammenlaufen, müssen die Pumpen für die Grundwasserhaltung so dimensioniert werden, daß sie nicht nur diese drei Grundwasserströme abpumpen können, sondern auch noch eine gewisse Reserve besitzen, um bei Hochwasser den vermehrten Wasseranfall bewältigen zu können (z. B. wurden beim Bau des 400 m langen Alstertunnels 30 Grundwasserbrunnen mit einer Pumpleistung von 20 l/sec installiert[80]), deren maximale Leistung gleich einem Sechstel der Hamburger Wasserbedarfsleistung ist).

Noch ein weiterer Nachteil stellt sich durch die hydrologische und geologische Beschaffenheit der Flußmarsch ein. Beim Eindringen des Elbgrund- und -flußwassers wird der wegen ihres Gehaltes an organischen Stoffen stark mit Schwefelwasserstoff (H_2S) angereicherten Schlick- und Faulschlammschicht Luft und damit Sauerstoff (O_2) zugeführt, bei dessen Zutritt sich aus dem Schwefelwasserstoff Schwefelsäure (H_2SO_4) und Sulfate ($-SO_4$) bilden. Die freie Schwefelsäure löst den aus Ton ($H_4Al_2Si_2O_9$) und Kalziumkarbonat ($CaCO_3$) bestehenden Zementleim und die karbonathaltigen Zuschlagstoffe, und das Wasser führt die gelösten Bindemittelanteile des Betons weg, so daß nur das Gerüst der Zuschlagstoffe (Sand, Kies, Splitt) erhalten bleibt, während die SO_4 Ionen der in starker Verdünnung gelösten Sulfate mit dem Kalk und den Tonerdebestandteilen des Betons in Wechselwirkung treten und die Bildung von Gips ($CaSO_4$) und kristallwasserhaltiger Kalziumaluminiumsulfate hervorrufen, die stark quellen und den Beton zerstören. Da sich wegen der Wasserstandsschwankungen im Tidebereich diese Vorgänge fortwährend wiederholen, müssen die Betonwände der Tunnelkörper geeignet isoliert werden, so daß wiederum dort, wo trotz inäquater, naturgeographischer Voraussetzungen im Zuge menschlicher Zwecksetzung Verkehrswege geschaffen werden sollen, kostspielige Vorkehrungen getroffen werden müssen.

Auch in den Geestgebieten liegen die Schnellbahntunnel meist im Bereich des Grundwassers, dessen Höhe in Abhängigkeit von der Jahreszeit, der Bebauung und der Anlage von Brunnen für die Industrie und die Wasserwerke ständig Schwankungen unterworfen ist, die in größeren Zeiträumen mehrere Meter betragen können. Diese schwierigen Grundwasserverhältnisse (z. B.: an der Kreuzung Bergstraße/Mönckebergstraße mußte der Grundwasserspiegel von +3.10 m auf -6.50 m NN abgesenkt werden[81])) ließen beim bisherigen Schnellbahnbau trotz der starken Störung des Oberflächenverkehrs ein Arbeiten in offener Baugrube billiger werden als einen bergmännischen Vortrieb, der nur an den Stellen angewandt wurde, an denen es nicht

80) Siebert, B.: Der Bau des Alstertunnels der Untergrundbahnlinie Kellinghusenstraße – Jungfernstieg in Hamburg. Die Bautechnik. 11. Jg., Heft 54. Berlin 1933. S. 723

81) Mandel, G.: Der U-Bahn-Bau in Hamburg. In: Planung, Bau und Betrieb von Verkehrsanlagen in Hamburg. Forschungsarbeiten aus dem Straßenwesen. Neue Folge, Heft 36. Bielefeld 1958. S. 93

Winde das Wasser aus dem Hafen drücken und bei ohnehin niedrigem Wasserstand eine derartige Behinderung der Schiffahrt hervorrufen können, daß tiefgehende Schiffe umdirigiert werden müssen.

Wasserstand	Höhe
Maximaler Wasserstand (4. 2. 1825)	5.20 m über Normalnull
Mittleres Tidehochwasser	1.60 m über Normalnull
Mittleres Tideniedrigwasser	0.70 m unter Normalnull
Minimaler Wasserstand (18. 1. 1812)	2.87 m unter Normalnull

Tabelle 32 **Wasserstand (St. Pauli Pegel)**

Auch die seit etwa 80 Jahren vorgenommenen Strom- und Hafenbaumaßnahmen (Tab. 33)[86], [87]) haben die Wasserstände beeinflußt. Durch die Erweiterung der Hafenwasserfläche trat eine Senkung des Tidehochwassers, eine Hebung des Tideniedrigwassers und damit eine Verringerung des Tidehubs ein. Die gleichzeitig be-

Jahr	Hafenwasserfläche	Elbequerschnitt (Seemannshöft)
1880	426 ha	2 350 qm
1890	726 ha	2 380 qm
1900	785 ha	2 920 qm
1910	994 ha	3 080 qm
1920	1 658 ha	3 960 qm
1930	1 694 ha	4 420 qm
1937	2 451 ha	4 630 qm
1950	3 743 ha	4 800 qm

Tabelle 33 **Entwicklung des Strom- und Hafenwasserraumes**

gonnene Vergrößerung des Flußquerschnittes rief ein stärkeres Auflaufen der Flutwelle, eine Hebung des Tidehochwassers und damit ein Ansteigen des Tidehubs hervor. Nachdem die beiden sich im Hamburger Raum überlagernden Einflüsse sich bis 1900 kompensiert und den Tidehub konstant gehalten hatten, vermochten in

86) Hensen, W.: Stromregulierungen, Hafenbauten, Sturmfluten in der Elbe und ihr Einfluß auf den Tideablauf. In: Hamburg, Großstadt und Welthafen. Festschrift zum XXX. Deutschen Geographentag in Hamburg 1955. Kiel 1955. S. 72

87) Statistisches Landesamt der Freien und Hansestadt Hamburg: Statistisches Jahrbuch 1957. Hamburg 1958. S. 6

der Folgezeit die durch den Hafenausbau hervorgerufenen Anhebungen des Tideniedrigwassers die durch die umfangreichen Strombaumaßnahmen verursachte Absenkung des Tideniedrigwassers und Vergrößerung des Tidehubs nicht mehr auszugleichen, so daß eine ständige Absenkung des Tideniedrigwassers und Vergrößerung des Tidehubs einsetzte (Tab. 34) [88]. Durch den sich zur Zeit im Hamburger Seeschiffsverkehr vollziehenden Strukturwandel, d. h. den Übergang vom Stückgutverkehr mit kleineren Frachtschiffen zum Massengutverkehr mit tiefgehenden Trokkenfrachtern und Tankern wird eine weitere Ausbaggerung der Elbe erforderlich werden, und diese wird eine erneute Tieferlegung des Tideniedrigwassers und Vergrößerung des Tidehubs zur Folge haben.

Jahr	Schulau	St. Pauli	Bunthaus	Zollenspieker
1901	247	196	138	66
1914	235	220	186	94
1955	240	230	220	160

Tabelle 34 **Mittlerer Tidehub**
(in cm)

Auf der Oberelbe hat mit dem Absinken des mittleren Tideniedrigwassers eine verstärkte, rückschreitende Erosion der Flußsohle eingesetzt, durch die nicht nur große Sandmassen in den Hafen transportiert werden, sondern durch Senkung des Grundwasserspiegels auch die Fundamente der Hafenbauten in Mitleidenschaft gezogen werden. Um diese für den Hafen nachteilige Entwicklung aufzuhalten, mußten in jüngster Zeit zwei Maßnahmen getroffen werden: die Konzentrierung des Norderelbstromes und die Trennung der Oberelbe von der Niederelbe.

Die für die Großtanker vorgenommene Ausbaggerung des Köhlbrandes und der Süderelbe bis zu den Harburger Ölhäfen hatte den Anteil der Süderelbe am ablaufenden Wasser gegenüber dem der Norderelbe, der vorher 50 % betrug, stark anwachsen lassen (75 %), zumal das Flutwasser der Norderelbe sich zum größten Teil in der breiten, strömungstechnisch günstiger gelegenen Mündung der Dove-Elbe verlief, anstatt durch den oberen Abschnitt der Norderelbe zu fließen, und beim Rückfluß zur Ebbezeit das Oberwasser staute, das dann seinen Weg durch die Süderelbe nahm. Infolgedessen war die räumende Kraft des Wassers im oberen Abschnitt der Norderelbe so gering geworden, daß sie zu versanden begann. Durch die Abschleusung der Dove-Elbe bei Tatenberg (1950) ist das Elbwasser wieder gleichmäßig auf beide Stromarme verteilt und das Fahrwasser der oberen Norderelbe verbessert worden. Gleichzeitig gestattet die Tatenbergschleuse, in den Marschlanden die Erosions- und Überschwemmungsgefahr zu beseitigen, zwischen dem Ochsenwerder und dem Billwerder eine Brücke zu bauen und den Schiffahrtsweg nach Bergedorf und in das Reitbrooker Erdölgebiet für 1 000 t Schiffe befahrbar zu machen.

88) Hensen, W.: Stromregulierunegn, Hafenbauten, Sturmfluten in der Elbe und ihr Einfluß auf den Tideablauf. In: Hamburg, Großstadt und Welthafen. Festschrift zum XXX. Deutschen Geographentag in Hamburg 1955. Kiel 1955. S. 71

Nr.	Name	Schleusenkammern				
		Zahl	Länge	Einfahrts-breite	Fläche	Drempel-höhe
			m	m	qm	m (KN)
1	Brooktor Schleuse	1	66.33	11.46	760.14	– 1.65
2	Baakenschleuse	1	100.93	16.00	1614.88	– 2.40
3	Grevenhofschleuse	1	120.00	18.30	2196.00	– 2.30
4	Ellerholzschleuse	2 je	120.00	18.30	2196.00	– 2.30
5	Müggenberger Schl.	2 je	120.00	18.30	2196.00	– 2.30
6	Rugenberger Schl.	2 je	150.00	18.30	2745.00	– 1.80
7	Reiherstieg Schl.	2 je	150.00	18.30	2745.00	– 2.30

	Zugehörige Seeschiffbecken	Zugehörige Binnen-wasserstraße	Darüberführende Landwege
1	Sandtorhafen	Oberhafen	Harburger Straße und Hafenbahn
2	Baakenhafen	Billhafen	Versmannstraße und Hafenbahn
3	Kuhwerder Häfen	Reiherstieg	Reiherdamm und Hafenbahn
4	Ellerholz Häfen	Reiherstieg	Roßdamm und Hafenbahn
5	Peutekanäle	Norderelbe	Peutestraße und Peutebahn
6	Waltershofer Häfen	Köhlbrand	Altenwerder Damm und Hafenbahn
7	Reiherstiegkanäle	Süderelbe	Hohe Schaar Straße und Bundesbahn

	Zahl der geschleusten Fahrzeuge (in 1 000)						
	1950	1951	1952	1953	1954	1955	1956
1	11	15	19	19	20	18	17
2	1	1	(eingestellt wegen Kriegszerstörung)				
3		11	34	53	69	61	63
4	285	305	319	329	326	307	328
5	7	8	7	6	5	5	6
6	25	37	28	32	31	38	41
7	34	35	41	39	40	41	43

Tabelle 35 Sperrschleusen im Hafengebiet

Um den Tidebereich vom tidefreien Oberwasser zu trennen und damit die Sohlenerosion der Oberelbe zu beenden, wird zur Zeit bei Geesthacht ein Stauwehr mit vier 50 m breiten Öffnungen gebaut, dessen versenkbare Sektorkörper den Wasserspiegel der Oberelbe auf 5.65 m über NN halten sollen (Gefällsunterschied: bei höchstem, schiffbaren Wasserstand: 0.60 m, bei Vollstau und Ostwindtide: 6.65 m [89])). Während über das Wehr eine die Elbbrücken entlastende Straße geführt werden wird, werden die Binnenschiffe durch einen 5 km langen, zwei Schleppzugschleusen (je 25 m×230 m) enthaltenden Seitenkanal auf die bis Altgarge für 1 000 t Kähne vollschiffige Oberelbe gelangen.

Um im Innern des Hafenbereiches die Wasserströme zusammenzuhalten und in den Hauptwasserstraßen eine recht große Räumkraft zu erzielen, sind alle Seehafenbecken stromaufwärts durch Sperrschleusen abgeschlossen (Tab. 35) [90]), [91]), die verhindern, daß Ebbe- und Flutstrom durch die Hafenbecken fließen, dabei den Ladevorgang behindern und die Hafenbecken durch die mitgeführten Sedimente versanden, die sich wegen der geringen Fließgeschwindigkeit in den breiten Becken absetzen. Die Sperrschleusen, über die Schiene und Straße geführt sind und deren leicht bewegliche Schiebetore ein schnelles Durchschleusen der Binnenschiffe ermöglichen (z. B. Ellerholzschleuse ca. 1 000 Schiffe am Tag), haben in der Regel einen Höhenunterschied von 0.20 m (maximal 0.60 m) [92]) auszugleichen, der z. B. dadurch entsteht, daß die Flutwelle das seeseitige Schleusentor eher erreicht als das flußaufwärts gelegene.

Name	Einfahrtsbreite	Kammer-breite	Kammer-länge	Drempelhöhe	Kanalniveau
	m	m	m	m (NN)	m (NN)
Graskellerschleuse	5.00	5.00	20.40	− 0.88	+ 1.60
Michaelisschleuse	6.00	6.00	21.85	− 1.24	+ 1.60
Erste Hammerbrooker Schleuse	5.70	5.70	23.50	− 1.54	+ 0.05
	5.70	30.00	45.00	− 1.54	+ 0.05
Kleine Brandshofer Schleuse	5.70	5.70	21.00	− 2.17	+ 0.05
Große Brandshofer Schleuse	7.00	40.00	50.00	− 2.24	+ 0.05
Tiefstacker Schleuse	10.00	70.00	70.00	− 2.39	+ 0.05
Tatenbergschleuse	12.00	12.20	120.00	− 3.20	+ 1.00
Große Harburger Hafenschleuse	17.00	17.00	70.00	− 3.89	+ 1.41

Tabelle 36 Tideschleusen im Kanalgebiet

89) Moseke, F.: Stand der Bauarbeiten an der Staustufe Geesthacht. Zeitschrift für Binnenschiffahrt. Jg. 1957 Heft 9. Duisburg 1957. S. 324
Krause, M., Moseke, F.: Geesthacht, die erste Staustufe der deutschen Elbe. Zeitschrift für Binnenschiffahrt. Jg. 1956, Heft 3. Duisburg 1956. S. 76

90) Ehlers: Hafenbauten, 4. Hafenschleusen. In: Hamburg und seine Bauten unter Berücksichtigung der Nachbarstädte Altona und Wandsbek 1914. II. Band. Architekten- und Ingenieurverein zu Hamburg. Hamburg 1914. S. 60

91) Angaben der Behörde für Wirtschaft und Verkehr der Freien und Hansestadt Hamburg, Strom- und Hafenbau

92) Ehlers: Hafenbauten, 4. Hafenschleusen. In: Hamburg und seine Bauten unter Berücksichtigung der Nachbarstädte Altona und Wandsbek 1914. II. Band. Architekten- und Ingenieurverein zu Hamburg. Hamburg 1914. S. 60

Die die Hauptwasserstraßen gegen den Wasserraum der Marschkanäle, bei denen der Wasserspiegel konstant gehalten wird, abtrennenden Tideschleusen (Tab. 36) sind im Gegensatz zu den Sperrschleusen doppelte Stauschleusen mit je einem als Stemmtor ausgebildeten Ebbe- und Fluttorpaar im Unter- und Oberhaupt, da bei Tidehochwasser der Hafenwasserspiegel höher, bei Tideniedrigwasser niedriger liegt als der Kanalwasserspiegel. Während der zwischen den extremen Wasserständen eintretenden 'touch-time', in der Kanal- und Hafenwasserspiegel die gleiche Höhe haben, können bei geöffneten Schleusentoren auch Schiffe, die länger sind als die Schleusenkammer (z. B. Seeschiffe im Harburger Binnenhafen), und Schleppzüge (z. B. Michaelisschleuse) passieren.

Der von diesen Strom- und Hafenbauten abhängige Tidehub von nur 2.30 m, der zu Beginn des Hafenausbaus noch geringer war (Tab. 34), ermöglichte die Anlage des Hamburger Seeschiffhafens als jederzeit offenen Tidehafen, so daß den Seeschiffen langwierige und Kosten verursachende Schleusungen erspart bleiben. Es ist das Verdienst des Hamburger Wasserbaufachmannes Johannes Dalmann, diese Gunst der naturgeographischen Gegebenheiten erkannt, trotz gegenteiliger Meinung des englischen Ingenieurs Lindley, der nach dem Londoner Vorbild des bei dem dortigen mittleren Tidehub von 6.00 m erforderlichen Dockhafens auch für Hamburg den Plan eines Schleusenhafens entworfen hatte, in adäquater Weise ausgenutzt und damit eine wichtige Voraussetzung für die heutige Leistungsfähigkeit und Schnelligkeit des Hafenbetriebes geschaffen zu haben.

Dieses Beispiel zeigt erneut, daß man bei Verkehrsbauten nicht die an einem Ort gemachten Erfahrungen ohne weiteres auf einen anderen übertragen kann, sondern sich erst mit allen natur- und kulturgeographischen Faktoren eingehend auseinandersetzen muß, um eine dem Ort angemessene, optimale Lösung zu finden.

Da die Betriebsanlagen des Hafens den wechselnden Wasserständen angepaßt werden müssen, bestehen die ca. 90 Landungsstellen des öffentlichen Personenverkehrs am Nordufer und an den Kaihöften aus zwischen senkrechten Führungsdalben gleitenden, durch bewegliche Rampen mit dem Ufer verbundenen Fähr- und Brückenpontons (z. B. St. Pauli Landungsbrücken: 5 Stahlbetonpontons mit 118 m × 18 m Fläche und 2.15 m Tiefgang (unbelastet)[93])), während im Güterverkehr die Kräne dem jeweiligen Wasserstand entsprechend eingestellt werden.

3. Wasserverkehrsanlagen der Geest

Der sehr veränderliche, zur Schneeschmelze und nach kräftigen Niederschlägen stark ansteigende Wasserstand (Tab. 37) der den moorigen Senken entquellenden Geestflüsse des Hamburger Raumes läßt keine geregelte Schiffahrt zu, so daß der Verkehr zwischen Hamburg und Lübeck auf dem mittelalterlichen Alster-Trave-Kanal trotz seiner großen Bedeutung wegen der schwierigen Wasserhaltung auf der Scheitelstrecke bereits nach 30 Jahren wieder eingestellt wurde. Lediglich im kanalisierten Unteralstergebiet können flache Schuten und Dampfer verkehren, da zwei mit flußaufwärts zeigenden Stemmtoren am Ober- und Unterhaupt ausgerüstete Stauschleusen (Tab. 38) und acht Wehranlagen im Oberlauf (z. B. Poppenbüttler Schleuse) für einen über das ganze Jahr gleichmäßigen Wasserstand sorgen.

93) Tramborg, R.: Zeitgemäße Brückenbauten im Seehafen Hamburg. Schiff und Hafen. 9. Jg., Heft 7. Ütersen 1957. S. 634

4. Zusammenfassung

Der geringe Tidehub von 2.30 m im Mittel am oberen Ende des Elbeästuars ist die günstige, hydrologische Voraussetzung, die die Entwicklung Hamburgs zu einem leistungsfähigen Seehafen zwar möglich, aber zugleich zahlreiche, umfangreiche Hafen- und Strombauten erforderlich macht, damit er den Anforderungen der modernen Seeschiffahrt genügen kann. Aufwendige Vorkehrungen müssen auch dort getroffen werden, wo unterirdische Schnellbahnstrecken den Bereich des Grundwassers durchqueren, dessen Stand, besonders im Marschgebiet, nicht nur von den Gezeiten, sondern wie diese auch von den Witterungsverhältnissen abhängig ist.

Wasser-		
führung	menge	tiefe
maximal	11 cbm/sec	1.85 m
normal	2 cbm/sec	0.30 m

Tabelle 37 **Wasserführung der Tarpenbek**

Name	Kammer-		Drempel-höhe	Wasserspiegel	
	länge	breite		unterhalb	oberhalb
	m		m (NN)		
Alsterschleuse I	26.00	5.30	− 1.24	+ 1.60	+ 3.05
Alsterschleuse II	28.00	6.50	− 1.24	+ 1.60	+ 3.05
Fuhlsbüttler Schleuse	30.00	6.50	+ 1.15	+ 3.05	+ 7.00

Tabelle 38 **Stauschleusen des Geestgebietes**

IV. DIE BEDEUTUNG DER WITTERUNG UND DES KLIMAS

Der Witterungsablauf und die klimatischen Faktoren des Verkehrsraumes Hamburg werden durch seine großräumige Lage im System der atmosphärischen Zirkulation, in dem er, auf 53.5 Grad nördlicher Breite gelegen, der Zone angehört, in der die aufeinandertreffenden warmen Tropik- und kalten Polarluftmassen abwechselnd ihre Einflüsse geltend machen, und durch die lokalen, orographisch bedingten Modifikationen bestimmt, die durch die den maritimen Einfluß des Atlantiks und der Nordsee bis in die Stadt tragenden Wasserflächen des Elbeästuars und der Alster, durch den kontinentalen Einfluß verstärkenden Endmoränenkranz des Hamburger Beckens und durch das im Sommer die Maritimität, im Winter die Kontinentalität des Klimas erhöhende Binnenmeer der Ostsee hervorgerufen werden.

1. Verkehrsbehinderung durch Frostwetterlagen

Im Winter liegt Hamburg im Bereich der 0° C-Isotherme der mittleren, reduzierten Januartemperatur, deren durch die Wärmewirkung des Golfstromes bedingte Nordsüd-Richtung durch die wegen ihrer Eisfreiheit als Temperaturausgleich wirkende Wasserfläche der Nordsee und durch die wegen ihrer schlecht wärmeleitenden und -speichernden Sandböden als Kältepol wirkende Lüneburger Heide modifiziert wird. Im Sommer schiebt sich die 17° C-Isotherme der mittleren, reduzierten Julitemperatur zwischen den Kältepolen der Endmoränengebiete zungenförmig aus dem südlichen, wärmeren Kontinentalraum bis an die obere Grenze des Elbeästuars vor, in dem die maritimen Einflüsse eine Abkühlung bringen[94]), so daß der Temperaturverlauf innerhalb eines Jahres zwischen 0° C und + 17° C einen ruhigen Gang aufweist (Tab. 39)[95]), [96]). Da die Wintertemperaturen im Mittel über 0° C liegen, ist die Zahl der Frost- und Eistage gering (Tab. 40)[97]). Daher friert nur in manchen Jahren die Wasserfläche der Alster für einige Zeit zu.

Monat	Jan.	Feb.	März	April	Mai	Juni	Juli	Aug.	Sept.	Okt.	Nov.	Dez.
Temperatur in ° C	0	1	3	8	12	16	17	17	14	9	4	1
Temperaturmaximum:	+ 38.8° C am 14. 7. 1923											
Temperaturminimum:	– 24.2° C am 4. 2. 1912											

Tabelle 39 **Mittlere Monatstemperaturen (1851 - 1950)**

	Frost	Eis	
Maximale Zahl	93 (1917)	33 (1924)	Tage
Mittlere Zahl	91	19	Tage
Minimale Zahl	34 (1910)	2 (1911)	Tage
Längste Aufeinanderfolge von	31	20	Tagen
Maximale Häufigkeit (Pentadenmittel)	64 (Ende Jan.)	26 (Mitte Jan.)	%

Tabelle 40 **Frost- und Eistage**

Der Personenverkehr wird dann von den Landverkehrsmitteln übernommen, die am Güterverkehr teilnehmenden Firmen stellen sich auf Lastkraftwagenbetrieb um oder lagern sich im voraus die benötigten Rohstoffe ein (z. B.: das Werk Barmbek

94) Seilkopf, H.: Zum Lageklima und Witterungsklima des Hamburger Raumes. In: Hamburg, Großstadt und Welthafen. Festschrift zum XXX. Deutschen Geographentag in Hamburg 1955. Kiel 1955. S. 96

95) Perlewitz, G.: Das Klima von Hamburg. Hamburg 1928. S. 4

96) Reidat, R.: Klimadaten für Bauwesen und Technik. Hamburg 1953. Tabelle 3c

97) Perlewitz, G.: Das Klima von Hamburg. Hamburg 1928. S. 4

der Hamburger Gaswerke besitzt eine Lagerfläche für 17000 t Kohlen (ca. ein Monatsverbrauch)). Auf den Industriekanälen der Hammerbrooker und der Billbrooker Marsch hingegen wird den ganzen Winter hindurch das stellenweise bis zu 40 cm starke Eis gebrochen (Tab. 41 [98]), [99]), [100]), [101])) und den Anliegern der Wasserweg offengehalten.

Winter 1950/51	19 Tage
Winter 1951/52	10 Tage
Winter 1952/53	25 Tage
Winter 1953/54	60 Tage

Tabelle 41 Einsatzzeiten der Eisbrecher

Da die im Oberelbeverkehr üblichen Raddampfer und hölzernen Schleppkähne bei Eisgang nicht verkehren können, werden vorhandene Eisdecken erst zu Beginn der Tauperiode von den neun Eisbrechern der Wasser- und Schiffahrtsdirektion Hamburg aufgebrochen [102]). Während zur Zeit der hölzernen Segelschiffe bei Eisgang auch der Verkehr der Unterelbe, die in strengen Wintern ganz zufror (z. B. 1847 für 62 Tage, 1855 für 81 Tage), stillag, ermöglichen die modernen Eisen- und Stahlschiffe einen ganzjährigen Verkehr. Vorhandenes Oberflächeneis wird von den aufsteigenden Grundeisschollen und in der Fahrrinne von den täglich in großer Zahl ein- und auslaufenden Schiffen, am Rande der Fahrrinne und zwischen den Stacks von drei Eisbrechern (maximale Einsatzzeit: 80 Tage [103])) zerstört; in den meisten Jahren ist die Behinderung der Seeschiffahrt durch Eis so gering, daß Hamburg als der nördlichste, ganzjährig eisfreie Großhafen des eurasischen Kontinents infolge seiner Temperaturgunst in jeder Jahreszeit funktionsfähig ist.

2. Verkehrsbehinderung durch Schlechtwetterlagen

Da die als Temperaturausgleich wirkenden Wasser- und Moorflächen der Marsch und Geest zugleich eine hohe relative Feuchtigkeit der Luft, deren absoluter Feuchtigkeitsgehalt durch die eindringenden, feuchten, atlantischen Luftmassen, die sich auf dem Weg über das Norddeutsche Flachland noch nicht abgeregnet haben, verstärkt wird, bedingen und die Abgase und Rußpartikel, die die Schornsteine der Industrie- und Wohngebiete abgeben, die für die Nebelbildung erforderlichen Kondensationskerne in großer Zahl liefern, entstehen im Hamburger Raum zu allen Jahreszeiten den Verkehr behindernde Nebel (Tab. 42 [104])).

98) Baubehörde der Freien und Hansestadt Hamburg: Das Baujahr 1950/51 in Hamburg. In: Schriften zum Bau-, Wohnungs- und Siedlungswesen. Heft 10. Hamburg 1951
99) Baubehörde der Freien und Hansestadt Hamburg: Das Baujahr 1951/52 in Hamburg. In: Schriften zum Bau-, Wohnungs- und Siedlungswesen. Heft 13. Hamburg 1952. S. 80
100) Baubehörde der Freien und Hansestadt Hamburg: Das Baujahr 1952/53 in Hamburg. In: Schriften zum Bau-, Wohnungs- und Siedlungswesen. Heft 16. Hamburg 1953. S. 94
101) Baubehörde der Freien und Hansestadt Hamburg: Das Baujahr 1953/54 in Hamburg. In: Schriften zum Bau-, Wohnungs- und Siedlungswesen. Heft 21. Hamburg 1954. S. 82
102) Krause, M.: Die Elbe, Hamburgs Lebensader. Ihre Betreuung durch die Wasser- und Schiffahrtsdirektion Hamburg. In: Hamburg, Großstadt- und Welthafen. Festschrift zum XXX. Deutschen Geographentag in Hamburg 1955. Kiel 1955. S. 57
103) Krause, M.: Die Elbe, Hamburgs Lebensader. Ihre Betreuung durch die Wasser- und Schiffahrtsdirektion Hamburg. In: Hamburg, Großstadt und Welthafen. Festschrift zum XXX. Deutschen Geographentag in Hamburg 1955. Kiel 1955. S. 58
104) Reidat, R.: Klimadaten für Bauwesen und Technik. Hamburg 1953. Tabelle 6 a, 6 b

Der Straßenverkehr wird bei abnehmender Sicht, die im Bereich der die Wasserflächen querenden Brücken nur wenige Meter betragen kann, im ganzen Stadtgebiet sehr zähflüssig, so daß nur wenige (Tab.43 [105], [106], [107], [108]), allerdings meist schwere Unfälle passieren (z. B.: am 2. 10. 1957 stießen im Nebel in Hamburg sechs Straßenbahnzüge zusammen).

Monat	Jan.	Feb.	März	April	Mai	Juni	Juli	Aug.	Sept.	Okt.	Nov.	Dez.	Summe
Zahl der Tage	8	7	4	3	1	1	2	2	6	9	8	11	62
Maximale Häufigkeit (Pentadenmittel) : 40 % (Mitte Dezember)													

Tabelle 42 **Mittlere Zahl der monatlichen Nebeltage (1910 – 1925)**

Jahr	1950	1951	1952	1953	1954	1955	1956
Gesamtzahl	14 687	18 561	21 798	22 642	30 068	36 709	39 958
davon durch Witterungseinflüsse	257	144	88	37	13	269	212

Tabelle 43 **Zahl der Unfälle im Straßenverkehr**

Die Nebelbildungen legen fast den gesamten Schiffsverkehr lahm, da weder in der engen Fahrrinne noch im Hafengebiet mit seinen zahlreichen, sich kreuzenden Wasserwegen ein sicheres Navigieren möglich ist (z. B.: am 11. 10. 1957 lagen auf der Unterelbe allein 40 große Seeschiffe bei Nebel vor Anker). Um im Hafengebiet eine von Nebel- und Eisbehinderung unabhängige Verbindung zwischen den Wohngebieten nördlich der Elbe und den Arbeitsgebieten südlich der Elbe herzustellen, wurde 1911 der Elbtunnel angelegt; um den Verkehr der Seeschiffe, die nicht nur beim Ankern, sondern auch, wenn der Strom während des Nebels kentert, durch die Ebbefahrt Zeit verlieren oder wegen des zu geringen Wasserstandes ihre Fahrt erst bei Eintritt des nächsten Tidehochwassers fortsetzen können, aufrecht zu erhalten, wird zur Zeit auf der Unterelbe und im Hafen eine Radarstraße eingerichtet [109], deren Stationen, die ihre Beobachtungen durch UKW-Funk den Lotsen mitteilen, sich im Hamburger Raum auf Krusenbusch, auf Neßsand, auf dem Altonaer Leitdamm und an der Lotsenstation befinden.

Zur Aufrechterhaltung des Luftverkehrs bei schlechten Sichtverhältnissen wurden ebenfalls Sprechfunkanlagen und ein Rundsuchradargerät auf dem Flughafen installiert [110], der durch seine Lage in der zwischen hohen Geestrücken eingeschlossenen, nebelreichen Tarpenbekniederung und durch die Lage Hamburgs im bewölkungsreichen Durchzugsgebiet der Zyklonen, in dem nur an 11 Tagen im Jahr

105) Bahlert: Die Straßenverkehrsunfälle im Jahre 1952 im Vergleich mit den Vorjahren. Hamburg in Zahlen. Jg. 1953, Heft 6. Statistisches Landesamt der Freien und Hansestadt Hamburg. Hamburg 1953, S. 37
106) Bahlert: Die Straßenverkehrsunfälle im Jahre 1953 im Vergleich mit den Vorjahren. Hamburg in Zahlen. Jg. 1954, Heft 7. Statistisches Landesamt der Freien und Hansestadt Hamburg. Hamburg 1954. S. 88
107) Bahlert: Die Straßenverkehrsunfälle im Jahre 1954. Hamburg in Zahlen Jg. 1955, Heft 14. Statistisches Landesamt der Freien und Hansestadt Hamburg. Hamburg 1955. S. 109
108) Statistisches Landesamt der Freien und Hansestadt Hamburg: Statistisches Jahrbuch 1956. Hamburg 1957. S. 195
109) Krause, M.: Wellen, Fernmeldetechnik im Hafen. Der Hafen. 85. Jg., Heft 5. Hamburg 1957. S. 11
110) Baubehörde der Freien und Hansestadt Hamburg: Das Baujahr 1953/54 in Hamburg. In: Schriften zum Bau-, Wohnungs- und Siedlungswesen. Heft 21. Hamburg 1954. S. 77

mit wolkenlosen, aber an 84 Tagen mit völlig bedecktem Himmel zu rechnen ist (Tab. 44 [111])), von allen deutschen Verkehrsflughäfen den größten Prozentsatz von Schlechtwettertagen (d. h.: Sicht geringer als 1600 m, untere Wolkengrenze tiefer als 150 m und/oder Bedeckung mit tiefen Wolken mehr als 4/8) aufweist (Tab. 45 [112])).

Bewölkung	Januar	Februar	März	April	Mai	Juni	Juli	August	September	Oktober	November	Dezember	Jahr
Zehntel							Tage						
0.0 – 0.9	1.5	1.6	2.8	2.0	2.2	1.4	1.1	0.8	2.3	1.7	1.0	0.8	18.2
1.0 – 1.9	0.6	0.7	0.8	1.4	1.6	1.4	1.1	1.2	1.6	0.7	0.7	0.4	12.2
2.0 – 2.9	0.6	0.9	1.0	1.3	1.8	1.7	1.3	1.3	1.4	1.0	0.8	0.6	13.7
3.0 – 3.9	1.7	1.2	1.9	1.6	1.9	1.9	1.5	1.4	2.0	2.0	1.6	1.3	20.0
4.0 – 4.9	1.2	1.5	2.2	2.0	2.5	2.2	1.8	2.1	2.6	1.9	1.6	0.9	22.5
5.0 – 5.9	1.2	1.7	2.2	2.5	3.1	2.7	3.5	3.3	2.9	2.5	1.3	1.2	28.1
6.0 – 6.9	3.2	3.1	3.7	3.6	3.4	3.1	3.4	4.1	4.2	3.8	3.0	3.1	41.7
7.0 – 7.9	1.7	2.0	2.1	3.2	3.7	4.2	4.7	4.2	2.5	2.5	2.4	2.4	35.6
8.0 – 8.9	2.2	2.4	3.0	3.4	3.5	3.8	4.3	4.5	3.1	3.0	2.4	2.5	38.1
9.0 – 9.9	4.1	3.8	3.9	4.2	3.6	4.6	5.1	5.0	4.2	4.3	4.6	5.1	52.5
10.0	13.0	9.1	8.4	4.8	3.7	3.0	3.2	3.1	3.2	7.6	10.6	12.7	82.4
													365.0
0.0	1.2	1.1	1.0	1.1	1.2	0.7	0.4	0.5	1.4	1.1	0.7	0.5	10.9
wolkenlos							3.0%						
8.1 – 10.0	18.7	14.5	14.3	11.4	9.5	10.2	11.3	10.8	9.5	14.0	16.9	18.5	159.6
trüb							43.7%						
10.0	13.0	9.1	8.4	4.8	3.7	3.0	3.2	3.1	3.2	7.6	10.6	12.7	82.4
völlig bedeckt							22.6%						

Tabelle 44 **Mittlere Bewölkungshäufigkeit (1891 – 1930)**

Die sich bei stärkerer Kondensation und Abkühlung der feuchten Luftmassen bildenden Niederschläge wirken sich besonders im Winter bei Glatteis, das im Mittel jährlich an zwei Tagen auftritt, und als Schneefälle, deren maximale Häufigkeit in den Monaten Januar und Februar 20 % beträgt, für alle Verkehrsteilnehmer hinderlich aus. Da die Zahl der Schneetage (Tab. 47 [113])) jedoch meist nur klein und die Schneedecke, deren Mächtigkeit in 60 % der Fälle unter 10 cm liegt und im Maximalfall am 12. 11. 1919 42 cm betrug [114]), sehr dünn ist, gelingt es immer schnell, die Verkehrswege vom Schnee zu befreien (z. B.: in der Zeit vom 9. 1. – 19. 1. 1959 wurden von 5 300 Mann, 122 Streuwagen, 74 Schneepflügen und über 100 Lastkraftwagen 50 000 cbm Schnee geräumt (Kosten: 700 000 DM) [115])).

111) Reidat, R.: Klimadaten für Bauwesen und Technik. Hamburg 1953. Tabelle 21
112) Schamp, H.: Verkehrsgeographie und Luftfahrt. In: Bericht über die Fluglärmtagung am 15. / 16. 10. 1956 in München. Alfeld 1956. S. 156
113) Reidat, R.: Klimadaten für Bauwesen und Technik. Hamburg 1953. Tabelle 28
114) Reidat, R.: Klimadaten für Bauwesen und Technik. Hamburg 1953. Tabelle 28
115) Angaben der Baubehörde der Freien und Hansestadt Hamburg, Tiefbauamt

Verkehrs-flughafen	Januar	Februar	März	April	Mai	Juni	Juli	August	September	Oktober	November	Dezember	Jahr
	Mittlere Zahl der Schlechtwettertage												
Hamburg	5.4	7.1	3.6	1.1	1.5	0.9	1.1	0.9	1.8	3.6	8.1	6.8	41.8
Düsseldorf	6.0	3.8	4.4	0.5	1.1	0.8	1.0	0.9	1.8	3.3	3.2	5.9	32.7
München	4.7	4.1	1.4	1.4	0.9	0.3	0.3	0.5	1.1	2.4	3.2	6.6	26.9
Frankfurt	3.6	4.5	1.5	0.5	0.5	0.2	0.0	0.5	1.2	2.7	4.0	5.4	24.6

Tabelle 45 Häufigkeit der Schlechtwetterbedingungen

Anzahl	Nov.	Dez.	Jan.	Feb.	Mrz.	Apr.
Mittlere Zahl der Schneetage	0.9	3.3	6.7	5.2	2.7	0.1
Maximale Zahl der Schneetage	7	17	31	28	19	2

Tabelle 46 Zahl der Tage mit Schneebedeckung (1891 – 1950)

Dauer	Häufigkeit
62 Tage	Maximale Dauer der Schneebedeckung (1939/40)
über 50 Tage	Dauer der Schneebedeckung in 35 % der Fälle
20 - 29 Tage	Dauer der Schneebedeckung in 22 % der Fälle
10 - 19 Tage	Dauer der Schneebedeckung in 27 % der Fälle
9 Tage	Dauer der Schneebedeckung in 33 % der Fälle

Tabelle 47 Dauer der Schneebedeckung (1891 – 1950)

Zum Schutz der Fahrgäste gegen die Witterungseinflüsse sind nicht nur die Fahrzeuge des öffentlichen Verkehrs allseitig geschlossen und die Bahnhöfe überdacht, sondern auch an den Straßenbahn- und Omnibushaltestellen Unterstände errichtet worden, von denen es 1955 138 gab [116]), [117]).

Um die Schiffahrt rechtzeitig über bevorstehende Unwetter und Stürme unterrichten zu können, hat das am Rande des hohen Geestufers gelegene Seewetteramt in St. Pauli einen optischen Sturmwarndienst geschaffen, dessen Wind- und Sturmwarnsignale über den ganzen Hafen zu sehen sind. Windrichtung und -stärke sind durch die zwischen dem subtropischen Hochdruckgürtel im Süden und

116) Baubehörde der Freien und Hansestadt Hamburg: Das Baujahr 1953/54 in Hamburg. In: Schriften zum Bau-, Wohnungs- und Siedlungswesen. Heft 21. Hamburg 1954. S. 65
117) Baubehörde der Freien und Hansestadt Hamburg: Das Baujahr 1954/55 in Hamburg. In: Schriften zum Bau-, Wohnungs- und Siedlungswesen. Heft 22. Hamburg 1955. S. 112

der polaren Tiefdruckrinne im Norden von Westen nach Osten ziehenden Minima ständig Änderungen unterworfen. 29 % der Winde kommen aus dem südsüdwestlichen - westsüdwestlichen Sektor, der Hauptwindrichtung, in weniger als 0.1 % der Fälle treten Sturmwinde aus Südosten auf, die das Wasser aus dem Hafen treiben und den Wasserstand bis zu 2.40 m unter das mittlere Tideniedrigwasser sinken lassen; ebenso selten sind Nordoststürme, die das normale mittlere Tidehochwasser um 3.60 m erhöhen können (Tab. 48[118])), so daß die Kanalschleusen durch besondere Sturmfluttore geschlossen werden müssen und die Außendeichstraßen unter Wasser stehen (z. B.: Finkenwerder Auedeich am 19. 6. 1955).

Windrichtung	Windstärke in Beaufort										Gesamt
	0	1	2	3	4	5	6	7	8	9-12	
NNE		0.7	1.4	1.0	0 3	0.1	0.0	0.0	0.0	0.0	3.5
NE		0.8	1.5	1.1	0.4	0.1	0.0	0.0	0.0	0.0	4.0
ENE		0.5	1.0	1.0	0.5	0.1	0.0	0.0	0.0	0.0	3.1
E		1.1	1.8	1.6	0.8	0.4	0.1	0.0	0.0	0.0	5.8
ESE		1.0	2.2	2.1	1.2	0.4	0.2	0.0	0 0	0.0	7.1
SE		1.9	3.0	2.3	0.9	0.3	0.1	0.0	0.0	0.0	8.5
SSE		0.5	1.2	1.0	0.6	0.2	0.1	0.0	0.0	0.0	3.6
S		0.6	1.0	1.0	0.6	0.3	0.3	0.1	0.0	0.0	3.7
SSW		0.4	0.9	1.1	0.9	0.6	0.3	0.1	0.0	0.0	4.5
SW		1.2	2.3	2.8	2.1	1.0	0.5	0.3	0.1	0.0	10.4
WSW		1.0	3.0	3.9	3.1	1.6	0.8	0.4	0.2	0.1	14 1
W		0.9	1.6	2.0	1.5	0.8	0.4	0.2	0.1	0.0	7.3
WNW		0.4	1.1	1.6	1.4	0.8	0.4	0.2	0.1	0.0	5 9
NW		0.7	1.7	2.3	1.4	0.7	0.4	0.1	0.0	0.0	7.4
NNW		0.6	1.6	1.5	0.8	0.3	0.1	0.0	0.0	0.0	5 0
N		0.9	1.4	1.0	0.3	0.1	0.0	0.0	0.0	0.0	3,9
Windstille	2.2										2.2
Gesamt	2.2	13.2	26.7	27.3	16.8	7.7	3.6	1.4	0.5	0.1	100.0

Tabelle 48 **Prozentuale Häufigkeit des Auftretens des Windes nach Stärke und Richtung (1891 – 1930)**

So stehen den Vorteilen, die der Hamburger Raum durch seinen ganzjährig eisfreien Hafen besitzt, die Nachteile der häufigen Nebelbildung und der dichten Bewölkung gegenüber, die zur reibungslosen Durchführung des Schiffs- und Flugverkehrs besondere Hilfsmittel erfordern.

118) Reidat, R.: Klimadaten für Bauwesen und Technik. Hamburg 1953. Tabelle 31

3. Einfluß des Verkehrswesens auf den Aufbau der bodennahen Luftschichten

Aber nicht nur die natürlichen, witterungsklimatischen Verhältnisse wirken sich auf den Verkehr aus, sondern auch das Verkehrswesen beeinflußt die mikroklimatischen Gegebenheiten, insbesondere die physikalische und chemische Zusammensetzung der für den Menschen wichtigen, bodennahen Luftschichten, die durch die Abgase der Kraftfahrzeuge verändert wird.

Denn beim Anfahren und Beschleunigen bilden sich hinter den Stoppstellen bei ungenügender Verbrennung der Treibstoffe Sauerstoff enthaltende Spaltprodukte der Kohlenwasserstoffe, bei Teilverbrennung von Wasserstoff ungesättigte Kohlenwasserstoffe, z. B. Aethylen, Acetylen, Benzolderivate, und bei bestimmten Druckverhältnissen Stickstoffmonoxyd unnd -dioxyd. Diese sehr giftigen Gase treten aber nur in geringer Konzentration auf und werden durch die Luftturbulenz an den Kreuzungen meist so rasch verteilt, daß sie nur gelegentlich auf Oelnebeltröpfchen als Trägersubstanz bis in die Lungenalveolen befördert werden und dort Lungenödeme hervorrufen. Eine weitere Gefahr für die Lungen stellen die besonders im Dieselkraftstoff enthaltenen Schwefelverbindungen (z. B.: 1 t Dieselkraftstoff enthält 20 kg Schwefeldyoxyd) und das aus den Benzinadditiven mit 0.02 – 0.06 Volumenprozent in die Abgase gelangende Bleitetraäthyl dar.

Beim Bremsvorgang entstehen vor den Stoppstellen aromatische und aliphatische Kohlenwasserstoffe, in geringer und ungefährlicher Konzentration Acetylene und vor allem Kohlenmonoxyd, dessen maximale Konzentration (Maximale Kohlenmonoxydkonzentration: Benzinabgas: 13 Vol. %, Dieselabgas: 0.12 Vol. %) in den Abgasen der Benzinmotore der Kohlenmonoxydkonzentration des Leuchtgases entspricht. Die Gefährlichkeit des Kohlenmonoxyds, das sich wegen seines gegenüber der Luft geringeren spezifischen Gewichtes in den unteren Luftschichten anreichert, besteht darin, daß der Mensch kein Organ besitzt, dies farblose und geruchlose Gas wahrzunehmen, dessen Affinität zum Hämoglobin 300 mal so stark ist wie die des Sauerstoffes, so daß bereits nach einem zweistündigen Aufenthalt in einer 0.03 Vol. % enthaltenden Luft 20 % des Hämoglobins für die Atmung ausgeschaltet sind und ein Unwohlsein beginnt, das bei 30 % CO-Hb Gehalt in Bewußtseinsstörungen übergeht und bei 60 % CO-Hb Gehalt mit dem Tod endet. Die CO-Konzentration im Verkehrsraum Hamburg ist mit maximal 0.05 Vol. % auf dem Wallring und an den Torlagen und maximal 0.03 Vol. % an den Fußgängerüberwegen (Abb. 6 [119])) relativ gering, da sich in der Nähe der Hauptverkehrsstraßen Grünanlagen und Wasserflächen befinden, über denen ein großes Luftreservoir zur Verfügung steht. Durch die in Hamburg fast ständig vorherrschende Turbulenz der Luft (Tab. 48) erfolgt ein schneller Austausch der Luftmassenteile und eine Dezentrierung des Kohlenmonoxyds, so daß es nicht zu einer derartigen Anreicherung von Giftgasen kommt wie in dem in einem hufeisenförmig umschlossenen Kessel liegenden Los Angeles, in dem sich bei den häufigen Inversionserscheinungen eine Giftgasschicht ansammelt, die in dem trockenen Subtropengebiet jeden Aufenthalt und jedes Arbeiten unmöglich macht.

---

119) Effenberger, E.: Das Kohlenoxyd und dessen Bedeutung in der Hygiene. Medizinisch - metereologische Hefte. Heft 12. Hamburg 1956. S. 37

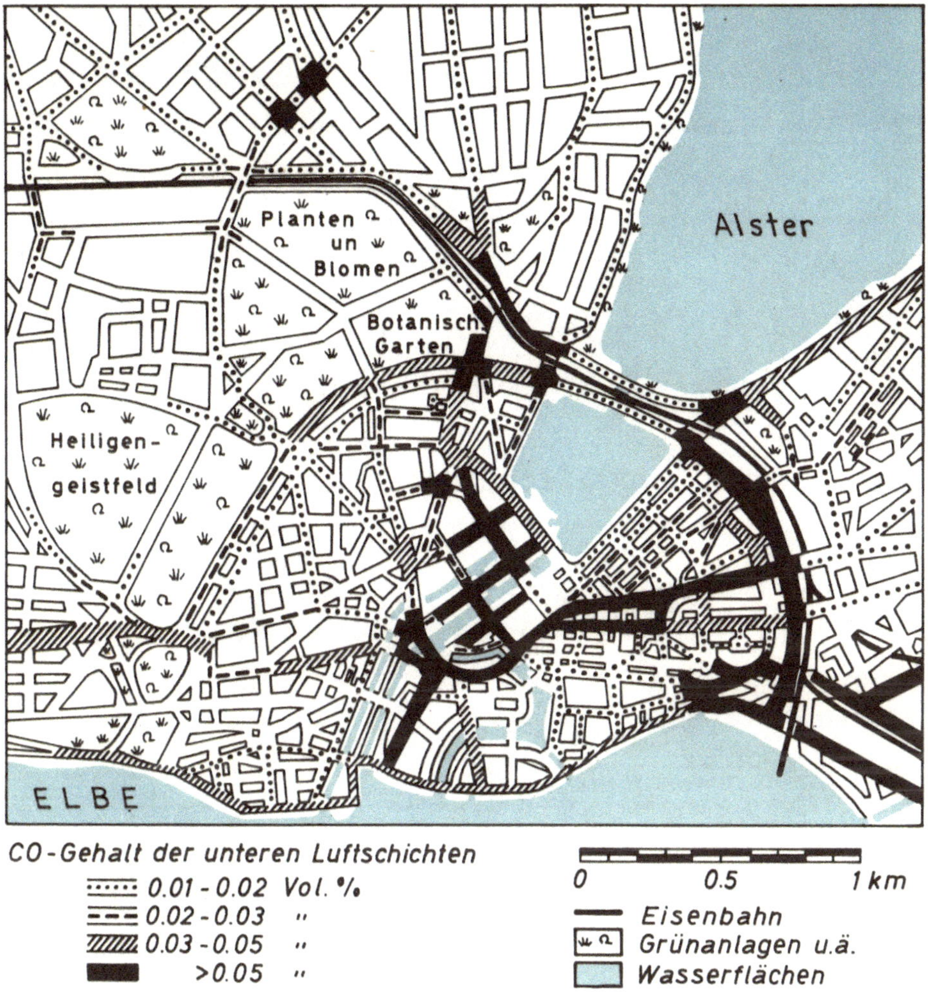

Abbildung 6 **CO-Gehalt der unteren Luftschichten in der Innenstadt Hamburgs**

% CO-Hb Änderung	Wind-stärke	Wetter-lage	Meßstelle
+ 9.5	0	Inversion	Stephansplatz
+ 6.7	2	„	Meßberg
+ 6.3	2	„	Rödingsmarkt / Ost-West-Achse
+ 6.1	2	„	Rödingsmarkt / Steintwiete
+ 5.8	2	„	Steintordamm / Steintorwallbrücke
+ 5.2	0	„	Kornhausbrücke / Dovenfleet
+ 3.8	4		Altmannstraßenbrücke / Steintorwall
+ 3.7	3 – 4		Deichtorplatz
+ 2.7	4 – 5		Steintordamm / Steintorwallbrücke
+ 1.2	3 – 4	Großer Austausch	Rödingsmarkt / Großer Burstah
+ 0.9	4		Esplanade / Neuer Jungfernstieg
+ 0.4	4	„	Neuer Wall / Jungfernstieg
+ 0.4	3 – 4	„	Rödingsmarkt / Ost-West-Achse
+ 0.2	4	„	Mönckebergstraße / Gerhart-Hauptmann-Platz
– 0.6	5	„	Glockengießerwall / Ernst Merck Straße
– 0.7	5	„	Ferdinandstor
– 1.2	4 – 5		Stephansplatz
Anmerkung: Aufnahme während einer achtstündigen Dienstzeit.			

Tabelle 49 **Kohlenmonoxydaufnahme Hamburger Verkehrspolizisten**

Amerikanischer Verkehrspolizist	30 % CO - Hb
Hamburger Verkehrspolizist (maximal)	12 % CO - Hb
Raucher von vier Zigarren	21 % CO - Hb
Lungenraucher	10 % CO - Hb

Tabelle 50 **Absoluter Kohlenmonoxydgehalt bei Personen**

Da die von den Kraftfahrzeugen im Hamburger Raum täglich abgegebenen Kohlenmonoxydmengen bei Umrechnung auf die Straßenfläche eine nur 6 mm dicke Schicht ergeben, die durch die Verteilung des Kohlenmonoxyds auf das umliegende Gebiet noch geringer wird, liegt die Kohlenmonoxydkonzentration der Kraftfahrzeugverkehrsstraßen unter der eines Raucherabteils eines öffentlichen Nahverkehrsmittels (0.007 Vol. %), und selbst bei den acht Stunden Dienst tuenden Verkehrspolizisten sind keine Symptome einer Kohlenmonoxydvergiftung, sondern in einigen

Nach Abtrag des Walles und der 22 vorgelagerten Ravelins nutzte man die Freifläche zur Anlage eines halbkreisförmigen, boulevardartigen Straßenzuges mit bis zu acht Fahrspuren, einem eigenen Gleiskörper für die Straßenbahn im Neustadt-Abschnitt, Radwegen und Fußwegen um die engbebaute Innenstadt, der von St. Pauli Landungsbrücken über Holstenwall – Gorch Fock Wall – Esplanade – Lombardsbrücke – Glockengießerwall – Steintorwall – Klosterwall zum Deichtor führt und dem Wall-Längsverkehr die tangentiale Umgehung der Innenstadt und die Überquerung der Alster außerhalb der Innenstadt ermöglicht. Außerhalb des ehemaligen Grabens ist nur westlich der Alster ein Wallstraßenzug vorhanden (Glacischaussee – Holstenglacis – Alsterglacis – Neue Lombardsbrücke), der zwischen Holstenglacis und Alsterglacis durch das Gelände von „Planten und Blomen" und die Eisenbahn aufgespalten wird, da im Osten die Bebauung des Holzdammes kaum Platz für eine breite Straße zwischen der Neuen Lombardsbrücke und der Kirchenallee läßt, so daß der aus drei unvollständig miteinander verbundenen Teilstücken bestehende äußere Wallring den zur Innenstadt tangentialen Verkehr nur streckenweise aufzunehmen vermag und ihn dann an den inneren Wallring, die Westtangente St. Georgs (An der Alster) und die Nordtangente St. Paulis (Edmund Siemers Allee – An der Verbindungsbahn – Sternschanze – Altonaer Straße) abgeben muß.

Im Gegensatz zur einheitlichen Umgestaltung des ehemaligen Wallgebietes zum inneren Straßenring und des vorgelagerten Glacisgebietes zu den Abschnitten des äußeren Straßenringes erfuhr der ehemalige Stadtgraben in seinen einzelnen Abschnitten eine unterschiedliche Umwandlung. Zwischen Hafentor und Millerntor legte man in dem Grabeneinschnitt die Helgoländer und Cuxhavener Allee als Verbindung zwischen der Geesthochfläche und der Marsch an (1895), zwischen Millerntor und Dammtor wurden durch den Bremer Gärtner Altmann Grünanlagen und Fußgängerwege geschaffen (1830), im Ostabschnitt zwischen Dammtor und Deichtor wurden die Gleise der Verbindungsbahn verlegt (1866), wobei die windungsreiche Führung der Strecke innerhalb des Befestigungsgrabens zunächst zahlreiche Entgleisungen verursachte, und der Hauptbahnhof beim Steintor am Rande der Altstadt (1906) sowie etwas außerhalb des Grabens der Dammtorbahnhof beim Dammtor am Rande der Neustadt (1903) errichtet, und südlich der Altstadt wurde der Marschenabschnitt des Grabens zum Sandtorhafen ausgebaggert (1866). Dadurch werden die Altstadt und die Neustadt im Norden und Süden von Wasserflächen, im Westen von Grünflächen und im Osten vom stählernen Band der Eisenbahn umgeben, so daß die mittelalterliche Befestigungslinie als ererbte Form bis heute für den Verkehr von und zur Innenstadt ihre Sperrfunktion erhalten hat, zumal wegen der geomorphologischen Gegebenheiten die Eisenbahnschienen auf der 4 km langen Strecke fünfmal im Straßenniveau liegen und die 120 m × 140 m große Fläche des Hauptbahnhofes den Raum zwischen der Altstadt und der Vorstadt St. Georg einnimmt, und den Ziel- und Quellverkehr der Innenstadt auf wenige Überführungen und Unterführungen zusammendrängt.

Die am meisten belasteten Konvergenzpunkte (Abb. 7) [124]) sind die mittelalterlichen Torlagen der Geest, nämlich das (neue) Steintor im Nordosten, das (neue) Dammtor im Nordwesten und das (neue) Millerntor im Westen, zu denen durch das ehemalige Grabengebiet breite Straßendämme mit acht Fahrspuren, Radwegen und Fußwegen führen (Steintordammbrücke, Dammtordamm, Millerntordamm) und

124) Angaben der Baubehörde der Freien und Hansestadt Hamburg, Tiefbauamt

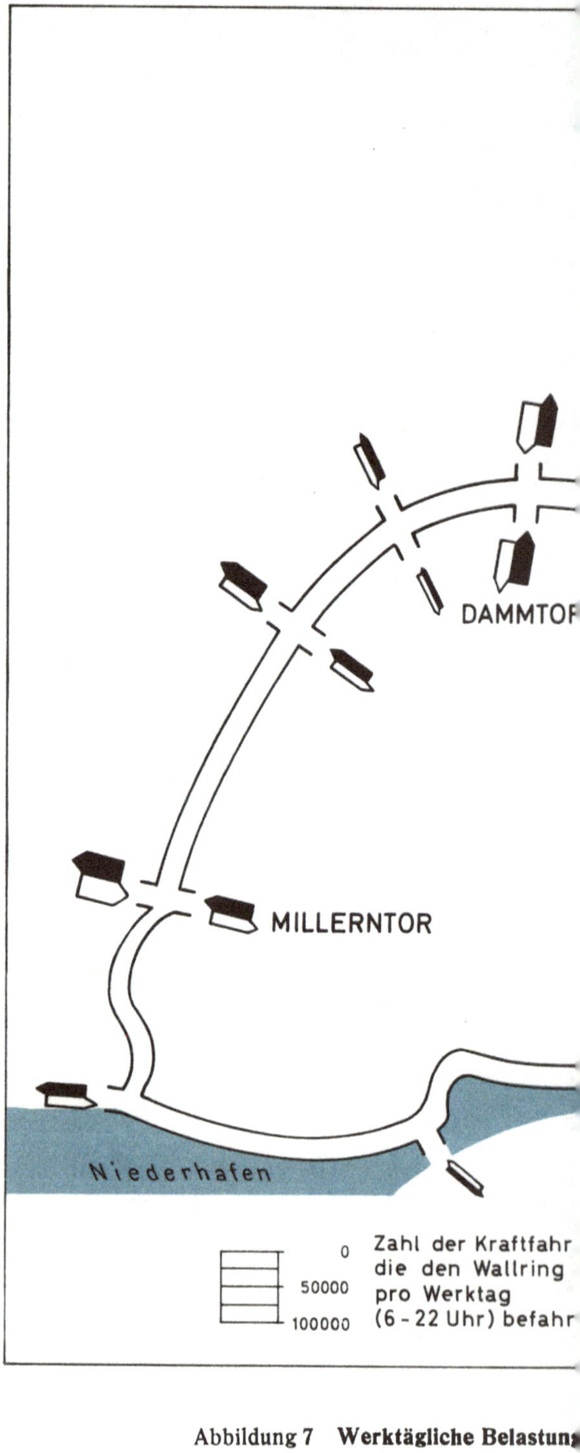

Abbildung 7 **Werktägliche Belastun**

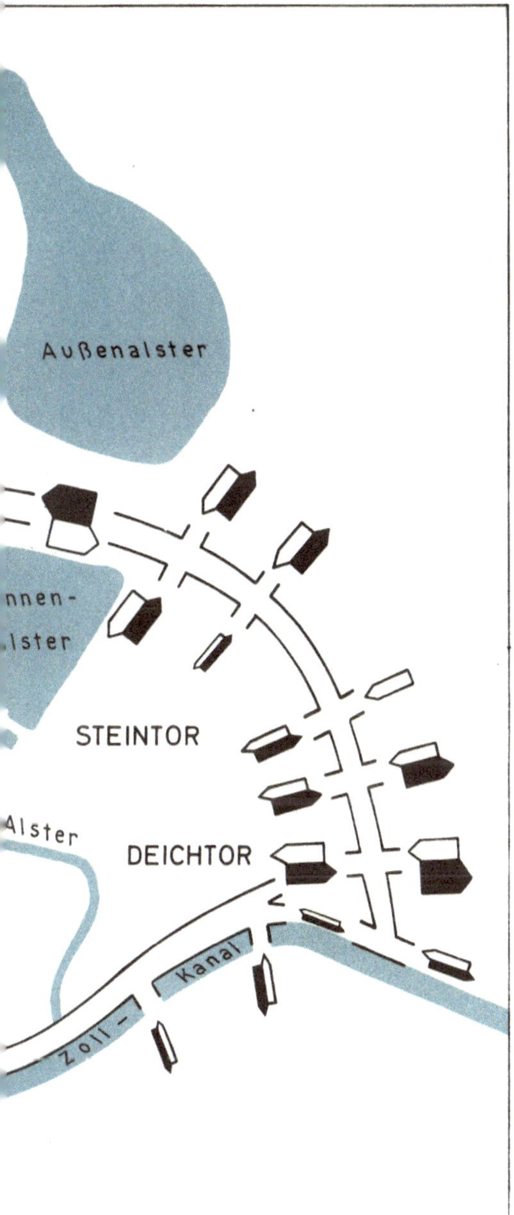

rings im Kraftfahrzeugverkehr

außerhalb derer platzartige Flächen liegen, von denen strahlenförmig die radialen Ausfallstraßen abgehen (Steintorplatz: Steindamm nach Wandsbek, Große Allee nach Hamm – Horn – Bergedorf; Loignyplatz: Edmund Siemers Allee – Schröderstiftstraße nach Eimsbüttel – Eidelstedt, Edmund Siemers Allee – Grindelallee nach Hoheluft – Schnelsen, Rothenbaumchaussee nach Eppendorf, Mittelweg nach Harvestehude; Millerntorplatz: Reeperbahn nach St. Pauli – Altona – Elbvororte, Eimsbüttlerstraße (heute: Budapester Straße) nach Eimsbüttel – nordwestliche Stadtteile), da durch sie der Hauptverkehr zwischen dem Arbeitsstättengebiet der Innenstadt und den Wohngebieten der nördlichen Geest flutet. Geringere Bedeutung haben die mittelalterlichen Marschtore, von denen das Deichtor den Verkehr zwischen der Innenstadt, dem Wallring und dem Elbbrückenzubringer (Amsinckstraße) bewältigt, das Brooktor, durch das früher der Verkehr nach Harburg ging, nach Anlage der Grasbrookhäfen dem Verkehr zwischen der Innenstadt und den rechtselbischen, oberen Häfen dient und das Sandtor durch die Schaffung des Sandtorhafens funktionslos geworden ist. Die außerhalb der mittelalterlichen Haupttorlagen errichteten Accise-Sperren (Ferdinandstor (1830), Hafentor (1841), Holstentor (1858)) und die nach Aufhebung der Torsperren am 31. 12. 1860 eingerichteten Durchlässe (Seewartenstraße, Jungiusstraße, Neuer Jungfernstieg, Ernst Merck Brücke, Altmannstraßenbrücke) sind durch das Fehlen der äußeren Straßengabel im Grundriß, damit durch das Fehlen der Konvergenzfunktion und durch weniger umfangreiche Verkehrsmengen gekennzeichnet.

Gesamtverkehr auf den Grabenstraßen	264 165 Kfz.
davon: tangentialer Eckverkehr auf dem inneren Wallring	40 470 Kfz.
Ziel- und Quellverkehr der Innenstadt	183 226 Kfz.
Ziel- und Quellverkehr des Hafens	25 201 Kfz.
Maximale Belastung des inneren Wallrings (Alte Lombardsbrücke)	41 345 Kfz.
Gesamtverkehr des inneren Wallrings	248 897 Kfz.

Tabelle 51 **Verkehr der Grabenstraßen (6 – 22 Uhr; 1956)**

Heute führen über den 4 km langen, nördlichen Grabenhalbring der Innenstadt 13 Straßen mit einer Gesamtfahrbahnbreite von 163 m und täglich über 250 000 Kraftfahrzeugfahrten (Tab. 51) [125]), die sowohl mit der inneren Wallringstraße als auch mit dem außerhalb des Wallringes gelegenen Straßennetz verknotet sind, so daß empfindliche Doppelknoten entstehen, auf denen der Verkehrsstau auf einem Knoten sich wegen der geringen Grabenbreite in kürzester Zeit auf den korrespondierenden Knoten fortsetzt und durch Rückstau alle Knoten und ihre Zubringer in Mitleidenschaft zieht.

Da die Verkehrsknoten des inneren Wallrings den Wallring-Längsverkehr, den Wallring-Querverkehr, den durch die Sammler- und Verteilerfunktion des Wallrings bedingten Abbiegverkehr und den tangentialen Eckverkehr zwischen den

125) Angaben der Baubehörde der Freien und Hansestadt Hamburg, Tiefbauamt

tororientierten Ausfallstraßen zu bewältigen haben, kommt es zu starken Belastungen der Knoten (Abb. 7, 8, 9; Tab. 18), deren Leistungsfähigkeit durch den starken Anteil des Abbiegverkehrs (Tab. 52) noch vermindert wird. Durch Linksabbiegeverbote (z. B. Stephansplatz) sind zwar einige dieser durch die siedlungsgeographische Struktur Hamburgs hervorgerufenen Knoten leistungsfähiger gestaltet, aber zugleich ihrer stadtverkehrsgeographisch wesenhaften Aufgabe, nämlich den Verkehr zu sammeln und zu verteilen, beraubt worden, so daß diese Lösung des Problems nur als Behelf anzusehen ist und der durch die geomorphologischen Verhältnisse begünstigte Bau mehrstöckiger Kreuzungsanlagen unumgänglich wird (z. B. Ferdinandstor seit 1930 geplant, aber bis heute noch nicht durchgeführt).

a. Gesamter innerer Wallring:

Geradeausfahrten	81.9 %
Abbiegfahrten	18.1 %

Anm.: siehe Abbildung 7

b. Westknoten der Alten Lombardsbrücke

Wallring-Querverkehr	37.6 %	Geradeausfahrten	52.8 %
Wallring-Längsverkehr	15.2 %		
Linksabbieger	29.7 %	Abbiegfahrten	47.2 %
Rechtsabbieger	17.5 %		

Anm.: Der starke Linksabbiegeverkehr ist mit darauf zurückzuführen, daß an den anschließenden Knoten Stephansplatz und Ferdinandstor das Linksabbiegen ganz oder teilweise verboten ist und sich auf diesen Knoten verlagert (siehe Abbildung 8; Zählung im November 1957).

c. Westknoten der Steintordammbrücke

Wallring-Querverkehr	27.8 %	Geradeausfahrten	76.3 %
Wallring-Längsverkehr	48.5 %		
Linksabbieger	8.8 %	Abbiegfahrten	23.7 %
Rechtsabbieger	14.9 %		

Anm.: siehe Abbildung 9 [126])

Tabelle 52 **Abbiegverkehr der Knoten des inneren Wallrings**

Das Verhaftetsein der heutigen Verkehrsanlagen mit tradierten, stadtgeographischen Faktoren wird auch östlich der Altstadt deutlich, wo die gerade Straße im Zuge der von den mittelalterlichen Toren zwischen der Eilbek und der Hammer

126) Sill, O.: Grundlagen für Straßenverkehrsplanungen. In: Probleme des modernen Straßenverkehrs. Verkehrswissenschaftliche Veröffentlichungen des Ministeriums für Wirtschaft und Verkehr in Nordrhein-Westfalen. Heft 26. Düsseldorf 1952. S. 45

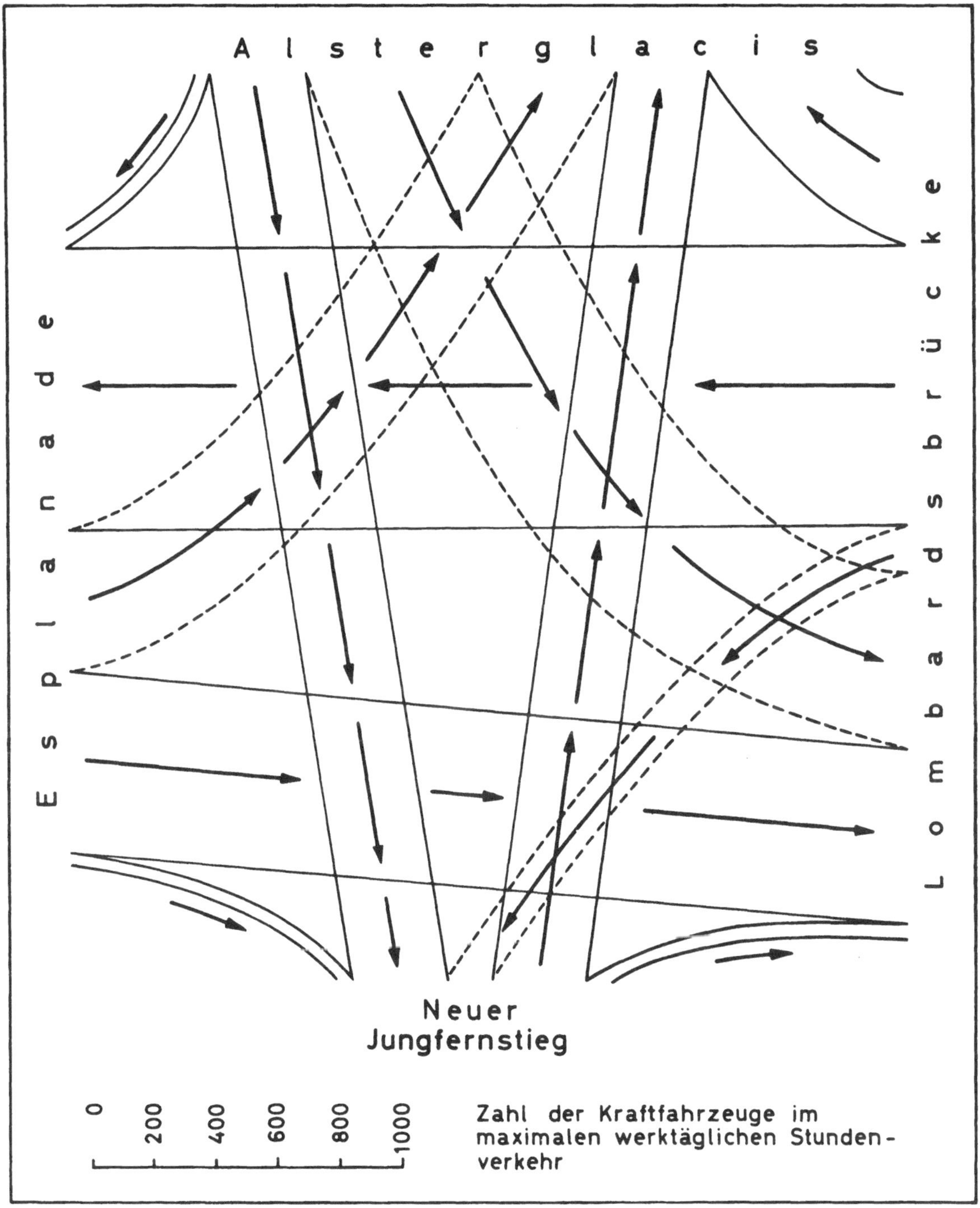

Abbildung 8 **Werktägliche Belastung des Westknotens der alten Lombardsbrücke im Kraftfahrzeugverkehr**

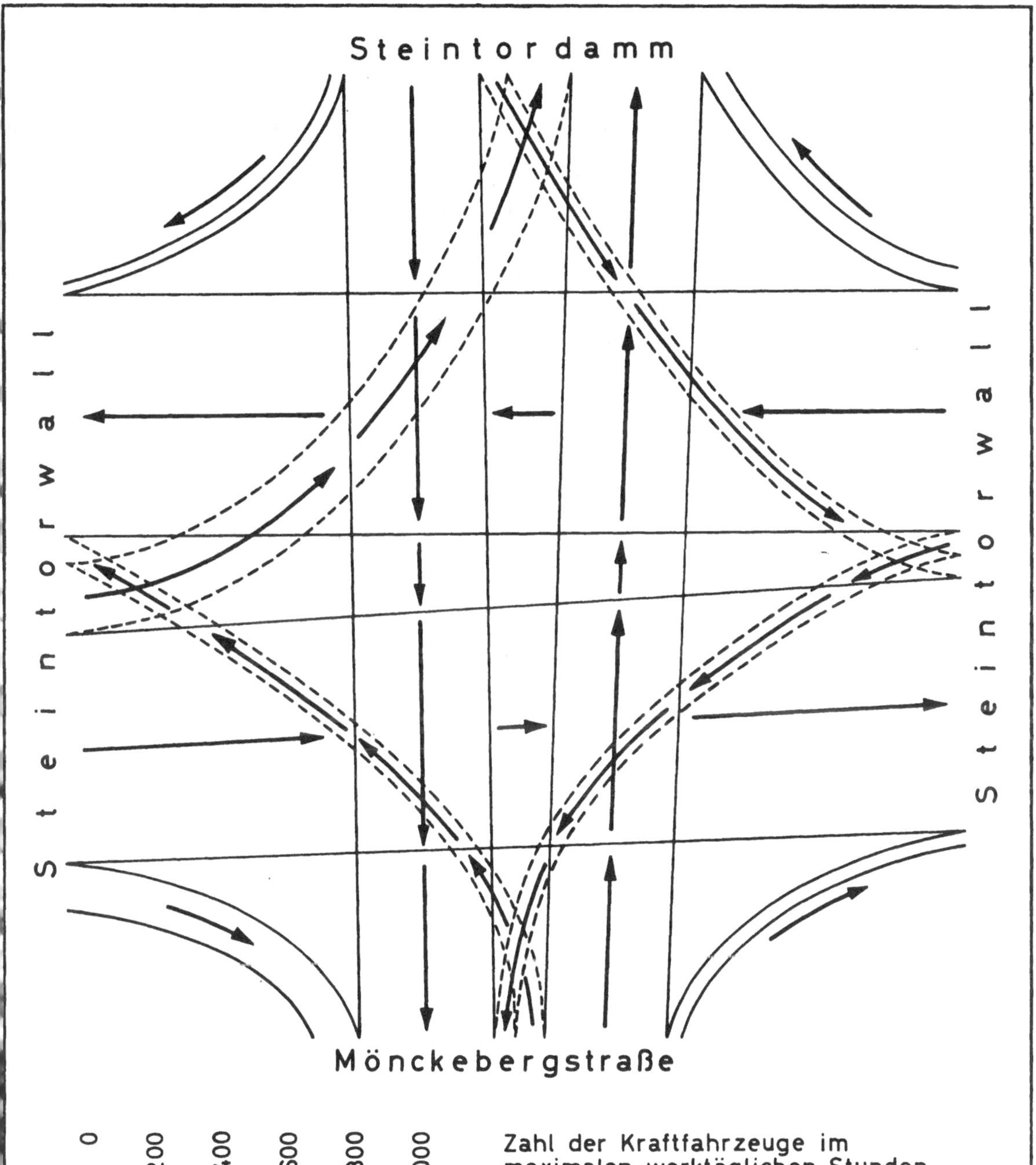

Abbildung 9 **Werktägliche Belastung des Südknotens der Steintordammbrücke im Kraftfahrzeugverkehr**

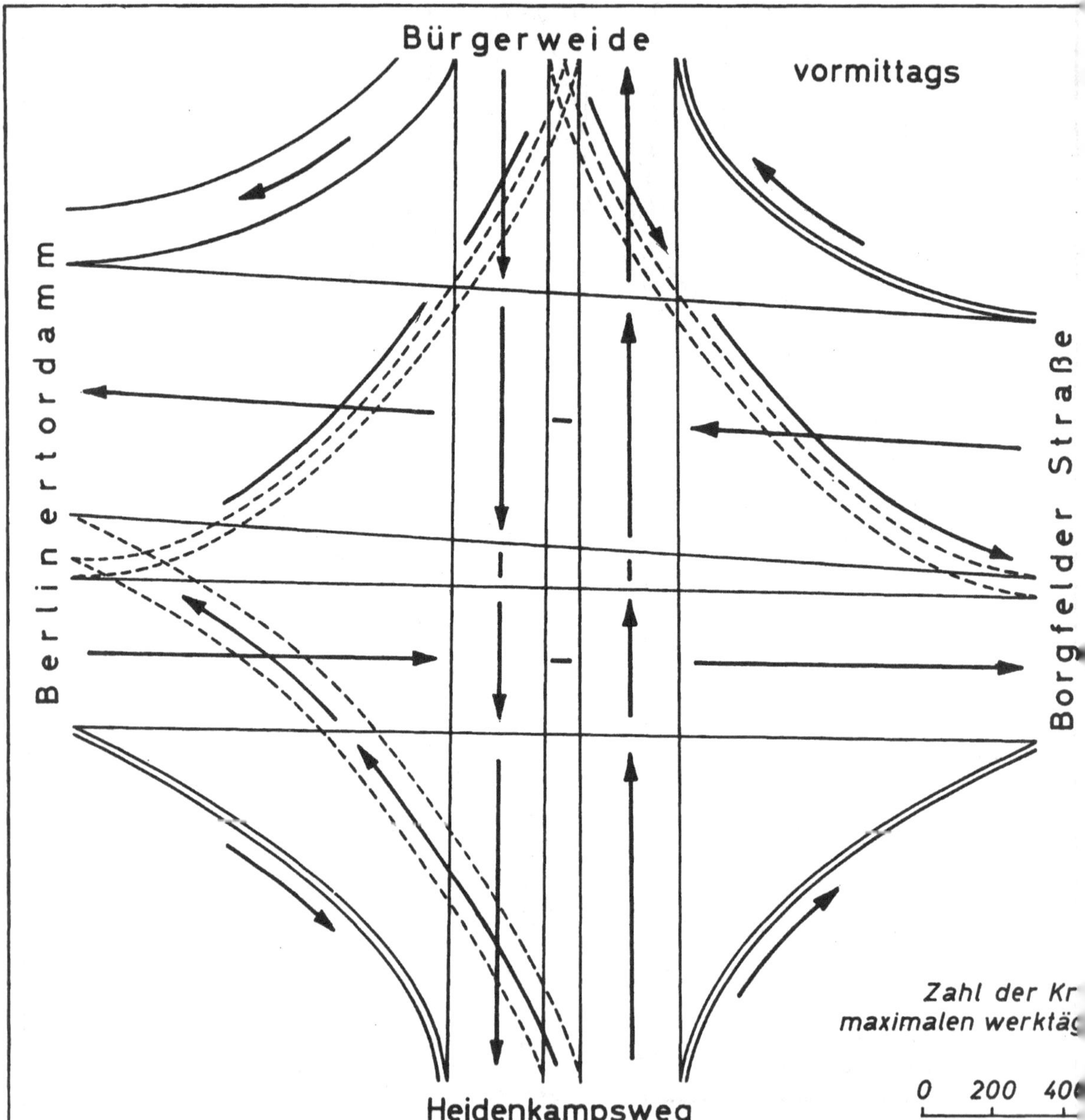

Abbildung 10 **Werktägliche Belastur**

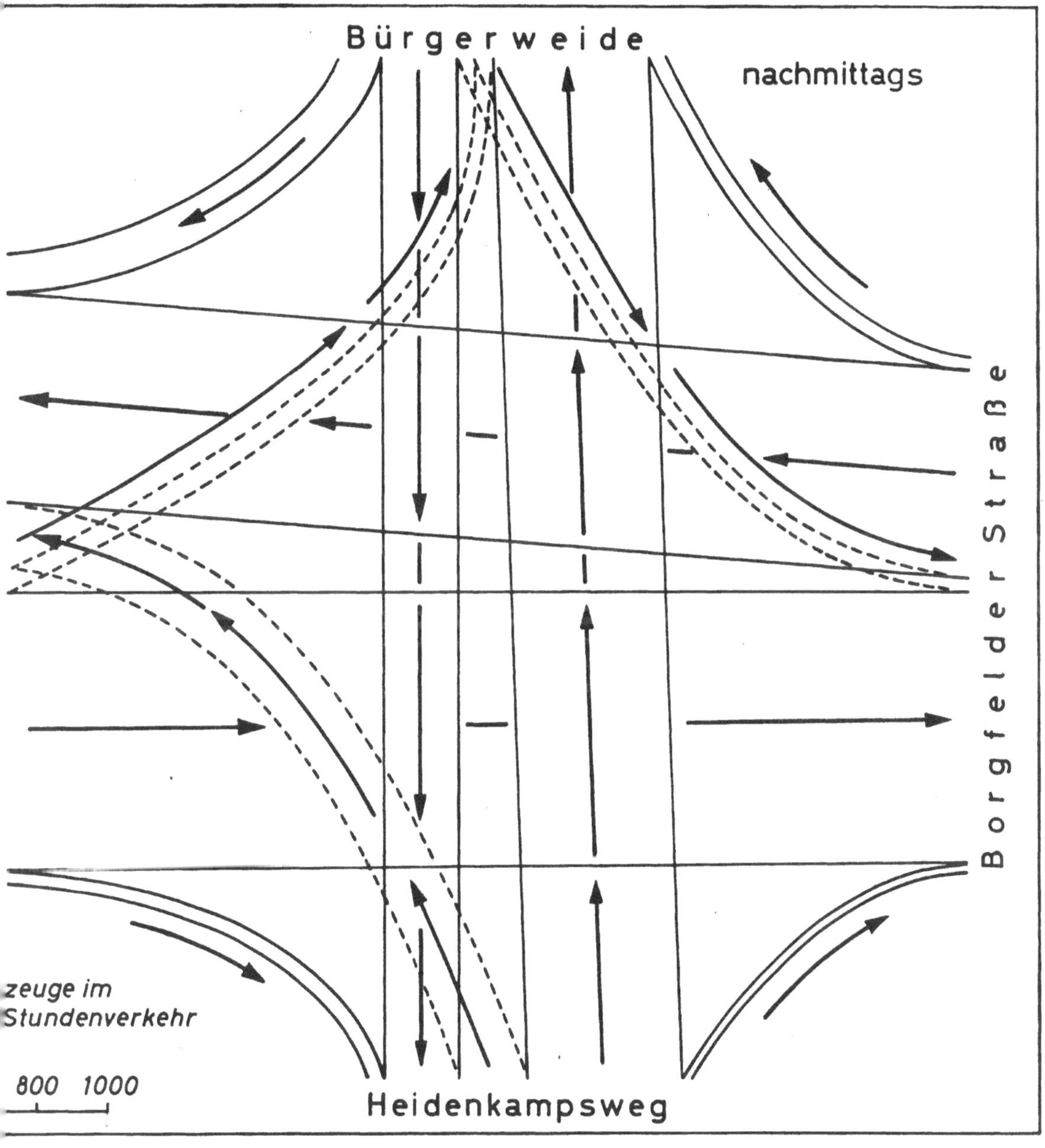

ner Tors im Kraftfahrzeugverkehr

Marsch zum Schutz der Stadtwiesen geschaffenen Landwehr (1375) heute den die Alster und Elbe querenden Durchgangsverkehr (Eidelstedt – Eimsbüttel – Barmbek – Landwehr – Hamm – Bergedorf – Geesthacht / Borgfelde – Hammerbrook – Wilhelmsburg – Harburg) trägt und durch deren damals einzige Durchgangsmöglichkeiten, Lübscher Baum und Hammer Baum, den zentripetalen Vortoren des Spitaler Tores und des Steintores, die Ausfallstraßen nach Wandsbek – Ahrensburg – Lübeck und Hamm – Bergedorf – Geesthacht verlaufen. Wall und Graben des die Vorstadt St. Georg im Osten abschirmenden „Neuen Werks" (1679), die im Nordabschnitt zu Grünanlagen, in denen Krankenhaus- und Schulkomplexe eingebettet sind, und im Südabschnitt zu Eisenbahnanlagen umgestaltet worden sind, werden außerhalb von dem Straßenzug Sechslingspforte – Wallstraße begleitet, der den Verkehr zwischen dem linken Alsterufer mit der an die Neue Lombardsbrücke anschließenden Westtangente St. Georgs und dem rechten Billeufer mit Anschluß an die Schwarze Brücke und die Norderelbbrücke tangential um die Vorstadt St. Georg leitet und den Durchgangsverkehr auf die Sechslingspforte im Westen, das Lübecker Tor auf dem Scheitel des Geestsporns und das Berliner Tor an der Marsch-Geest-Grenze im Osten zusammendrängt. Während beim stark belasteten Knoten Berliner Tor (Abb. 10) [127], begünstigt durch die Lage an der Geeststirn, Eisenbahn und Straßenbahn bereits in zwei Stockwerken verkehren und die Straße zur Zeit zweistöckig ausgebaut wird, hat der Verkehrsknoten Sechslingspforte, die Nahtstelle zwischen der Alster- und äußeren Wallringtangente St. Georgs und der tororientierten Ausfallsstraße nach Barmbek, der mit einer täglichen Belastung von 80 000 Kraftfahrzeugen zu den am stärksten belasteten Verkehrsknoten Hamburgs gehört, trotz der durch den Höhenunterschied am Alsterufer vorhandenen, günstigen, geomorphologischen Situation keinen zweistöckigen Ausbau erfahren, so daß hier seit der Fertigstellung in der Hauptverkehrszeit Stockungen auftreten, die sich durch Rückstau bis auf das Ferdinandstor auswirken.

2. Gemarkungsorientierte Verkehrswege im Bereich ehemaliger Dörfer

Auch außerhalb der alten Stadtkerne sind die Verkehrswege eng an tradierte, siedlungsgeographische Trassierungspunkte und -linien angelehnt, weil der Hamburger Siedlungsraum nicht systematisch mit einem geregelten Verkehrsnetz überzogen wurde, wie es etwa bei absolutistischen Stadtgründungen (z. B. Karlsruhe) der Fall war, sondern nach Aufhebung der Torsperre teils langsam, teils stürmisch in einem zur Zeit noch fortschreitenden Prozeß unter Einbeziehung der außerhalb der Innenstadt gelegenen sächsischen Angerdörfer und Gutsbesitzungen bebaut wurde. Da die aufgesiedelten Flurparzellen innerhalb der Gemarkung in Gemenglage lagen, das Verkaufsinteresse der jeweiligen Besitzer unterschiedlich war und Parzellen, die einen zu geringen Ertrag brachten oder wegen ihrer zu großen Entfernung vom Hof unwirtschaftlich waren, eher veräußert wurden als ertragreiche, hofnahe Parzellen, erfolgte die Aufschließung des Geländes nicht geschlossen, sondern nacheinander, mosaikartig immer wieder an anderen Punkten ansetzend, so daß sich die Lage der Wohnhäuser und damit der Verlauf der Wohnstraßen stark nach den Flurstücksgrenzen und dem bestehenden Feldwegenetz richtete. Durch diese heterogene Entwicklung des Wohnstraßensystems (Abb. 11: Entwicklung des Feldwegnetzes zum Wohnstraßennetz am Beispiel Lohbrügges) blieb der Durchgangsverkehr auf die alten Landstraßen (z. B. Eppendorfer Landstraße, Osdorfer Landstraße), Heerwege (z. B. Rothenbaumchaussee, Berner Heer-

---

127) Angaben der Baubehörde der Freien und Hansestadt Hamburg, Tiefbauamt

weg) und Mühlenwege (z. B. Ritterstraße, Mühlendamm) beschränkt, und an ihren Konvergenzpunkten, den Dorfangern, vollzog sich unter Beibehaltung der Lage ein in Aufriß und Grundriß gleichermaßen sichtbar werdender Funktionswandel vom Dorfplatz zum modernen Verkehrsknoten. Die vollkommenste Umgestaltung hat der Veddeler Markt erfahren, aus dem nach Abreißen der umliegenden Häuser ein zweistöckiger Verkehrsknoten entstanden ist (1950), der Autobahn, Wilhelmsburger Reichsstraße – Veddeler Brückenstraße, Freihafenzufahrt, Zufahrt zum Industriegebiet der Peute und Südrampe der Norderelbbrücke kreuzungsfrei miteinander verflicht; einige Plätze sind zu von städtischen Wohn- und Geschäftshäusern umsäumten Kreisverkehrsanlagen umgebaut worden (z. B. Winterhuder Markt (1957): werktägliche Knotenpunktbelastung 18 000 Kraftfahrzeugeinheiten); andere haben bisher kaum eine Umwandlung erlebt (z. B. Eppendorfer Marktplatz, an dessen Ostrand noch die weichgedeckten, niedersächsischen Zweiständerhäuser des ehemaligen Dorfes stehen) oder sind durch den Bau einer Umgehungsstraße in eine Abseitslage gerückt (z. B. Lohbrügge). Nur an wenigen Stellen ist diese systemlose Entwicklung des Hamburger Straßennetzes durch großräumige Planung unterbrochen worden (z. B. Harvestehuder Klostergebiet, Neu - Altona), wobei außer öffentlichen Straßen in den Villenvororten und Industriegebieten von den Anliegern auch private Straßen gebaut worden sind, die gegen Entrichtung einer Gebühr von allen Personen benutzt werden konnten (z. B. Elbchaussee mit den Schlagbäumen: Holztwiete, Schlagbaumtwiete, Hohenzollernring (1830 – 1889)).

3. Verwaltungsgrenzenorientierte Verkehrswege

Eine großräumige Planung ist stets dadurch erschwert worden, daß der Verkehrsraum Hamburg in der von mir gegebenen Abgrenzung verwaltungsmäßig keine Einheit darstellt, sondern mit seinen Randgebieten (z. B. Wedel, Pinneberg, Garstedt, Harksheide, Ahrensburg) zum Land Schleswig - Holstein gehört, und in seinem Zentralraum erst 1937 aus der Stadt Hamburg, die aus den um die Alster gelegenen Gebieten, den Walddörfern und Geesthacht als Exklaven und den Vierlanden mit Bergedorf bestand und nur wenige Kilometer vom Rathausmarkt entfernt im Osten an Wandsbeker Gebiet, im Westen mit der Vorstadt St. Pauli an Altonaer Gebiet stieß, der Stadt Altona, die 1929 mit den Elbvororten vereinigt worden war, der Stadt Harburg, die 1929 mit Wilhelmsburg zusammengeschlossen worden war, der Stadt Wandsbek und 44 Landgemeinden geschaffen worden ist.

Daher enden die Fernbahnstrecken nicht auf dem damaligen Hamburger Staatsgebiet, sondern in den zu anderen politischen Territorien gehörenden Städten in isolierten Kopfbahnhöfen, die, obwohl durch den Bau der Verbindungsbahn über die Alster (1866) und der Eisenbahnbrücken über die Elbe (1872) eine Verbindung zwischen den Bahnhöfen hergestellt wurde, noch bis heute erhalten sind (Altonaer Bahnhof, Bahnhof der AKN in Altona, Harburg, Berliner Bahnhof, Hannöverscher Bahnhof).

Im Gegensatz zu den Fernbahnen, die außerhalb liegen, nehmen die Nahverkehrsbahnen ihren Verlauf innerhalb der Grenzen des ehemaligen Hamburger Staatsgebietes (S-Bahn: Lübecker Fernstrecke – Wandsbeker Grenze – Alsterdörfer; U - Bahn: Alsterring zwischen Altonaer und Wandsbeker Gebiet eingeengt, Eimsbüttler Linie bis zur Stellinger Grenze, Alsterdörfer - Linie bis zur Stormarner Grenze, Walddörfer - Linie verbindet Hamburger Exklaven; Bergedorf - Geesthachter - Eisenbahn verbindet Bergedorf mit Exklave Geesthacht), während die Straßenbahnen (seit 1866) über die Grenzen fahren und die Hamburger Innenstadt mit

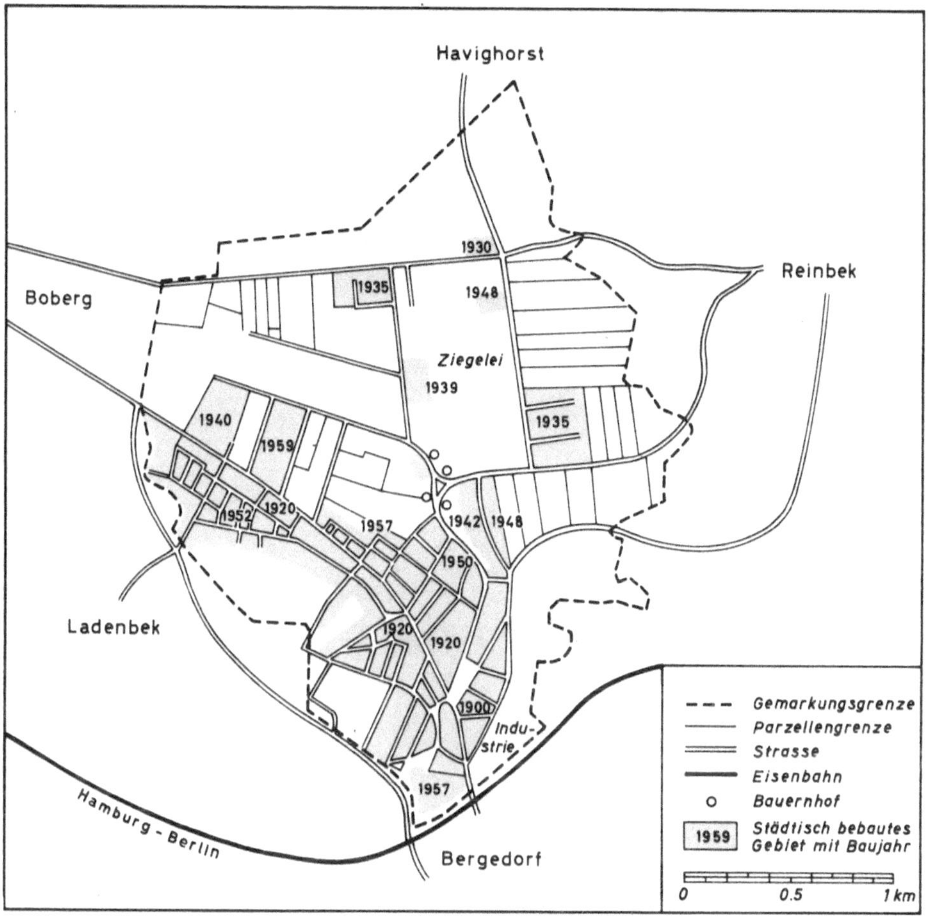

Abbildung 11 **Bauliche Entwicklung in Lohbrügge**

den ehemals preußischen Gemeinden verbinden, so daß die Straßenbahn seit der Eingemeindung dieser Gebiete das wichtigste innerstädtische Personenbeförderungsmittel darstellt.

Auch die bereits festgestellte, tarifliche Benachteiligung des Wandsbeker Raumes, die Orientierung des Bahrenfelder Raumes nach Hamburg und Altona, die Entstehung von Verkehrssubzentren und die Gestaltung des Hafengrundrisses finden ihre Erklärung in der verwaltungsmäßigen Zerrissenheit des Hamburger Raumes.

4. Anthropogene Sperrflächen des Verkehrs

Aber nicht nur die Verwaltungsgrenzen, sondern auch die großflächigen, städtischen Anlagen (z. B. Ohlsdorfer Friedhof (404 ha), Stadtpark (180 ha), Altonaer Volkspark (153 ha)) und die großräumigen Anlagen einiger Verkehrsträger (z. B. Seehafen (1 789 ha), Flughafen (311 ha), Verschiebebahnhof Eidelstedt (60 ha)) legen die Trassen, insbesondere der Straßen, fest, auf denen der Verkehrsablauf an den in den ehemals preußischen Gebieten noch bis heute vorhandenen, schienengleichen Straßenübergängen durch geschlossene Schranken (in Harburg bis zu 8 Stunden am Tag) behindert wird (Überbrückung des Harburger Bahnhofsgeländes z. Zt. im Bau; schienenkreuzungsfreie Führung der Tonndorfer Hauptstraße geplant).

Geschäftsart	Gesamt			Außerhalb der Innenstadt	
	Innenstadt-	Ausfalls-	Neben-	Ausfalls-	Neben-
	straße				
Pelze	31 %	40 %	29 %	58 %	42 %
Teppiche	22 %	53 %	25 %	71 %	29 %
Optik	14 %	53 %	33 %	61 %	39 %
Uhren	12 %	46 %	42 %	52 %	48 %
Rundfunk	8 %	44 %	48 %	48 %	52 %
Haushaltswaren	6 %	51 %	43 %	54 %	46 %
Möbel	6 %	49 %	45 %	52 %	48 %
Mittelwert	11 %	47 %	42 %	53 %	47 %
Flächenanteil	2 %	12 %	86 %	12 %	88 %

Anmerkung: Bei den ausgewählten Geschäftsarten handelt es sich um solche, die einerseits der Befriedigung des nicht alltäglichen Bedarfs dienen, andererseits durch eine größere Anzahl von Fachgeschäften im gesamten Hamburger Gebiet vertreten sind.

Tabelle 53 **Verteilung der Geschäfte des gehobenen Bedarfs**

Dieses Verhaftetsein des Hamburger Verkehrsnetzes mit durch natur- und kulturgeographische Faktoren bestimmten Trassenpunkten und seine Konservativität wird auch dadurch unterstrichen, daß lediglich im Zuge der Innenstadtsanierung

(1908–1913, 1920–1924, ab 1952) und nach Aufhebung der Torsperre neue, geplante Trassierungen vorgenommen wurden (Colonnaden (1877), Gerhofstraße (1882), Kaiser-Wilhelm-Straße (1890), Mönckebergstraße (1913), Straßen des Kontorhausviertels der Altstadt (ab 1920)).

5. Verkehrsorientierte Funktionszellen der Stadt

Umgekehrt ist die Differenzierung Hamburgs in funktionale Teilräume durch die Trassen der einzelnen Verkehrsmittel beeinflußt; denn der Konvergenzpunkt des Personennahverkehrs, die Hamburger Altstadt, ist das Bürohaus- und Geschäftsgebiet, die von den Personennahverkehrsmitteln gut aufgeschlossenen Geestflächen sind die Wohngebiete, in denen sich an den Konzentrationsstellen des Personenverkehrs, den ehemaligen Dorfangern (z. B. Winterhuder Marktplatz), den an sie anschließenden ehemaligen Landstraßen (z. B. Eppendorfer Landstraße) und Heerstraßen (z. B. Eppendorfer Baum) und den Personenbahnhöfen (z. B. Othmarschen), durch die Niederlassung von Geschäften des gehobenen Bedarfs eine Citysierung vollzogen hat (Tab. 53), und die einen billigen Massenguttransport ermöglichenden Wasserwege des Seehafens (z. B. Harburg), der Marschkanäle (z. B. Billbrook) und der Geestkanäle (z. B. Osterbekkanal) sowie Schienenwege (z. B. Sande) sind die Standorte der Industrien und des Speditionsgewerbes, deren Betriebe entlang der Verkehrswege gassenartig angeordnet sind.

6. Zusammenfassung

An zahlreichen Beispielen, die sich jederzeit vermehren lassen, auf deren vollständige Aufzählung ich aber im Rahmen dieser Arbeit verzichten möchte, da sie keine neue Aussage bringen, dürften die bisherigen Abschnitte meines Erachtens deutlich gemacht haben, in welchem Ausmaß Aufriß, Grundriß und Funktion der Verkehrsanlagen und die natur- und kulturgeographischen Faktoren des Raumes miteinander verflochten sind. Die dadurch entstehende Problematik erkennt man jedoch erst, wenn man Art und Umfang der Verkehrsströme betrachtet, die diese in ihrem Verlauf relativ starren und in ihrer Leistungsfähigkeit begrenzten Verkehrswege bewältigen müssen.

B. VERKEHRSSPANNUNGEN UND VERKEHRSSTRÖME

I. GESAMTUMFANG

Nach der gegenseitigen, räumlichen Zuordnung der Pole der Verkehrsspannungen lassen sich drei große Gruppen von Verkehrsströmen unterscheiden, die im Hamburger Verkehrsraum interferieren:

1. die trans-urbanen Verkehrsströme, deren Anfang- und Endpunkte außerhalb des Verkehrsgebietes liegen und für die Hamburg nur einen Abschnitt ihres Weges darstellt,

2. die zentripetalen und zentrifugalen Verkehrsströme, die ihre Senken oder Quellen im Verkehrsraum haben, wobei die Gegenpole der Verkehrsspannungen

a) im anschließenden Umland, das zwar nicht mehr zum Verkehrsraum gehört, für das das Hamburger Gebiet aber auf Grund seiner Einrichtungen zentrale Funktionen ausübt, bzw. das Funktionen für die Stadt wahrnimmt, oder

b) in dem weiter entfernten Verkehrseinflußgebiet, für das die Stadt auf Grund ihrer Lagevorteile überörtliche, singuläre Funktionen wahrzunehmen hat, bzw. auf dessen Lagevorteile sie angewiesen ist, liegen können,

3. die intra-urbanen Verkehrsströme, deren Quellen und Senken innerhalb des Verkehrsraumes liegen und die durch die Differenziertheit des Stadtorganismus hervorgerufen werden.

Ich möchte zunächst versuchen, einen quantitativen Überblick von dem Umfang der Verkehrsströme und dem Ausmaß der Verkehrsspannungen zu vermitteln (Tab. 54), der jedoch nur größenordnungsmäßig richtig ist, da die Werte, soweit sie nicht der Literatur [128], [129]) unmittelbar entnommen werden konnten, nach vorgefundenen Angaben berechnet oder sinnvoll geschätzt werden mußten und nicht in allen Fällen für den Verkehrsraum Hamburg, sondern für das Staatsgebiet Hamburg, für den Bundesbahnbereich oder für die Abgrenzung des Verkehrsgewerbes gelten.

Güterverkehr (in t)					
Verkehrsmittel	Empfang	Versand	Durchgang	Lokal	Gesamt
Schiff	17 574 453	5 681 434	4 224 036	6 463 769	33 943 691
Eisenbahn	6 481 040	4 411 552	7 105 169	748 044	18 745 805
LKW	2 097 400	2 721 000	1 500 000	7 500 000	14 000 000
Flugzeug	9 555	3 650	2 461	0	15 666
Gesamt	26 162 447	12 817 636	13 000 000	15 000 000	67 000 000
Personenverkehr					
Verkehrsmittel	Ankunft	Abfahrt	Durchgang	Lokal	Gesamt
Eisenbahn	6 000 000	6 289 600	unbekannt	296 622 000	308 000 000
Straßenbahn	0	0	0	272 548 000	272 548 000
PKW	15 000 000	15 000 000	1 500 000	200 000 000	231 500 000
Omnibus	6 500 000	6 500 000	unbekannt	47 831 700	61 000 000
Schiff	21.898	30 868	6 711	21 060 923	21 120 400
Flugzeug	253 195	232 114	47 902	6 173	539 384
Gesamt	28 000 000	28 000 000	unbekannt	840 000 000	895 000 000

Tabelle 54 Umfang der Verkehrsströme (1956)

128) Statistisches Landesamt der Freien und Hansestadt Hamburg: Statistik des Hamburgischen Staates. Heft 40. Hamburg 1953. S. 12

129) Statistisches Landesamt der Freien und Hansestadt Hamburg: Statistisches Jahrbuch 1957. Hamburg 1958. S. 153 ff.

Dabei habe ich die Schätzungen nach folgenden Gesichtspunkten vorgenommen:

a) Im Omnibusverkehr ist nur die Gesamtzahl der errechneten Beförderungsfälle (Tab. 1) bekannt, die sich gleichmäßig auf Ankunft und Abfahrt verteilen dürfte.

b) Bei den Eisenbahn-Fernfahrkarten wird jede Karte als Einheit gezählt. Löst man sich z. B. in Hamburg eine Rückfahrkarte für einen Schnellzug, so wird in Hamburg der Verkauf von drei Fahrkarten (1 Rückfahrkarte, 2 Zuschlagskarten), am Zielbahnhof gar nichts registriert, so daß nur ein sehr geringer Zusammenhang zwischen der bekannten Zahl der verkauften Fahrkarten und der benötigten Zahl der Beförderungsfälle besteht.

c) Den Umfang der durchgehenden Bahnfracht habe ich aus den zwischen den Gebieten rechts und links der Elbe (einschließlich Ausland) beförderten Gütermengen[130]) berechnet; dabei ist jedoch nicht zu ermitteln, welcher Anteil der Fracht über Hamburg und welcher über Lüneburg – Lauenburg gelaufen ist.

d) Die Zahl der durchgehenden Fluggäste erfaßt nur die Zahl der in derselben Maschine durchreisenden, nicht die Zahl der in eine andere Maschine umsteigenden Fluggäste.

e) Den LKW-Durchgangsverkehr habe ich wie folgt abgeschätzt: Etwa 30 000 LKW passieren täglich die Grenze des Verkehrsgebietes, der Anteil des Durchgangsverkehrs liegt bei 4 %, die durchschnittliche Fracht der Großlaster kann man bei einer Leerfahrt mit 5 t annehmen. Dann ergibt sich: $30\,000 \times 0.04 \times 5 \times 300 =$ rd. 1.5 Mill. t.

f) Die LKW-Fracht im Lokalverkehr habe ich nach den Ergebnissen einer Stichprobenzählung geschätzt, nach denen in einem Monat von rd. 6 000 gewerblich genutzten LKW 884 000 t befördert wurden.[131]) Das bedeutet bei einer Gesamtzahl von 25 000 LKW[132]) bei gleicher Ausnutzung eine Transportmenge von $884\,000 \times 12 \times 25\,000 / 6\,000 =$ rd. 44 Mill. t.

g) Für den Umfang des PKW-Verkehrs habe ich folgende Überschlagsrechnungen angestellt: im Personenverkehr sind in Hamburg 90 000 PKW zugelassen[133]); ihre Besetzung ist im Durchschnitt 1.8 Personen; die Zahl ihrer täglichen Fahrten schwankt zwischen zwei bei Berufstätigen mit festem Arbeitsplatz und sehr vielen bei Personalfahrzeugen. Als Mindestzahl ergeben sich jährlich $90\,000 \times 1.8 \times 300 =$ rd. 100 Mill. Beförderungsfälle. Außerdem ist bekannt, daß von den Berufstätigen 56 % ein öffentliches Nahverkehrsmittel und 25 % ein privates Verkehrsmittel benutzen, so daß sich folgende Relation ergibt: 600 Mill. $\times$ 25/56 = rd. 250 Mill. Beförderungsfälle. In die Tabelle habe ich einen Mittelwert von 200 Mill. übernommen.

h) Bei den Ergebnissen dieser Berechnungen ist jedoch stets zu bedenken, daß der Verkehrsumfang nicht dem Motorisierungsgrad direkt proportional ist, sondern mit wachsendem Motorisierungsgrad relativ abnimmt (Tab. 55).[134, 135]), [136])

130) Statistisches Bundesamt: Die Güterbewegungen auf den Eisenbahnen im Jahre 1955. Wiesbaden 1957.
131) Statistisches Landesamt der Freien und Hansestadt Hamburg: Statistik des Hamburgischen Staates. Heft 40, Hamburg 1953. S. 12
132) Statistisches Landesamt der Freien und Hansestadt Hamburg: Statistisches Jahrbuch 1957. Hamburg 1958. S. 184
133) Statistisches Landesamt der Freien und Hansestadt Hamburg: Statistisches Jahrbuch 1957. Hamburg 1958. S. 184
134) Bahlert: Der Kraftfahrzeugbestand in Hamburg im Jahre 1951. Hamburg in Zahlen. Jg. 1952, Heft 28. Statistisches Landesamt der Freien und Hansestadt Hamburg. Hamburg 1952. S. 319
135) Weinrich: Die öffentlichen Nahverkehrsmittel für die Personenbeförderung in Hamburg. Hamburg in Zahlen. Jg. 1956, Heft 16. Hamburg 1956. S. 137
136) Angaben der Baubehörde der Freien und Hansestadt Hamburg, Tiefbauamt

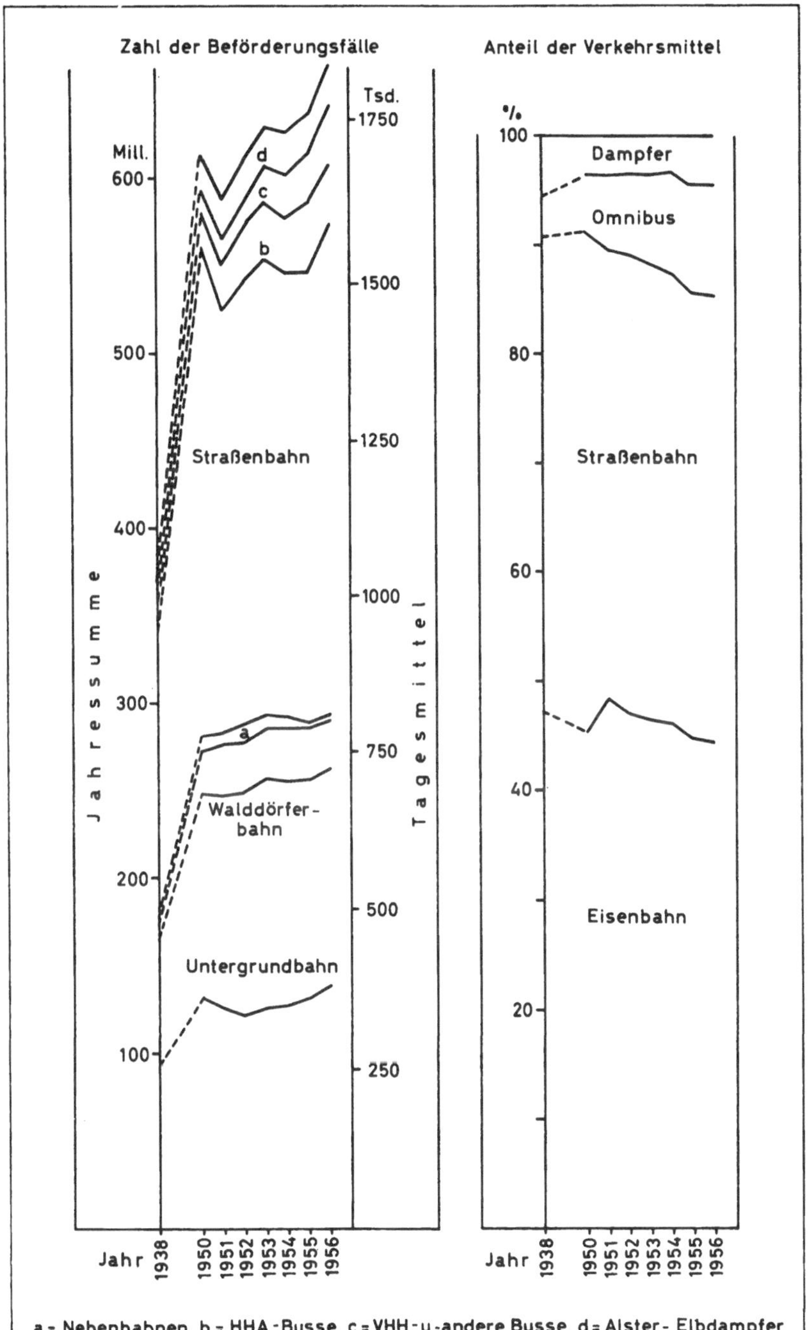

Abbildung 12 **Entwicklung des Verkehrsumfanges im öffentlichen Personen-Nahverkehr Hamburgs**

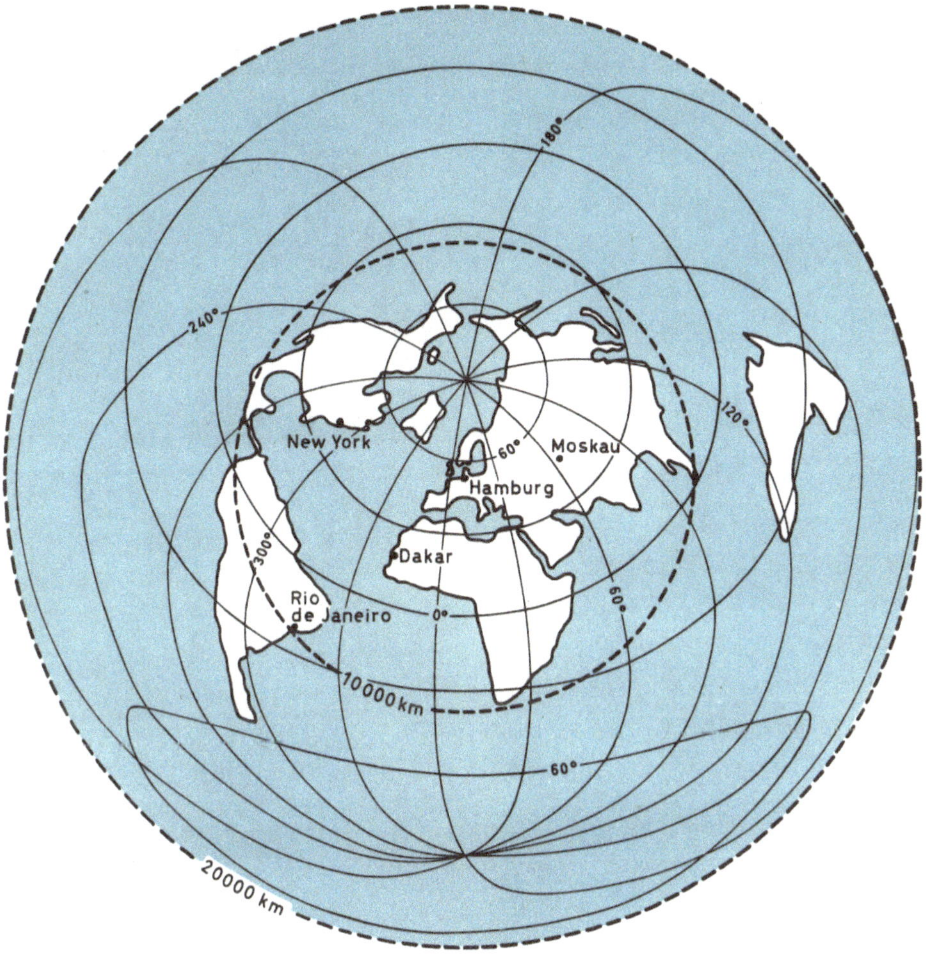

Zwischenständige mittabstandstreue Azimutalprojektion

Abbildung 13 **Globale Verkehrslage Hamburgs**

Jahr	PKW-Verkehr (24 Stunden) auf den Lombardsbrücken	PKW-Bestand in Hamburg	Bezugsfahrten pro PKW
1952	36 100	40 530	0.898
1953	46 400	48 952	0.948
1954	52 400	60 119	0.870
1955	59 500	71 697	0.829
1956	66 100	87 498	0.757

Tabelle 55 **Bezugsverkehr**

Die auf diesen Wegen gewonnenen Summenwerte, deren Einzelposten im folgenden noch eingehend untersucht werden sollen, zeigen bereits einige weitere, wesentliche Strukturmerkmale des Hamburger Verkehrsraumes. Das Überwiegen des zentripetalen Güterverkehrs (39 %), der vornehmlich auf dem Wasserwege durchgeführt wird, kennzeichnet ihn als ein auf Zufuhren angewiesenes Konsum- und Verarbeitungsgebiet, dessen täglicher Güterschwund im Mittel 50 000 t beträgt. Der gegenüber dem Lokalverkehr (22 %), an dem Lastkraftwagen und Schuten zu gleichen Teilen, die Eisenbahn kaum beteiligt ist, besonders bei der Eisenbahnfracht relativ starke Anteil des Durchgangsverkehrs (20 %) bestätigt die aufgezeigte, Verkehrsströme bündelnde Wirkung des Hamburger Hafens, des Alster- und des Elbübergangs und unterstreicht die Bedeutung der Hamburger Brückenübergänge innerhalb des nationalen und internationalen Eisenbahnverkehrs und die des Hamburger Hafens als Station des Transitverkehrs.

Der Personenverkehr, bei dem der Fernverkehr nur 8 % des Gesamtverkehrs ausmacht, dient hauptsächlich dem Ausgleich der innerstädtischen Verkehrsspannungen, deren Umfang (rd. 2.8 Mill. Beförderungsfälle pro Tag bei 1.8 Mill. Einwohner) auf einen regen Verkehr zwischen den einzelnen Siedlungszellen hindeutet. Im Gegensatz zu dem einstrahlenden Güterverkehr zur See ist der lokale Personenverkehr ein Landverkehr (Wasserverkehr nur 3 %), der zu gleichen Teilen von Eisenbahnen und Straßenbahnen abgewickelt wird, deren Verkehrsanteil jedoch durch den in letzter Zeit sowohl absolut als auch relativ stärker in den Vordergrund tretenden Omnibusverkehr immer mehr geschmälert wird (Abb. 12).

II. TRANSLOKALER VERKEHR

Art und Umfang der translokalen Verkehrsspannungen sind durch die großräumigen Lagebeziehungen des Verkehrsraumes Hamburg bestimmt, der sich, auf 53° 30' Nordbreite und 10° Ostlänge gelegen, nahezu im Mittelpunkt des landmassenreichen Teils der Erdoberfläche befindet, von dem bis auf Gebiete Südamerikas und Australiens alle kontinentalen Punkte der Erde weniger als 10 000 km Luftlinien-Entfernung entfernt sind (abgesehen von der Antarktika beträgt die Maximalentfernung 12 000 km), so daß er durch diese global zentrale Kontinentallage zunächst aus rein geometrischen Gründen ein Anziehungspunkt für den Weltverkehr wird. Diese ideale Lagepotenz (Abb. 13) wird jedoch erst real auswertbar durch die orographischen Eigenheiten des Verkehrsraumes, der im nördlichen

Drittel des hier etwa 200 km breiten, mitteleuropäischen Flachlandes liegt, das sich zwischen dem Mittelgebirgsrand im Süden und der Nord- und Ostseeküste im Norden, von den Niederlanden im Westen bis weit nach Osten in den asiatischen Kontinent hineinzieht und dessen diluviale Moränenflächen von parallel zueinander südöstlich-nordwestlich verlaufenden Urstromtälern gegliedert werden, und dessen Landteil in Form eines nach Nordwesten geöffneten Sektors ausgebildet ist, in den sich keilförmig der durch die Gezeiten geformte, mehrere Kilometer breite und 134 km lange Wasserweg der Niederelbe hineinschiebt, der im Mittellauf der Elbe und in dessen Nebenflüssen seine das Hinterland aufschließende Fortsetzung findet. Dadurch besitzt der Hamburger Raum nicht nur ozeanseitig eine Seewasserstraße, die ihn direkt mit allen Weltmeeren und seeseitig mit den Küsten der anderen Kontinente verbindet und es den Seeschiffen ermöglicht, am weitesten in den euro-asiatischen Kontinent einzufahren (Tab. 56), dessen weiter nördlich gelegene Häfen lange Zeit des Jahres durch Eis blockiert sind, und ihre Güter einen großen Teil des Weges ins Landinnere zu den niedrigen Seeschiffsfrachten zu befördern (Tab. 57), sondern auch kontinentalseitig einen günstigen Wasseranschluß zu den Gebieten um das Binnenmeer der Ostsee und die Elbe-Moldau-Wasserstraße (620 km schiffbar), sowie wegen der geringen orographischen Hindernisse des nordwesteuropäischen Geosynklinalraumes einen günstigen Landanschluß (Eisenbahn und Lastkraftwagen) nach Westen, Norden und Osten, während nach Süden der Leinetalgraben und nach Südwesten die Porta Westfalica dem Landverkehr Pässe durch das Mittelgebirge öffnen, so daß die verkehrsgünstige global zentrale Kontinentallage Hamburgs durch eine ebenso verkehrsgünstige lokal periphere Kontinentallage ergänzt wird. Diese Lagepotenzen und der geeignet gestaltete Hafenwasserraum machen Hamburg zu einem Tangential- und Interstadialpunkt des innerkontinentalen Transitverkehrs, d. h. ein großer Teil der Personen und Frachten, die zwischen den Weltmeeren und ihren Anliegerstaaten und dem euro-asiatischen Kontinent befördert werden, berühren den Verkehrsraum oder erfahren in ihm einen Zwischenaufenthalt, um zwischen den transozeanischen und transkontinentalen Verkehrsmitteln zu wechseln.

Wasserstraße			Länge
Elbe :	Feuerschiff Elbe I	– Hamburg	130 km Luftlinie
Weser :	Roter Sand Leuchtturm	– Bremen	100 km Luftlinie
Rhein :	Hoek van Holland	– Rotterdam	30 km Luftlinie

Tabelle 56 **Länge der Seewasserstraßen**

Verkehrsmittel	Frachtrate in Bezug auf die Seeschiff-Frachtraten
Seeschiff	100 %
Binnenschiff	1 000 %
Eisenbahn	1 500 %

Tabelle 57 **Verhältnis der tonnenkilometrischen Frachtraten**

Zielland	1956	1955
	See - Eingang –	Land - Ausgang
Bundesrepublik	14 642 486	12 572 792
Ausland	1 318 298	1 920 051
davon Tschechoslowakei	820 883	648 829
Österreich	388 177	166 535
Ungarn	45 657	34 874
Dänemark	39 278	32 192
Schweiz	12 853	11 618
Polen	3 060	1 015
Niederlande	2 633	2 316
Rumänien	1 413	1 651
Belgien	1 023	4 971
Schweden	958	12 574
Italien	742	1 026
Herkunftsland	Land - Eingang –	See - Ausgang
Bundesrepublik	3 619 480	3 659 090
Ausland	1 042 504	917 939
davon Tschechoslowakei	656 954	581 741
Österreich	271 490	214 212
Ungarn	42 024	83 883
Dänemark	31 065	7 719
Schweiz	17 487	11 986
Italien	9 352	1 536
Saarland	4 245	6 122
Polen	2 342	544
Jugoslawien	1 952	2 784
Schweden	1 413	122
Rumänien	1 053	604
Bulgarien	1 040	604

Tabelle 58 **Interstadialer Gütertransit (Mengen in t)**

Dementsprechend umfaßt das Zielgebiet des seewärts einkommenden und des landwärts ausgehenden Gutes (Tab. 58)[137], sowie das Herkunftsgebiet des landwärts eingehenden und seewärts ausgehenden Gutes (Tab. 58) alle Länder Europas: die Bundesrepublik Deutschland, die den quantitativ stärksten Anteil aufweist, das obere Elbe-Einzugsgebiet mit der Tschechoslowakei, die südosteuropäischen (Österreich, Ungarn, Rumänien) aber auch die südwesteuropäischen Binnenstaaten (Schweiz) sowie die Anliegerstaaten der europäischen Meere (Ostsee: Polen, Schweden; Nordsee: Niederlande, Belgien; Mittelmeer: Italien).

Zielland	1956	1955
	See-Eingang – (ozeanisch)	See-Ausgang (kontinental)
Ausland	931 612	847 933
davon Dänemark	485 809	356 071
Übersee	181 834	184 417
Schweden	119 983	113 344
Niederlande	21 469	19 441
Polen	17 179	11 275
Italien	15 541	10 859
Großbritannien	15 175	80 998
Norwegen	14 885	17 692
Finnland	13 484	10 722
Spanien	12 759	6 945
Frankreich	8 282	8 059
Belgien	7 782	12 548
Irland	4 711	5 103
Portugal	3 333	3 687
Island	2 715	1 480
Jugoslawien	2 128	1 383
Türkei	1 043	579
Griechenland	1 018	418
UdSSR	582	206

Tabelle 59 Interstadialer Gütertransit (Mengen in t)

137) Statistisches Landesamt der Freien und Hansestadt Hamburg: Statistisches Jahrbuch 1957. Hamburg 1958. S. 140, 161, 162

Herkunftsland	1956	1955
	See - Eingang – (kontinental)	Sec - Ausgang (ozeanisch)
Ausland	931 612	847 933
davon Übersee	685 255	621 159
Dänemark	86 453	81 858
Schweden	67 559	59 227
Norwegen	17 561	13 861
Polen	16 034	8 328
Finnland	15 071	10 889
Spanien	10 923	13 115
Bulgarien	4 800	550
Türkei	4 498	8 436
Italien	3 224	2 584
Portugal	3 058	2 330
Island	2 806	1 355
UdSSR	2 134	3 964
Großbritannien	2 111	7 551
Griechenland	2 111	2 441
Jugoslawien	1 922	3 738
Rumänien	1 798	1 049
Frankreich	1 761	1 044
Niederlande	1 162	2 270

Tabelle 59 **Interstadialer Gütertransit (Mengen in t)**
(Fortsetzung)

Aber nicht nur im trockenen, sondern auch im nassen Transit ist Hamburg Schnittpunkt zahlreicher Verkehrsspannungen, deren kontinentale Pole an den Küsten der europäischen Meere liegen, unter denen quantitativ an erster Stelle der Ostseeraum mit Dänemark, Schweden, Polen, Finnland und der UdSSR steht, gefolgt vom Nordseeraum mit den Niederlanden, Großbritannien, Norwegen, Frankreich und Belgien. Die über Hamburg zum Mittelmeerraum führenden Verkehrsspannungen sind zwar mengenmäßig am geringsten, reichen aber bis in den Schwarzmeerraum (Rumänien, UdSSR) (Tab. 59)[138].

Ein ähnliches Bild bietet die Lage der Spannungspole des Personentransits, bei dem die Schiffe, die Fahrgäste zwischen den europäischen, insbesondere den skandinavischen Ländern und den nichteuropäischen Ländern befördern, oft Hamburg anlaufen (Tab. 60)[139].

Passagiere im Interstadialverkehr ausreisend	1 981
Passagiere im Interstadialverkehr einreisend	2 278
Passagiere im Tangentialverkehr	6 711
Passagiere im Transitverkehr	10 970

Passagiere im Tangentialverkehr										
nach / von	Europa						Afrika	Asien	Amerika	Australien
	Schweden	Norwegen	Niederlande	Frankreich	England	Türkei				
Europa	169	705	1 148	598	873	512	42	91	215	69
davon										
Niederlande	17	5	949	16	20	0	4	10	31	0
Frankreich	0	617	11	550	0	0	0	0	3	0
England	2	3	16	5	657	1	5	3	47	0
Türkei	3	0	0	0	1	510	0	0	0	0
Afrika	68	6	5	0	23	0	0	0	0	0
Asien	36	23	2	4	0	0	0	5	0	0
Amerika	211	62	6	11	6	0	0	0	395	0
Australien	10	14	0	0	0	0	0	0	0	0

Tabelle 60 Personentransit zur See (1956)

138) Statistisches Landesamt der Freien und Hansestadt Hamburg: Statistisches Jahrbuch 1957. Hamburg 1958. S. 140 ff.

139) Statistisches Landesamt der Freien und Hansestadt Hamburg: Statistisches Jahrbuch 1957. Hamburg 1958. S. 171

Da der breite Strom, dessen Wasserstraße den Seeschiffen den Zugang ins Binnenland auf 130 km gestattet, bei seiner Gunst für den konfluminalen Seeschiffsverkehr seit jeher eine Ungunst für den transfluminalen Landverkehr darstellt, wird der Hamburger Raum auch zur Transitstation des die Elbe querenden Verkehrs. Denn erst hier, wo bereits früher die auf den schiffbaren Marschabschnitten der von der Geest kommenden Flüsse verkehrenden Fähren Menschen und Güter übersetzten, ist durch die Elbbrücken ein fester Übergang oberhalb der Unterelbe gegeben. Über sie fließen die translokalen Verkehrsströme zwischen der agrarisch orientierten jütländischen Halbinsel im Norden und dem industriell orientierten Ruhrgebiet im Westen, die den früheren Ochsenwegen (Itzehoe – Ütersen – Wedel – Fährmannssand – Stade und Bramstedt – Ochsenzoll – Zollenspieker – Winsen) folgen, und der Ost-West-Verkehr, dessen Pole einst Nowgorod und Brüssel waren (Elbfähre bei Blankenese). Der Umfang des Land-Transitverkehrs ist im Vergleich zu dem der übrigen Verkehrsströme gering (Tab. 54) und beträgt im Kraftwagenverkehr nur 4 % des Gesamtverkehrs (Tab. 61) [140].

Jahr	1949	1952	1957
Zahl der Kraftfahrzeuge im Randverkehr	17 729	53 752	83 106
Zahl der Kraftfahrzeuge im Durchgangsverkehr	577	1 206	3 449
Prozentualer Anteil des Durchgangsverkehrs am Gesamtverkehr	3 %	2 %	4 %

Tabelle 61 **Kraftfahrzeug-Transitverkehr**

Topographisch ist Hamburg jedoch nicht nur für die Elbe, sondern auch für die Alster Brückenstadt, an deren Furt (Großer Burstah), an der wegen der seit jeher günstigen Übergangsmöglichkeit durch die Alsterniederung alle Verkehrsströme zwischen den Gebieten östlich und westlich der Alster zusammentreffen, sich nacheinander die Niederlassungen der Lübecker Fernkaufleute (Reichenstraße), die Märkte: das Forum vetus (heute: Alter Fischmarkt), der Neue Markt (heute: Hopfenmarkt), der Pferdemarkt (heute: Gerhart Hauptmann Platz), der Schweinemarkt und die Innenstadt Hamburgs mit ihren Kontor-, Lager- und Geschäftshäusern entwickelten, so daß die die Alster querenden Verkehrsströme heute vornehmlich innerstädtischer Art sind. Völlig zum Erliegen gekommen ist der konfluminale Transitverkehr der Alster, der, als Hamburg der Nordseehafen Lübecks war, eine große Rolle spielte, aber später auf den Elb-Trave-Kanal und den Nord-Ostsee-Kanal abwanderte.

So liegt der Hamburger Verkehrsraum topographisch als Zweibrückenstadt, geographisch als Hafenstadt im Schnittpunkt mannigfacher, umfangreicher Ströme des Transitverkehrs, der durch das auf Grund der naturgeographischen Gegebenheiten hier erforderlich werdende Umladen, Sortieren und Lagern der Güter zur Entstehung der Stadt beitrug, die sich im Laufe der Jahrhunderte von einer Station

140) Groth, H. A.: Verkehrserhebungen. In: Planung, Bau und Betrieb von Verkehrsanlagen in Hamburg. Forschungsarbeiten aus dem Straßenwesen. Neue Folge, Heft 36. Bielefeld 1958. S. 22

des Transitverkehrs zu einem selbständigen Verkehrsraum mit autochthonen Verkehrsbewegungen entwickelte, die heute quantitativ den allochthonen Transitverkehr übertreffen. Die jüngsten Ereignisse haben diese Umstrukturierung noch forciert; denn, da der Güter- und Personenverkehr der Bundesrepublik mit den überseeischen Ländern wegen der Beschränkung des Autobahnbaus, des Binnenwasserstraßenbaus und der Elektrifizierung der Eisenbahn auf den süd- und westdeutschen Raum seinen Weg über Bremen und die Rheinmündungshäfen nimmt und der Verkehr der rechtselbischen Gebiete aus politischen Gründen über die zur Zeit im Ausbau befindlichen Ostseehäfen geleitet wird, ist Hamburg in einen toten Winkel zwischen den nordsüdlichen Transitverkehrsströmen geraten.

III. ZENTRIPETALER UND ZENTRIFUGALER VERKEHR MIT DEM EINFLUSSBEREICH

1. Verkehr mit den Rohstoffräumen

Ein Teil des fernräumlichen Ziel- und Quellverkehrs wird dadurch hervorgerufen, daß sich in der sich an der Nahtstelle verschiedenartiger Verkehrswege mit ihrem erforderlichen Umladeverkehr entwickelnden Siedlung Hamburg außer den Umschlagsbetrieben auch mannigfache Gewerbe- und Industriebetriebe niederließen, deren Erzeugnisse der Befriedigung der Bedürfnisse der Verkehrsträger dienen (z. B. Schiffbau- und elektrotechnische Industrie) oder die die hier umgeschlagenen Güter einer Verarbeitung unterziehen (z. B. Ölmühlen, Margarinefabriken, Zigarettenfabriken, Kaffeeröstereien) (Tab. 62)[141]). Sie sind die Pole umfangreicher zentripetaler Verkehrsspannungen, deren Gegenpole in den Ländern der Erde liegen, die Rohstoffe oder Nahrungs- und Genußmittel exportieren. Die quantitativ stärksten Verkehrsströme kommen aus überseeischen Gebieten (Tab. 63)[142]), nämlich von der atlantischen Küste der Vereinigten Staaten von Amerika, den Erdöl fördernden Ländern des Vorderen Orients und Südamerikas sowie den landwirtschaftlichen Überschuß- und Exportgebieten Amerikas. Der Umfang dieses interkontinentalen Seeschiffsverkehrs übertrifft um ein Mehrfaches den des kontinentalen und nationalen Zielverkehrs, dessen größte Verkehrsmengen in dem Kohlenrevier des Ruhrgebietes und dem Kies und Sand liefernden Gebiet der Oberelbe bis Schnakenburg aufkommen und mit der Eisenbahn bzw. mit dem Binnenschiff befördert werden.

141) Statistisches Landesamt der Freien und Hansestadt Hamburg: Statistisches Jahrbuch 1957. Hamburg 1958. S. 110
142) Statistisches Landesamt der Freien und Hansestadt Hamburg: Statistisches Jahrbuch 1957. Hamburg 1958. S. 158 ff.

Industriegruppe	Zahl der Beschäftigten	
	absolut	prozentual
Gesamt	**209 462**	**100 %**
davon **Investitionsgüter**	**99 796**	**48 %**
darunter Schiffbau	29 468	14 %
Maschinenbau	26 783	13 %
Elektrotechnik	20 277	10 %
Eisen- und Metallwaren	8 925	4 %
Grundstoff- und Produktionsgüter	**43 105**	**20 %**
darunter Chemische Industrie	14 387	7 %
Kautschuk und Asbest	11 815	5 %
Mineralöl	6 403	3 %
Verbrauchsgüter	**35 664**	**17 %**
darunter Druckerzeugnisse	9 516	4 %
Bekleidung	6 066	3 %
Textilien	5 485	2 %
Nahrungs- und Genußmittel	30 897	15 %
darunter Ölmühlen, Margarinefabriken	5 165	2 %
Süßwaren	3 676	2 %
Fischverarbeitung	3 579	2 %
Tabakverarbeitung	3 414	2 %
Brauerei	2 176	1 %
Kaffee und Tee	2 093	1 %

Tabelle 62 **Hamburgs Industrien**

Verkehrsträger Verkehrsquelle	Beförderungsjahr Beförderte Mengen in t	
a) Seeschiff	1956	1955
Ausland gesamt	**18 387 385**	**15 061 844**
Bundesrepublik gesamt	493 965	562 948
davon USA am Atlantik	4 195 103	2 843 379
Syrien und Libanon	2 372 490	2 590 078
Arabien	1 520 383	1 127 283
USA am Golf von Mexiko	937 058	671 599
Großbritannien	878 189	1 000 245
Venezuela	719 884	532 533
Argentinien	716 473	445 130
Kanada	680 742	209 425
Niederlande	596 151	593 644
Kleine Antillen	570 620	333 735
Dänemark	387 793	272 239
b) Eisenbahn	1955	1954
Deutschland gesamt	**5 667 095**	**5 591 358**
Ausland gesamt	813 945	658 199
davon Ruhrgebiet	1 629 520	1 588 499
SBZ	884 548	1 172 227
Dortmund	340 098	323 900
Mittellandkanalgebiet mit Hannover – Hildesheim und Umgebung	246 821	315 505
Braunschweig und Umgebung	195 539	132 367
Essen	141 695	154 910
Südharz – Obere Weser	139 684	111 294
Westliches Schleswig-Holstein	134 588	124 592
Hagen und Umgebung	114 451	113 334

Tabelle 63 **Zentripetaler Güterverkehr nach Lage der Verkehrsquellen**

Verkehrsträger Verkehrsquellen	Beförderungsjahr Beförderte Mengen in t	
c) Binnenschiff	1956	1955
Deutschland gesamt	2 521 770	2 854 560
Ausland gesamt	328 590	311 483
davon Oberelbe bis Schnakenburg	1 411 934	1 448 894
Niederelbe	381 147	480 640
SBZ	346 157	495 656
Tschechoslowakei	328 590	311 483
Mittellandkanal	321 064	360 413
Berlin	61 468	68 957
d) Flugzeug	1956	1955
Deutschland gesamt	7 390	9 399
Ausland gesamt	1 580	1 486
davon Niederlande	263	281
Großbritannien	225	331
USA	202	127
Iran	101	60
Pakistan	85	95
Schweden	77	70
Dänemark	77	88
Frankreich	67	52
Norwegen	62	46

Tabelle 63 **Zentripetaler Güterverkehr nach Lage der Verkehrsquellen** (Fortsetzung)

Verkehrsträger Verkehrssenke	Beförderungsjahr Beförderte Mengen in t	
a) Seeschiff	1956	1955
Ausland gesamt	6 106 893	6 021 395
Bundesrepublik gesamt	575 083	536 177
davon Dänemark	725 854	676 536
Großbritannien	612 285	665 389
Niederlande	504 007	450 771
Schweden	413 666	370 768
Norwegen	291 645	262 816
Japan	290 946	183 419
USA am Atlantik	270 493	260 143
Finnland	134 961	130 621
b) Eisenbahn	1955	1954
Deutschland gesamt	3 849 768	3 124 484
Ausland gesamt	561 784	514 182
davon Oberpfalz - Niederbayern	290 626	154 738
SBZ	266 861	241 440
Gebiet der mittleren Weser	235 653	196 326
Westliches Schleswig - Holstein	199 702	154 168
Osnabrück und Umgebung	167 929	107 685
München	153 182	92 176
Östliches Schleswig - Holstein	154 122	119 101
Oberbayern ohne München	119 721	103 663
Niedersachsen längs der Oberelbe	118 721	84 600
Ober- und Mittelfranken	114 661	102 636
Ruhrgebiet	111 363	102 409
Württemberg	106 745	68 005

Tabelle 64 **Zentrifugaler Güterverkehr nach Lage der Verkehrssenken**

Verkehrssenke Verkehrsträger	Beförderungsjahr	
	Beförderte Mengen in t	
c) Binnenschiff	1956	1955
Deutschland gesamt	3 091 752	2 696 284
Ausland gesamt	343 077	331 692
davon Niederelbe	773 456	794 411
SBZ	709 194	365 408
Oberelbe bis Schnakenburg	603 788	774 652
Berlin	546 143	499 667
Mittellandkanal	459 171	261 744
Tschechoslowakei	343 077	331 692
d) Flugzeug	1956	1955
Ausland gesamt	1 735	1 480
Deutschland gesamt	1 276	1 342
davon Berlin	1 089	1 284
USA	338	286
Schweden	275	244
Frankfurt	270	216
Finnland	184	83
Großbritannien	118	121
Düsseldorf	90	46
Dänemark	66	68
Island	66	48
Norwegen	65	54

Tabelle 64 **Zentrifugaler Güterverkehr nach Lage der Verkehrssenken** (Fortsetzung)

2. Verkehr mit den Absatzmärkten

Da die Produktion der 1 500 Industriebetriebe weit über dem Bedarf Hamburgs liegt, findet ein reger Versandverkehr zu den Gebieten statt, für die die hiesige Industrie auf Grund ihrer Lagevorteile überörtliche, singuläre Funktionen ausübt (Tab. 65). Die Senken dieser Verkehrsströme befinden sich jedoch nicht nur im nationalen Bereich, sondern, wenn auch quantitativ geringer, ebenfalls im Ausland (Tab. 66) [143]. Der Versandmenge nach besitzt die See-Ausfuhr den größten Umfang (Tab. 64) [144], der aber geringer ist als der der See-Einfuhr (Tab. 63). Die ersten Stellen nehmen die europäischen Häfen der Nord- und Ostseestaaten ein, denen die der Überseeländer erst mit Abstand folgen, so daß im Seeverkehr den transozeanischen, zentripetal gerichteten Verkehrsspannungen kontinentale, zentrifugal gerichtete Verkehrsspannungen gegenüberstehen und die Verkehrsquellen der überseeischen Rohstoffländer durch Verkehrssenken in den europäischen Konsumländern ergänzt werden, deren Gegenpol jeweils der Hamburger Verkehrsraum ist.

80 % der Kupfererzeugung
40 % der Ölmühlenkapazität
35 % der Schiffbauindustrie
35 % der Mineralölverarbeitung
32 % der Fischverarbeitung
25 % der Margarineherstellung
25 % der Zigarettenproduktion

Tabelle 65 **Hamburgs Anteil an der Industrie der Bundesrepublik**

Umsatz	absolut	prozentual
Gesamtumsatz	9 313 Mill. DM	100 %
Auslandsumsatz	1 195 Mill. DM	13 %

Tabelle 66 Hamburgs Industrieumsatz 1956

Ein in der räumlichen Zuordnung umgekehrtes Bild zeigt der Verlauf der wegen der Kontinentalität Deutschlands vornehmlich durch die Eisenbahn ausgeglichenen, nationalen Verkehrsspannungen, bei denen sich die Gegenpole des maximalen Empfangsverkehrs im Nahbereich (z. B. Ruhrgebiet), die des maximalen Versandverkehrs im Fernbereich (z. B. in den Bezirken südlich der Mainlinie) befinden, während der auffallend große Anteil des nationalen Güterverkehrs an der Luftfracht auf den politisch bedingten, starken Flugverkehr von und nach Berlin zurückzuführen ist.

143) Statistisches Landesamt der Freien und Hansestadt Hamburg: Statistisches Jahrbuch 1957. Hamburg 1958. S. 113

144) Statistisches Landesamt der Freien und Hansestadt Hamburg: Statistisches Jahrbuch 1957. Hamburg 1958. S. 158–180

3. Verkehr des Fischmarktes

Wegen seines günstigen, örtlichen Absatzmarktes und seiner Verbindung zu den Fischereigebieten gehört Hamburg neben Bremerhaven, Cuxhaven und Kiel zu den vier deutschen Hochseefischereihäfen, deren Fanggebiet die Nordsee (55 % der in Hamburg angelandeten Fänge), die isländischen Gewässer (16 % der in

	Summe	davon Fisch-dampfer	davon Hochsee-kutter	davon Logger	davon Elb- und Küsten-fischer	davon Heringe
Zahl der Reisen 1955						
Gesamt	2 262	6 779	811	21	751	
Angelandete Mengen (in t)						
Gesamt	**109 346**	**99 518**	**8 846**	**804**	**178**	**64 753**
davon	nach Nationalität der Fischereifahrzeuge					
ausländische	2 785	851	1 671	263	0	2 694
deutsche	106 561	98 667	7 175	541	178	62 059
darunter	nach Fanggebieten der deutschen Fischereifahrzeuge					
Nordsee	58 742	51 196	7 005	541	0	52 632
Island	16 556	16 556	0	0	0	16 556
Grönland	9 286	9 286	0	0	0	9 286
Kanal	8 818	8 818	0	0	0	8 774
Norwegische Küste	6 790	6 790	0	0	0	59
Faröer Inseln	1 239	1 239	0	0	0	0
Barentssee	406	406	0	0	0	0
Elbe	178	0	0	0	178	1
Kattegatt	166	0	166	0	0	18
Skagerrak	4	0	4	0	0	0

Tabelle 67 **Anlandungen zum Altonaer Fischmarkt 1955**

Hamburg angelandeten Fänge), der Kanal, Skagerrak, Kattegatt und die Unterelbe sind (Tab. 67) [145]. Da vor allem Bremerhaven eine günstigere Lage zu diesen Fischereigebieten besitzt als Hamburg, wird der Fischereihafen in Altona außer in der Hauptsaison (August – Oktober), in der auch ausländische Fischdampfer anlegen,

145) Böhm. Fischmarkt und Fischwirtschaft in Hamburg. Hamburg in Zahlen. Jg. 1956, Heft 23. Statistisches Landesamt der Freien und Hansestadt Hamburg. Hamburg 1956. S. 210, 217 ff.

nur von den Fahrzeugen der Hamburger Fischereiflotte (36 Fischdampfer mit zusammen 19 109 BRT und 163 300 Korb (je 50 kg) Fassungsvermögen) angelaufen, die zu 60 % Heringe anlanden. Auf dem Altonaer Fischmarkt werden jedoch nicht nur die angelandeten Fische versteigert, sondern auch auf dem Landweg zugeführte, bei denen es sich um indirekte Anlandungen, d. h. mit dem Lastkraftwagen herbeitransportierte Frischfischanlandungen Hamburger Fischereifahrzeuge in fremden Häfen (z. B. Kattegatt), Einsendungen, d. h. mit Lastkraftwagen herbeitransportierte Anlandungen nichthamburgischer Ostseekutter an der schleswig-holsteinischen Ostküste und Fänge der Binnenfischerei an verschiedenen Fangplätzen (Tab. 68) [146] und Einstellungen, d. h. ältere, nicht sofort abgesetzte und erneut zum Verkauf angebotene Anlandungen, handelt.

Jahr	Summe der versteigerten Mengen	davon					
		Einstellungen	Zufuhren				
			davon				
			Schiffsanlandung	LKW-Zufuhr			
				Summe	davon		
					Einsendungen		Indirekte Anlandung
					Inland	Ausland	
1938	146 834	672	145 428	734	734	0	0
1950	72 533	0	72 196	337	337	0	0
1951	100 420	189	100 325	6	6	0	0
1952	98 248	85	98 141	22	22	0	0
1953	114 020	25	113 900	95	28	0	67
1954	104 269	58	102 484	1 727	1 197	355	175
1955	112 620	72	109 345	3 203	2 814	15	374

Tabelle 68 **Auf dem Altonaer Fischmarkt versteigerte Frischfischmengen (Mengen in t)**

Von der versteigerten Fischmenge gelangen innerhalb des Verkehrsraumes Hamburg 40 % an die Fischindustrie (94 Betriebe) und die Kühlbetriebe, die allein 60 % der Heringsmenge aufnehmen, 30 % an den hiesigen Groß- und Kleinhandel (118 Großhandelsbetriebe, 477 Fischfachgeschäfte, 109 ambulante Händler, 25 ständige Straßenverkäufer) und 30 % an den Versandgroßhandel, der die Frischfische in das Einflußgebiet des Hamburger Verkehrsraumes weiter verschickt [147] (Tab. 69) [148].

146) Böhm: Fischmarkt und Fischwirtschaft in Hamburg. Hamburg in Zahlen. Jg. 1956, Heft 23. Statistisches Landesamt der Freien und Hansestadt Hamburg. Hamburg 1956. S. 210
147) Böhm: Fischmarkt und Fischwirtschaft in Hamburg. Hamburg in Zahlen. Jg. 1956, Heft 23. Statistisches Landesamt der Freien und Hansestadt Hamburg. Hamburg 1956. S. 260 ff.
148) Böhm: Fischmarkt und Fischwirtschaft in Hamburg. Hamburg in Zahlen. Jg. 1956, Heft 23. Statistisches Landesamt der Freien und Hansestadt Hamburg. Hamburg 1956. S. 243

Abnehmer	Summe	davon	
		Frische Fische	Heringe
Fischindustrie und Tiefkühlbetriebe	45 192	5 640	39 552
Versandgroßhandel	32 331	20 800	11 531
Fischmehlbetriebe	13 997	3 441	10 556
Standhandel	7 450	6 086	1 364
Hiesiger Kleinhandel	6 449	5 168	1 281
Stadträuchereien	2 342	1 329	1 013
Stadtgroßhandel	2 002	1 767	235
Fischbratbetriebe	1 352	1 226	126
Auswärtiger Kleinhandel	1 037	754	283
Seelachsbetriebe	461	461	0
Summe	112 613	46 672	65 941

Tabelle 69 Versand vom Altonaer Fischmarkt 1955 (Mengen in t)

Verkehrsquelle	Summe	davon		
		Heringe	Frische Fische	Salzheringe
Ausland davon:	25 955	22 053	2 881	1 021
Norwegen	20 203	18 201	1 512	490
Schweden	1 902	1 807	95	0
Dänemark	1 169	355	814	0
Island	907	872	35	0
Niederlande	549	383	42	124
Großbritannien	546	123	16	407
Belgien	317	310	7	0
Frankreich	36	0	36	0

Tabelle 70 Fischeinfuhr der Bundesrepublik über Hamburg 1955 (Mengen in t)

Summe	108 364	Bemerkungen
davon nach Verkehrsträgern		
Seeschiff	86 540	davon Frischfische: 50 000, Zubereitungen: 36 000
Lastkraftwagen	11 300	
Eisenbahn	10 000	
Binnenschiff	435	davon Niederelbe: 433, Berlin: 2
Flugzeug	89	
davon nach Verkehrsarten		
Transit	42 601	
Zufuhren aus dem Ausland	33 773	davon Frische Heringe: 16 863, Salzheringe: 1 727
der Bundesrepublik	31 956	
Berlin und der SBZ	34	

Tabelle 71 **Fischzufuhren nach Hamburg außerhalb des Fischmarktes 1954 (Mengen in t)**

Summe	100 000	Bemerkungen
davon nach Verkehrsträgern		
Lastkraftwagen	43 100	
Eisenbahn	37 824	davon CSR: 12 000, Österreich: 6 000
Seeschiff	16 946	davon Zubereitungen: 15 000, Frischfische: 2 000
Binnenschiff	2 106	davon SBZ: 1 626, Niederelbe: 233, Berlin: 312
Flugzeug	24	
davon nach Verkehrsarten		
Transit	40 000	
Versand nach der Bundesrepublik	40 000	
Westberlin	7 000	
der SBZ	7 000	davon Heringe: 6 300
dem Ausland	6 000	

Tabelle 72 **Fischversand des Verkehrsraumes Hamburg 1954 (Mengen in t)**

Gesamtumfang	220 000 t			
Empfang				
nach Verkehrsträger	Fischerei-fahrzeuge	Fracht-schiffe	Lastkraft-wagen	Eisenbahn
Mengen in t	112 000	87 000	11 000	10 000
nach Verkehrsart	Anlandung	Transit	Import	Zufuhr aus Deutschland
Mengen in t	112 000	42 000	34 000	32 000
Versand				
nach Verkehrsart	Lokalverkehr	Transit	Export	Versand nach Deutschland
Mengen in t	118 000	42 000	6 000	54 000
nach Verkehrsträger		Fracht-schiffe	Lastkraft-wagen	Eisenbahn
Mengen in t		19 000	163 000	38 000

davon:		
Lokalverkehr	60 000 t	genußfähige Ware
	58 000 t	Rückstände und Abfälle
Frachtschiffversand	17 000 t	per Seeschiff
	2 000 t	per Binnenschiff
Lastkraftwagenversand	118 000 t	im Lokalverkehr
	45 000 t	im Fernverkehr

Tabelle 73 **Struktur des Hamburger Fischverkehrs 1954**

Hamburg ist aber nicht nur Fischerei-, sondern auch Importhafen für die zu 88 % aus Heringen bestehenden Fischeinfuhr der Bundesrepublik aus anderen Ländern, unter denen Norwegen mit 80 % und die übrigen skandinavischen Länder mit 15 % der Gesamtmenge die Gegenpole der intensivsten Verkehrsspannungen sind (Tab. 70) [149], sowie Empfangs- und Konsumort für Fischzubereitungen anderer Ge-

149) Böhm: Fischmarkt und Fischwirtschaft in Hamburg. Hamburg in Zahlen. Jg. 1956, Heft 23. Statistisches Landesamt der Freien und Hansestadt Hamburg. Hamburg 1956. S. 239

biete (Tab. 71)[150], Versandort hiesiger Fischzubereitungen als auch Transitstation des internationalen Verkehrs mit Fischzubereitungen (Tab. 72)[151]. 80 % des einkommenden Gutes dieser sich außerhalb des Fischmarktes abspielenden Güterbewegungen, das zu 50 % als Transitgut umgeladen wird und zu 50 % als Importgut in Hamburg verbleibt, werden im Seeschiffhafen gelöscht, während jeweils 10 % mit der Eisenbahn und dem Lastkraftwagen aus Deutschland (Bundesrepublik, SBZ und Berlin) angefahren werden (Tab. 73)[152]. Am Versand, der die Waren des Fischmarktes und die außerhalb des Fischmarktes aufgenommenen Waren umfaßt, sind der Lastkraftwagen mit 43 %, die Eisenbahn, die die südöstlich Hamburgs gelegenen Gebiete bedient, mit 38 % und die Seeschiffe, die die Hamburger Fischerzeugnisse exportieren, beteiligt. Der Transit-Posten, der in diesem Abschnitt nur der Vollständigkeit halber erwähnt wird, enthält die aus dem kontinentalen Bereich kommenden, für den Export bestimmten Fischzubereitungen und die durch Seeschiffe für die kontinentalen Absatzmärkte angelieferten Waren (Tab. 71 – 73).

Dieses Einzelbeispiel bestätigt erneut die Struktur der Verkehrsströme des Hamburger Raumes: zentripetaler Verkehr von den Fanggebieten, die Rohstoffräumen entsprechen, und anderen Produktionsgebieten zum Konsum- und Verarbeitungsort, zentrifugaler Verkehr von diesem Verarbeitungsort zu den anderen Absatzmärkten und Transitverkehr des Hafenortes zwischen dem Ausland und den südöstlichen Ländern Mitteleuropas sowie Deutschland; Dominanz des Schifftransportes beim Empfang und des Kraftwagentransportes beim Versand (Tab. 73).

4. Verkehr mit dem Einflußgebiet nach Verkehrsmitteln

Diese insgesamt jährlich 45 Mill. t umfassenden, fernräumlichen Verkehrsbewegungen, deren Gesamtvolumen in den letzten 20 Jahren bei steigendem Güterdefizit innerhalb des Verkehrsraumes zurückgegangen ist, werden von mehreren,

Verkehrsmittel	Empfang		Versand	
	1938	1955	1938	1955
Seeschiff	18.2	16.5	7.5	7.4
Eisenbahn	7.2	6.6	5.2	4.4
Oberelbekahn	3.5	2.7	5.5	2.2
Unterelbekahn	0.3	0.5	0.6	0.8
Lastkraftwagen	0.0	1.9	0.0	2.4
Summe	29.2	28.2	18.8	17,2
Güterdefizit im Hamburger Raum			10.4	11.0

Tabelle 74 Güterverkehr nach Verkehrsmitteln (Mengen in t)

150) Böhm: Fischmarkt und Fischwirtschaft in Hamburg. Hamburg in Zahlen. Jg. 1956, Heft 23. Statistisches Landesamt der Freien und Hansestadt Hamburg. Hamburg 1956. S. 237-239
151) Böhm: Fischmarkt und Fischwirtschaft in Hamburg. Hamburg in Zahlen. Jg. 1956, Heft 23. Statistisches Landesamt der Freien und Hansestadt Hamburg. Hamburg 1956. S. 243
152) Böhm: Fischmarkt und Fischwirtschaft in Hamburg. Hamburg in Zahlen. Jg. 1956, Heft 23. Statistisches Landesamt der Freien und Hansestadt Hamburg. Hamburg 1956. S. 237-243

verschiedenartigen Verkehrsmitteln durchgeführt, deren Verkehrsanteil ständigen Änderungen unterworfen ist (Tab. 74) [153]. Die Transportleistungen der Eisenbahn und des Oberelbekahns nehmen infolge der politisch bedingten Abschnürung Hamburgs von seinem lagegemäßen, kontinentalen Einzugsbereich ab, die des Lastkraftwagens infolge des Anwachsens der nahräumlichen Verkehrsbeziehungen zu, so daß sich in der Verkehrsabwicklung eine Umstrukturierung vom Eisenbahn- und Binnenschiffsverkehr zum Lastkraftwagenverkehr vollzieht, auf deren Bedeutung für den gesamten Verkehrsraum bereits mehrfach eingegangen ist und im folgenden noch eingegangen werden wird.

5. Fremdenverkehr

Auf eine eingehende Diskussion des Personenverkehrs mit dem Verkehrseinflußgebiet möchte ich verzichten, da sein Umfang gegenüber dem des Personenverkehrs mit dem Umland und innerhalb der Stadt gering ist, und nur den Fremdenver-

1956	Zahl der Über-nachtungen	Zahl der Fremden
Gesamt	2 228 920	1 139 675
davon nach Fremdenverkehrszentren		
Steintor	1 128 868	618 696
Dammtor	280 591	111 500
Reeperbahn	224 606	133 799
davon nach Wohnsitz der Fremden		
Deutschland (ohne Hamburg)	1 290 624	650 901
Schweden	182 831	107 354
Dänemark	135 971	92 552
USA	74 612	37 177
Norwegen	49 455	26 440
Großbritannien	47 096	22 685
Niederlande	44 946	23 842
Süd- und Mittelamerika	39 263	13 328
Schweiz	34 750	16 600
Asien	31 827	10 621
Anmerkung: Die Fremdenverkehrszentren umfassen jeweils alle Hotels, Pensionen, u. a. im Umkreis mit einem Radius von ca. 500 m um den Hauptbahnbahnhof, den Dammtorbahnhof, bzw. die Davidswache.		

Tabelle 75 **Fremdenverkehr**

153) Statistisches Landesamt der Freien und Hansestadt Hamburg: Statistisches Jahrbuch 1957. Hamburg 1958. S. 153 ff.

kehr als Beispiel anführen (Tab. 75)[154]), bei dem es sich wie das Verhältnis der Zahl der Übernachtungen zur Zahl der Fremden, die kleiner ist als die Einwohnerzahl (1956: 1763490), ausweist, meist um kurze Besuche, etwa zu Geschäftsbesprechungen, handelt. Die Pole der Fremdenverkehrsspannungen, gemessen an der Zahl der Übernachtungen, liegen im Hamburger Raum hauptsächlich an den mittelalterlichen Torlagen der Innenstadt, nämlich dem Steintor im Osten und dem Dammtor im Nordwesten, sowie in der Nähe des Hafens (Reeperbahn), ihre Gegenpole zu 58 % im nationalen Bereich und zu 42 % in ausländischen Staaten, unter denen die nördlich von uns gelegenen skandinavischen Staaten den maximalen Pol der kontinentalen, die Vereinigten Staaten von Amerika den der interkontinentalen Verkehrsspannungen darstellen.

Somit ist der Verkehrsraum Hamburg auch im zentripetalen und zentrifugalen Personenverkehr, dessen Ströme im Gegensatz zu den einwegigen des Güterverkehrs hin und her fließen, Senke und Quelle fernräumlicher, kontinentaler und transozeanischer Verkehrsbewegungen.

IV. INTRA - URBANER VERKEHR

1. Personenverkehr

Den Hauptteil des Binnenverkehrs der am Schnittpunkt der aufgezeigten, fernräumlichen Güterverkehrsspannungen entstandenen Siedlung besitzt der Personenverkehr, insbesondere der tägliche Pendlerverkehr zwischen den Wohn- und Arbeitsstätten, dessen Ursachen in der Tatsache zu suchen sind, daß Hamburg keine

Jahr	Innere Stadt	Angrenzende Stadtteile	Äussere Stadtteile	Außengebiet	Gebiet des 10 km-Luftlinienkreises
1867	100	100	100	100	100
1880	108	174	264	141	149
1890	102	216	553	194	206
1900	88	238	834	241	254
1910	65	239	1 360	260	316
1939	41	222	1 589	340	356
1946	23	176	663	497	280
1955	22	177	1 024	523	332

Tabelle 76 **Prozentuale Entwicklung der Bevölkerungszahl in einzelnen Stadtgebieten bezogen auf 1867**

154) Statistisches Landesamt der Freien und Hansestadt Hamburg: Statistisches Jahrbuch 1957. Hamburg 1958. S. 194, 195

planmäßig angelegte oder gar am Reißbrett konstruierte Stadt ist, sondern ein Siedlungsgebilde, das sich im Laufe von über tausend Jahren teils stetig, teils sprunghaft in der Bevölkerungszahl und in der Lage der Wohn- und Arbeitsstätten entwickelt und verändert hat (Tab. 76)[155].

Entfernung	Bevölkerungszahl				Flächenanteil %
	absolut		prozentual		
	1938	1950	1938	1950	
0.0 – 5.0 km	1 046 124	677 122	62.2	42.3	4
5.0 – 7.5 km	282 628	311 164	16.8	19.4	5
7.5 – 10.0 km	113 175	207 657	6.7	13.0	7
10.0 – 12.5 km	133 096	203 465	7.9	12.7	9
12.5 – 15.0 km	52 724	105 401	3.1	6.6	11
15.0 – 17.5 km	38 181	67 714	2.3	4.2	13
17.5 – 20.0 km	12 634	21 892	0.8	1.3	15
20.0 – 22.5 km	4 108	6 508	0.2	0.4	17
22.5 – 25.0 km	1 119	1 615	0.0	0.1	19
Summe	1 683 789	1 602 528	100.0	100.0	100

Tabelle 77 **Entfernung der Wohngebiete von der Stadtmitte**

Der entscheidende Wendepunkt in dieser Entwicklung und gleichzeitig der Beginn Groß-Hamburgs und des heutigen Verkehrsraumes Hamburg liegen in der Mitte des letzten Jahrhunderts, bis zu der sich die Stadtbevölkerung im wesentlichen auf das Gebiet der heutigen Innenstadt beschränkte, in der Wohn- und Arbeitsplatz dicht nebeneinander oder sogar zusammen lagen, wie es für das althamburgische Kontor- und Kaufmannshaus typisch war. Der Hamburger Brand (1842), dem die Altstadthäuser zwischen der Deichstraße und dem Brandsende zum Opfer fielen, vernichtete ein Drittel der Innenstadt, und viele Einwohner flüchteten aus dem engen Stadtkern und ließen sich vor den Toren nieder. Die Aufhebung der Torsperre (1860) begünstigte diese Besiedlung der Außengebiete noch. Der Bau größerer, moderner Hafenanlagen (ab 1866) erforderte die Räumung von Wohnungen im Hafengebiet, das in ein Arbeitsstättengebiet verwandelt wurde, und der Zollanschluß Hamburgs an das Deutsche Reich (1888) machte die Errichtung der Speicherstadt im Freihafen notwendig, für die die Wohnungen von 20 000 Einwohnern des Brooks weichen mußten. Damit wurde die Trennung zwischen Wohn- und Arbeitsgebieten vollzogen und die innerstädtische Pendelwanderung veranlaßt. Im Zuge der durch die Choleraepidemie (1892) angeregten, in Etappen

155) Rautenberg, O.: Stadterweiterung und Landgebiet. In: Deutschlands Städtebau, Hamburg. Berlin 1922. S. 179

durchgeführten Sanierung der Alt- und Neustadt Hamburgs wurden weitere Wohnhäuser abgerissen, an deren Stelle Kontor- und Kaufhausbauten, also neue Arbeitsplätze entstanden, während sich 20 000 Menschen außerhalb der Innenstadt einen Wohnsitz suchen mußten, so daß die Pendlerströme Hamburgs, das immer enger mit seinen Nachbarstädten, mit denen es 1937 verwaltungsmäßig vereinigt wurde, zusammenwuchs, ständig umfangreicher und die Pendlerwege länger wurden. Die Bombenangriffe des letzten Krieges (1943) von denen vor allem die dichtbesiedelten, zentrumsnahen Stadtteile betroffen wurden, zerstörten die Hälfte der Hamburger Wohnungen und riefen eine neue Zentrumsflucht der Bewohner hervor; denn während 1938 noch 86 % der Bevölkerung innerhalb des 10 km - Luftlinienkreises wohnten, waren es 1950 nur 75 % (Tab. 77) [156]. Infolge der Wanderungsbewegungen der letzten Jahre, die den zentral gelegenen Stadtbezirken (Altona, Eimsbüttel, Bezirk Hamburg Mitte) einen Bevölkerungsverlust, den peripher gelegenen (Hamburg - Nord, Wandsbek, Harburg) einen Bevölkerungsgewinn brachten, sind die Pendlerwege weiter verlängert worden (Tab. 78) [157]. Dieser Vorgang griff selbst über die Staatsgrenzen hinaus, wurde dabei allerdings zahlenmäßig durch den Rückzug Evakuierter in ihre ehemalige Wohngebiete kompensiert, so daß Hamburg bisher eine positive Wanderungsbilanz aufwies (Tab. 79) [158].

von / nach	Hamburg Nord	Wandsbek	Harburg	Hamburg Mitte	Bergedorf	Eimsbüttel	Altona	Summe	Wanderungsgewinn bzw. -verlust
Hamburg Nord	76 024	16 994	3 402	20 043	2 253	22 034	14 801	155 551	+ 11 697
Wandsbek	17 263	39 722	1 948	9 799	1 389	7 712	6 751	84 584	+ 5 029
Harburg	3 304	1 837	39 977	4 517	615	2 135	2 331	54 716	+ 1 251
Hamburg Mitte	17 386	9 845	4 053	55 191	2 717	11 965	12 831	113 988	– 29
Bergedorf	1 291	818	455	1 599	17 411	717	777	23 068	– 3 371
Eimsbüttel	18 400	5 847	1 688	10 514	915	42 634	10 396	90 394	– 6 210
Altona	10 186	4 492	1 942	12 354	1 139	9 407	51 967	91 487	– 8 367
Summe	143 854	79 555	53 465	114 017	26 439	96 604	99 854	613 788	± 0

Tabelle 78 **Umzüge innerhalb Hamburgs nach Herkunft und Ziel (1952 – 1954)**

Gegenüber dieser starken Mobilität der Wohnstätten zeigten die Arbeitsstätten ein großes Beharrungsvermögen, da die wegen der Rohstoffarmut Hamburgs meist verkehrsorientierten Industriebetriebe, in denen 200 000 der 700 000 Erwerbstätigen beschäftigt sind, an ihre Standorte im Hafen, an den Binnenwasserstraßen und an den Güterbahnhöfen gebunden waren und die mit dem Verkehrswesen verhafteten Reedereien, Speditions-, Import- und Exportfirmen für die Lage ihrer Kontorhäuser ebenfalls die Hafennähe bevorzugten, um eine möglichst enge Verbindung mit ihrem Bearbeitungsgebiet zu haben.

156) Urban: Die öffentlichen Nahverkehrsmittel für die Personenbeförderung in der Hansestadt Hamburg. Hamburg in Zahlen. Jg. 1952, Heft 1. Statistisches Landesamt der Freien und Hansestadt Hamburg. Hamburg 1952. S. 2

157) Heinsohn: Die Ergebnisse der Wanderungsbewegung in Hamburg. Hamburg in Zahlen. Jg. 1955. Heft 11. Statistisches Landesamt der Freien und Hansestadt Hamburg. Hamburg 1955. S. 91

158) Heinsohn: Die Ergebnisse der Wanderungsbewegung in Hamburg. Hamburg in Zahlen. Jg. 1955, Heft 11. Statistisches Landesamt der Freien und Hansestadt Hamburg. Hamburg 1955. S. 87

Quelle oder Senke	Zugezogen nach Hamburg	Fortgezogen von Hamburg	Wanderungs-gewinn
Land Schleswig Holstein	97 636	45 088	52 548
Land Niedersachsen	69 702	28 614	41 088
davon: Landkreis Stormarn	17 565	9 602	7 963
Landkreis Harburg	13 982	6 222	7 760
Landkreis Pinneberg	16 428	9 322	7 106
Landkreis Lauenburg	11 091	5 649	5 442
Landkreis Stade	7 668	2 281	5 387
Landkreis Steinburg	6 803	2 026	4 777
Landkreis Segeberg	5 899	2 588	3 311
Landkreis Lüneburg	2 448	691	1 757
Landkreis Hadeln	1 926	442	1 484
Stadtkreis Lüneburg	2 194	885	1 309
Stadtkreis Cuxhaven	1 899	743	1 156

Tabelle 79 **Wanderungsbewegung zwischen Hamburg und benachbarten Kreisen (1952 – 1954)**

Resultat dieser im Hamburger Raum erfolgenden Zentrumsflucht der Wohnstätten bei gleichzeitiger Permanenz, ja sogar Zentrumskonzentration der Arbeitsstätten ist das Entstehen umfangreicher, innerstädtischer Personenverkehrsspannungen zwischen den einzelnen, in ihren Funktionen differenzierten Gebieten des städtischen Raumes.

Betrachtet man nach den letzten ausgewerteten vorliegenden Angaben der Volkszählung [159]) die räumliche Zuordnung der Wohnstätten der Erwerbstätigen und der Arbeitsplätze des Hamburger Staatsgebietes, so schälen sich als die dichtbesiedelsten Wohngebiete der Erwerbstätigen (Abb. 14) [160]) die westlichen Stadtteile St. Pauli, Eimsbüttel und Hoheluft heraus, die 12 % der in Hamburg wohnenden erwerbstätigen Bevölkerung beherbergen. An diesen nordsüdlichen Streifen westlich der Alster schließen sich der Dichte nach die Gebiete von Altona und Ottensen im Westen, Winterhude, Eppendorf, Harvestehude, Rotherbaum, Neustadt und St. Georg im Osten an, in denen 37 % der Hamburger Erwerbstätigen wohnen, so daß die Erwerbstätigen-Wohngebiete im westlichen Winkel zwischen Alster und

159) Statistisches Landesamt der Freien und Hansestadt Hamburg: Statistik des Hamburgischen Staates. Heft 40. Hamburg 1953
160) Statistisches Landesamt der Freien und Hansestadt Hamburg: Statistik des Hamburgischen Staates. Heft 40. Hamburg 1953

Elbe konzentriert sind. Östlich der Alster weist der Streifen Barmbek, Uhlenhorst, Hohenfelde erst die nächst niedrigere Dichtestufe auf. Diese ostwestlich angeordneten, durch die Alster getrennten Streifen maximaler Erwerbstätigenwohndichte werden im Norden halbkreisförmig von geringer besiedelten Gebieten umgeben, deren Dichtezonen entlang der Geestufer der Alster und der Elbe zungenförmig vorstoßen und in den ausgebombten Gebieten des Ostens zum Zentrum hin einbiegen. Gegenüber dem nördlichen Geestufer besitzen das südliche Geestufer und der zentrale Marschraum eine geringe Bevölkerungsdichte, deren zum Rand hin stufenförmige Abnahme durch die isolierten, relativen Dichtemaxima von Harburg und Wilstorf sowie Bergedorf unterbrochen wird.

Ein anderes Bild ergibt die Verteilung der Arbeitsplätze (Abb. 15), deren maximale Dichte mit 434 Plätzen pro Hektar das Gebiet der Hamburger Altstadt aufweist, in der 14 % aller Hamburger Arbeitsplätze liegen. Um sie herum lagern die an Arbeitsplätzen reichen Stadtteile der Hamburger Neustadt und der Vorstädte St. Georg und St. Pauli, so daß der zwischen der Großen Alster und der Elbe gelegene Stadtkern 30 % aller Arbeitsplätze beherbergt. Er wird kranzförmig von den Stadtteilen geringerer Arbeitsplatzdichte: Altona, Ottensen, Bahrenfeld, Eppendorf im Nordwesten, Winterhude, Barmbek, Wandsbek im Nordosten und Grasbrook, Steinwerder im Süden umgeben, weil die Arbeitsplatzzentren im Gegensatz zu den sich auf die Geestflächen beschränkenden Wohnzentren auch das Marschgebiet der Alster und die Werder des Elbe-Urstromtales mit einbeziehen. Bergedorf und Harburg treten wieder als isolierte Dichtemaxima hervor.

Ein Vergleich dieser Werte (Abb. 16) weist den zentralen Marschraum mit den Stadtteilen Finkenwerder, Steinwerder, Klostertor, Rothenburgsort, Hammerbrook und die angrenzenden Geestgebiete der Harburger Altstadt im Süden und der Hamburger Altstadt und Neustadt, der Vorstadt St. Georg und den benachbarten Stadtteil Borgfelde im Norden als Arbeitsplatz-Überschußgebiete, und die peripheren Geesträume, insbesondere die dichtbebauten Stadtteile Langenfelde und Horn und die Behelfsheimsiedlung Steilshoop, als Arbeitsplatzmangelgebiete aus. Punktförmig eingestreut finden sich Stadtteile (z. B. Heimfeld, Lokstedt, Barmbek, Wandsbek), in denen die Zahl der dort wohnhaften Erwerbstätigen und die der vorhandenen Arbeitsplätze von gleicher Größenordnung sind. Die zwischen den Polen der Stadtteile mit vermehrten Arbeitsplatzangebot und Arbeitskraftangebot erzeugten Verkehrsspannungen sind jedoch größer als die obigen Relationen zunächst vermuten lassen, da bei der heutigen Differenziertheit des Berufswesens nicht jeder in seinem Wohngebiet einen geeigneten Arbeitsplatz erhalten kann.

Mit 420 Personen pro Hektar besitzt die Hamburger Altstadt die größte Einpendlerdichte. Geringere Dichtewerte weisen die Hamburger Neustadt und die Vorstädte St. Georg und St. Pauli auf (Abb. 17), um die wie um das isolierte Einpendlerzentrum Harburg die Stadtteile gleicher Einpendlerdichte, deren Wert zum Stadtrand hin abnimmt, in konzentrischen Halbkreisen angeordnet sind.

Die stärksten Auspendlerströme pro Flächeneinheit (96 Personen pro Hektar) kommen aus den dichtbesiedelten Wohngebieten Eimsbüttel und Hoheluft nordwestlich der Innenstadt (Abb. 18). Die sich anschließenden Dichtezonen folgen, Auspendler-Vakuolen (z. B. das landwirtschaftlich orientierte Hummelsbüttel) zurücklassend, neue Zentren (z. B. im Bereich der alten Stadtkerne von Bergedorf und Harburg) und einzelne, isolierte vorgelagerte Inseln (z. B. das über keine Arbeitsplätze verfügende, dichtbesiedelte Iserbrook) bildend, schlauchförmig den Ufern der Geestflüsse und dem steilen Nordufer der Elbmarsch.

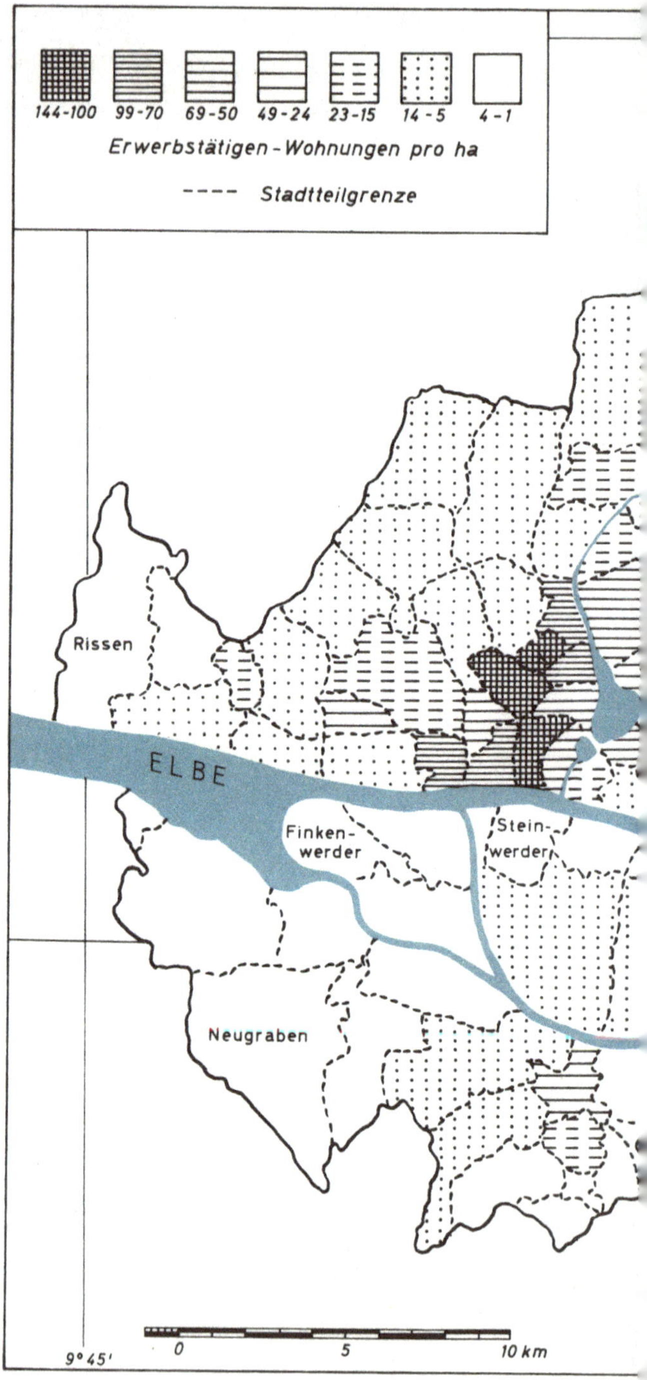

Abbildung 14 **Erwerbstä**

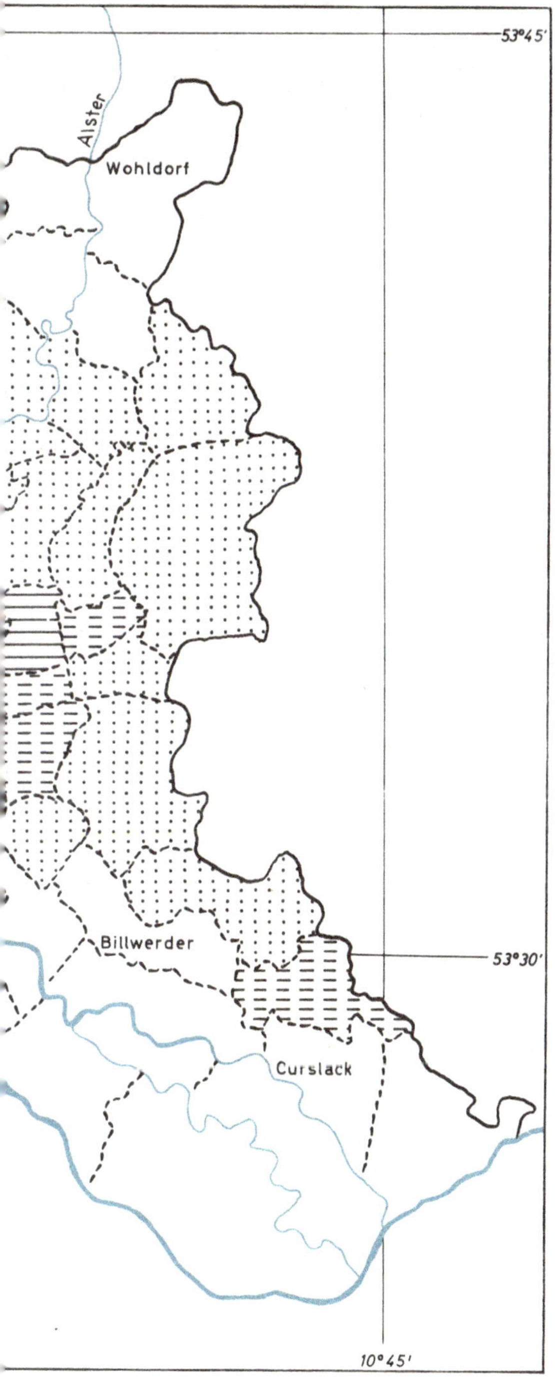

ndichte in Hamburg

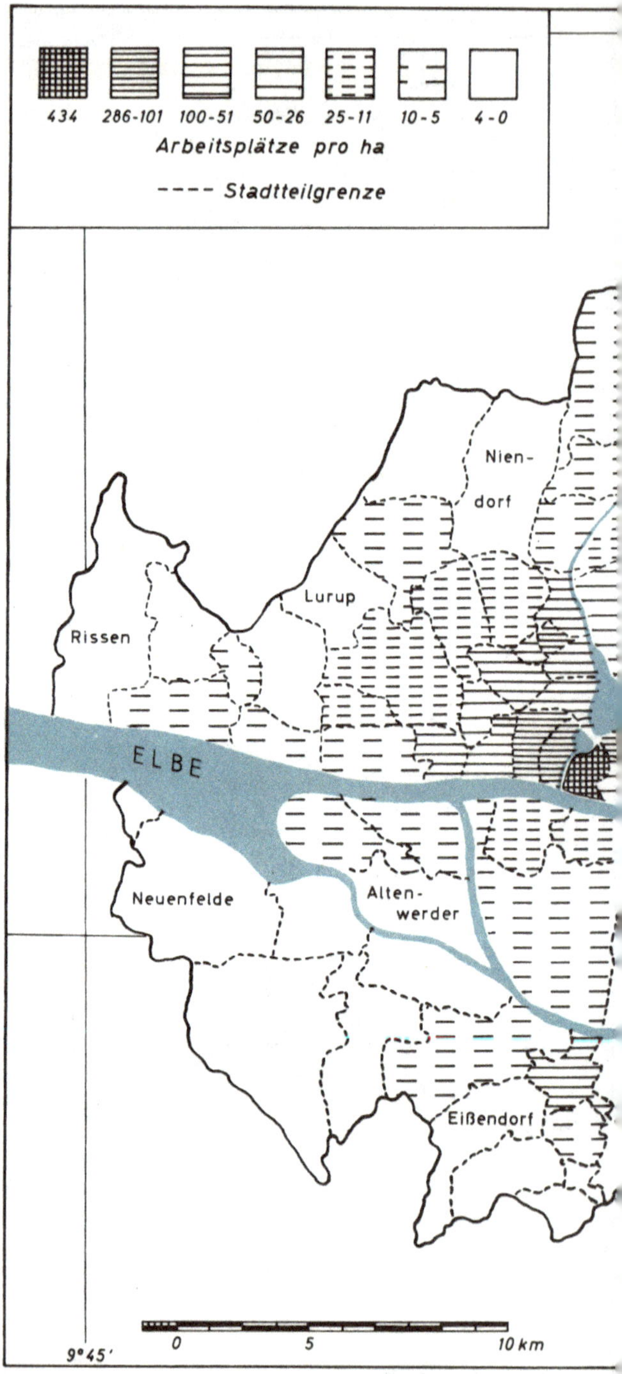

Abbildung 15 **Arbe**

chte in Hamburg

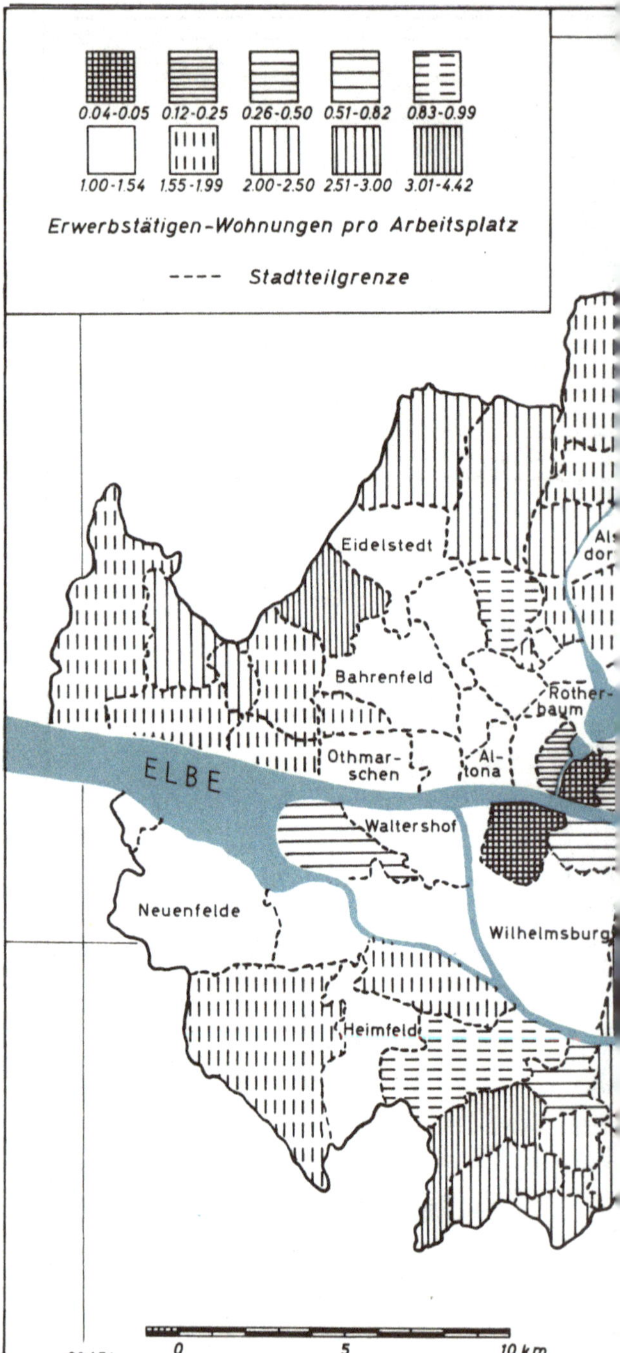

Abbildung 16 **Relation der Arbeitsplatz**

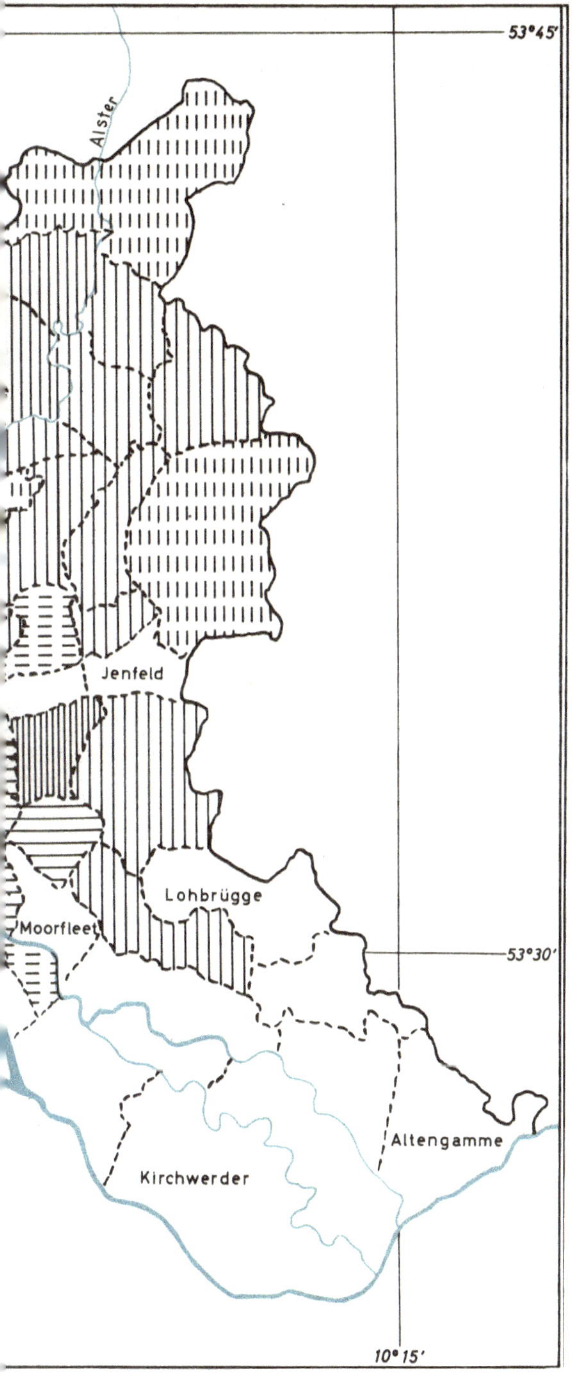

rbstätigen-Wohndichte in Hamburg

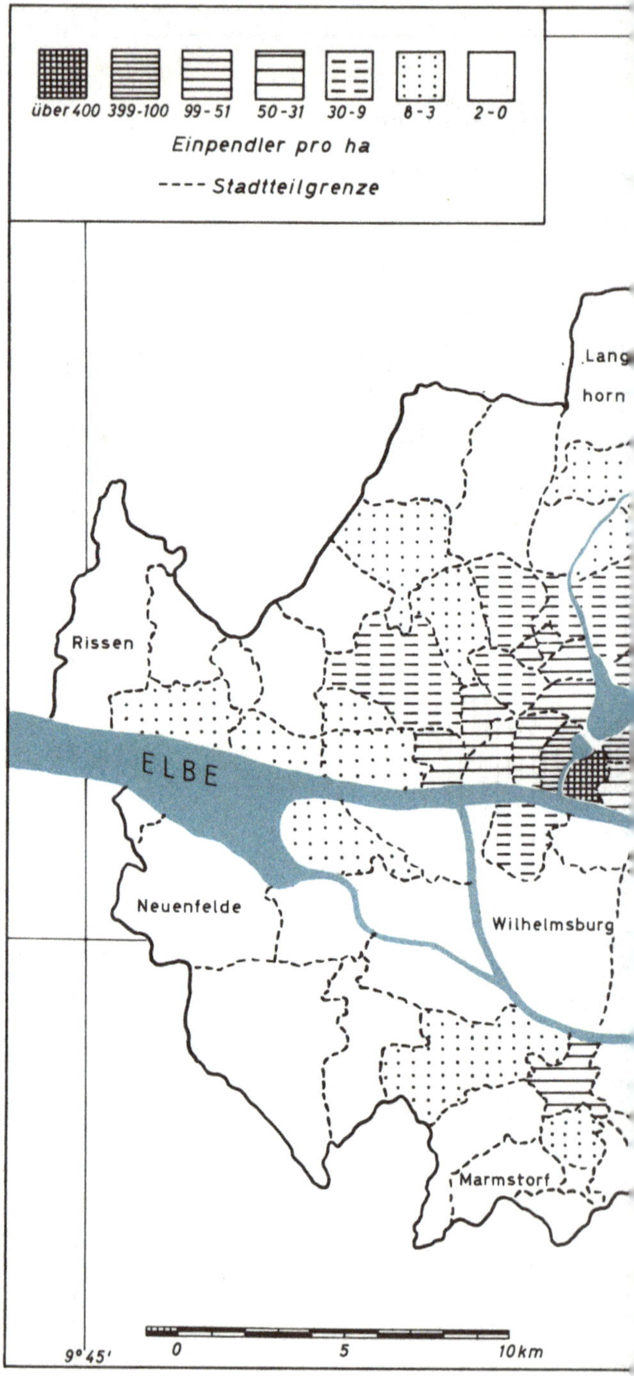

Abbildung 17 **Einpe**

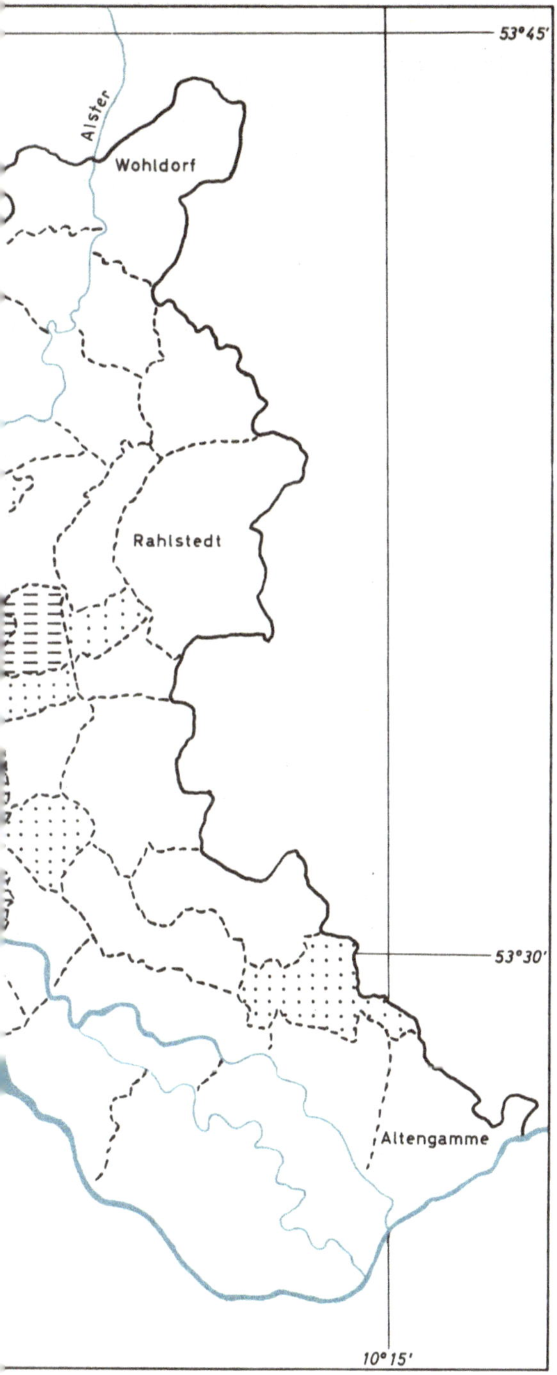

te in Hamburg

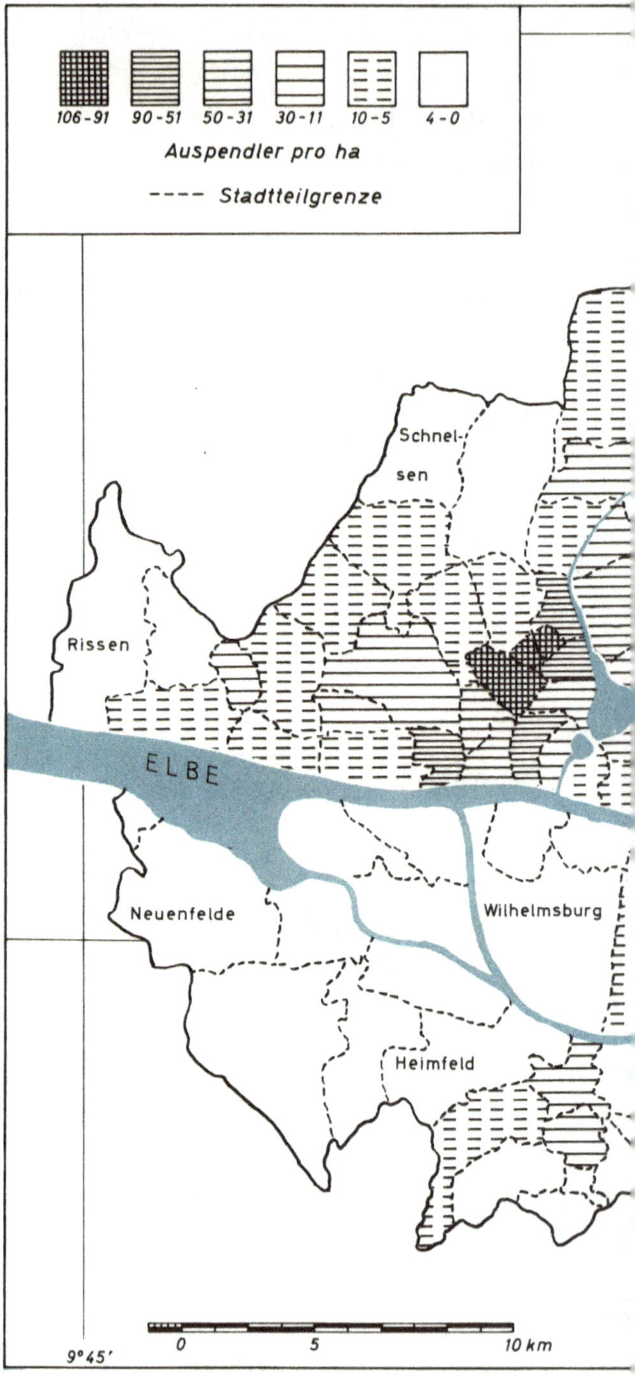

Abbildung 18 **Auspe**

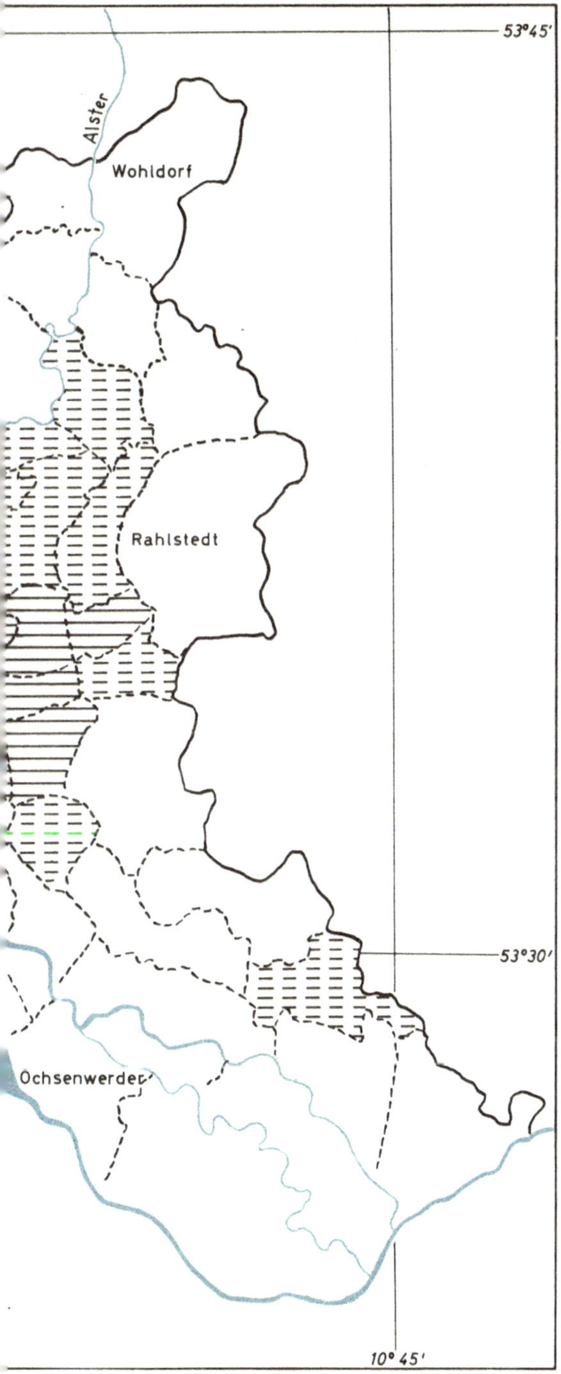

ate in Hamburg

Diese allgemeine Lage-Analyse der Quellen und Senken des innerstädtischen Pendlerverkehrs möchte ich durch drei spezielle Stadtteil-Analysen ergänzen, um das Strukturbild der intra-urbanen Verkehrsspannungen noch stärker zu verdeutlichen.

Als erstes Beispiel sei die nördlich der Elbe gelegene Hamburger Altstadt, das Haupteinpendlergebiet, herangezogen (Abb. 19). Ihre größten Verkehrsgegenpole liegen in den Stadtteilen um die Außenalster (Winterhude: 7943, Eimsbüttel: 6391, Eppendorf: 3988, Hoheluft: 2773) und in den rechts der Alster stadteinwärts gelegenen Stadtteilen. Geringer ist das Pendleraufkommen der altstadtnahen, östlichen, ausgebombten Stadtteile und der daran anschließenden Gebiete (Horn: 1972, Bergedorf: 1405, Billstedt: 1116), während die schwach bevölkerten Walddörfer im Norden (Volksdorf: 1116, übrige Walddörfer: 822), der Marschenraum im Süden (Wilhelmsburg: 1327) und der Süderelberaum (Harburg: 575, übriger Süderelberaum: 1367) kaum an ihm beteiligt sind.

Spiegelbildlich ist die Anordnung der Einpendlerströme des Stadtteils Harburg südlich der Elbmarsch. Von den 22271 in Harburg Erwerbstätigen kommen 37.6% (8375) aus demselben Stadtteil, über die Hälfte aus dem Süderelbraum (11361) und nur 4.6% (1027) aus der Elbmarsch und 6.8% (1508) aus Stadtteilen nördlich der Elbe (Abb. 20).

Als Beispiel für die Wege der Auspendlerströme sei der Stadtteil Eimsbüttel gewählt (Abb. 21), da er von allen Stadtteilen die größte Zahl von Erwerbstätigen beherbergt. 29% (12069) der dort wohnhaften 43023 Erwerbstätigen bleiben als Binnenpendler innerhalb des Stadtteils. Von den 30954 Auspendlern arbeiten 21% (6391) in der Hamburger Altstadt, 14% (4192) in der Hamburger Neustadt und die übrigen zu etwa gleichen Teilen in den an die Innenstadt angrenzenden Stadtteilen: St. Pauli, St. Georg, Klostertor, im Hafengebiet (Steinwerder, Finkenwerder) und in den an Eimsbüttel angrenzenden Stadtteilen (Altona, Bahrenfeld, Eppendorf). Außerhalb des 6 km-Luftlinienkreises sind die Auspendlerströme sehr schwach, da die Wohngebiete der Elbvororte, der Alsterdörfer und der Walddörfer, die Landwirtschaftsgebiete der Vierlande und der durch die breite Stromaue getrennte Süderelberaum kaum stadtteilfremde Arbeitskräfte aufnehmen, geben aber dennoch ein Bild von der wirtschaftlichen Verflochtenheit der einzelnen Hamburger Gebiete.

Zusammenfassend darf ich feststellen, daß sich die einen Pole der Pendlerverkehrsspannungen in den ausgesprochenen Wohngebieten der Geest (Elbvororte, Alsterdörfer, Walddörfer), die bereits als Leitlinien der Personenverkehrserschließung erkannt worden waren, die anderen in den Arbeitsplatzzentren des Geest-Marsch-Randes zwischen Alster und Elbe, dem Hamburger Nahverkehrszentrum, und der Marsch befinden, deren breite Stromaue die Einzugsbereiche der Verkehrssubzentren im Norden und Süden trennt. Der im Mittel 5 km lange Weg zwischen der Wohn- und Arbeitsstätte wird von 19% der Erwerbstätigen zu Fuß zurückgelegt, 25% bedienen sich zu seiner Überwindung eines privaten Fahrzeuges und die restlichen 56% sind auf die Benutzung der öffentlichen Personenverkehrsmittel angewiesen [161]).

161) Sill, O.: Der Stadtverkehr. In: Planung, Bau und Betrieb von Verkehrsanlagen in Hamburg. Forschungsarbeiten aus dem Straßenwesen. Neue Folge, Heft 36. Bielefeld 1958. S. 10

2. Güterverkehr

Den umgekehrten Weg wie der innerstädtische Personenverkehr nimmt der meist mit Lastkraftwagen durchgeführte (Tab. 54) Verkehr, der die intra-urbanen Güterverkehrsspannungen ausgleicht, deren Quellen bzw. Senken der Seehafen, die Güterbahnhöfe, die Märkte, die Lagerplätze des Großhandels, die Industrie- und Gewerbebetriebe, die Einzelhandelsgeschäfte und nicht zuletzt die Verbraucher-Haushalte sind. Einen Eindruck vom Umfang der verästelten und sich überlagernden Güterverkehrsströme mag die angedeutete Vielzahl der Verkehrspole geben (Tab. 80).

Fachgeschäfte mit Güterverkehr	Zahl	Gegenpole
Gemüseläden	970	Gemüsemarkt
Schlachtereien	925	Schlachthof, Fleischfabriken
Kolonialwarengeschäfte	700	Großhandelslager
Bäckereien	600	Mühlenbetriebe
Fischhandlungen	310	Fischmarkt, Fischfabriken
Kohlenplatzhandel	670	Großhandelslager
Zahl der Haushaltungen	500 000	

Tabelle 80 **Pole des Güterverkehrs**

3. Zusammenfassung

Diese Hauptströme des innerstädtischen Verkehrs werden ergänzt durch zahlreiche, im Ausmaß geringere Verkehrsströme, etwa zwischen den Wohnungen und den Schulen (1956: 388 allgemeinbildende Schulen mit 211 690 Schülern, 132 berufsbildende Schulzweige mit 80 739 Schülern), den Instituten der Universität (Wintersemester 1956/57: 8 029 Studenten), den Büchereien (1956: 90 öffentliche Büchereien mit 2 420 584 Ausleihen, 3 wissenschaftliche Bibliotheken mit 186 349 Ausleihen und 128 908 Besuchern der Lesesäle), den Museen (1956: 6 Museen mit 594 362 Besuchern), den Theatern (1956: 9 Theater mit 1 932 258 Besuchern), den Lichtspielhäusern (1956: 171 Lichtspielhäuser mit 37 516 324 Besuchern), den Badeanstalten (1956: 14 Hallenbäder mit 4 188 934, 26 Sommerbäder mit 1 549 708 Besuchern), den Sportplatzanlagen (1956: 35 Plätze mit 1 324 788 Benutzern) und anderen Einrichtungen der Stadt [162]).

V. ZENTRIPETALER UND ZENTRIFUGALER VERKEHR MIT DEM UMLAND

Ein umfangreicher Teil der zentripetalen Güterverkehrsströme des Umlandes wird dadurch erzeugt, daß einerseits die Nahrungsmittelversorgung einer derartigen Menschenagglomeration, wie Hamburg sie darstellt, nur von außerhalb erfolgen kann, daß es jedoch andererseits wegen der Lage der Stadt als isolierte

162) Statistisches Landesamt der Freien und Hansestadt Hamburg: Statistisches Jahrbuch 1957. Hamburg 1958. S. 55–67

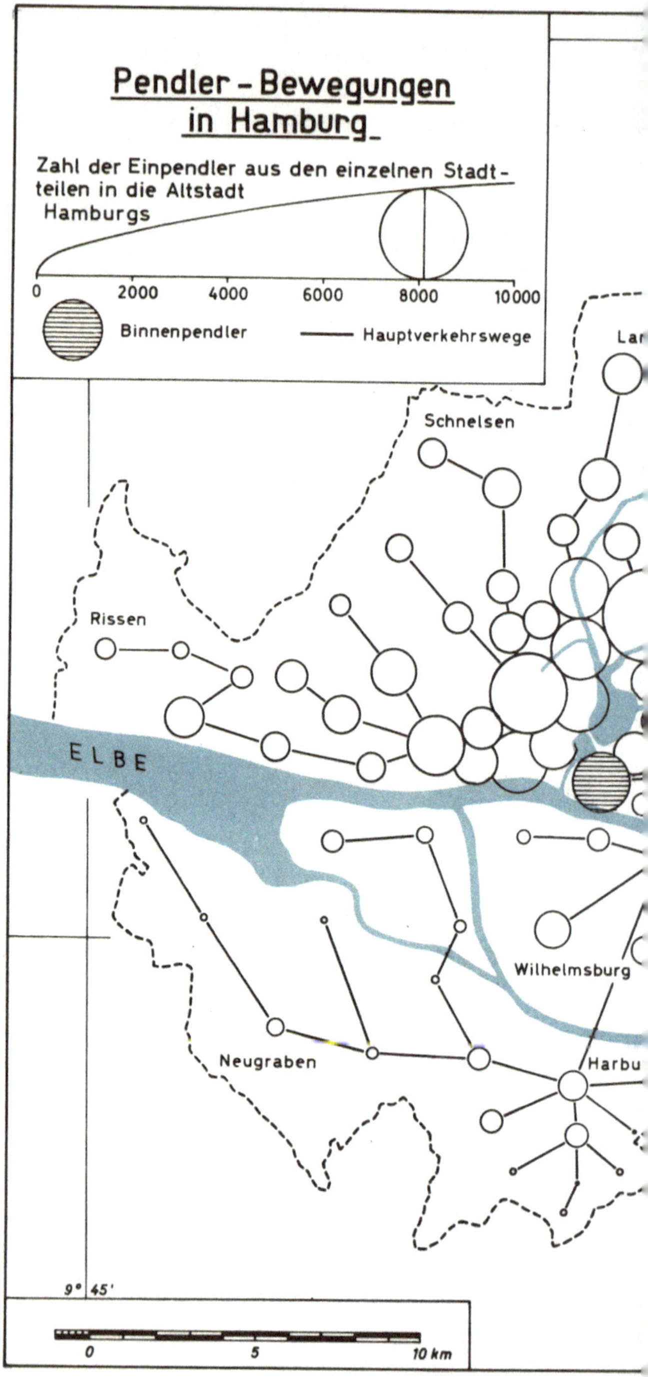

Abbildung 19 **Pendler-Bewegungen in Ham**

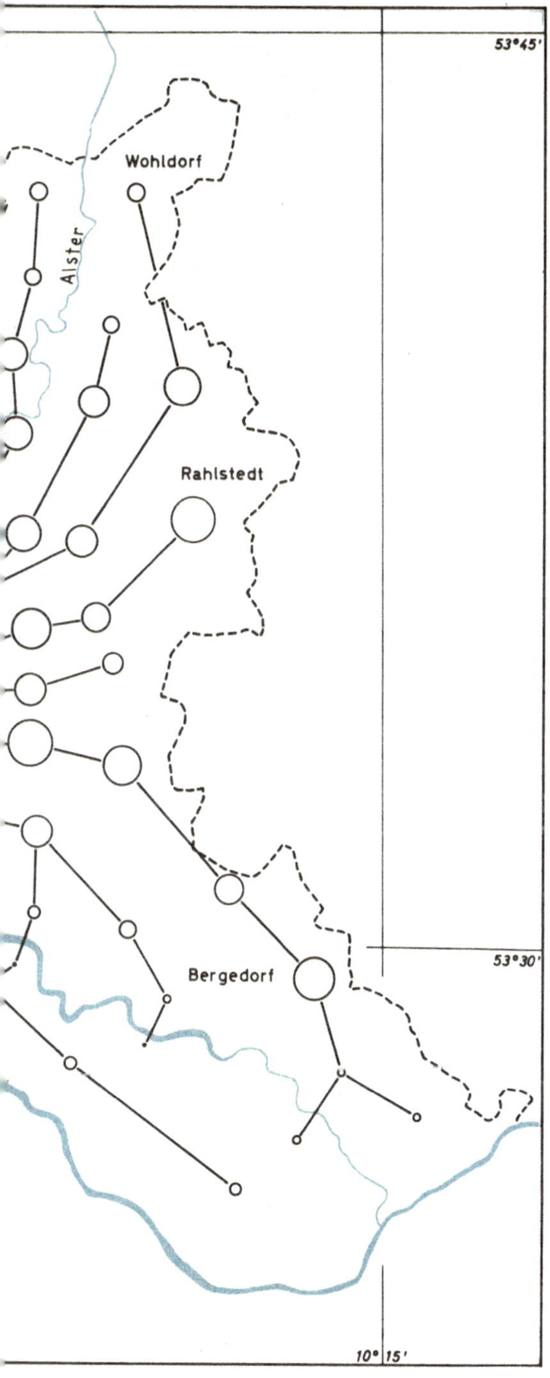

›endler in die Hamburger Altstadt)

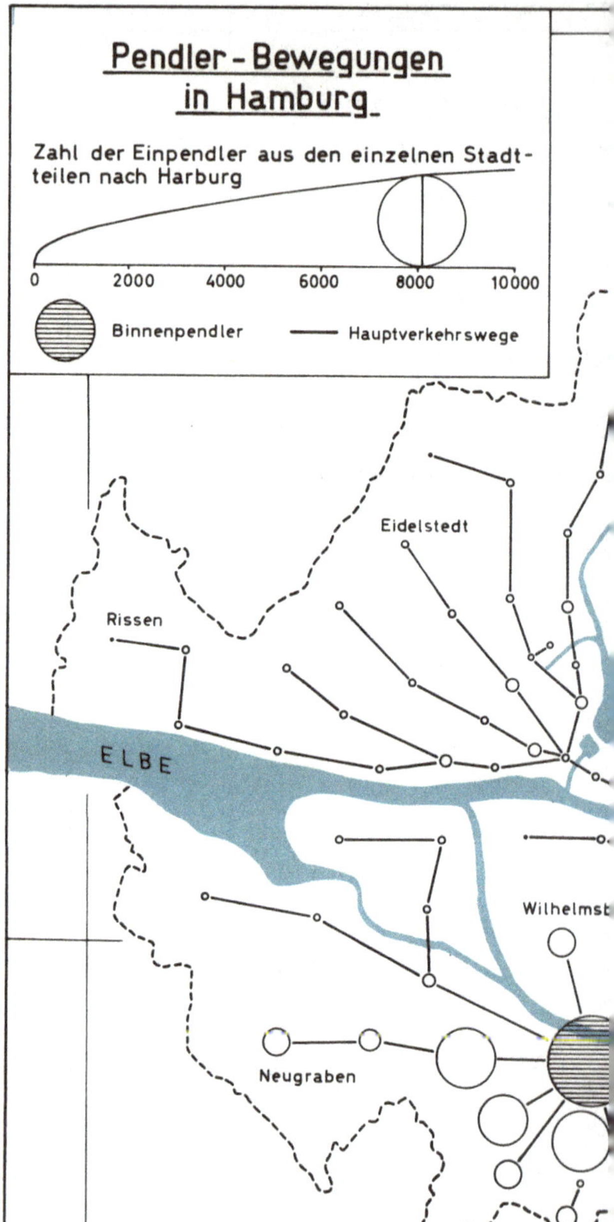

Abbildung 20 **Pendler-Bewegung**

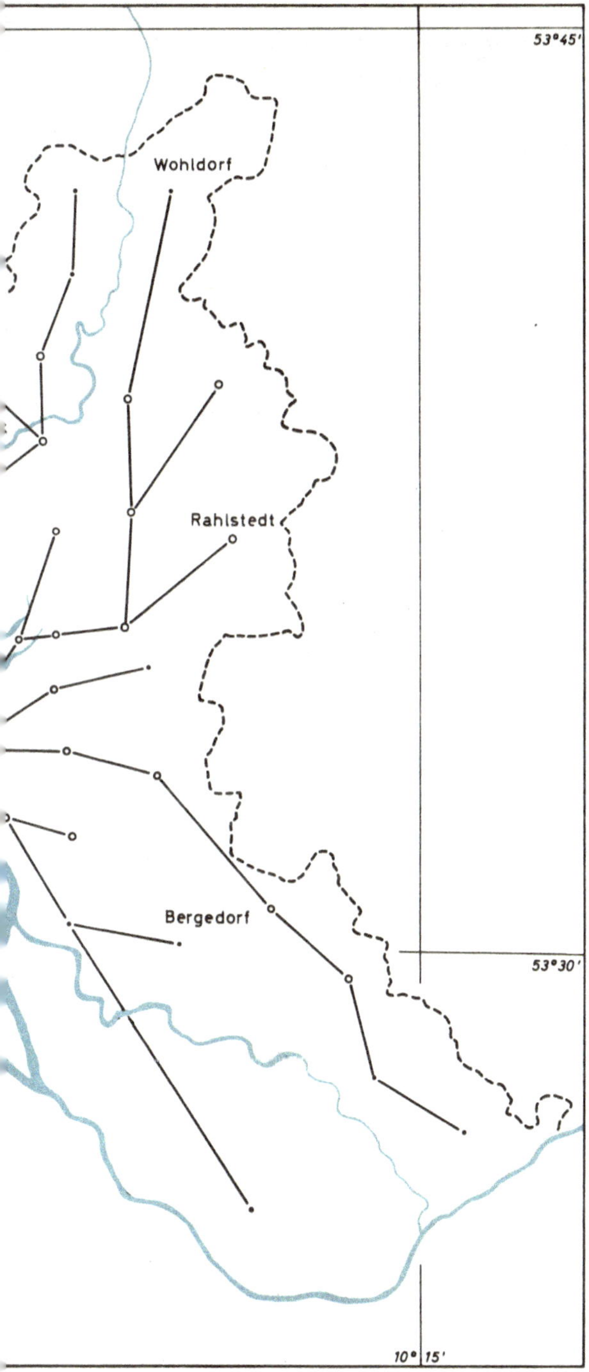

ɔurg (Einpendler nach Harburg)

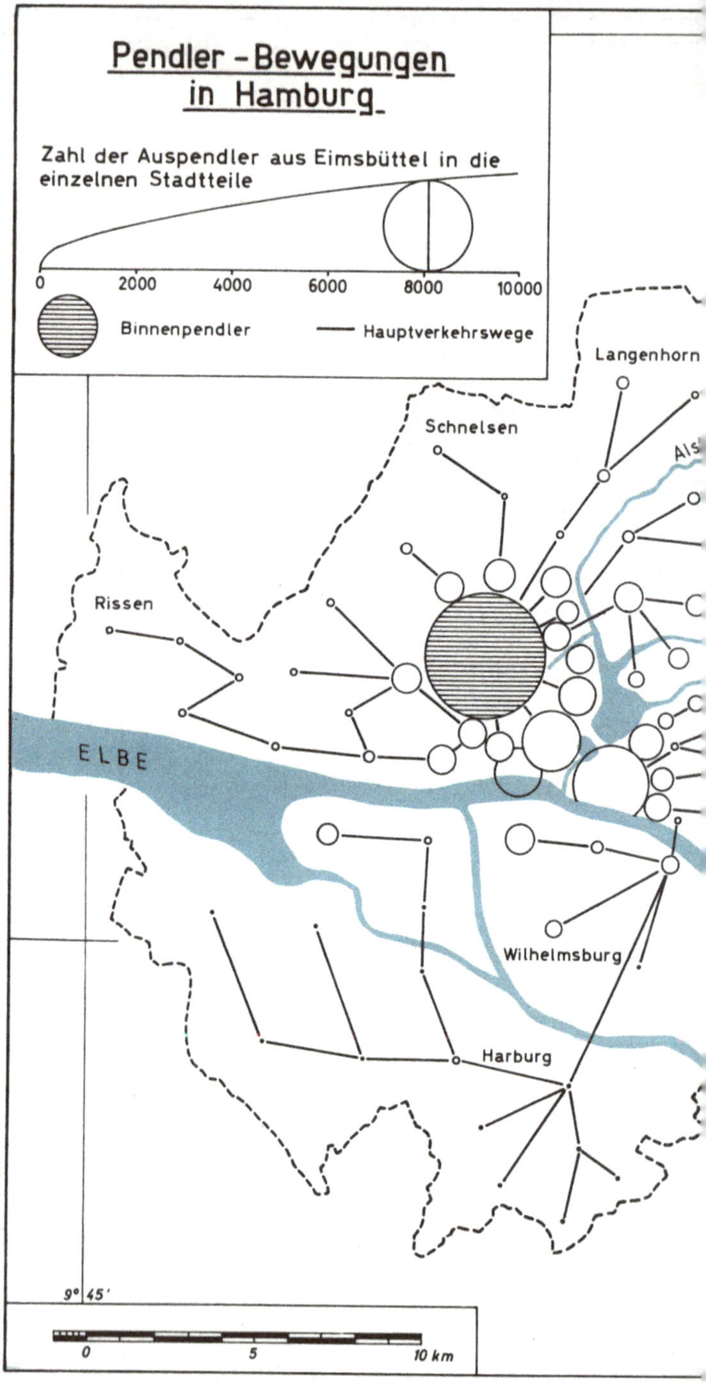

Abbildung 21 **Pendler-Bewegungen in Ham**

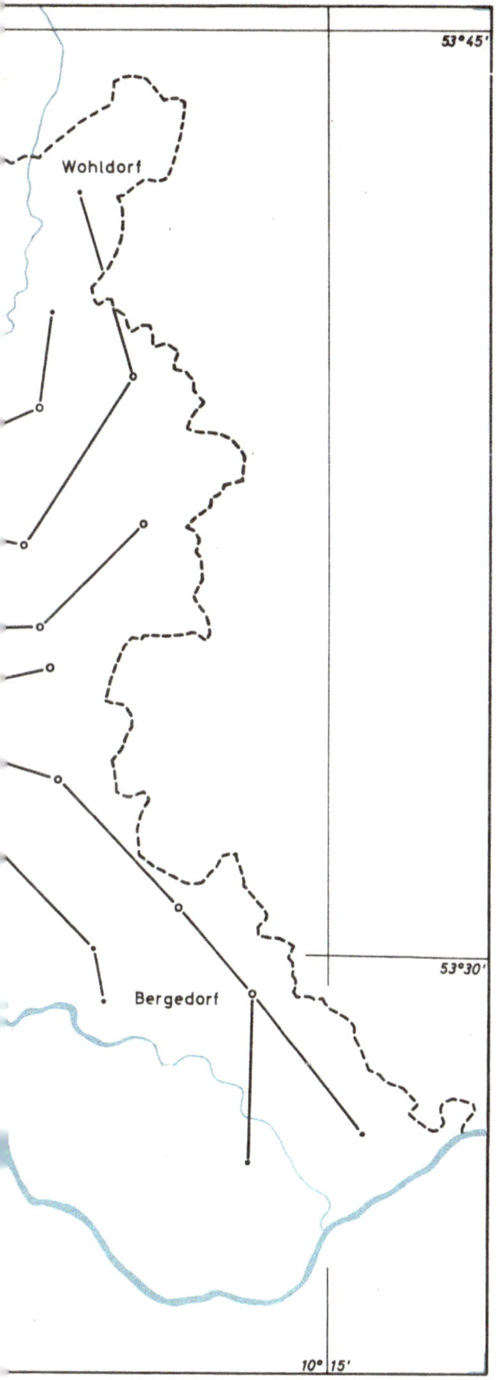

pendler aus Eimsbüttel)

Abbildung 22

orgung Hamburgs

Großsiedlung in einem vorwiegend agrarisch orientierten Umland, dessen Grundmoränen- und Marschböden sich gut für Viehwirtschaft und Ackerbau nutzen lassen, möglich ist, einen großen Prozentsatz des Nahrungsmittelbedarfes unmittelbar im Umland zu decken, so daß entferntere agrarische Produktionsgebiete nur ergänzend herangezogen zu werden brauchen.

1. Verkehr der Meiereien

Die Versorgung der Hamburger Bevölkerung mit Milch wird von 68 Meiereien in einem Umkreis, dessen Radius ca. 50 km Luftlinienentfernung beträgt, wahrgenommen, wobei die Verkehrsbeziehungen zu dem nördlich der Elbe gelegenen Schleswig-Holstein (52 Meiereien) intensiver sind als zu dem südlich der Elbe gelegenen Niedersachsen (16 Meiereien) (Abb. 22)[163]. Wegen der geringen Entfernung zwischen den Verkehrsquellen und -senken wird die tägliche Menge von ca. 400 000 l Milch mit ca. 100 Lastkraftwagen direkt zu den ca. 1 000 Milcheinzelhandelsgeschäften oder zu dem Milchwerk in Billbrook (1956: 30 210 000 kg von insgesamt 140 383 000 kg)[164] und von dort in Flaschen oder Packungen an den Verbraucher geliefert.

2. Verkehr des Viehmarktes

Zentrum der Hamburger Fleischversorgung ist der Viehmarkt in der nach Schleswig-Holstein zu gelegenen, ehemaligen Vorstadt St. Pauli, dessen Standortwahl bereits die Richtung des mengenmäßig größten Viehauftriebes andeutet; 74 % der aufgetriebenen Schweine, 73 % der Schafe, 57 % der Rinder und 55 % der Kälber bezieht Hamburg aus den unmittelbar nördlich gelegenen Viehwirtschaftsgebieten (Tab. 81)[165].Der zweitgrößte Pol der im Viehempfang bestehenden Verkehrsspannungen liegt in dem sich südwestlich an die Stadt anschließenden Niedersachsen, und an dritter Stelle der Viehlieferanten stehen die Landgebiete des Hamburger Staatsraumes. Die Schlachtviehfernzufuhr aus anderen deutschen Ländern ist prozentual gering (Rinder: 2 %, Kälber und Schweine: unter 1 %) und macht nur bei den Schafen ein Siebtel der Gesamtzufuhren aus.

Entsprechend der zentralen Lage des Viehmarktes innerhalb seines Schlachtviehbezugsgebietes sind die Transportwege relativ gering. Rund ein Viertel des aufgetriebenen Viehs hat einen kürzeren Weg als 50 km zurückzulegen, und mit Ausnahme der Schaftransporte spielt sich die Mehrzahl der Viehtransporte innerhalb der 150 km-Luftlinienzone ab.

Da wegen der geringen Entfernung der Viehherkunftsgebiete vom Hamburger Markt der Lastkraftwagen- (68 % der gesamten Transportmenge) dem Eisenbahntransport (26 %) vorgezogen wird, werden über ²/₃ der Schweine-, Rinder- und Kälbermengen mit dem Lastkraftwagen befördert, während bei den Schafen der Anteil der Eisenbahnbeförderung überwiegt. Von der durch den Hafen gegebenen Möglichkeit, Vieh auf dem Wasserwege anzutransportieren, wird nur bei der Einfuhr aus ausländischen Staaten (6 % der gesamten Transportmenge) Gebrauch gemacht, weil nach der Kriegszerstörung des am Wasser gelegenen Seegrenzschlachthofes Moorfleth die Tiere an der Viehlandebrücke für den Weitertransport zum

163) Angaben der Behörde für Ernährung und Landwirtschaft der Freien und Hansestadt Hamburg, Amt für Ernährung.

164) Statistisches Landesamt der Freien und Hansestadt Hamburg: Statistisches Jahrbuch 1957. Hamburg 1958. S. 104

165) Hohmann: Die Versorgung Hamburgs mit Vieh und Fleisch im Jahre 1955. Hamburg in Zahlen. Jg. 1956, Heft 11. Statistisches Landesamt der Freien und Hansestadt Hamburg. Hamburg 1956 S. 91

Lage der Verkehrsquelle	Schweine	Rinder	Kälber	Schafe
Gesamt	536 897	120 277	51 975	46 196
davon	nach Herkunftsgebieten			
Ausland	16 321	25 930	15	0
darunter Dänemark	16 321	25 900	15	0
Irland	0	30	0	0
Inland	520 576	94 347	51 960	46 196
darunter Schleswig-Holstein	396 796	68 522	28 301	33 598
Niedersachsen	104 178	22 770	22 647	5 791
Landgebiet Hamburg	19 562	2 846	978	797
Nordrhein-Westfalen	0	17	34	5 327
Hessen	40	74	0	362
Bayern	0	113	0	213
Bremen	0	0	0	108
Baden-Württemberg	0	5	0	0
davon	nach Entfernungszonen			
unter 50 km	133 949	17 092	11 637	5 673
50 km bis 99 km	216 879	36 802	27 706	5 571
100 km bis 149 km	153 402	32 047	11 614	6 344
150 km bis 199 km	7 786	5 627	543	16 495
200 km bis 249 km	8 520	2 570	426	6 211
300 km bis 399 km	40	91	34	5 689
davon	nach Transportmitteln			
Lastkraftwagen	392 775	68 331	39 005	13 746
Eisenbahn	127 801	26 016	12 955	32 450
Seeschiff	16 321	25 930	15	0

Tabelle 81 Zufuhr von Schlachtvieh zum Hamburger Viehmarkt 1955

Viehmarkt erst auf Lastkraftwagen umgeladen werden müssen. Dadurch ergibt sich eine Vergrößerung des Lastkraftwagen-Anteils am Transportvolumen, der 1938 bei Schweinen, Rindern und Kälbern 44 %, bei Schafen nur 25 % betrug[166]) auf insgesamt 74 %.

Lage der Verkehrssenke	Schweine	Rinder	Kälber	Schafe
Gesamt	53 675	28 491	4 429	1 950
davon	nach Empfangsgebieten			
Hamburg	23 265	7 798	1 724	1 040
darunter Eimsbüttel	7 900	5 275	866	332
Wandsbek	10 324	941	406	367
Altona	1 625	599	357	248
Harburg	1 269	188	0	6
Bergedorf	658	629	39	49
Hamburg-Mitte	1 357	131	56	12
Hamburg-Nord	132	35	0	26
Nordrhein-Westfalen	8 232	8 321	2	0
Niedersachsen	7 567	3 780	1 825	327
Schleswig-Holstein	6 164	3 741	862	427
Bremen	4 353	0	0	30
Schweiz	2 685	0	0	0
Hessen	443	1 554	16	92
West-Berlin	160	1 109	0	9
SBZ	0	870	0	0
Baden-Württemberg	233	520	0	0
Rheinland-Pfalz	0	771	0	25
Bayern	573	87	0	0

Tabelle 82 **Versand von Schlachtvieh vom Hamburger Markt 1955**

166) Hohmann: Die Versorgung Hamburgs mit Vieh und Fleisch im Jahre 1955. Hamburg in Zahlen. Jg. 1956, Heft 11. Statistisches Landesamt der Freien und Hansestadt Hamburg. Hamburg 1956. S. 89, 91, 92

Mittlere Entfernung vom Gemüsemarkt	Verkehrsquelle	Gesamt	davon			Teilsummen
			Obst	Gemüse	Kartoffeln	
	Gesamt	248.7	136.8	102.5	9.4	
5 – 10 km	Hamburger Marschlande	22.3	0.2	22.0	0.1	
	Hamburg Finkenwerder	2.2	2.1	0.1	0.0	
	Hamburger Geestlande	1.8	0.1	1.6	0.1	
	Hamburg Wilhelmsburg	1.1	0.0	1.0	0.1	
	Hamburg Altenwerder	0.9	0.4	0.5	0.0	
	Hamburg Moorburg	0.6	0.4	0.2	0.0	
						28.9
11 – 20 km	Hamburger Vierlande	16.4	4.2	11.8	0.4	
	Hamburg Neuenfelde	5.3	5.2	0.1	0.0	
						21.7
21 – 30 km	Kreis Stormarn	3.1	0.2	2.7	0.2	
	Kreis Pinneberg	2.2	1.1	1.0	0.1	
						5.3
31 – 40 km	Kreis Stade	23.7	23.4	0.0	0.3	
	Kreis Harburg	10.2	2.9	4.9	2.3	
	Kreis Lauenburg	0.3	0.1	0.1	0.0	
						34.2
41 – 50 km	Kreis Steinburg	8.9	0.2	8.3	0.4	
	Kreis Lüneburg	5.8	0.2	5.0	0.6	
						14.7
51 -100 km	Dithmarschen	8.5	0.0	8.5	0 0	
						8.5
über 100 km	übriges Niedersachsen	2.1	0.8	0.7	0.6	
	übriges Schleswig-Holstein	0.9	0.0	0.9	0.0	
	übriges Deutschland	5.8	3.1	2.6	0.1	
	Ausland	126.6	92.0	30.4	4.2	
						135.4

Tabelle 85 Zufuhr zum Gemüsemarkt 1956 (Mengen in 1 000 t)

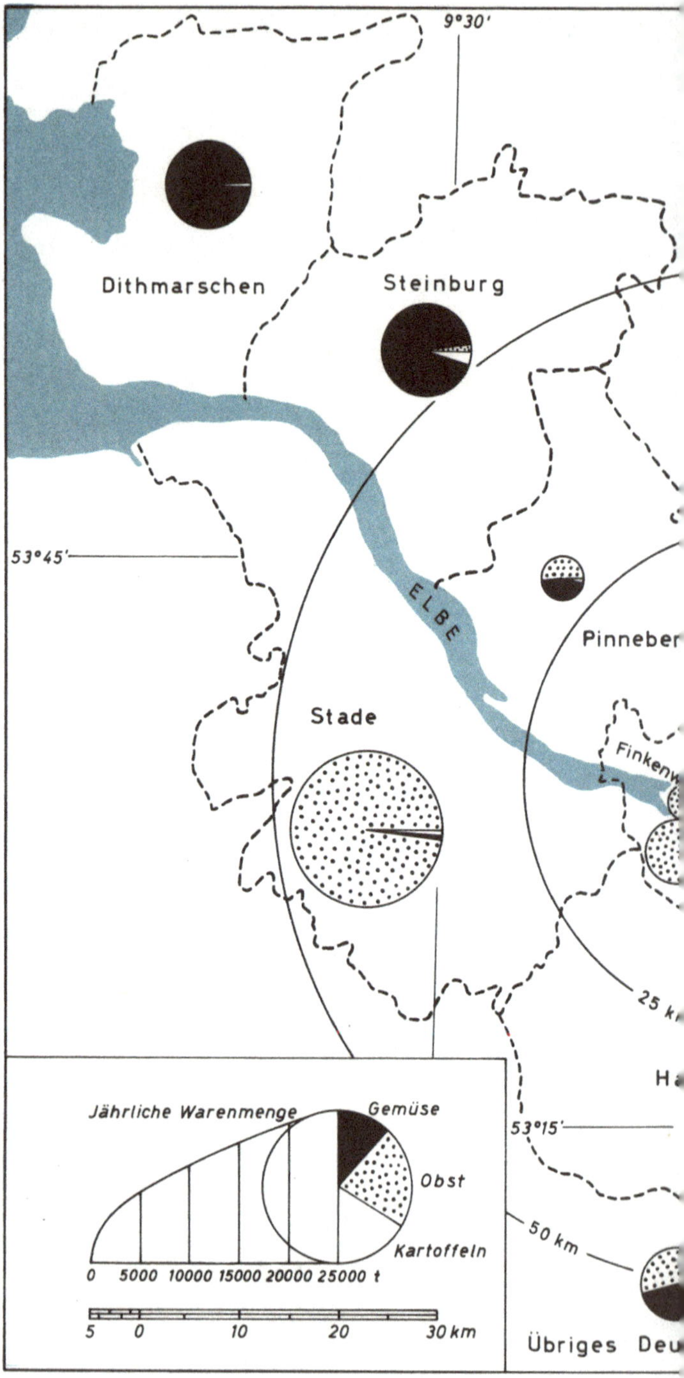

Abbildung 23 **Güterve**

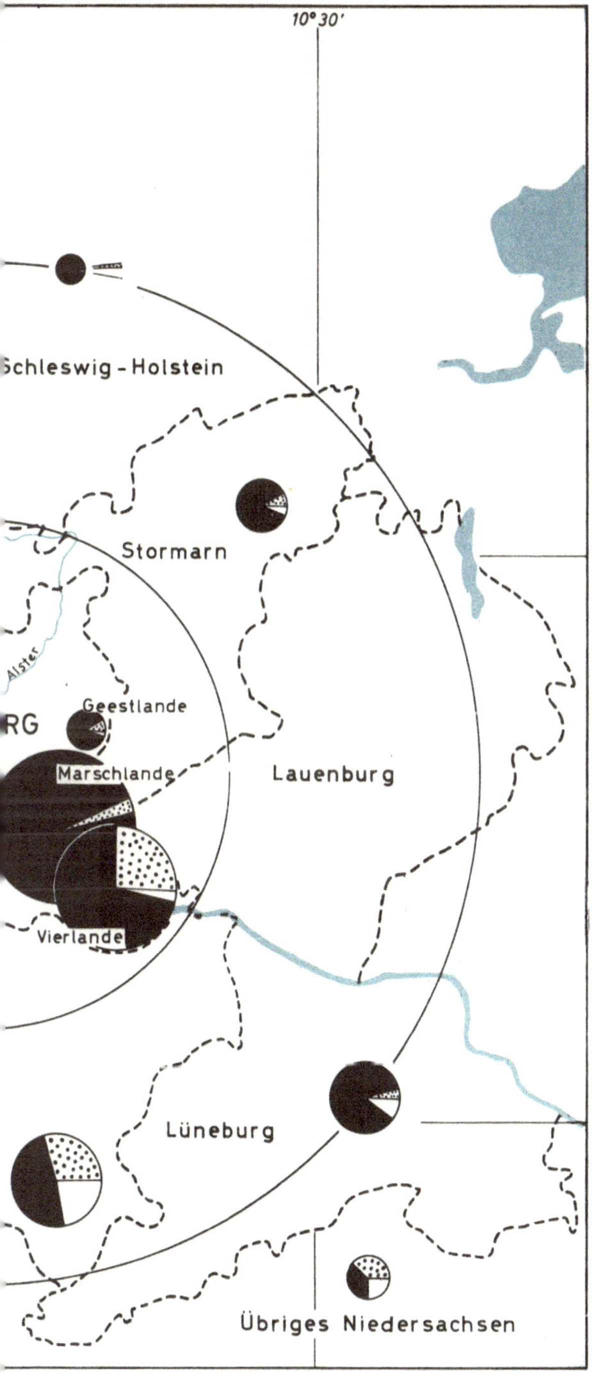

Deichtormarkt

3. Verkehr des Gemüsemarktes

Auch die Zufuhren zum Hamburger Gemüsemarkt kommen, soweit es sich um mitteleuropäische Produkte handelt, wie die des Viehmarktes aus dem nahen Umland. 86 % der angelieferten Warenmenge haben einen Weg von weniger als 50 km Länge, 93 % einen Weg von weniger als 100 km Länge zurückgelegt (Tab. 85)[169]. Hauptsächliche Liefergebiete für Gemüse sind die nördlich der Elbe gelegenen Marschflächen der Hamburger Vierlande, der Hamburger Marschlande, von Dithmarschen und des Kreises Steinburg, 78 % des angelieferten, inländischen Obstes werden in den weniger als 40 km entfernten Marschgebieten von Stade, Neuenfelde, Finkenwerder und der Vierlande erzeugt, und 54 % der verkauften, inländischen Kartoffeln werden in dem südöstlich Hamburgs zwischen Lüneburg und Harburg gelegenen Sandgebieten produziert (Abb. 23)[170]. Wegen seiner Lage in einem ertragreiche Flußmarschen- und Grundmoränenböden besitzenden Umland und in einer Hafenstadt empfängt der Gemüsemarkt nicht nur aus dem Umland, sondern auch aus dem Ausland eine gleich große Warenmenge, wobei die Zufuhr von ausländischem Obst, die zu 55 % Südfrüchte umfaßt (1956: Apfelsinen: 40 475 t, Bananen: 18 163 t, Zitronen: 9 688 t, Weintrauben: 8 811 t, u. a.[171]), mehr als doppelt so groß ist wie die von inländischem (Tab. 85). Die Quellen der ausländischen Verkehrsströme befinden sich in fast allen Ländern Europas und in den übrigen Erdteilen (z. B. Finnland und Schweden: Kronsbeeren; Polen: Bickbeeren, Pfifferlinge; Dänemark: Kohl, Sellerie, Fliederbeeren; Niederlande: Salat, Spinat, Gurken, Kohl; Belgien: Spargel; Frankreich: Walnüsse, Kirschen, Spargel, Petersilie; Portugal: Ananas; Spanien: Apfelsinen, Zitronen, Weintrauben, Tomaten; Schweiz: Kirschen; Italien: Mandarinen, Zitronen, Paprika, Kartoffeln; Jugoslawien: Kirschen, Pflaumen; Griechenland: Rosinen, Korinthen, Weintrauben; Bulgarien: Weintrauben, Tomaten; Ungarn: Äpfel, Tomaten; Asien: Zwiebeln, Datteln, Feigen, Nüsse; Afrika: Apfelsinen, Bananen; Amerika: Apfelsinen, Äpfel, Birnen; Australien: Äpfel, Birnen)[172].

Die Art des Transportmittels wird durch die Beschaffenheit der ankommenden Ware, die Länge des Transportweges und die verkehrsgeographische Lage des Erzeugungsgebietes zum Hamburger Raum bestimmt. Die nichteuropäischen Waren erreichen ihn ausnahmslos auf dem Seewasserweg und werden vom Hafen mit dem Lastkraftwagen zu den Marktständen auf dem Deichtormarkt gebracht (Tab. 86)[173]. Beim Antransport aus den europäischen Ländern tritt eine Differenzierung ein. Die Versender der Küstenstaaten Griechenland, Portugal und Finnland, Schweden, deren Landesgrenzen nicht mit einem Abschnitt der deutschen Staatsgrenze zusammenfallen, bevorzugen den Seeweg, die Spaniens, das durch die Burgundische Pforte einen günstigen Landweg nach Hamburg besitzt und dessen für den Versand agrarischer Produkte wichtige Häfen vornehmlich an der Mittelmeerküste gelegen sind, benutzen zu gleichen Teilen den Seeweg und den Schienenweg, und die der östlich und südöstlich von Hamburg gelegenen Staaten Bulgarien, Ungarn,

169) Angaben der Behörde für Wirtschaft und Verkehr der Freien und Hansestadt Hamburg, Amt für Marktwesen, Deichtormarktverwaltung
170) Angaben der Behörde für Wirtschaft und Verkehr der Freien und Hansestadt Hamburg, Amt für Marktwesen, Deichtormarktverwaltung
171) Angaben der Behörde für Wirtschaft und Verkehr der Freien und Hansestadt Hamburg, Amt für Marktwesen, Deichtormarktverwaltung
172) Angaben der Behörde für Wirtschaft und Verkehr der Freien und Hansestadt Hamburg, Amt für Marktwesen, Deichtormarktverwaltung
173) Angaben der Behörde für Wirtschaft und Verkehr der Freien und Hansestadt Hamburg, Amt für Marktwesen, Deichtormarktverwaltung

Jugoslawien und Polen ziehen die kürzere Eisenbahnverbindung vor. In allen Fällen wählen den Landweg die Grenznachbarn Deutschlands, unter denen die Franzosen 90 % ihrer Waren mit der Eisenbahn zum Deichtormarkt versenden, während die anderen europäischen Lieferanten (Dänemark, Belgien und die Niederlande) wegen der geringeren Entfernung und der geringen Reliefunterschiede im Norddeutschen Flachland zu 85 % auf den Lastwagenbetrieb übergegangen sind. Eilige, ausländische Frachten (Erdbeeren, Kirschen, Zwetschen) werden sogar mit dem Flugzeug angeflogen und vom Flughafen mit dem Lastkraftwagen zum Markt weiterbefördert. Die inländischen Produkte der linkselbischen Erzeugergebiete werden wegen des günstigen Wasseranschlusses der Marschgebiete mit dem Binnenschiff (aus dem Obstgebiet an Este und Lühe zu 25 % aus dem Ilmenaugebiet Gemüse zu 75 %, Kartoffeln zu 25 %) oder wegen des Fehlens von Eisenbahnverbindungen mit dem Lastkraftwagen, die der rechtselbischen wegen ihrer Nahlage zum Deichtormarkt ausschließlich mit dem Lastkraftwagen geschickt.

Art der Zufuhren und Verkehrsträger	Gesamt	davon	
		Obst	Gemüse und Kartoffeln
Gesamt	828 849	670 118	158 731
davon Auslandszufuhren außerhalb des Deichtormarktes	580 122	533 329	46 793
darunter mit dem Seeschiff (evtl. LKW)	567 946	525 393	42 553
mit der Eisenbahn	12 176	7 936	4 240
Auslandszufuhren zum Deichtormarkt	126 590	91 952	34 638
darunter mit dem Seeschiff (evtl. LKW)	71 464	65 483	5 981
mit der Eisenbahn	55 126	26 469	28 657
Inlandszufuhren zum Deichtormarkt	122 137	44 837	77 300
darunter mit dem Lastkraftwagen	100 610	33 158	67 452
mit der Eisenbahn	11 056	5 181	5 875
mit dem Binnenschiff	10 471	6 498	3 973

Tabelle 86 **Gesamtzufuhr zum Gemüsemarkt nach Verkehrsträgern 1956 (Mengen in t)**

Insgesamt werden im jährlichen Mittel an jedem der drei wöchentlichen Großmarkttage 1700 t mit 200 Lastkraftwagen, 50 Eisenbahnwagen und zwei Binnenschiffen zu den 800 Marktständen geliefert.

Wenn ich auch die zentripetal gerichteten Verkehrsströme des Gemüsemarktes wegen ihrer starken Beziehung zum Umland in diesem Abschnitt untersucht habe, so dürften die Ausführungen dennoch deutlich gemacht haben, in welchem Umfang sie von denen ferner Erzeugerbereiche überlagert werden. Ebenso werden beim Verkauf örtliche und überörtliche Funktionen, deren Umfang im Schnitt halb so groß ist wie der der örtlichen, in der Vorweihnachtszeit durch den steigenden Südfruchtimport jedoch anwächst, wahrgenommen (Tab. 87)[174], so daß der Deichtormarkt Quelle zahlreicher Verkehrsströme ist, deren Senken in nahen und fernen Räumen liegen.

Funktionsbereich	Zeitraum 4. 12. – 9. 12. 1950	22. 6. – 28. 6. 1951	10. 12. – 16. 12. 1951	9. 6. – 14. 6. 1952	8. 12. – 17. 12. 1952
Gesamt					
örtlich	1 623	2 974	2 699	2 548	1 883
überörtlich	865	1 614	1 019	1 224	2 974
Obst					
örtlich	1 064	629	1 848	1 147	1 086
überörtlich	608	910	749	458	2 517
Gemüse					
örtlich	559	2 345	851	1 401	797
überörtlich	257	704	270	766	457

Tabelle 87 Verkauf am Deichtormarkt (Mengen in t)

Seeschiffe befördern südländische Früchte in den skandinavischen Raum (z. B. Schweden: Ananas, Bananen, Apfelsinen, Rosinen; Norwegen: Apfelsinen, Bananen, Tomaten; Finnland: Apfelsinen), Binnenschiffe fahren in das obere Elbegebiet (CSR: Äpfel, Gewürzkräuter), 70 bis 80 Eilgutwaggons laufen an jedem Markttag in die europäischen Länder (z. B. Belgien: Tomaten, Ananas, Rosinen, Mandeln; Frankreich: Aprikosen, Pfirsiche; Schweiz: Apfelsinen, Bananen, Äpfel, Tomaten; Österreich: Apfelsinen, Bananen, Äpfel, Tomaten, Zitronen, Kokosnüsse, Haselnüsse; Italien: Ananas; Jugoslawien: Bananen; Polen: Nüsse; UdSSR: Datteln, Ananas), und 3000 Lastkraftwagen beliefern markttäglich die im mitteleuropäischen

174) Angaben der Behörde für Wirtschaft und Verkehr der Freien und Hansestadt Hamburg, Amt für Marktwesen, Deichtormarktverwaltung

Geosynklinalraum gelegenen Nachbarstaaten (Niederlande: Bananen, Ananas, Rosinen; Dänemark: Apfelsinen, Bananen, Zitronen, Tomaten), die nördlich des Mittelgebirges befindlichen, deutschen Länder (Westfalen, Niedersachsen und Schleswig-Holstein: alle Warenarten) und die Abnehmer des Hamburger Raumes.

Vieh- und Gemüsemarkt sind somit Konvergenz- und Divergenzpunkte zahlreicher, nah- und fernräumlicher, zentripetal und -fugal gerichteter Verkehrsspannungen mit dem Einzugsgebiet des Umlandes und des Auslandes, sowie den Absatzgebieten der Stadt, des nord- und mitteleuropäischen Raumes, die zugleich regionale und überregionale Funktionen wahrnehmen. Während der Viehmarkt am nordwestlichen Rand der Innenstadt dort entstanden ist, wo früher die Viehwege der jütländischen Marsch und Geest vor den Toren der Stadt zusammenliefen, hat sich der Gemüsemarkt im Osten der Altstadt an der Stelle entwickelt, zu der die Bauern aus den von Kanälen und schiffbaren Altwasserarmen durchzogenen Marschen im Süden und Osten Hamburgs am schnellsten und billigsten ihre Ware anliefern konnten. Gemüsebau und Obstbau in der Flußmarsch, Marktlage am Marschtor („Deichtor") und Wasserweg sowie Viehwirtschaft in der Seemarsch und auf der Geest, Viehtrift der Geest und Marktlage am Geesttor („Auf dem Kamp", „Feldstraße") entsprechen einander und zeigen einen engen, kausalen Zusammenhang zwischen der Lage der Verkehrsspannungspole, der Wahl der Verkehrsmittel und der Lage der Märkte, der sich im Prinzip bis heute erhalten hat, wenn auch Eisenbahn und Lastkraftwagen die Triftwege abgelöst haben und der Seeschiffsverkehr ferner Räume ergänzend hinzugetreten ist.

4. Ausflugsverkehr

Das nahe Umland ist jedoch nicht nur die „Speisekammer" der Bevölkerung des städtischen Verkehrsraumes, sondern auch ihr Erholungsgebiet. Am Wochenende fahren Personenkraftwagen, Omnibusse, Eisenbahnzüge und Dampfer von den Stationen der Innenstadt nach Sylt, Helgoland und den ostfriesischen Inseln, auf der Oberelbe bis Lauenburg und auf der Unterelbe bis Cuxhaven, zum Ostsee- und Nordseestrand Schleswig-Holsteins, in das Seengebiet der Holsteinischen Schweiz, in das Waldgebiet der Göhrde, in die Lüneburger Heide und in das Moorgebiet des Hamme-Wümme-Urstromtales.

Bevorzugte Wege des Individualverkehrs sind die Elbchaussee, auf der am Sonntag, dem 13. 4. 58, das Maximum des ausstrahlenden Personenkraftwagenverkehrs zwischen 14.30 und 15.30 Uhr in Nienstedten mit 1 436 Personenkraftwagen auf einer Fahrspur gezählt wurde, die ins Ostseegebiet führende Lübecker Autobahn, auf der der Verkehr am Pfingstsonntag 1957 mit 16 157 Kraftfahrzeugen nahezu das Dreifache des werktäglichen Umfangs (6 929) erreichte[175], und die in den niedersächsischen Raum führende Bremer Autobahn, deren maximaler, einstrahlender Verkehr am Ostermontag 1958 auf den Norderelbbrücken zwischen 16.00 und 18.00 Uhr mit 4 508 Personenkraftfahrzeugen auf zwei Fahrspuren gemessen wurde.

175) Peschges, H.: Der Neubau der Bundesautobahnstrecke „Südliche Umgehung Hamburg". In: Planung, Bau und Betrieb von Verkehrsanlagen in Hamburg. Forschungsarbeiten aus dem Straßenwesen. Neue Folge, Heft 36. Bielefeld 1958. S. 37

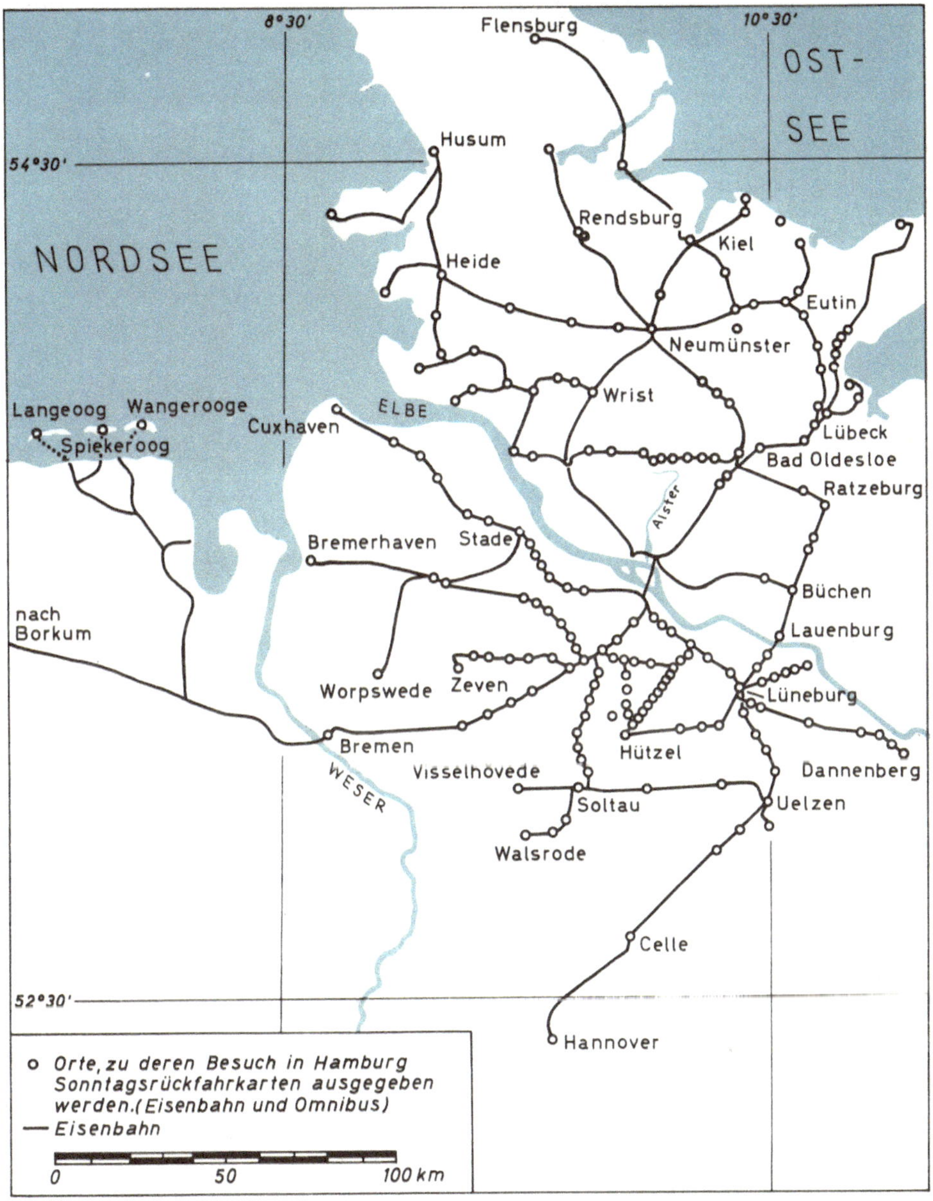

Abbildung 24 **Ausflugsgebiet im Umland Hamburgs**

Hamburg Abfahrt	Verkehrsmittel und Strecke	Hamburg Ankunft
	Eisenbahn	
7.08 Uhr	Hamburg – Cuxhaven	22.13 Uhr
7.28 Uhr	Hamburg – Soltau	20.43 Uhr
8.15 Uhr	Hamburg – Dannenberg Ost	20.49 Uhr
8.26 Uhr	Hamburg – Travemünde Strand	21.43 Uhr
8.56 Uhr	Hamburg – Buchholz	19.43 Uhr
9.08 Uhr	Hamburg – Winsen	21.13 Uhr
9.50 Uhr	Hamburg-Buxtehude	21.01 Uhr
	Omnibus	
7.00 Uhr	Hamburg – Munster Lager	18.20 Uhr
8.00 Uhr	Hamburg – Bispingen	16.25 Uhr
8.40 Uhr	Hamburg – Emsen	21.00 Uhr
9.10 Uhr	Hamburg – Schneverdingen	20.50 Uhr
9.10 Uhr	Hamburg – Behringen	16.25 Uhr
	Dampfer	
8.00 Uhr	Hamburg – Lauenburg	20.45 Uhr
8.30 Uhr	Hamburg – Cranz	21.50 Uhr
9.30 Uhr	Hamburg – Estebrügge	20.50 Uhr
10.00 Uhr	Hamburg – Lühe	14.10 Uhr
14.00 Uhr	Hamburg – Grauerort	19.10 Uhr

Tabelle 88 Zusätzlicher Feiertagsverkehr der öffentlichen Verkehrsmittel

Die öffentlichen Verkehrsbetriebe bieten zu den Ausflugszielen gegenüber den Werktagen verbilligte (Abb. 24) [176], [177] und zusätzliche Fahrtmöglichkeiten an, aus deren Abfahrts- und Ankunftszeit sich der zentrifugale Vormittags- und der zentripetale Nachmittagsverkehr als Charakteristikum des Ausflugsverkehrs mit dem

176) Amtlicher Kleinfahrplan. Hamburger Nahverkehr. Deutsche Bundesbahn. Bundesbahndirektion Hamburg. Winterfahrplan 1957 / 58. Hamburg 1957. S. 134

177) ZOB - Kursbuch. Zentral - Omnibus - Bahnhof G. m. b. H., Hamburg. Winterfahrplan 1957 / 58. Hamburg 1957. S. 5 ff.

Umland ablesen lassen (Tab. 88) [178], [179]. Ähnliche, verbilligte und temporal gerichtete Verkehrsverbindungen der öffentlichen Verkehrsmittel bestehen zu den im Umland errichteten Krankenhäusern, Erholungsheimen und Altersheimen (Tab. 89) [180], [181].

5. Arbeitnehmer - Pendlerverkehr

In ihrem zeitlichen Ablauf entgegengesetzt fließende Verkehrsströme zwischen dem Hamburger Verkehrsraum und seinem Umland werden dadurch hervorgerufen, daß die im städtischen Bereich wohnhaften Arbeitskräfte zahlenmäßig nicht in der Lage sind, die vorhandenen Arbeitsplätze auszufüllen, daß das mit Flüchtlingen und Ausgebombten übervölkerte, agrarisch orientierte Umland nur wenige Verdienstmöglichkeiten bietet und daß als notwendige Voraussetzung ein dichtes Verkehrsnetz vorhanden ist, dessen Struktur ich zunächst untersuchen möchte, um daran anschließend die Verkehrsquellen und -senken aufzuzeigen.

Krankenhaus bzw. Heilstätte u. ä.	Abfahrt in Hamburg			
	Ort	Tag	Uhrzeit	
Bevensen (R)	ZOB	Mi So	10.30	
Wintermoor (R)	ZOB	Mi So	12.30	13.00
Rickling (R)	ZOB	So	12.30	
Fischbek	Hauptbahnh	Mi So	13.00	
Edmundsthal	ZOB	Mi So	13.10	
Rissen	Iserbrook	Mi So	13.56	14.11
			14.26	14.52

Anmerkung: Rückfahrt nach Ende der Besuchszeit
Mi = Mittwoch, So = Sonntag
(R) = Verkauf von Sonntagsrückfahrkarten an allen Verkehrstagen

Tabelle 89 **Krankenhausverkehr mit Omnibussen**

Die Tarifverhältnisse lassen sich leicht überblicken, da in der Regel der Kilometer-Tarif gilt und der Fahrpreis sich proportional zur Entfernung gleichmäßig steigert, so daß die Pendlerwohndichte der Orte des Umlandes mit ihrer Entfernung vom Hamburger Hauptbahnhof abnimmt.

Im Gegensatz zur Erschließung des städtischen Bereiches für den Personenverkehr läßt sich bei der des Umlandes kein Zusammenhang zwischen der Lage der Pendlerwohngebiete und der Fahrtfrequenzen (Abb. 28 [182]) und Abb. 25) [183], [184]), wohl aber zwischen ihr und den Fahrzeiten der sie mit dem Zentrum verbindenden

178) Amtlicher Kleinfahrplan. Hamburger Nahverkehr. Deutsche Bundesbahn, Bundesbahndirektion Hamburg. Winterfahrplan 1957 / 58. Hamburg 1957. Sommerfahrplan 1958. Hamburg 1958.
179) Fahrplan der Hamburger Hochbahn Aktiengesellschaft, Hamburg. Winterfahrplan 1957 / 58. Hamburg 1957. Sommerfahrplan 1958. Hamburg 1958
180) Fahrplan der Hamburger Hochbahn Aktiengesellschaft, Hamburg. Winterfahrplan 1957 / 58. Hamburg 1957. Sommerfahrplan 1958. Hamburg 1958
181) ZOB-Kursbuch. Zentral - Omnibus - Bahnhof G. m. b. H., Hamburg. Winterfahrplan 1957 / 58. Hamburg 1957. Sommerfahrplan 1958. Hamburg 1958
182) Statistisches Landesamt der Freien und Hansestadt Hamburg: Statistik des Hamburgischen Staates. Heft 40. Hamburg 1953
183) Amtliches Kursbuch Nordwestdeutschland. Deutsche Bundesbahn, Bundesbahndirektion Wuppertal. Winterfahrplan 1957 / 58. Wuppertal 1957. Sommerfahrplan 1958. Wuppertal 1958
184) ZOB - Kursbuch. Zentral - Omnibus - Bahnhof G. m. b. H., Hamburg. Winterfahrplan 1957 / 58. Hamburg 1957. Sommerfahrplan 1958. Hamburg 1958

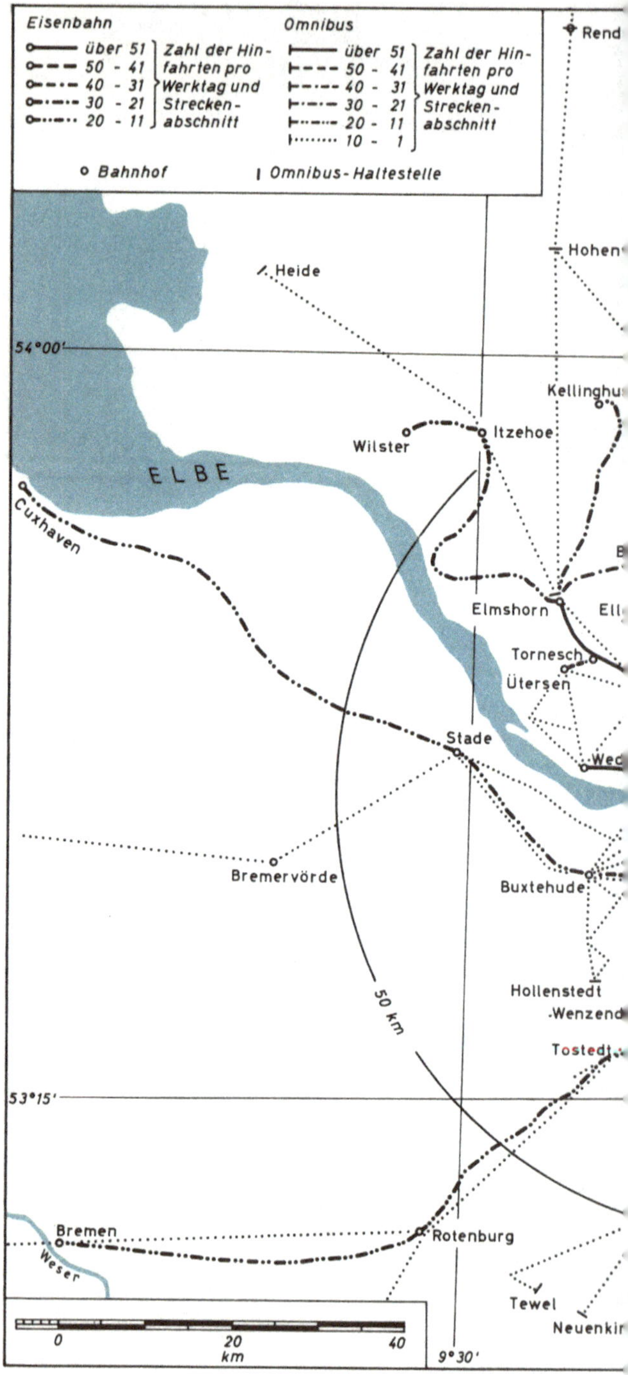

Abbildung 25 **Verkehrs-Frequenz der öffentl**

ehrsmittel im Umland Hamburgs

Abbildung 26 **Isochrone**

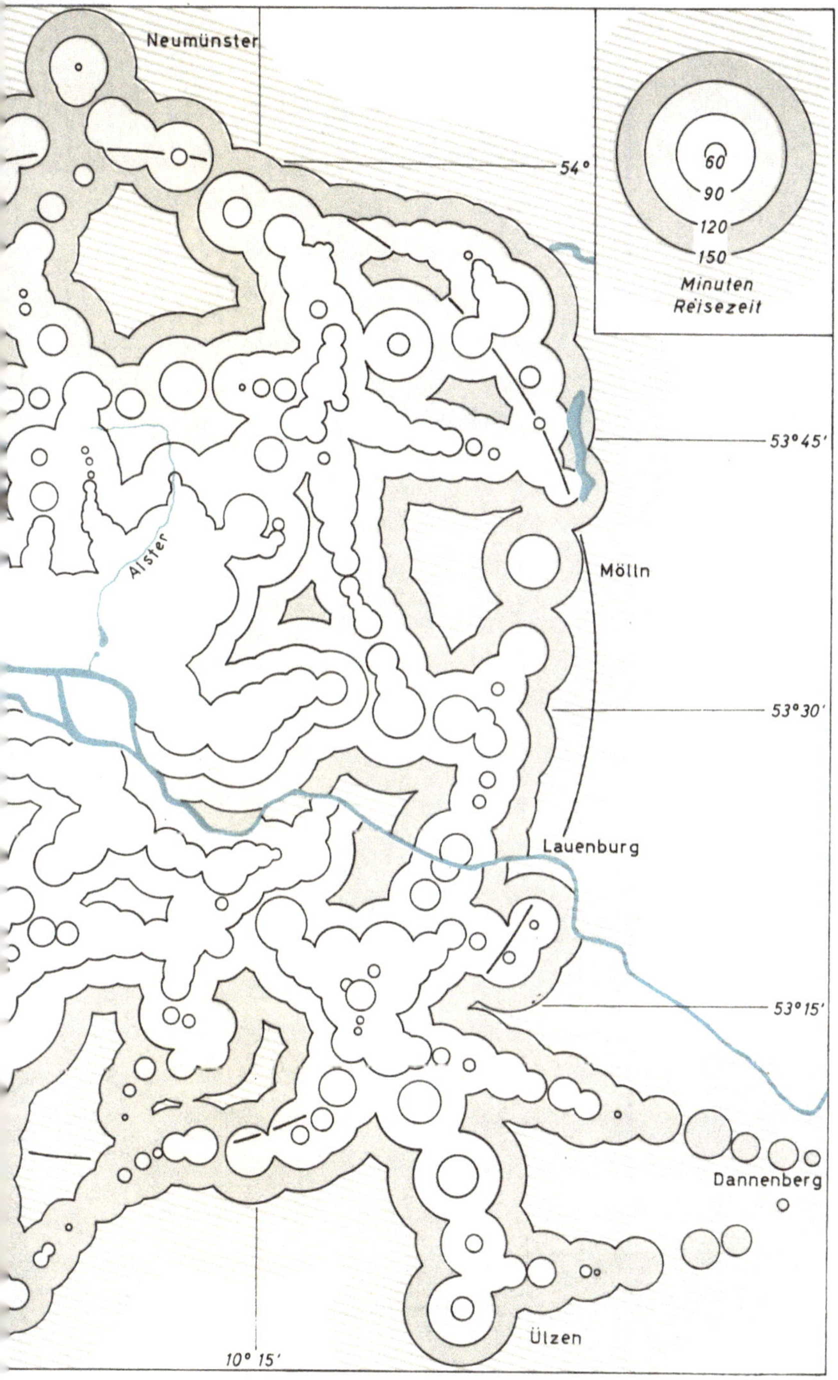

bahnverkehrs im Umland Hamburgs

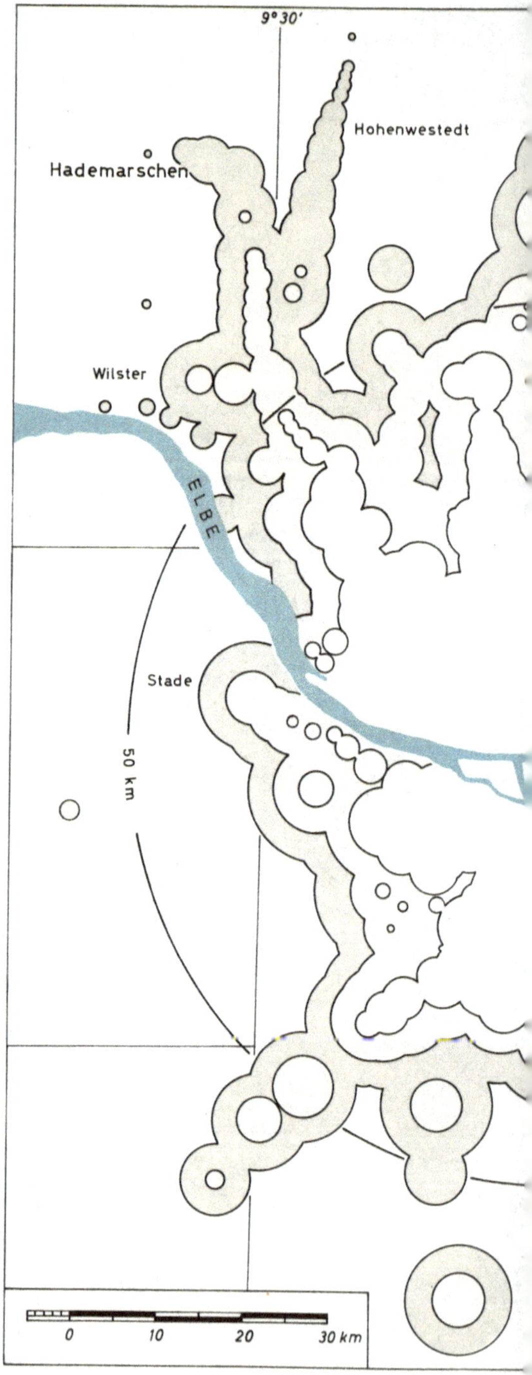

Abbildung 27 Isochronen de

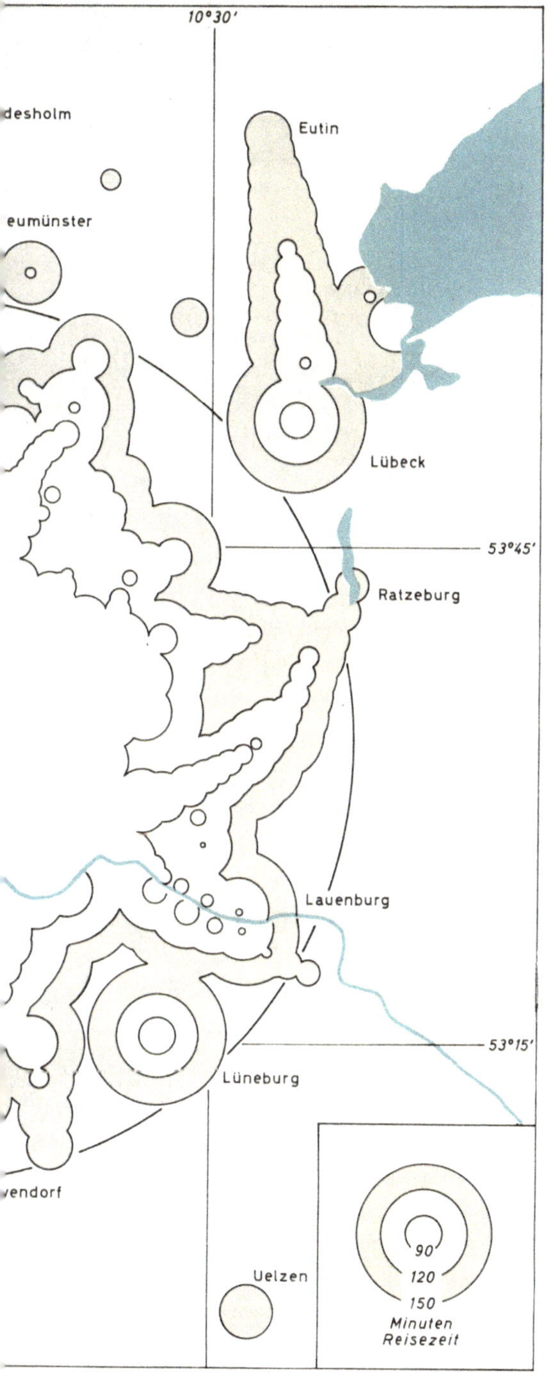

verkehrs im Umland Hamburgs

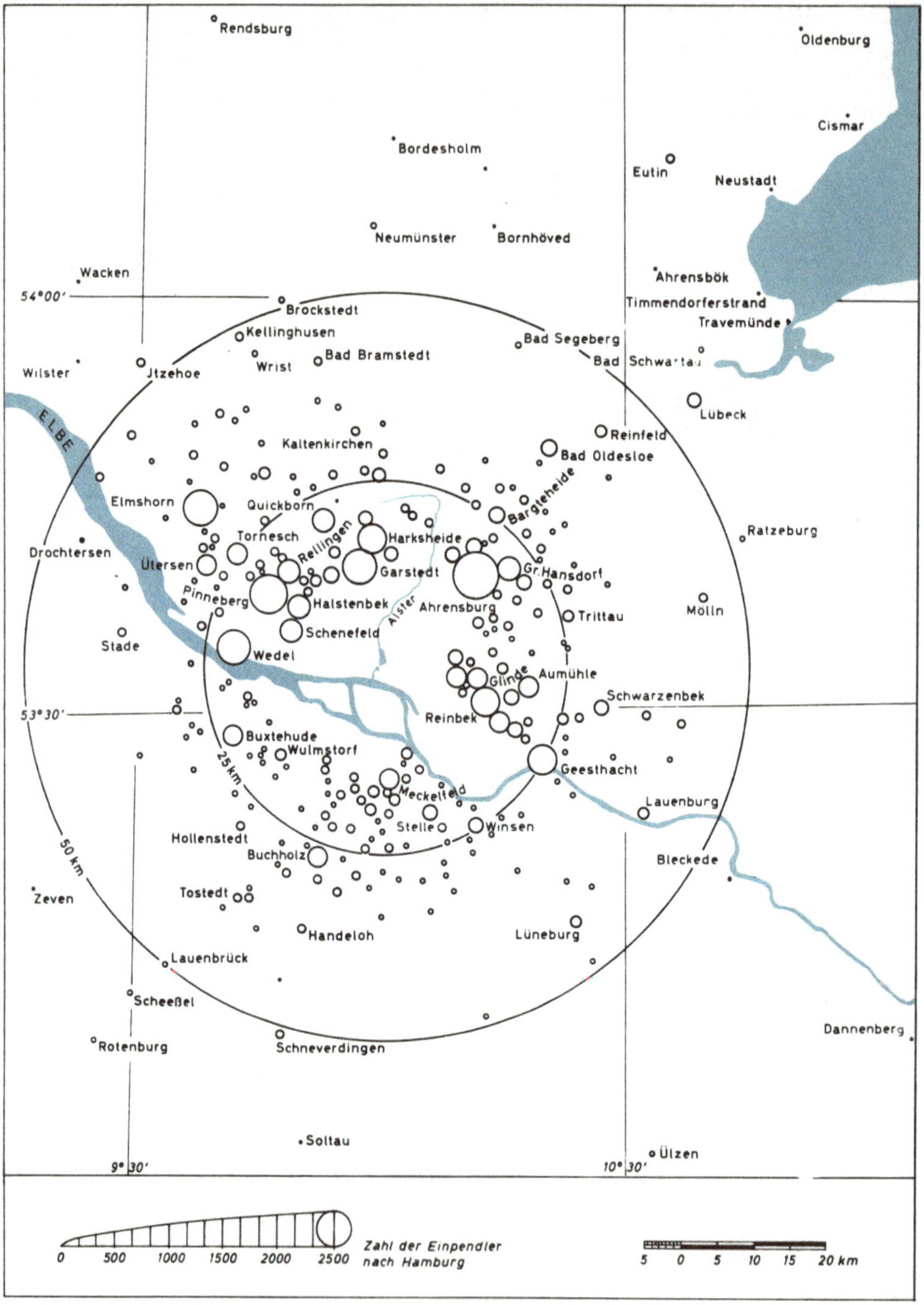

Abbildung 28 **Pendler-Gemeinden im Umland Hamburgs**

öffentlichen Verkehrsmitteln (Abb. 28; Abb. 26[185]) und Abb. 27[186])) nachweisen. Das ist auch verständlich, da die Pendler keine häufigen, sondern täglich nur zwei, aber möglichst schnelle Verbindungen benötigen, damit der Weg von und zur Arbeit keine unnötige Zeit in Anspruch nimmt. Der Zeitaufwand für den Weg zu den einzelnen Pendlergemeinden wird durch die Isochronen bzw. den zwischen ihnen liegenden Zeitzonen charakterisiert.

Die 120 – 150 Minuten-Zeitzone des Eisenbahnverkehrs, die als erste betrachtet werden soll, da der größte Anteil des Pendlerverkehrs, wie gleich gezeigt werden wird, von der Eisenbahn bewältigt wird, ist südlich des Elburstromtals stark zerlappt und stößt mit einzelnen Spitzen bis in den Raum westlich Bremen und südlich der Linie Uelzen – Soltau vor, zwischen denen sie sich bis auf 35 km Luftlinien-Entfernung vom Zentrum zurückzieht. Nördlich der Elbe bildet sie um die 50 km Luftlinien-Entfernungszone einen fast geschlossenen Halbkreisring, der im Bereich der Endmoränenzüge des Kisdorfer Wohlds, der Hahnheide und bei Geesthacht Inseln zurückläßt, die mit ihren stadtnahen Grenzen bis an die 25 km Luftlinien-Entfernungszone heranreichen. Dieser Gegensatz ist eine Folge der in Parallelität zu den geomorphologischen Gegebenheiten erfolgten verschiedenartigen Trassierung der Bahnstrecken. Denn die Zeitzone schießt entlang der verkehrspositiven Vorgeestflächen des südlichen Elbufers und der Hamme-Wümme-Niederung pfeilförmig vor und läßt in den Winkeln zwischen diesen Linien durch die Stauwirkung der wartheeiszeitlichen Endmoränen eine für den Eisenbahnverkehr tote Zone entstehen; ihre Ausläufer nördlich der Elbe hingegen stoßen nicht nur zungenförmig durch den Alster-Krückau-Ausraum, die Stormarner Talung und das Billetal vor, sondern durchstoßen durch sie den hemmenden Endmoränenraum, hinter dem sie pilzartig auseinanderfließen und sich wieder vereinen, so daß die Endmoränenflächen als schlechter erschlossene Verkehrsräume im Zeitzonenbild auftreten. Diese Struktur ist bei der 60 – 90 Minuten-Zeitzone, die sich in Schläuchen entlang der Bahnlinien und einzelne Exklaven mit Eilzugbedienung auflöst, noch stärker ausgeprägt. Außerhalb des 60 km Luftlinien-Entfernungskreises schließt sie Bremen und Rotenburg in der Wümmetalung, Uelzen und Bevensen im Ilmenaugebiet und Lübeck im Norden der Stormarner Talung ein. Die 30 – 60 Minuten-Zeitzone umfaßt im Süden die Exklaven Buxtehude und Buchholz (29 km Luftlinien-Entfernung) und im Norden die Exklaven Elmshorn und Bad Oldesloe (35 km Luftlinien-Entfernung), in deren unterschiedlichen Luftlinien-Entfernung sich erneut die exzentrische Lage des Hamburger Verkehrszentrum am Elbeästuar bemerkbar macht.

Im Nahbereich werden diese Bedingungen durch den Omnibusverkehr, der die Marschgebiete des Alten Landes, der Vierlande, das südwestlich der Harburger Endmoränen, nordöstlich der Papendorf-Braaker Endmoränen und östlich der Geesthachter Endmoränen gelegenen Eisenbahnverkehrsschattengebiete bedient, verbessert.

Die stärksten Quellen des in das hamburgische Staatsgebiet gerichteten Pendlerstromes (Abb. 28) befinden sich in den unmittelbar angrenzenden Gemeinden, von denen Ahrensburg mit 2 778 Personen und Pinneberg mit 2 422 Personen die meisten Pendler stellen. Über 1 000 Erwerbstätige kommen täglich aus den Gemeinden Wedel (1 931) im Westen, Garstedt (1 925) und Harksheide (1 291) im

185) Amtliches Kursbuch Nordwestdeutschland. Deutsche Bundesbahn. Bundesbahndirektion Wuppertal. Winterfahrplan 1957 / 58. Wuppertal 1957. Sommerfahrplan 1958. Wuppertal 1958

186) ZOB-Kursbuch. Zentral-Omnibus-Bahnhof G. m. b. H., Hamburg. Winterfahrplan 1957 / 58. Hamburg 1957. Sommerfahrplan 1958. Hamburg 1958

Wohngebiet (Hauptamt bzw. Nebenstelle)	Gesamt	davon		davon	
		Verkehrs-raum Hamburg	Umland des Verkehrs-raumes	mit der Eisen-bahn	mit dem Omnibus
Gesamt	77 461	43 553	33 908	63 334	14 127
davon Schleswig-Holstein	59 055	41 553	17 502	50 028	9 027
Niedersachsen	18 406	2 000	16 406	13 306	5 100
darunter NSt. Ahrensburg	9 247	9 247		9 247	
NSt. Reinbek	8 590	8 590		8 590	
NSt. Pinneberg	8 130	8 130		8 130	
NSt. Buchholz	7 419	1 000	6 419	6 319	1 100
NSt. Winsen / Luhe	5 739	1 000	4 739	2 739	3 000
NSt. Geesthacht	4 428	4 428			4 428
HA. Elmshorn	3 687		3 687	3 687	
NSt. Harksheide	3 482	3 482		3 482	
NSt. Garstedt	2 892	2 892		2 892	
NSt. Wedel	2 855	2 855		2 855	
NSt. Buxtehude	2 301		2 301	2 301	
NSt. Ütersen	2 105		2 105	2 105	
NSt. Lager Wentorf	1 929	1 929			1 929
NSt. Quickborn	1 821		1 821	821	1 000
NSt. Ulzburg	1 716		1 716	1 716	
NSt. Trittau	1 670		1 670		1 670
HA. Stade	1 625		1 625	625	1 000
HA. Bad Oldesloe	1 519		1 519	1 519	
HA. Lübeck	898		898	898	
HA. Lüneburg	855		855	855	

Tabelle 90 Einpendler in den Arbeitsamtsbezirk Hamburg 1956

Norden, Geesthacht (1 492) und Reinbek (1 244) im Osten der Stadt. Mit Schenefeld (1 094), Halstenbek (1 048) und Groß Hansdorf (1 009) bringen diese zehn Nachbargemeinden des Hamburger Staatsgebietes 27 % des gesamten Einpendlervolumens auf. Bemerkenswert ist, daß sie außer Geesthacht und Schenefeld über einen guten Bahnanschluß verfügen, daß sie alle nördlich der Elbe und innerhalb des von mir als Verkehrsraum Hamburg bezeichneten Gebietes liegen. Somit hebt der Verlauf der Pendlerverkehrsspannungen wiederum die Sperrfunktion der Elbe sowie die Verbundenheit Hamburgs mit dem Nordraum hervor und bestätigt, daß es durchaus sinnvoll ist, diese Gemeinden wegen ihrer starken Verkehrsaffinität zum Zentrum in den Bereich des zu Beginn der Arbeit definierten Hamburger Verkehrsraumes mit einzubeziehen.

In dem von mir definierten Umland, dem Pendlereinzugsbereich ausschließlich der nichthamburgischen Gemeinden, die innerhalb des Verkehrsraumes liegen, wohnen 70 % der Pendler innerhalb der 30 km Luftlinien-Entfernungszone, 20 % innerhalb der 30 – 50 km Luftlinien-Entfernungszone und 10 % weiter entfernt. Von zahlenmäßig geringen, isolierten Pendlergemeinden abgesehen, umschließt die äußere Grenze des geschlossenen Hamburger Pendlerbereiches die Städte Rendsburg, Bremen, Soltau und Uelzen, aus denen jedoch nur wenige, meist Wochen- und Monatspendler, kommen, und folgt damit in guter Näherung der 150 Minuten-Isochrone.

Die neueren Zahlen (Tab. 90) [187]) zeigen gegenüber den damaligen Werten einen starken Anstieg. Da eine Aufgliederung nach Gemeinden nicht vorliegt, habe ich versucht, die Lage der einzelnen Arbeitsamtsbereiche zum Hamburger Verkehrsraum zu berücksichtigen. Es ergibt sich, daß der Pendlerverkehr mit dem Umland in der von mir gegebenen Abgrenzung in Niedersachsen und Schleswig-Holstein etwa gleich groß ist, zahlenmäßig aber um 22 % von dem Pendlerstrom übertroffen wird, der aus dem nördlich an das Hamburger Staatsgebiet anschließenden Teil des Verkehrsraumes kommt.

Die im Umland gelegenen Quellen der Pendlerströme sind am stärksten in Niedersachsen (Buchholz und Winsen mit zusammen ca. 11 000) und am zweitstärksten in Schleswig-Holstein (Elmshorn und Ütersen mit zusammen 6 000), so daß dem umfangreichen Pendlerverkehr mit den Randgemeinden des Verkehrsraumes im Norden starke Pendlerverkehrsströme mit den Gemeinden des Umlandes im Süden gegenüberstehen.

Nach der auf Überschlagsrechnung beruhenden, groben Aufgliederung der Pendlerzahlen nach Verkehrsträgern wohnen 80 % der Pendler im Einzugsbereich von Eisenbahnen und 20 % im Einzugsbereich von Omnibussen.

Die Zahl der Auspendler aus Hamburg (1 408), deren Arbeitsplätze vorwiegend in den schleswig-holsteinischen Gemeinden (Bezirk Bad Oldesloe: 595, Elmshorn: 580) liegen, ist gegenüber der der Einpendler (77 461) gering und soll nicht weiter betrachtet werden [188]).

187) Statistisches Landesamt der Freien und Hansestadt Hamburg: Statistisches Jahrbuch 1957. Hamburg 1958. S. 88

188) Statistisches Landesamt der Freien und Hansestadt Hamburg: Statistisches Jahrbuch 1957. Hamburg 1958. S. 86

6. Zusammenfassung

Aus dem Gesagten geht hervor, daß mannigfache Verkehrsspannungen, von denen nur die qualitativ wichtigsten und quantitativ umfangreichsten betrachtet wurden, zwischen dem städtischen Hamburger Raum und den anschließenden umliegenden Räumen bestehen. Hamburg ist zentraler Markt für die im Umland erzeugten landwirtschaftlichen Produkte; das Umland führt nicht nur die Nahrungsmittelversorgung der Stadtbewohner durch, sondern bietet infolge seiner Verkehrserschließung Wohnmöglichkeiten für in Hamburg Erwerbstätige und Ausflugsmöglichkeiten für in Hamburg Wohnende, zugleich profitieren seine Bewohner von den städtischen Einrichtungen überörtlicher Bedeutung wie kulturelle Institutionen und Spezial - Einkaufsstätten.

Die äußeren Grenzen dieses Umlandes sind gleitend und verlaufen zwischen den Kreisen, deren Mittelpunkt im Verkehrszentrum liegen und deren Radien 50 bzw. 100 km betragen.

C. VERKEHRSTRÄGER

I. SCHIFFSVERKEHR

1. Güterverkehr zur See

An der Abwicklung des durch diese Verkehrsspannungen im Hamburger Raum entstehenden Personen- und Güterverkehrs sind entsprechend den vorhandenen Verkehrsanlagen mehrere Verkehrsträger zu Wasser, zu Lande und in der Luft beteiligt.

Wie bei der Darlegung der Verkehrsströme deutlich geworden ist, ist der Seehafen sowohl mengenmäßig als auch funktionsmäßig der die übrigen Schwungräder des Verkehrs in Bewegung haltende Motor.

Durch regelmäßig angebotene Liniendienste steht er mit fast 500 Seehäfen der Welt (nach „Hamburger Expeditionsliste", Hamburg 1958), zu denen im Schnitt stündlich eine Abfahrt erfolgt (1956: 6 527 Abfahrten auf 204 Linien (Tab. 91)[189])), in ständiger Verbindung (Tab. 92).

Frequenzmäßig an erster Stelle stehen die über die Hälfte aller Abfahrten aufweisenden europäischen Häfen, unter denen die Hamburg am nächsten gelegenen Nordseehäfen Deutschlands, Dänemarks und Großbritanniens zweimal täglich bedient werden. Täglich 5 Fahrten führen nach Amerika, dem atlantischen Gegengestade Europas, und je 2 zu den asiatischen und afrikanischen Häfen, während zu den weiter entfernten, australischen Häfen alle 4 Tage ein Liniendampfer ausläuft.

Die von den Schiffen angebotene Nettotonnage besitzt nicht nur ein direkt proportionales Verhältnis zur Zahl der Abfahrten, sondern auch zur Fahrtlänge und zum Umfang der Güterverkehrsspannungen, wobei das Verhältnis der Ladefähigkeit

189) Statistisches Landesamt der Freien und Hansestadt Hamburg: Statistisches Jahrbuch 1957. Hamburg 1958. S. 154

der transozeanischen (ca. 4000 NRT) und der europäischen Frachter (ca. 400 NRT) die bereits aufgezeigte Verteilerrolle des Hamburger Hafens zwischen den transozeanischen Rohstoff- und Erzeugerländern und den europäischen Konsumländern bestätigt.

Zielgebiet	Zahl der Reisen	Angebotene NRT	NRT pro Reise im Durchschnitt
Gesamt	6 527	10 620 667	1 600
davon Europa	3 707	1 650 162	400
Amerika	1 456	4 416 234	3 000
Asien	673	2 544 548	3 800
Afrika	598	1 585 343	2 700
Australien	93	424 380	4 600
darunter Großbritannien, Irland	678	292 775	400
Deutschland	594	193 209	300
Dänemark	549	70 301	100
Mittelmeer	429	459 929	1 100
Venezuela, Kolumbien	377	701 493	1 900
USA am Atlantik	353	1 432 547	4 100
Afrika am Atlantik	345	809 126	2 300
Norwegen	333	87 637	300
Brasilien, Uruguay, Argentinien	308	1 079 500	3 500
Philippinen, Thailand, China, Japan	261	1 191 365	4 600
Kanada am Atlantik	219	492 915	2 200
Indien, Ceylon, Pakistan, Birma, Indonesien	213	901 714	4 200
Niederlande	210	31 887	200
Schweden	197	117 240	600
Spanien, Portugal	192	154 850	800
Süd- und Ostafrika	154	645 382	4 200
Südamerika / Westküste	149	499 328	3 400

Tabelle 91 **Liniendienst zur See 1956**

Hafen	Tage	Hafen	Tage	Hafen	Tage
New York	6	Antofagasta	26	Singapur	26
Halifax	12	Punta Arenas	33	Jokohama	35
Galveston	21			Wladiwostok	36
Vancouver	27	Gibraltar	5	Brisbane	42
		Suez	11		
Panama	13	Aden	15	Kapstadt	20
Rio de Janeiro	12	Kolombo	23	Durban	23

Tabelle 92 Mittlere Reisedauer (in Tagen)

Ziel der Linienschiffe innerhalb des Verkehrsraumes sind die Stückgut-Umschlaghäfen, die sich im Grundriß durch eine schmale Kaizunge (150 m) und ein meist mit Dückdalbenreihen bestandenes, breites Hafenbecken (280 m), im Aufriß durch senkrechte Kaimauern und je zwei Reihen einstöckiger Kaischuppen auszeichnen, die beiderseits von Gleisen und Straßen eingefaßt werden und an deren Wasserseite Normallast-Kaikräne (Halbportal-Wippkräne bei den älteren, Vollportal-Wippkräne bei den neueren Kaischuppen mit durchschnittlich 3 t Tragfähigkeit) laufen, während auf den Kaihöften ortsfeste Schwerlast-Kaikräne (Turmdrehkräne mit einer Tragfähigkeit von 30 t (Kranhöft), 40 t (Roßhöft), 75 t (Kaiser-Wilhelm-Höft)) stehen. Sie liegen in der Marsch beiderseits der Norderelbe in der Nähe der Hamburger Innenstadt (Hafengruppe des Großen Grasbrook, des Kleinen Grasbrook und des Kuhwerder), von der sie durch Wasserarme getrennt sind, und unmittelbar am Geestufer der Verkehrssubzentren Harburg (Harburger Binnenhafen, Seehafen 1) und Altona (Westkai).

Da Hamburg gleichzeitig von tiefgehenden Großfrachtern der Ozeanfahrt und Kleinfrachtern der Europafahrt angelaufen wird, hat sich eine Zuordnung zwischen den einzelnen Hafenliegeplätzen und den Fahrtgebieten herausgebildet (Tab. 93) [190]. Die älteren Hafenbecken am Stadtufer mit ihrer geringen Tiefe und ihren geringen Schuppenabmessungen dienen der Europafahrt, die mittelgroßen Überseefrachter laden und löschen in den Häfen des Kleinen Grasbrook, die großen in den Kuhwerderhäfen (Tab. 94).

190) Angaben des Schiffsmeldedienstes Hamburg G. m. b. H., Hamburg
Täglicher Hafenbericht. Hamburg 1957
Hamburger Expeditionsliste. Hamburg 1957

Der Liniendienst, durch den kleinere, verschiedenartige Stückgutladungen transportiert werden, wird durch einen etwas umfangreicheren Charterdienst ergänzt (1956: 10 994 Fahrten mit 12 784 941 NRT) [191]), durch den größere, geschlossene Ladungen, wie Früchte, Getreide, Düngemittel, Erze, Kohlen, Holz, Baustoffe, Vieh (Tab. 93), befördert werden, so daß im Schnitt alle halbe Stunde ein Seeschiff den Hamburger Hafen verläßt und anläuft (1956: 17 521 Abfahrten) [192]). Er wird meist mit Spezialschiffen von oft besonders großen Abmessungen (z. B. Super-Tankschiffe bis 60 000 t Tragfähigkeit, d. h. ca. 20 000 NRT) durchgeführt. Ihm stehen in Hamburg Sonderhäfen zur Verfügung, die sich durch ihren speziellen Ausbau und ihre siedlungsferne Lage von den siedlungsnahen, möglichst universell eingerichteten Stückgutumschlagsanlagen unterscheiden, und die zugleich die Funktionen des Seeschiffhafens Hamburg charakterisieren.

Den größten Flächenanteil besitzen die Ölhäfen (Tab. 93), die wegen der Feuergefährlichkeit des Umschlagsgutes in Siedlungsferne, also im zentralen Teil des Marschenraumes, und wegen des Tiefganges der Großtanker an der tiefen Fahrrinne des Hauptstromes, Süderelbe-Köhlbrand, angelegt sind, in deren Becken die Tanker vor den abgeböschten Ufern an Dückdalben festmachen und über Rohrleitungen zum Festland löschen und deren Kaiflächen neben Straßen und Schienen durch die hohen Aufbauten der Raffinerieanlagen, die zylindrischen Lagertanks und die Förderleitungen gegliedert sind. Die wegen ihrer Staubentwicklung siedlungsfernen, großen Kohlenumschlagshäfen (Kohlenschiffhafen, Diestelkai), deren kaimäßig ausgebaute Ufer mit Verladebrücken bis zu 6 t Tragfähigkeit ausgestattet sind und auf deren Kaiflächen die Kohlen auf offenen Halden lagern, werden durch konsumorientierte Kohlenhäfen in den Subzentren Altona und Harburg (Seehafen 2) und im Bereich der Hafenindustrie (Kohlen- und Kokswerk, Gaswerk Grasbrook, Elektrizitätswerk Neuhof) ergänzt. Weitere Spezialhäfen sind die mit Haldenplätzen und Verladebrücken versehenen Schrott- (Seehafen 3, Ostkai) und Erzhäfen (Reiherstieg), der Kalikai an der Rethe, von dessen Silo die Verladebrücken so weit über das Wasser reichen, daß See- und Binnenschiffe gleichzeitig be- bzw. entladen werden können, der Griesenwerder Holzhafen, in dem 20 t Schwerlastkräne zur Verfügung stehen, die Getreidehäfen (Reiherstieg, Altona) in denen dicke Saugrohre die Verbindung vom Schiff zu den turmhohen Getreidesilos herstellen, der durch abgedichtete Elevatoren und zweistöckige Kaischuppen gekennzeichnete Fruchthafen (Asiakai) und die am Nordufer in St. Pauli gelegene Viehlandebrücke und der in Altona befindliche Fischereihafen, auf dessen stadtseitigem Ufer Auktionshallen, Packhallen, Lagerräume, eine Eisfabrik (tägliche Produktion: 300 t) und eine Bekohlungsanlage (1954: 90 528 t Kohle) [193]) liegen und dessen vorgelagerter Köhlbrand-Leitdamm zum Ausrüstungskai ausgebaut worden ist.

Der in diesen differenzierten Funktionszellen des Seehafens stattfindende Umschlag kann auf Grund der aufgezeigten Gesamtkonzeption der Verkehrslandschaft des Urstromtales als Stromumschlag (anderes Seeschiff, Binnenschiff) oder als Kaiumschlag (Eisenbahn, Lastkraftwagen, Kaifläche bzw. -einrichtungen) durchgeführt werden. Die Wahl der Umschlagsart richtet sich nach der Beschaffenheit des Umschlagsgutes und dem Sitz des Empfängers bzw. Versenders.

191) Statistisches Landesamt der Freien und Hansestadt Hamburg: Statistisches Jahrbuch 1957. Hamburg 1958. S. 154

192) Statistisches Landesamt der Freien und Hansestadt Hamburg: Statistisches Jahrbuch 1957. Hamburg 1958. S. 154

193) Böhm: Fischmarkt und Fischwirtschaft in Hamburg. Hamburg in Zahlen. Jg. 1956, Heft 23. Statistisches Landesamt der Freien und Hansestadt Hamburg. Hamburg 1956. S. 258

Stückgut																					
Fahrtgebiet	Hafenbeckengruppe und Kaischuppen-Nummer																				
	Roß				Kuhwerder					Kl. Grasbrook				Gr. Grasbrook							R
Südamerika Ost	85	83	82	80	75					53	51		40								
Nordamerika Ost	84	83	82	81	75	73	72	71	70	57				32	31		28				
Afrika	84	83	82		75	74	70	69		58	52	50		29	28	23	22				
Südamerika West		83			75	72	70			58											
Rotes Meer		83	81	80	75	74	69			59		57		28							
Schwarzes Meer		83	82	81					69	58		57		29							
Mittelmeer		83				74	70		69	58				29			22				R
Mittelamerika West			82		75		73														
Süd- und Ostasien				80	75	74	71	70	69	59	57	53	41								
Portugal, Spanien				80							50		40				22				
USA West					75	74	73							28							
Australien					75		71		69	59				28							
Kanada								70		58						23					
Norwegen										59											
Benelux											56		40	29		24					R
Großbritannien										46	45		41	29		24	22				
Südliche Ostsee										46		41	40								
Island												41									
Dänemark														33				16	5	4	
Irland														24							
Finnland														23							
Schweden																			5	4	
Anmerkung: R = Reiherstieg																					

Tabelle 93 Güterbewegungen nach Hafenbecken

Massengut	
Massengut	Hafenbecken bzw. Kaischuppen - Nummer
a. ausgehend	
Zement	Roßhafen, Ellerholzhafen
Schrott	Argentinienkai, Predöhlkai
Kali	Kalikai
Salz	Harburger Binnenhafen, Seehafen 1, Grenzkanal
Koks	Kupferhütte Reiherstieg, Anthrazitwerk
Erdölprodukte	Petroleumhafen, Reiherstieg
b. eingehend	
Rohöl und Rohölprodukte	Bubendeyufer, Petroleumhafen, Waltershofer Hafen, Schmidt-Kanal, Vering-Kanal, Grenzkanal, Hohe Schaar, Seehafen 3 und 4
Kohlen	Waltershofer Hafen, Griesenwerder Hafen, Kohlenschiffhafen, Ellerholzhafen, Roßhafen, Kaiser-Wilhelm-Hafen, Anthrazitwerk, Gaswerk, Altona, Kalikai, Seehafen 2
Holz	Diestelkai, Reiherstieg, 44 A
Steine	Harburg-Treidelweg, Travehafen
Asbest	Segelschiffhafen
Getreide	Hansahafen, 34 A, Kuhwerder-, Roßhafen, Wilhelmsburg Plange, Harburger Binnenhafen
Weizen	Kuhwerder-Getreidelager, Roßhafen
Hafer	Seehafen 1
Gerste	Altona Paulsen
Reis	Hansahafen
Bananen	34, 35, 36, 37, 48
Futterrüben	Harburger Binnenhafen, Altona
Kopra	Kaiser-Wilhelm-Hafen

Tabelle 93 **Güterbewegungen nach Hafenbecken**
(Fortsetzung)

Hafengruppe	Hafenbecken	Tiefe	Schuppenmaße	Fahrtgebiet
Gr. Grasbrook	Sandtorhafen	5.5 m	16 m × 85 m	Europa
Kl. Grasbrook	Südwesthafen	7.8 m	40 m × 400 m	Übersee
Kuhwerder	Kuhwerderhafen	9.0 m	50 m × 400 m	Übersee

Tabelle 94 **Abmessungen der Hafenbecken**

Güterart	1956	1955	1954
Empfang			
Gesamt	19 824 362	16 550 260	13 964 047
davon Rohes Erdöl, Teer	4 567 210	4 267 576	3 616 038
Steinkohle	4 280 209	3 420 600	2 474 883
Weizen	1 255 590	435 156	751 121
Ölsaaten, Ölfrüchte	845 186	811 348	715 954
Mineralölderivate und -rückstände	832 249	451 444	191 486
Obst, Südfrüchte	591 198	658 275	527 777
Gerste	557 086	327 056	334 526
Mais	518 901	546 749	338 217
Gasöl, Dieselöl	408 671	293 140	162 477
Kupfererze	383 168	347 071	338 133
Ölkuchen	299 499	228 989	204 152
Tierische und pflanzliche Öle und Fette	282 911	238 985	233 337
Stammholz	278 644	303 837	241 682
Eisenerz	267 767	212 164	270 282

Tabelle 95 **Güterverkehr zur See nach Güterarten (Mengen in t)**

Güterart	1956	1955	1954
Versand			
Gesamt	7 655 550	7 419 345	6 697 269
davon Kalidüngemittel	824 500	808 575	887 586
Zement, Mörtel	675 601	905 597	729 793
Benzin	532 617	486 874	380 968
Gasöl, Dieselöl	426 330	381 040	286 162
Maschinen, Apparate	310 623	264 943	236 476
Mais	277 384	209 401	41 193
Mischdünger	274 462	261 510	193 485
Ölkuchen	266 418	223 354	187 549
Industrieerzeugnisse	243 309	214 924	189 597
Chemische Erzeugnisse	241 572	210 210	203 101
Mineralölrückstände	210 929	228 994	330 455
Steinkohlenkoks	206 960	295 851	322 955
Eisen- und Stahlwaren	200 692	199 314	177 622

Tabelle 95 **Güterverkehr zur See nach Güterarten (Mengen in t)** (Fortsetzung)

Im Strom werden die Güter des „nassen Transits", ein Teil der Stückgüter des Hamburger Raumes und die Güter der nicht an seeschifftiefen Gewässern gelegenen Lagerhäuser und Industriebetriebe, über den Kai die in den Kaischuppen sortierten bzw. zu sortierenden Stückgüter, die Güter des direkten Land-See bzw. See-Land Transits und die Güter der an seeschifftiefen Stromarmen gelegenen Quellen und Senken des Frachtverkehrs umgeschlagen.

Durch den dargelegten Strukturwandel vom Transithafen mit allochthonen Verkehrsströmen zum Ziel- und Quellhafen mit autochthonen Verkehrsbewegungen haben sich auch die Anteile der einzelnen Umschlagsarten am Gesamtumschlag und, dadurch bedingt, Funktion, Aufriß und Grundriß des Seehafens verändert. Heute ist Hamburg, gemessen an den Gütermengen, ein Rohstoff- und Nahrungsmittelimporthafen, dessen einkommende Gütermenge zu 23 % aus Mineralöl, zu 22 % aus Kohle, zu 3 % aus Erz sowie zu 12 % aus Getreide, zu 6 % aus Ölfrüchten und zu 3 % aus Südfrüchten besteht, und ein Massengutversandhafen, dessen umfangreichste Versandgüter Kali (11 %), Zement (9 %) und Benzin (7 %) sind (Tab. 95)[194].

194) Statistisches Landesamt der Freien und Hansestadt Hamburg: Statistisches Jahrbuch 1957. Hamburg 1958. S. 155–157

Jahr	Gesamt	Import: Gesamt	Import: außenbords im Strom	Import: außenbords am Kai	Import: über Kai	Export: Gesamt	Export: außenbords im Strom	Export: außenbords am Kai	Export: über Kai	Stück- und Sackgut	Massengut	Dalbenumschlag: Gesamt	Dalbenumschlag: Stück- u. Sackgut	Dalbenumschlag: Massengut
		davon								davon		davon		
absolut														
1950	10.9	7.3	1.9	1.4	4.0	3.5	1.3	0.7	1.6	4.2	6.7	3.2	1.5	1.7
1951	14.3	9.9	1.9	2.4	5.6	4.4	1.7	0.5	2.1	5.1	9.2	3.6	2.1	1.5
1952	15.2	10.8	2.0	2.8	6.0	4.4	1.8	0.5	2.1	5.4	9.8	3.8	2.2	1.6
1953	16.5	11.1	2.2	2.5	6.5	5.3	2.0	0.6	2.7	6.5	10.0	4.1	2.3	1.8
1954	20.6	13.9	2.8	2.4	8.7	6.6	2.1	0.6	3.9	7.8	12.8	4.8	2.4	2.4
1955	24.0	16.6	4.1	2.9	9.6	7.4	2.7	0.6	4.0	9.0	13.0	7.1	3.2	3.9
1956	27.4	19.8	3.7	3.4	12.7	7.6	2.7	0.6	4.2	9.2	18.2	6.6	2.8	3.8
prozentual														
1950	100	100	25	19	56	100	37	19	44	38	62	29	36	25
1951	100	100	19	24	57	100	39	12	49	36	64	26	38	16
1952	100	100	20	25	55	100	41	10	49	35	65	26	41	16
1953	100	100	19	22	59	100	38	11	51	39	61	26	38	18
1954	100	100	20	18	62	100	32	10	58	38	62	25	36	19
1955	100	100	24	18	58	100	37	8	55	37	63	29	37	26
1956	100	100	18	18	64	100	36	9	55	33	67	24	32	21
Spalte	1	2	3	4	5	6	7	8	9	10	11	12	13	14

Anmerkung: Es beziehen sich die Prozentzahlen von Spalte 3 – 5 auf Spalte 2
" " " " " " " 7 – 9 " " 6
" " " " " " " 10 – 12 " " 1
" " " " " " " 13 " " 10
" " " " " " " 14 " " 11
Dabei sind die an zweiter Stelle genannten Spalten stets gleich 100 gesetzt.

Tabelle 96 Güterumschlag im Seehafen nach Umschlagsart (Mengen in Mill. t)

Da die relativ jungen Massenguthäfen meist an seeschifftiefen Gewässern angelegt worden sind, geht der Anteil des Stromumschlages immer mehr zurück (Tab. 96) [195], [196]. Trotz der Verdopplung des absoluten Dalbenumschlages im angegebenen Zeitraum, ist sein prozentualer Anteil am Gesamtumschlag von 29 % fast gleichmäßig auf 24 % zurückgegangen, weil, abgesehen von der durch die Korea-Krise bedingten Abweichung des Jahres 1955, nicht nur Stückgüter im stärkeren Maße über den Kai umgeschlagen werden, sondern insbesondere der Anteil des nur zu 20 % im Strom umgeschlagenen Massengutes am Gesamtumschlag ständig ansteigt.

195) Fessel, M.: Hamburgs Hafenschiffahrt. Schiff und Hafen. 9. Jg., Heft 7. Ütersen 1957. S. 624
196) Plate, E.: Der Hafen braucht die Bahn. Die Bundesbahn. 29. Jg., Heft 19. Darmstadt 1955. S. 811

Umschlagseinrichtung	1938	1945	1957
Schwimmkräne (10 – 200 t Tragfähigkeit)	15	9	13
Schwimmende Getreideheber (200 t / Std.)	21	8	17
Schwimmende Kohlenheber	8	3	5
Kaikräne (3 t Tragfähigkeit)	1 108	230	604
Kaihöft-Schwerlastkräne (20-75 t Tragfähigkeit)	10	5	7
Landfeste Verladebrücken	32	26	31
Landfeste Getreideheber	0	0	40

Tabelle 97 Umschlagseinrichtungen des Hafens

Diese Entwicklung spiegelt sich auch in der Gestaltung der Umschlagseinrichtungen wider (Tab. 97) [197]. Die Abnahme der Zahl der schwimmenden Umschlagseinrichtungen des Stromumschlages und der Stückgutkräne des Kaiumschlages sowie die Zunahme der Zahl der landfesten Massengutumschlagseinrichtungen kennzeichnen die Strukturänderung des Güterverkehrs im Hamburger Seehafen, der sich von einem Hafen mit gleich umfangreichem Massen- und Stückgutumschlag (1938: 51 % : 49 %) zu einem Hafen mit vorherrschendem Massengutumschlag und von einem Hafen mit vorwiegendem Stromumschlag zu einem Hafen mit über-überwiegendem Kaiumschlag entwickelt hat.

Dieser Wandel hat sich aber nicht nur infolge der Änderung der qualitativen und quantitativen Zusammensetzung des Umschlagsgutes, sondern auch wegen der Verschiebung der Verkehrsanteile der kontinentalseitigen Verkehrsträger vollzogen (Tab. 99) [198], [199], die durch das Anwachsen des meist mit Lastkraftwagen durchgeführten Lokalverkehrs (1936: 25 %, 1957: 60 % des Gesamtumschlages) und den Rückgang des meist mit Binnenschiffen durchgeführten Transitverkehrs mit dem oberen Elbegebiet (1936: 25 %, 1957: 60 % des Gesamtumschlages [200]) hervorgerufen worden ist. Durch das Zurücktreten des Binnenschiffsverkehrs und damit des Stromumschlags ist es möglich, Pfahlgruppen aufzugeben (Tab. 98) [201], die Hafenbecken zu verschmälern, die Kaizungen entsprechend zu verbreitern und auf den so gewonnenen Landflächen die benötigten, breiteren Kaischuppen und leistungsfähigeren Landverkehrswege anzulegen. Gleichzeitig gestattet dieser Umbau, der besonders für die Stückguthäfen der Ozeanfahrt mit ihrer ungenügenden

197) Angaben der Behörde für Wirtschaft und Verkehr der Freien und Hansestadt Hamburg, Strom- und Hafenbau
198) Benrath, H.: Der Aufbau und Wiederaufbau des Hafens Hamburg. In: Hamburg, Großstadt und Welthafen. Festschrift zum XXX. Deutschen Geographentag in Hamburg 1955. Kiel 1955. S. 249
199) Angaben der Behörde für Wirtschaft und Verkehr der Freien und Hansestadt Hamburg, Strom- und Hafenbau
200) Angaben der Behörde für Wirtschaft und Verkehr der Freien und Hansestadt Hamburg, Amt für Verkehr
201) Laucht, H.: Dalbenliegeplätze für Seeschiffe im Hamburger Hafen. Schiff und Hafen. 9. Jg., Heft 10; Ütersen 1957. S. 809

Hafenbecken	Belegungslänge in m			Zahl der Schiffsplätze			Wassertiefe unter KN in dm			Ā. Januar bis Mai 1957
	1939	1957	geplant	1939	1957	geplant	1939	1957	geplant	
Dalben										
Indiahafen	660	0	0	4	0	0	69			
Kuhwerder Hafen	420	0	0	2	0	0	69			
Schiffbauerhafen	340	0	0	2	0	0	85			
Ellerholzhafen	980	980	0	6	6	0	76	89		64 %
Harburger Seehafen 1	270	260	260	2	2	2	74	74	74	
Baakenhafen	800	0	290	6	0	2	69		80	
Kohlenschiffhafen	640	640	640	4	4	4	69	90	90	
Moorburg	420	420	420	2	2	2	79	90	90	
Reiherstieg	480	360	360	3	2	2	84	90	90	
Kirchenpauerhafen	1 960	500	1 620	18	4	10	59	70	100	36 %
Segelschiffhafen	3 800	3 120	1 800	28	20	10	69	80	100	49 %
Hansahafen	2 300	1 080	1 380	16	6	8	69	90	100	33 %
Kaiser-Wilhelm-Hafen	1 400	1 630	1 630	10	10	10	76	100	100	62 %
Strandhafen	1 160	1 040	960	8	6	6	85	90	100	59 %
Altona Westkai	540	540	510	4	4	4	100	100	100	
Roßhafen	1 440	1 440	1 440	10	8	8	100	100	110	74 %
Oderhafen	640	640	720	4	4	4	89	100	110	75 %
Waltershofer Hafen	3 150	2 750	3 120	19	15	17	98	100	110	50 %
Bubendeyufer	650	610	870	3	2	3	100	100	120	
Athabaskahöft	180	480	680	1	2	3	100	100	120	

Tabelle 98 **Stromliegeplätze für Seeschiffe**

Hafenbecken	Belegungslänge in m			Zahl der Schiffsplätze			Wassertiefe unter KN in dm			Ā Januar bis Mai 1957
	1939	1957	geplant	1939	1957	geplant	1939	1957	geplant	
Bojen										
Griesenwerder Hafen		450			2			60		
Kirchenpauerhafen		200			1			90		
Summe	22 230	17 140	16 700	152	100	95				
Durchschnitt							81	90	100	

Anmerkung: Ā = mittlere Ausnutzung der Liegeplätze im angegebenen Zeitraum.

Tabelle 98 **Stromliegeplätze für Seeschiffe**
(Fortsetzung)

Jahr	Verkehrsträger		
	Binnenschiff	Eisenbahn	Lastkraftwagen
1914	80 %	20 %	0 %
1938	40 %	40 %	20 %
1954	17 %	51 %	32 %
1958	12 %	52 %	36 %

Tabelle 99 **Anteile der kontinentalseitigen Verkehrsträger am Umschlag des Seehafens**

Dalbenausnutzung (Tab. 98) geplant ist, eine gegenüber den alten Kaimauern tiefere Gründung der neuen, vorgezogenen Kaimauern vorzunehmen und anschließend die Hafenbecken ohne Gefährdung der alten Kaianlagen weiter auszubaggern. Ende dieser durch die bisherige Nutzung der naturgeographischen Gegebenheiten ermöglichten und durch die kulturgeographischen Erfordernisse bedingten Entwicklung (Tab. 98) wird die Umgestaltung des Dalbenhafens mit einer durchschnittlichen Wassertiefe von 8 m zu einem Kaihafen mit einer durchschnittlichen Wassertiefe von 10 m sein (Verhältnis der Länge der Kaimauern zur Belegungslänge der Dalben in seeschifftiefen Gewässern des Hafens: 1938: 38 345 m : 22 230 m; 1957: 34 553 m : 16 700 m)[202]), der den Anforderungen der modernen Regelfrachtschiffe im Liniendienst (bis 20 000 BRT; 9.5 m Tiefgang) genügen wird.

202) Angaben der Behörde für Wirtschaft und Verkehr der Freien und Hansestadt Hamburg, Strom- und Hafenbau

Der ständig umfangreicher werdende Landverkehr verlangt jedoch nicht nur eine Bereitstellung größerer Verkehrsflächen auf den Kaizungen, sondern auch eine Entflechtung des sich gegenseitig behindernden Schienen- und Straßenverkehrs. Da die Lastkraftwagenfracht, meist Stückgut, oft erst in den Kaischuppen sortiert werden muß, die Eisenbahnfracht, meist Massengut, zu 75 % direkt über den Kai umgeschlagen wird, sind die Eisenbahngleise (2 Ladegleise, 1 Durchfahrtsgleis) auf der Wasserseite, die Straßen (1 Ladenstraße für Senkrechtaufstellung, 2 Fahrspuren) auf dei Landseite der Kaischuppen angelegt. Um allen Eventualitäten Rechnung tragen zu können, werden sie durch ein eingepflastertes Ausweichgleis auf der Landseite und eine für Lastkraftwagen befahrbare Schuppenrampe auf der Wasserseite ergänzt.

Außer dem an den Dalben- und Kaistrecken vorgenommenen Umschlag und dem in den Kaischuppen durchgeführten Sortieren der Güter des Seeschiffsverkehrs erfolgt im Hamburger Hafen das Lagern des nicht direkt verladenen Transitgutes. Dafür stehen die meist an seeschifftiefen Wasserstraßen gelegenen Massengutladeräume und -flächen, die bereits charakterisiert wurden, und die meist an den Binnenwasserstraßen gelegenen Stückgutspeicher, die die funktionalen Komplementäranlagen zu den Stückgutschuppen darstellen, zur Verfügung. In den Stückgutsammelschuppen, die in der Nähe des Alster- und Elbüberganges (Schuppen 2, 3 für Lastkraftwagen-Sammelgut) und des Hafenhauptbahnhofes Hamburg Süd (Schuppen 54, 55 für Eisenbahn-Sammelgut) liegen, wird das kontinentalseitig eingehende Gut bis zum Eintreffen des entsprechenden Seeschiffs gelagert. In den siedlungsfernen, dreistöckigen Speichern (Moldauhafen) werden seewärts einkommende, feuergefährliche Güter (z. B. Baumwolle), in den mehrstöckigen Kühlhäusern (z. B. Neumühlen, Kuhwerder, Großer Grasbrook) seewärts einkommende, leichtverderbliche Güter (z. B. Eier, Fleisch, Fische) und in den, damit von Kaufinteressenten leicht zu erreichen, zentrumsnahen, wegen der hohen Grundstückspreise bis zu neun Stockwerken aufweisenden Speichern des Brooks andere seewärts einkommende, hochwertige Güter (z. B. Tabak, Kaffee, Tee, Kakao) bis zum Abruf durch den Abnehmer gestapelt.

Aus verschiedenartigen Ursachen haben sich auch im Lagereigeschäft, das vor einem halben Jahrhundert neben dem Umschlag eine der Hauptfunktionen des Hamburger Hafens gewesen ist, strukturelle Änderungen ergeben. Mit dem Aufkommen der Dampfschiffahrt (seit 1816), die die Segelschiffahrt völlig verdrängt

Jahr	Segelschiffe		Dampfschiffe		Tanker	
	Zahl	NRT	Zahl	NRT	Zahl	NRT
1863	4 100	550 000	1 450	540 000	–	–
1913	5 000	1 100 000	11 400	13 100 000	–	–
1938	5 700	650 000	12 400	19 000 000	–	–
1953	–	–	13 713	14 528 000	1 063	1 540 000
1955	1	2 510	15 059	18 560 810	1 628	3 095 370

Tabelle 100 Hamburgs Seeschiffsbestand

hat (Tab. 100)[203]), ist der Seeschiffsverkehr unabhängiger von den Naturkräften geworden. Die dadurch ermöglichte Durchführung fahrplanmäßiger Frachtfahrten macht eine vorsorgliche Lagerhaltung nicht mehr in dem Maße wie früher erforderlich, da die Waren zum gewünschten Zeitpunkt in Hamburg eintreffen und weiterbefördert werden können. Die größeren Fahrgeschwindigkeiten und der Flugverkehr, der den Transport hochwertiger und eiliger Güter übernommen hat, stellen eine schnelle Direktverbindung vom Versender zum Empfänger her und ersparen die Anlage von Depots, die zur Zeit der vorherrschenden Segelschiffahrt in den großen Häfen üblich waren. Infolgedessen hat sich im Stückgutverkehr eine Entwicklung des Hamburger Hafens vom Stapelplatz für Transitgut, dessen äußeres Kennzeichen noch heute das Freihafengebiet mit seinen hohen Speichern ist, zum Direktumschlagshafen für Transitgut vollzogen, die quantitativ im Verhältnis der Kaischuppenfläche zur Freihafenspeicherfläche (Tab. 101)[204]) und in dem bereits aufgezeigten Anstieg des Kaiumschlags im Stück- und Sackgutverkehr sowie dessen Folgen für die Struktur des gesamten Hafenumschlags und der Hafengestaltung zum Ausdruck kommt.

Jahr	Kai-schuppenfläche	Freihafen-speicherfläche	Tank-lagerraum	Getreide-lagerraum	Kühlraum
1938	725 572 qm	722 030 qm	1 360 000 cbm	140 000 t	34 739 qm
1957	512 647 qm	400 246 qm	1 698 381 cbm	315 350 t	38 815 qm

Tabelle 101 Lagerflächen im Hafen

Weiterhin ist auf Grund der verbesserten Schiffsanschlüsse und der spezialisierten Anforderungen der Verbraucher eine Umorientierung des Welthandels entstanden, in deren Verlauf zur Deckung des Rohstoff- und Nahrungsmittelbedarfs, die früher, soweit möglich, vorwiegend in den nahen Räumen erfolgt ist, die Produkte ferner Räume mit heran- oder sogar vorgezogen worden sind. Dadurch ist eine ständige Zunahme der Massenguttransporte zu verzeichnen, die eine wesentliche Ursache für den bereits erkannten Anstieg des Massengutanteils am Gesamtumschlag ist. Sofern dieses Gut nicht direkt zwischen dem Seeschiff und einem anderen Verkehrsmittel umgeschlagen wird, wird es im Hafen gelagert und von den dort ansässigen Industriebetrieben (z. B. Erdölraffinerien, Kokswerke, Ölmühlen, Getreidemühlen) bearbeitet, so daß auf dem Massengutsektor ein Wandel vom Umschlagshafen zum verarbeitenden Industriehafen stattfindet, der zahlenmäßig durch die Vergrößerung der Lagerflächen für Massengut dokumentiert wird (Tab. 101).

Insgesamt haben sich also für den Hamburger Seeschiffsverkehr in letzter Zeit mehrere durchgreifende, strukturelle Veränderungen ergeben, die ihren Niederschlag in den bestehenden Verkehrsspannungen, dem Verkehrsablauf und der Gestaltung der Verkehrsanlagen des Hafens finden, deren Folgen aber auch für die anderen Verkehrsträger wirksam sind, wie in den folgenden Abschnitten gezeigt werden wird.

203) Atlas für Hamburger Schulen, Teil 3, Braunschweig 1957. S. 12
204) Statistisches Landesamt der Freien und Hansestadt Hamburg: Statistisches Jahrbuch 1957. Hamburg 1958. S. 137

2. Güterverkehr auf den Binnenwasserstraßen

Besonders eng verhaftet mit der Entwicklung des Seeschiffsverkehrs ist der Binnenschiffsverkehr; denn Hamburg ist infolge seiner Lage und naturgeographischen Voraussetzungen, gemessen an der Umschlagsmenge, nicht nur der größte Seehafen, sondern nach Duisburg-Ruhrort auch der zweitgrößte Binnenhafen Deutschlands. Über die Elbe und die ihr angeschlossenen Kanalsysteme (z. B. Elb-Trave-Kanal, Mittellandkanal) steht er mit über 50 Binnenhäfen in Verbindung, von denen täglich ca. 80 Binnenschiffe mit einer mittleren Tragfähigkeit von 200 – 300 t ankommen (Tab. 102) [205].

Jahr	von der Unterelbe		von der Oberelbe	
	Zahl	Tragfähigkeit	Zahl	Tragfähigkeit
1938	10 845	1 575 540 t	21 254	8 979 082 t
1949	11 202	1 689 562 t	8 054	2 312 608 t
1953	9 844	1 532 155 t	15 858	4 923 271 t
1955	10 464	1 893 205 t	15 162	4 737 140 t
1956	9 144	1 859 379 t	15 734	4 856 644 t

Tabelle 102 **Angekommene Binnenschiffe**

Ziel bzw. Abfahrtsstelle der Binnenschiffe innerhalb des Verkehrsraumes sind die Kanäle und die eine 154 km lange Uferstrecke (Entfernung: Hamburg – Husum) besitzenden 21 Binnenschiffshäfen der Marsch, die sich in Ausbau und Funktion voneinander unterscheiden.

Die kranzförmig um die seeschifftiefen Hafenbecken gelegenen Binnenwasserstraßen gestatten es ihnen, ohne Kreuzung des Seeschiffsverkehrs die Seeschiffshäfen zu erreichen, in denen sie ihre Güter über den Kai oder über den Bord der am Kai oder an den Dalben festgemachten Seeschiffe umschlagen, oder in den mit Dalbenreihen bestandenen, abgeböschte Ufer aufweisenden, großflächigen Becken (z. B. Moldauhafen: 26.2 ha) die Ankunft eines bestimmten Seeschiffes zu erwarten. Senkrechte Kaimauern, kleine Stückgutsammelschuppen und Kaikräne kennzeichnen den am nördlichen Geestufer in der Nähe des Verkehrszentrums gelegenen Stückguthafen der Hamburger Neustadt, von dem regelmäßige Abfahrten zu den Unterelbehäfen (z. B. Stade, Glückstadt, Cuxhaven: zweimal wöchentlich) und Rheinhäfen stattfinden, sowie die Stückgutanlagen des Harburger Binnenhafens und an der Bille; senkrechte Speichermauern charakterisieren die Stückgutspeicher der Brookinsel und des Moldauhafens. Mit Greifbaggern ausgerüstet sind die ebenfalls am Rande der Elbmarsch gelegenen Massengut-Umschlags- und Lagerplätze für Sand, Kies, Steine und Kohle des Harburger Binnenhafens (Treidelweg), der Vorstadt St. Pauli, der Hamburger Altstadt, des Billehafens und der Kanäle des Bille- und Hammerbrooker-Systems sowie der Freiladekai der Eisenbahn am Südufer des Billehafens, an dem Direktverladungen zwischen Eisenbahnwaggons und Binnenschiffen vorgenommen werden. Spezialhäfen sind der heute verwaiste Holzhafen der Billwerder Bucht, in dem früher die aus dem Osten herantransportierten

205) Statistisches Landesamt der Freien und Hansestadt Hamburg: Statistisches Jahrbuch 1957. Hamburg 1958. S. 163

Hölzer lagerten, und der unterhalb des Deichtormarktes am Nordufer des Oberhafens gelegene Gemüsehafen, an dessen Pontons, von denen Transportbänder zu den Marktständen führen, die Gemüseewer der Winsener Marsch (Selbstfahrer mit ca. 90 t Tragfähigkeit), die Obstkähne des Alten Landes (Selbstfahrer mit ca. 50 t Tragfähigkeit) und Schuten (ca. 80 t Tragfähigkeit), die die Abfälle des Marktes aufnehmen und abtransportieren, anlegen.

Die Beschaffenheit der Binnenschiffshäfen des Hamburger Raumes und die bestehenden Verkehrsspannungen deuten bereits die Funktion der Hamburger Binnenschiffahrt an, deren Aufgabe es ist, den Ab- bzw. Antransport der Güter des „nassen Transits" in den bzw. aus dem mitteleuropäischen Raum und den Massengutverkehr der Stadt mit den benachbarten Binnenhäfen durchzuführen.

Das kommt auch in der Art der beförderten Güter zum Ausdruck (Tab. 103) [206]. Von dem empfangenen Gut sind Kies und Sand (42 % der Gesamtmenge) sowie Zement, Platten und Betonwaren (20 %) für die Hamburger Bauindustrie und Kali (15 %) für den Export bestimmt; von dem versandten Gut sind Steinkohle (35 % der Gesamtmenge) und Erz (3 %) sowie Weizen (13 %), Ölfrüchte (6 %), Gerste (5 %), Mais (2 %) und Roggen als seewärtige Importgüter und Dieselöl (7 %), Mineralölderivate (6 %), Benzin (3 %) sowie Koks (3 %) als in Hamburg bearbeitete Importgüter anzusprechen.

Untergliedert nach Verkehrspolen lassen sich diese Funktionen der Binnenschiffahrt an Hand der beförderten Güter immer wieder nachweisen. Im Gebiet der Oberelbe bis zur Zonengrenze bei Schnackenburg, daß das größte Verkehrsvolumen aufweist (Tab. 63, 64), werden gemäß den bestehenden Verkehrsspannungen Kies, Sand (1956: 1 192 000 t) und Kunststeine (1956: 84 000 t) als Baustoffe für Hamburg in der Talfahrt und Kohle (1956: 345 000 t) für dort ansässige Industriebetriebe (z. B. Elektrizitätswerk in Alt-Garge) sowie Getreide (1956: 76 000 t) für die Mühlenbetriebe als Transitgut des seewärtigen Imports in der Bergfahrt befördert. Über den Elb-Trave-Kanal werden Abbrände der Hamburger Hüttenindustrie, Treibstoffe der Hamburger Mineralölindustrie sowie Getreide und Kohle als Transitgut nach Lübeck verschifft. Nach Berlin werden Ruhr-Brennstoffe (1956: 263 000 t), die in Hamburg von der Bahn auf Binnenschiffe umgeladen werden, Getreide aus dem Ausland (1956: 84 000 t) und Zement aus dem Unterelbegebiet (1956: 33 000 t) transportiert, während talwärts Futtermittel (1956: 23 000 t) eintreffen. Ähnlich beschaffen ist das Transportgut der SBZ (bergwärts: Kohle, Erz, Roheisen, Holz, Rohzucker; talwärts: Steine, Zement, Kaolin, Düngemittel) und der Binnenhäfen der westdeutschen Wasserstraßen (Braunschweig, Hildesheim, Hannover, Rhein-, Neckarhäfen) (bergwärts: seewärts eingekommene Kohle (1956: 377 000 t, Getreide (1956: 53 000 t), Mineralöl (1956: 20 000 t); talwärts, seewärts auszuführende Kalidüngemittel (1956: 350 000 t), Steinkohlenkoks (1956: 52 000 t), u. a.). Mit den Häfen der Unterelbe werden Kohlen und Koks für die dortigen Fabriken, Getreide und Futtermittel für die Mühlen, Holz, Zellulose, Zellstoff und Linters im Wechselverkehr mit den Papierfabriken, Gips, Kalk, Steine, Zement (1956: 400 000 t), Mineralöl (1956: 24 000 t) sowie Schrott (1956: 6 000 t) ausgetauscht [207], [208]. Am südlichen Elbufer werden im Este-Lühe-Gebiet Obst (1956: 6 176 t) und im Ilmenau-Gebiet Gemüse (1956: 3 814 t) sowie Kartoffeln (1956:

206) Statistisches Landesamt der Freien und Hansestadt Hamburg: Statistisches Jahrbuch 1957. Hamburg 1958. S. 164 ff
207) Schiffer-Betriebsverband für die Elbe: Verkehrsbericht der Elbeschiffahrt. Hamburg 1957.
208) Anonym: Elbeschiffahrt 1956. Zeitschrift für Binnenschiffahrt. Jg. 1957. Heft 4. Duisburg 1957. S. 123 ff.

158 t) nach Hamburg verladen[209]. Etwa gleich groß sind der Empfang und Versand mit der Tschechoslowakei (Tab. 63, 64), die 50% ihres seewärtigen Außenhandels über Hamburg leitet. Die Raddampferschlepper ziehen in den 750 t-Kähnen vor allem Getreide (1956: 166 000 t) und Erze (1956: 104 000 t) flußaufwärts sowie Stückgut (1956: 100 000 t), Zement (1956: 80 000 t), Düngemittel, Holz, Kaolin und Magnesit flußabwärts[210].

Güterart	1956	1955	1954
Empfang			
Gesamt	2 850 360	3 166 043	2 672 581
davon Erden, Kies, Sand	1 185 053	1 215 241	1 042 572
Kalidünger	424 973	434 831	426 046
Zement, Mörtel	408 411	644 472	491 555
Künstliche Steine, Platten	157 258	152 000	140 583
Mineralölrückstände	39 635	21 570	10 168
Betonwaren	37 114	44 049	44 790
Steinkohlenkoks	34 114	58 188	51 125
Faßholz, Schnittholz	31 438	30 291	23 521
Verbrauchszucker	28 090	42 260	74 757
Benzin	27 933	0	2 216
Glaswaren	25 969	26 799	22 019
Kleie, Futtermehl	23 431	25 953	23 013
Weizen	22 675	13 657	14 561
Stab- und Formeisen	22 459	19 847	18 191
Braunkohlenbriketts	21 803	13 303	1 184

Tabelle 103 Güterverkehr auf Binnenwasserstraßen nach Güterarten (Mengen in t)

209) Angaben der Behörde für Wirtschaft und Verkehr der Freien und Hansestadt Hamburg, Amt für Marktwesen, Deichtormarktverwaltung
210) Anonym: Elbeschiffahrt 1956. Zeitschrift für Binnenschiffahrt. Jg. 1957, Heft 4. Duisburg 1957, S. 124

Güterart	1956	1955	1954
Versand			
Gesamt	3 434 829	3 027 976	2 484 538
davon Steinkohle	1 210 765	1 106 798	703 632
Weizen	442 204	125 670	232 376
Gasöl, Dieselöl	221 635	226 001	160 478
Ölsaaten, Ölfrüchte	214 162	239 642	219 779
Andere Mineralölderivate	191 768	226 991	210 143
Gerste	172 067	117 866	130 842
Eisenerz	105 903	106 657	156 483
Benzin	98 846	82 335	55 228
Steinkohlenkoks	92 875	41 734	10 432
Mais	76 629	118 553	55 925
Rohphosphate	74 327	25 959	48 735
Roggen	64 525	32 921	27 886

Tabelle 103 **Güterverkehr auf Binnenwasserstraßen nach Güterarten (Mengen in t)** (Fortsetzung)

Durch die politische Abtrennung des Hamburger Binnenhafens von seinem lagegemäßen Verkehrseinflußgebiet, die Verschlechterung des Fahrwassers der Oberelbe, die im Mittel nur an 123 (im Minimum an 40) Tagen im Jahr von vollabgeladenen 750 t-Kähnen befahren werden kann[211]), und die Umstrukturierung des Transitverkehrs (Tab. 99) ist der Binnenschiffsverkehr verglichen mit dem Vorkriegsstand besonders auf der Oberelbe zurückgegangen (Tab. 102), so daß man in den Hafenbecken wie bei den Seeschiffhäfen auf zahlreiche Dalbenplätze verzichten kann (Belegungslänge der Dalben in den Flußschiffhäfen: (1938: 64 000 km, 1957: 23 851 km) [212]).

211) Angaben der Behörde für Wirtschaft und Verkehr der Freien und Hansestadt Hamburg, Amt für Verkehr
212) Statistisches Landesamt der Freien und Hansestadt Hamburg: Statistisches Jahrbuch 1957. Hamburg 1958. S. 137

Kohle, Erz und Baustoffe sind auch die Massengüter, die zu den Anliegern der Kanäle der Peute, des Billbrooks und des Billwerders (z. B. Elektrizitätswerk, Gaswerk, Affinerie, Kohlen- und Baustofflager) gebracht werden. Die Werke der entlang des Bergedorfer Schleusengrabens entstandenen Industriegasse (z. B. Stuhlrohr-, Speisefett-, Glas- und Motorenfabriken, Holz- und Baustofflager) empfangen ihre Rohstoffe (z. B. Rohr, Speiseöle, Sand und Kies) und versenden ihre für den Export in überseeische Länder bestimmten Fertigwaren (z. B. Maschinen) auf dem Wasserwege. Abgesehen von den Schuten des Porenbetonwerkes am Neuengammer Stichkanal und der Verwertungsanlage für die organischen Abfälle des Gemüsemarktes und des Stammsiels, ist der Verkehr auf den Wasserstraßen der Vier- und Marschlande fast zum Erliegen gekommen (Tab. 35), nachdem die Gemüseewer durch Lastkraftwagen abgelöst worden sind.

Die Vielseitigkeit der in Hamburg ansässigen Firmen, die Vielfalt der auf den innerstädtischen Wasserwegen beförderten Güter, unter denen Massengüter im Eingang dominieren, und die Reichweite der Hamburger Verkehrsbeziehungen kommen erneut in dem Verkehr der Kanäle der Hammerbrooker Marsch und der unteren Bille, der von Hafenschuten, Motorschiffen der Elbeschiffahrt und Küstenmotorschiffen durchgeführt wird, zum Ausdruck (Tab. 104). Eine Gegenüberstellung der Zahlen der geschleusten Fahrzeuge (Tab. 105) [215], [216], [217]) zeigt auch hier einen Rückgang des Verkehrsumfanges, dessen Ursachen in der starken Kriegszerstörung des Gebietes und in der Verdrängung der schwerfälligen Wasserfahrzeuge durch die wendigeren Lastkraftwagen zu suchen sind, die zugleich eine Umwandlung der Kanalflächen zu Straßenflächen erfordern und möglich machen.

Jahr	Hammerbrooker	Brandshofer Schleusen	Tiefstacker
1910	77 066	59 478	(1927 gebaut)
1957	250	3 600	7 200

Tabelle 105 **Zahl der geschleusten Fahrzeuge**

Dadurch und durch die gleichzeitig erfolgende Umstrukturierung des Hafenumschlages (Tab. 96) geht der Anteil der Hafenschiffahrt an der gesamten Umschlagsmenge des Hafens trotz absoluter Zunahme der Beförderungsmenge ständig zurück (Tab. 106) [218]).

4. Güterverkehr auf der Alster

Die Alster und ihre kanalisierten Nebenflüsse, an deren kaimäßig ausgebauten Ufern sich eine Großbäckerei (Getreide und Mehl im Eingang), Baustoff- (Sand und Kies im Eingang), Holz- (Holz im Eingang), Kohlen- (Kohlen im Eingang) und Schrottlager (Schrott im Ausgang) sowie ein Gaswerk (Kohlen im Eingang), ein

215) Leo, G.: Kanäle und Schleusen, Alsterregulierung. In: Hamburg und seine Bauten unter Berücksichtigung der Nachbarstädte Altona und Wandsbek 1914. II. Band. Architekten- und Ingenieurverein zu Hamburg. Hamburg 1914. S. 187
216) Angaben der Baubehörde der Freien und Hansestadt Hamburg, Tiefbauamt
217) Angaben der Behörde für Wirtschaft und Verkehr der Freien und Hansestadt Hamburg, Handelsstatistisches Amt
218) Fessel, M.: Hamburgs Hafenschiffahrt. Zeitschrift für Binnenschiffahrt. Jg. 1957, Heft 9. Duisburg 1957. S. 321

Jahr	Beförderungs-menge in t	Anteil am Gesamtumschlag des Seehafens
1951	4 536 634	31 %
1952	4 429 003	29 %
1953	4 488 689	27 %
1954	5 219 909	25 %
1955	5 808 240	24 %
1956	6 463 769	24 %

Tabelle 106 **Verkehr der Hafenschiffahrt**

Elektrizitätswerk (1943 stillgelegt) und stahlverarbeitende Industriewerke (für den Hamburger Hafen oder den Export in überseeische Länder bestimmte Kräne und Maschinen im Ausgang) niedergelassen haben, sind ein weiterer Verkehrsbezirk der Hafenschiffahrt. Den Hauptanteil des Ladungseinganges nehmen heute die Kohlentransporte zum Gaswerk Barmbek (ca. 2000 Schutenladungen pro Jahr), den des Ladungsausganges die aus der Alster und ihren Kanälen geförderten Baggergutmengen (ca. 1000 Schutenladungen pro Jahr) ein [219], [220], [221]. Die Zahl der geschleusten Frachtschiffe, deren Tragfähigkeit im Mittel 80 t beträgt, beläuft sich zur Zeit nur noch auf 6–8000 pro Jahr. Vor dem Anwachsen des Lastkraftwagenverkehrs waren die Verkehrsbeziehungen der unteren Alster sowohl zum Hafen als auch zur oberen Alster, auf der die Alsterböcke bergwärts Rohstoffe zum Wohldorfer Kupferhammer und Kartoffeln zur Wulksfelder Branntweinbrennerei, talwärts Feldsteine, Ziegelsteine und Torf aus Nahe und Trillup, Holz aus den Walddörfern zum Holzdamm der Vorstadt St. Georg, Kalk aus Segeberg (seit 1464 aus Lüneburg) zu den Kalköfen der Hamburger Neustadt und Milch aus Eppendorf und Winterhude beförderten, wesentlich intensiver (Zahl der geschleusten Fahrzeuge: Fuhlsbüttler Schleuse: maximal: 688 pro Jahr (1636), seit 1900: keine; Alsterschleuse: 1910: 52 129, 1957: 8 000) [222], [223], [224].

5. Personenverkehr zur See

Entsprechend der bei der Betrachtung der Verkehrsspannungen bereits aufgezeigten Gesetzmäßigkeit verhält sich der Personenverkehr quantitativ genau umgekehrt wie der Güterverkehr (Tab. 54); denn während der transozeanische Güterverkehr den größten Anteil am gesamten Hamburger Güterverkehr hat, ist der überseeische Personenverkehr per Schiff gegenüber dem Personenverkehr innerhalb des Verkehrsraumes von untergeordneter Bedeutung (zum Vergleich (1956):

219) Statistisches Landesamt der Freien und Hansestadt Hamburg: Statistisches Jahrbuch 1957. Hamburg 1958. S. 137
220) Angaben der Baubehörde der Freien und Hansestadt Hamburg, Tiefbauamt
221) Angaben der Hamburger Gaswerke G. m. b. H., Hamburg
222) Melhop, W.: Die Alster. Hamburg 1933. S. 244-258
223) Leo, G.: Kanäle und Schleusen, Alsterregulierung. In: Hamburg und seine Bauten unter Berücksichtigung der Nachbarstädte Altona und Wandsbek 1914. II. Band. Architekten- und Ingenieurverein zu Hamburg. Hamburg 1914. S. 187
224) Angaben der Baubehörde der Freien und Hansestadt Hamburg, Tiefbauamt

jährlicher Personenverkehr zur See: 53 000 Passagiere, werktäglicher Personenverkehr des U-Bahn Bahnhofs Jungfernstieg: 51 000 Fahrgäste). Betrug er vor dem ersten Weltkrieg jährlich noch 364 000 Fahrgäste, so ist er nach dem Abebben der Auswandererwellen und dem Abbau der Passagierschiffahrt immer stärker zurückgegangen und hat sich nach dem Zweiten Weltkrieg nur langsam erholt, ohne den früheren Umfang wieder zu erreichen (Tab. 107) [225], [226]).

Jahr	Gesamt	davon			Tages-durchschnitt
		Einreise	Ausreise		
			Gesamt	davon Auswanderung	
1913	364 018	119 921	244 097	192 733	1 001
1938	145 407	64 480	80 927	24 052	403
1950	14 433	3 990	10 443	9 188	40
1951	30 898	10 375	20 523	7 990	86
1952	39 215	10 974	28 241	7 400	109
1956	52 766	21 898	30 868	11 689	144

Tabelle 107 **Personenverkehr zur See**

Da die Passagiere zu 59 % Fahrgastschiffe benutzen, die im allgemeinen nicht bis Hamburg, sondern nur bis zu seinem an der Elbmündung gelegenen Personenvorhafen Cuxhaven fahren und von dort die Weiterfahrt mit den schnelleren Landverkehrsmitteln (Eisenbahn oder Omnibus) antreten, sich zu 33 % der Frachter mit gelegentlicher Fahrgastbeförderung (bis zu 12 Passagiere) und zu 8 % der fahrgastkombinierten Frachter (mehr als 12 Passagiere) bedienen [227]), die sie in den Hamburger Stückguthäfen betreten bzw. verlassen, sind in der Stadt keine größeren Fahrgastanlagen für Überseedampfer vorhanden. Aber selbst an der Überseebrücke der Hamburger Neustadt, deren geringe Verkehrsbedeutung auch daraus hervorgeht, daß sie keinen guten Anschluß an das innerstädtische Verkehrsnetz besitzt, legen selten Übersee-Fahrgastschiffe, sondern allenfalls Kriegsschiffe, die einen Besuch abstatten, und Schiffe, die besichtigt werden können, an.

6. Personenverkehr auf der Elbe

Umfangreicher ist der Personenverkehr auf der Elbe, auf der sich wegen der schlechten Landverkehrsverbindungen der randlichen Marschgebiete ein konfluminaler und wegen des durch die Beschränkung des die Elbe querenden Landverkehrs auf die Elbbrücken entstehenden Umweges (Tab. 20; Tab. 108) ein transfluminaler Schiffsverkehr ausgebildet hat, dessen Ausgangs- und Zielpunkt in Hamburg die an der Marsch-Geest-Grenze gelegenen St. Pauli Landungsbrücken sind.

225) Sobotschinski: Hamburg im überseeischen Personenverkehr. Hamburg in Zahlen. Jg. 1953, Heft 12. Statistisches Landesamt der Freien und Hansestadt Hamburg. Hamburg 1953. S. 98
226) Statistisches Landesamt der Freien und Hansestadt Hamburg: Statistisches Jahrbuch 1957. Hamburg 1958. S. 168, 169
227) Statistisches Landesamt der Freien und Hansestadt Hamburg: Statistisches Jahrbuch 1957. Hamburg 1958. S. 168

Fahrzeit	Strecke (Verkehrsmittel)
109 Minuten	Hamburg-ZOB – Königreich – Cranz (Omnibus)
60 Minuten	Hamburg-Hauptbahnhof – Blankenese (S-Bahn) – Cranz (Fähre)

Tabelle 108 **Fahrzeiten für die Elbeüberquerung**

Auf der Oberelbe wird der transfluminale und konfluminale Verkehr von den Lauenburger Dampfschiffen, vier Raddampfern mit 500 bis 1500 Personen Fassungsvermögen, die im Sommerhalbjahr (Mai – September) 1955 154000 Fahrgäste beförderten[228]), gleichzeitig wahrgenommen, da sie abwechselnd an den an beiden Ufern gelegenen 32 Dampferstationen anlegen und diese untereinander und mit Hamburg verbinden. Nach der in letzter Zeit erfolgten besseren Erschließung der rechtselbischen Marschen durch den Omnibusverkehr (Tab. 109) wickeln sie, weil der Personenverkehr zwischen den linkselbischen Gebieten und der Hamburger Innenstadt ohnehin gering ist (Abb. 19), wie in den Verkehrszeiten zum Ausdruck kommt (Tab. 88), nur noch einen Ausflugsverkehr ab, der jedoch durch die zunehmende, private Motorisierung immer mehr abnimmt.

Stromkilometer	Anlegestelle	Fahrzeit	
		mit dem Dampfer	mit dem Omnibus
620	Hamburg-St. Pauli / ZOB	0 h 00 min	0 h 00 min
599	Zollenspieker	1 h 15 min	1 h 00 min
585	Geesthacht	3 h 00 min	1 h 05 min
570	Lauenburg	4 h 00 min	1 h 35 min

Tabelle 109 **Streckenübersicht des Oberelbe-Personenverkehrs**

Auf der Unterelbe werden durch die Cuxhaven-Helgoland-Linie ein konfluminaler Verkehr, der wegen des schnelleren Eisenbahnanschlusses (Eisenbahn-Fahrzeit Hamburg-Hauptbahnhof – Cuxhaven: 2.10 Std.) ein Ausflugsverkehr ist (Tab. 88), durch die Altenländer Linien ein kombinierter, trans- und konfluminaler Verkehr, dessen Hauptverkehrstage Mittwoch, Sonnabend und Sonntag ebenfalls das Vorherrschen des Ausflugsverkehrs andeuten (Tab. 88), und durch die Este- und Lühe-Fähre ein transfluminaler Verkehr durchgeführt. Da letztere den Benutzern der linkselbischen Stationen für die Fahrt zum Hamburger Verkehrszentrum und zum Gegenufer einen wesentlichen Zeitvorteil bringen (Tab. 108), dienen sie nicht

228) Weinrich: Die öffentlichen Nahverkehrsmittel für die Personenbeförderung in Hamburg. Hamburg in Zahlen. Jg. 1956, Heft 16. Statistisches Landesamt der Freien und Hansestadt Hamburg. Hamburg 1956. S. 162

nur dem Ausflugsverkehr (Tab. 88), sondern auch dem Berufs- und Einkaufsverkehr. Diese Funktionen kommen sowohl in der Anordnung der Fahrzeiten (erste Fahrt zum Hamburger Verkehrszentrum, letzte Fahrt vom Hamburger Verkehrszentrum (Tab. 88)) als auch in der größeren Fahrtfrequenz und in der stärkeren Benutzung zum Ausdruck (Tab. 110) [229], [230]).

Strecke	Streckenlänge	Fahrzeit	Fahrten pro Tag	Beförderungsfälle 1955
St. Pauli – Helgoland	160 km	8 h 00 min	1	128 940
St. Pauli – Cuxhaven	100 km	5 h 00 min	1	76 390
St. Pauli – Wischhafen	50 km	3 h 30 min	1	483 701
Schulau – Lühe	4 km	0 h 30 min	10	?
St. Pauli / Blankenese – Cranz (Este)	4 km	0 h 25 min	18	781 000
Charterverkehr				196 660

Tabelle 110 Streckenübersicht des Unterelbe-Personenverkehrs

7. Personenverkehr im Hafenbezirk

Wichtigster Verkehrsbezirk der Personenschiffahrt ist der Seehafen, in dem 72 Fährschiffe und Barkassen mit einem Fassungsvermögen von 1000 bis 50 Personen jährlich ca. 1 Mill. km (= 25×Erdumfang) zurücklegen [231]). Dies ist eine Folge der aus der Lage der Mehrzahl der Wohnstätten auf der nördlichen Geest und der Vielzahl der Arbeitsstätten in der zentralen Marsch resultierenden Spannungen des Berufsverkehrs und des amphibischen Charakters des Stromspaltungsgebietes, dessen norderelbische Seehafen-Kaizungen und Seehafen-Industriestandorte wegen der Auffächerung der Norderelbe in einzelne Seehafenbecken mit Landverkehrsmitteln nur auf mehrere Kilometer langen Umwegen über die Norderelbbrücken oder durch den Elbtunnel erreicht werden können.

Die Fährschiffe verkehren zwischen dem Nordufer der Elbe (10 Anlegestellen), den Strominselbezirken (27 Anlegestellen) und dem Südufer der Elbe (1 Anlegestelle). Ihre Streckenlängen betragen daher mindestens 0.4 km (Minimalbreite der Norderelbe) und höchstens 12.0 km (Maximalausdehnung des Seehafen-Gebietes: St. Pauli – Köhlbrand – Harburg), so daß zum Beispiel ein in den Walddörfern wohnender Arbeitnehmer der Deutschen Werft auf Grund der natur- und kulturgeographischen Struktur des Verkehrsraumes Hamburg zunächst eine Bahnfahrt von 20 km und anschließend eine Dampferfahrt von 8 km ertragen muß, um an seinen Arbeitsplatz zu kommen.

229) Amtlicher Kleinfahrplan. Hamburger Nahverkehr. Deutsche Bundesbahn, Bundesbahndirektion Hamburg. Winterfahrplan 1957/58. Hamburg 1957. Sommerfahrplan 1958. Hamburg 1958.

230) Weinrich: Die öffentlichen Nahverkehrsmittel für die Personenbeförderung in Hamburg. Hamburg in Zahlen. Jg. 1956, Heft 16. Statistisches Landesamt der Freien und Hansestadt Hamburg. Hamburg 1956. S. 162

231) Weinrich: Die öffentlichen Nahverkehrsmittel für die Personenbeförderung in Hamburg. Hamburg in Zahlen. Jg. 1956, Heft 16. Statistisches Landesamt der Freien und Hansestadt Hamburg. Hamburg 1956. S. 150

Linie		Beförderungs-fälle	Zahl der werktäglichen Hinfahrten	Mittleres Platz-angebot je Tour	Linien-länge in km
Finkenwerder Linie		4 273 564	27	786	7.5
Fähre VII		2 639 620	36	410	4.2
Wd. St. Pauli – Howaldts Werft		2 321 347	8	1 120	3.1
Wd. Teufelsbrück – Deutsche Werft		1 967 670	35	453	0.8
Fähre III		1 717 580	41	306	1.0
Altenwerder Linie		1 534 495	23	787	8.5
Fähre IV		1 308 632	46	353	1.8
Wd. St. Pauli – Deutsche Werft		1 083 451	4	1 162	8.2
Fähre I		736 106	34	364	2.6
Wd. Altona – Howaldts Werft		617 067	3	478	2.1
Reiherstieg Linie		483 929	12	160	6.3
F. Teufelsbrück – Finkenwerder		362 801	20	270	1.8
Fähre II		327 158	34	237	1.9
Fähre VIII		203 047	36	193	1.3
F. Teufelsbrück – Rüschkanal		195 355	19	270	2.0
Jollenführer West		182 276	49	56	5.5
Harburger Linie		170 499	23	397	5.2
Wd. St. Pauli – Eurotank Wd. Neumühlen – Eurotank	a)	153 401	3	686	5.2
Wd. St. Pauli – Diestelkai Wd. Altona – Diestelkai	a)	78 932	7	521	7.7
Jollenführer Ost		74 291	22	53	7.0
Fähre V	b)	38 416	37	310	0.4
Summe		20 469 637	519		84.1

Anmerkung: Wd. = Werftdienst
F. = Fähre
a) = bis 30. 9. 1955
b) = ab 1. 9. 1955
(Beim Vergleich der Beförderungszahlen beachten)

Tabelle 111 Personenschiffahrt im Hafen 1955

Linie	Finkenwerder Linie		Fähre V						Fähre IX			
Anlegestelle	St. Pauli		St. Pauli						Altona			
Abfahrtszeit – Stundenziffer	Minutenziffer											
5							40	50				
6	00	30	00	10	20	30	40	50	05	20	35	50
7	00	30	00	10	20	30	40	50	05	20	35	50
8	00		00						05			
9	00											
10	00											
11	00											
12	00											
13	00											
14	00									25		
15	00	30							05	20	35	50
16	00	30	00	10	20	30	40	50	05	20	35	50
17	00	30	00	10	20	30			05			
18	00	30										
19	00	30										
20	00											
21	00											
22	00											
23	00											
0	00											
2	00											
Verkehrstage	S/MF	MF	MF	MF	MF	MF	MF	MF	MF	MF	MF	MF

Anmerkung: S=Sonntag, MF=Montag-Freitag; am Sonnabend liegt der Nachmittagsverkehr 2 bis 3 Stunden früher als am Montag bis Freitag.

Anlegestelle		Abfahrtszeit der ersten Fahrt	Abfahrtszeit der letzten Fahrt	Richtung der ersten Hinfahrt
Finkenwerder	ab	4.15 Uhr	1.00 Uhr	zum Nordufer
St. Pauli	ab	6.00 Uhr	2.00 Uhr	
Finkenwerder	ab	5.40 Uhr	23.15 Uhr	zum Nordufer
Teufelsbrück	ab	6.00 Uhr	0.35 Uhr	
Roßhöft	ab	5.55 Uhr	1.45 Uhr	vom Nordufer
St. Pauli	ab	5.30 Uhr	1.10 Uhr	
Tollerort	ab	6.15 Uhr	17.15 Uhr	vom Nordufer
Altona	ab	6.05 Uhr	17.05 Uhr	

Tabelle 112 **Tagesgang der Abfahrtszeiten**

Wie aus ihrer Verkehrsfrequenz, ihrem Fassungsvermögen und der Anordnung ihrer Fahrzeiten ersichtlich ist (Tab. 111, 112) [232]), [233]), haben sie vier verschiedene Funktionen zu erfüllen. Die Werftdienste, die wegen des stoßweisen Andranges mit großen Schiffen, die morgens das Nordufer verlassen und nach Schluß der Arbeitszeit zu ihm zurückkehren, durchgeführt werden, vermitteln den Berufsverkehr. Die Liniendienste, deren Schiffe mittlerer Größe über den ganzen Tag in regelmäßigen Abständen fahren (auch in den Nachtstunden und an Sonntagen), verbinden die Wohngebiete der Marsch mit dem Einkaufs- und Arbeitsgebiet des Nordufers, wobei das erste Schiff zum Nordufer, das letzte vom Nordufer ablegt. Die kleinen Barkassen der Jollenführer befördern alle Stunde Fahrgäste zwischen den im Strom liegenden Schiffen und dem nördlichen Geestufer. Die Fähren stellen eine Verbindung zwischen den einzelnen Strominseln und der jeweils unmittelbar gegenüber gelegenen Anlegestelle des Nordufers her und sind teils vorwiegend im Berufsverkehr (Zusammendrängung der Abfahrtszeiten auf wenige Stunden des Tages), teils vorwiegend im Anliegerverkehr (gleichmäßige Verteilung der Abfahrtszeiten über den ganzen Tag) eingesetzt.

Verkehrsmittel	Strecke	Zahl der werktäglichen Fahrten	Fahrzeit
Omnibus	über Harburg	7	1 h 29 min
Dampfer und U-Bahn	über St. Pauli	27	1 h 00 min
Dampfer und Omnibus	über Teufelsbrück	39	0 h 40 min

Tabelle 113 **Fahrzeiten Finkenwerder – Hamburg Hauptbahnhof**

Am stärksten benutzt wird die Finkenwerder Linie, da der Schiffsverkehr für die Bewohner der Strominsel die einzige häufige und schnelle Verbindung zur Hamburger Innenstadt darstellt (Tab. 111, Tab. 113). An zweiter Stelle der Beförderungsfälle steht die Fähre VII, die zu den Kuhwerder Häfen, den am meisten frequentierten Stückguthäfen, fährt. Nicht halb so groß ist die Zahl der Beförderungsfälle bei den Fähren I und II, die die Stückguthäfen des Kleinen Grasbrooks bedienen. Beachtlich ist auch der Beförderungsanteil der Werft- und Liniendienste zu den Betrieben auf Steinwerder, dem Kleinen Grasbrook und am Reiherstieg. Relativ gering sind die Beförderungszahlen auf der Linie St. Pauli – Altenwerder – Harburg, deren Fahrgäste nach dem Bau der Elbbrücken auf die Landverkehrsmittel übergegangen sind, und der kleinen Jollenführer, bei denen wiederum der Verkehr mit den unteren links-norderelbischen Hafengruppen überwiegt.

232) Weinrich: Die öffentlichen Nahverkehrsmittel für die Personenbeförderung in Hamburg. Hamburg in Zahlen. Jg. 1956, Heft 16. Statistisches Landesamt der Freien und Hansestadt Hamburg. Hamburg 1956. S. 150

233) Amtlicher Kleinfahrplan, Hamburger Nahverkehr. Deutsche Bundesbahn, Bundesbahndirektion Hamburg. Winterfahrplan 1957 / 58. Hamburg 1957. Sommerfahrplan 1958. Hamburg 1958.

Jahr	Fähren	Jollenführer	Finkenwerder Linie	Harburger Linie
1938	11 559 862	269 851	2 105 355	1 275 562
1950	4 627 422	110 318	7 011 420	3 642 283
1952	7 958 720	215 445	7 885 621	2 060 808
1955	10 392 902	256 567	8 115 174	1 704 994
1956	14 197 312	289 562	4 806 435	1 587 532

Tabelle 114 Beförderungsfälle der Hafenschiffahrt

Die unterschiedliche Entwicklung der Beförderungsziffern in den vergangenen zwanzig Jahren unterstreicht erneut die verschiedenartigen Aufgabenbereiche der Personenschiffahrt innerhalb des Hafens (Tab. 114) [234]), [235]), [236]). Die Beförderungsmengen der Fähren und Jollenführer sanken im Krieg wegen der Zerstörungen im Hafen und des Rückgangs der Handelsschiffahrt sowie der Beschäftigung in der Hafenindustrie ab, haben sich jedoch wie diese allmählich wieder erholt und ihre Vorkriegswerte leicht überschritten. Genau umgekehrt ist der Fahrgastanfall auf den Finkenwerder und Harburg-Altenwerder Linien verlaufen, der in der Nachkriegszeit, als in den Marschgebieten von Finkenwerder und Waltershof zahlreiche Ausgebombte, die mit den Dampfern zu ihren ehemaligen Arbeits- und Einkaufsstätten nördlich der Elbe fuhren, provisorisch untergebracht waren, sein Maximum erreichte und seit dem Verschwinden der Behelfsheimsiedlungen infolge der einsetzenden Neubautätigkeit auf der nördlichen Geestfläche langsam zurückgeht. Auf der Altenwerder Linie liegt er heute nur noch knapp über dem Vorkriegswert.

Im Gegensatz zum Unterelbe- und Oberelbeverkehr, dessen Fahrten jeweils an den St. Pauli Landungsbrücken beginnen bzw. enden, ist der Fährverkehr des Hafens wegen seines Umfanges am Nordufer an mehreren Stellen dezentralisiert, wobei die Fährpontons meist so angelegt sind, daß jeder Strominsel eine unmittelbar nördlich von ihr gelegene Landungsbrücke zugeordnet ist. Diese Stationen, unter denen die in der Nähe der Marschentorlagen des Hafentores und des Sandtores gelegenen St. Pauli Landungsbrücken und der Sandtorhöft Fährponton die größten Zahlen der Fahrgäste und Abfahrten aufweisen (Tab. 115; vergl. Tab. 111), sind zugleich die Umsteigeplätze zwischen den Wasserverkehrsmitteln des Hafens und den Landverkehrsmitteln der nördlichen Geest.

Ihre Einordnung in das Landverkehrsnetz ist sehr unterschiedlich. Über den besten Anschluß verfügen die St. Pauli Landungsbrücken, der „Hauptbahnhof" des Personenverkehrs im Hafen, der auch Ausgangspunkt der Hafenrundfahrten ist (ca. 0.5 Mill. Teilnehmer pro Jahr), da sie die Wurzel eines Fächers von Nahverkehrslinien bilden, die zu den Wohngebieten im Westen (Straßenbahnlinie 1

234) Urban: Die öffentlichen Nahverkehrsmittel für die Personenbeförderung in der Hansestadt Hamburg. Hamburg in Zahlen. Jg. 1952, Heft 1. Statistisches Landesamt der Freien und Hansestadt Hamburg. Hamburg 1952. S. 33

235) Statistisches Landesamt der Freien und Hansestadt Hamburg: Statistisches Jahrbuch 1956. Hamburg 1957. S. 172

236) Statistisches Landesamt der Freien und Hansestadt Hamburg: Statistisches Jahrbuch 1957. Hamburg 1958. S. 167

nach Altona – Bahrenfeld – Lurup), Nordwesten (U-Bahn nach Eimsbüttel (Hellkamp)), Norden (U-Bahn zu den Alsterdörfern (Kellinghusenstraße – Ochsenzoll) mit Anschluß an die Alsternordbahn nach Stormarn (Ulzburg)), Nordosten (U-Bahn nach Barmbek und zu den Walddörfern (Groß-Hansdorf, Wohldorf)) und Osten (Straßenbahnlinie 1 nach Hamm – Billstedt mit Anschluß an die Omnibuslinien nach Jenfeld, Boberg und Bergedorf – Lauenburg) führen. Der Individualverkehr gelangt über die Helgoländer / Cuxhavener Allee zum Straßenverkehrsknoten Millerntor und zum inneren Wallring-Straßenzug, von denen man jeden Punkt Hamburgs leicht erreichen kann. In dieser vorzüglichen Lage der St. Pauli Landungsbrücken innerhalb des Systems der Landverkehrsmittel und -wege wird wiederum die Bedeutung des Hafens als eine sehr wichtige Quelle und Senke des innerstädtischen Personenverkehrs des Verkehrsraumes Hamburg sichtbar.

Station	Zahl der Passagiere		Zahl der werktäglichen Abfahrten
	jährlich	täglich	
St. Pauli (Elbeverkehr)	1 515 852	38 000	24
(Hafenverkehr)	12 305 502		199
Sandtorhöft „	4 089 476	11 000	121
Teufelsbrück „	2 525 826	7 000	88
Altona „	617 067	2 000	103
Baumwall „	483 929	1 500	12

Tabelle 115 Benutzung der Dampferstationen des Nordufers 1955

Die Station Baumwall, die außerdem Liegeplatz der ca. 500 Barkassen ist, die von jedem in Anspruch genommen werden können, und die Station Sandtorhöft sind durch die Haltestelle Baumwall der U-Bahn und Straßenbahn (Linie 1) genauso günstig an das öffentliche Nahverkehrsnetz angeschlossen wie die St. Pauli Landungsbrücken, während ihnen ein geeigneter Straßenanschluß fehlt (Nord-Süd-Straßenzug: Baumwall – Düsternstraße / Ost-West-Achse – Hohe Bleichen – Stephansplatz / innerer Wallring – Dammtor / tororientierte Ausfallstraßen (z. Zt. geplant)).

Noch ungenügender sind die Straßenverbindungen der Anlegestelle Teufelsbrück im Einschnitt der Flottbek in die Geeststirn und der Anlegestelle Neumühlen und Altona unterhalb der Geeststirn, von denen auch die auf der Geesthochfläche befindlichen Bahnhaltestellen (Klein Flottbek (S-Bahn), Hochrad (Straßenbahn); Hamburg-Altona (S-Bahn), Altona Neues Rathaus (Straßenbahn); Altona Fischmarkt (Straßenbahn)) nur nach einem längeren Fußweg (bis zu 20 Minuten) zu erreichen sind. Lediglich Teufelsbrück und Neumühlen sind Ausgangspunkt von Omnibuslinien (T. – Blankenese – Falkenstein, T. – Niendorf – Eppendorf – Wandsbek – Billstedt, T. – Bahrenfeld (Übersteigen in Straßenbahn), T. – Innenstadt – Wandsbek; N. – Bahnhof Hamburg-Altona (Übersteigen in S-Bahn, Straßenbahn oder Omnibus)).

Deswegen muß neben dem Ausbau des Omnibusdienstes (Linie: Neumühlen – Altona – Langenfelde z. Zt. geplant) auch dem in letzter Zeit immer stärker werdenden Kraftwagen-Individualverkehr nicht nur durch die Planung neuer Straßenzüge, sondern auch durch die Schaffung geeigneter Parkmöglichkeiten (Parkhaus Teufelsbrück mit 300 Stellplätzen z. Zt. geplant) Rechnung getragen werden, da die vorhandenen kleinen Parkplätze bei den St. Pauli Landungsbrücken, in Neumühlen und Teufelsbrück so unzureichend sind, daß die anliegenden Straßen den ganzen Tag von abgestellten Personenkraftwagen versperrt werden.

8. Personenverkehr auf der Alster

Verglichen mit den Fahrgastziffern der Elbe- und Hafenschiffahrt, ist der Personenverkehr der Alsterschiffahrt (11 Anlegestellen, 16 Dieselelektroschiffe mit jeweils ca. 150 Plätzen, 20 Minuten Verkehr) mit jährlich 3 690 000 Beförderungsfällen bei ca. 300 000 gefahrenen Schiffskilometern gering[237]), da er, von der Alsterfähre abgesehen, nur eine Ergänzung des gut ausgebauten Landverkehrsmittel-Netzes der Geest darstellt. Deshalb sind nach dem Zweiten Weltkrieg auch nur zwei Abschnitte des konfluminalen Liniennetzes, an dessen frühere Ausdehnung nur noch die oft freitreppenartigen Anlegestellen in Fuhlsbüttel, im Stadtpark und am Eilbekkanal als funktionslose Reliktformen erinnern, wieder in Betrieb genommen worden: Jungfernstieg – (2.5 km Länge; 6 285 Fahrgäste pro Tag) – Uhlenhorster Fährhaus/ – (2,5 km; 2 959 Fg./Tag) – Streekkanal bis Winterhuder Fährhaus; – (1.7 km; 2 820 Fg./Tag) – Osterbekkanal bis Saarlandstraße[238]). Im Gelegenheitsverkehr werden Rund-, Lampion- und Charterfahrten veranstaltet.

Vorherrschend auf der Alster sind jedoch die ca. 8 000 Sportboote von Privaten und Vereinen, deren Bootshäuser an der Außenalster und deren Kanälen liegen.

Ihre Wasserflächen dienen somit hauptsächlich dem Sport und der Erholung der Stadtbewohner, während die der Elbe und ihrer Kanäle der Erwerbsschiffahrt vorbehalten sind. Durch diese Gegenüberstellung ist zugleich zusammenfassend der charakteristische Unterschied zwischen den Funktionen des Schiffsverkehrs der Geest und der Marsch innerhalb des Verkehrsraumes Hamburg herausgestellt.

II. EISENBAHNVERKEHR

1. Güterverkehr der Hafenbahnhöfe

Ergänzend zum Schiffsverkehr der Wasserflächen tritt der Eisenbahnverkehr der Landflächen hinzu.

Besonders der Seehafen ist im Verkehr mit seinen kontinentalseitigen Verkehrsbezirken wegen des Fehlens leistungsfähiger Binnenschiffswege auf den Schienenweg angewiesen. Das prägt sich auch in der Art der von der Eisenbahn beförderten Güter aus, unter denen sich im Versand die mengenmäßig umfangreichsten seewärtigen Empfangsgüter des Hafens, nämlich Mineralöl (29 % der gesamten mit der Eisenbahn versandten Gütermenge), Kohle (7 %), Erz (5 %), Getreide (5 %),

237) Statistisches Landesamt der Freien und Hansestadt Hamburg: Statistisches Jahrbuch 1957. Hamburg 1958. S. 182

238) Angaben der Hamburger Hochbahn Aktiengesellschaft, Hamburg

Güterart	1955	1954	1953
Empfang			
Gesamt	7 229 084	6 946 218	7 040 072
davon Kohlen, Torf	2 110 933	2 026 302	2 221 042
Dienstgut	962 570	872 562	1 091 756
Düngemittel	472 710	634 657	548 755
Steine, Erden	403 510	371 487	284 542
Mineralöl, -derivate	339 734	370 275	345 107
Eisen-, Stahlbleche	206 389	137 900	182 694
Allgemeine chemische Erzeugnisse	197 842	170 879	170 968
Mineralische Rohstoffe	195 264	225 652	238 689
Verkehr ausländischer Streitkräfte	193 040	211 290	255 818
Stahl- und Eisenwaren	190 383	106 048	96 764
Stab- und Formeisen	162 555	97 764	90 417
Sammelgut	162 402	151 042	127 396
Ton- und Glaswaren	145 467	131 520	133 080
Fahrzeuge	134 936	82 868	53 994
Versand			
Gesamt	5 159 596	4 336 327	4 071 368
davon Mineralöl und -derivate	1 502 579	1 253 951	1 079 662
Dienstgut	576 032	395 191	625 077
Verkehr ausländischer Streitkräfte	445 671	490 589	553 589
Kohlen und Torf	338 804	163 368	161 173
Erz	258 361	201 130	239 694
Getreide	231 446	355 967	156 303
Obst, Südfrüchte	205 844	151 390	94 318
Tierische und pflanzliche Öle, Fette	124 793	117 837	112 965
Sammelgut	113 735	100 490	99 290
Chemische Erzeugnisse	108 713	83 384	52 474

Tabelle 116 Güterverkehr auf der Eisenbahn nach Güterarten (Mengen in t)

Südfrüchte (4 %) sowie tierische und pflanzliche Öle und Fette (2 %) und im Empfang seewärtige Versandgüter wie (Kali-) Düngemittel (7 % der gesamten mit der Eisenbahn empfangenen Gütermenge), chemische Erzeugnisse (3 %), Fahrzeuge (2 %) sowie Sammelgut (2 %) finden (Tab. 116) [239], [240]). (Vergl. Tab. 95).

Insgesamt sind im Seehafengebiet 450 km Eisenbahngleis (Entfernung: Hamburg – Nürnberg) verlegt, auf denen 1956 von 40 Rangierlokomotiven 1 215 000 Waggonfahrten (maximal 3 000 Waggons pro Tag behandelt) durchgeführt wurden [241]).

Hafen-Hauptbahnhof ist der Bahnhof Hamburg Süd an der Sammeltangente des Veddeler Dammes, von dem 165 Anschließer bedient werden. Unter ihnen befinden sich die Industriebetriebe und Umschlagsstellen am Reiherstieg, drei große sowie mehrere mittlere und kleinere Werften auf dem Steinwerder, eine Kokerei, 18 Speicher, 2 Kühlhäuser, ein Freiladegleis für den Straßenverkehr, 4 Freilade-Massengutkais und nicht zuletzt die 35 Kaischuppen des Kleinen Grasbrooks und des Kuhwerders.

Bei deren Verkehr wird er in seiner Verschiebearbeit von den an der Wurzel jeder Kaizunge vorhandenen Kaibezirksbahnhöfen unterstützt, die, bevor die Waggons auf eines der zwei wasserseitig oder das landseitig angelegte Ladegleis geschoben werden, das Feinsortieren der Waggons nach Kaischuppen oder, da heute zu 75 % die Direktverladung Bahn-Schiff erfolgt, ihre lukengerechte Stellung vornehmen und auf ihren Stumpfgleisen eventuell einige Waggons aufbewahren können.

Anzahl	beladen	leer
Eingang	240 512	53 215
Ausgang	165 196	129 992

Tabelle 117 **Wagenumlauf des Hafenbahnhofs Hamburg Süd (1954)**

Obwohl der Bahnhof Hamburg Süd als zweiseitiger Verschiebebahnhof mit 6 Eingangsgleisen und 17 Ordnungsgleisen für die Anschließer sowie 12 Sammelgleisen von den Anschließern und 19 Richtungsgleisen für den Ausgang für eine tägliche Leistung von 1 000 Waggons in jeder Richtung ausgebaut ist, ist er voll ausgelastet und besitzt keinen Stauraum, um Waggons aufzunehmen, die wegen einer nachträglichen Zollkontrolle vor dem Passieren der Freihafengrenze ausrangiert oder abgestellt werden müssen, da die für sie bestimmten Schiffe wegen Haverie, Schlechtwetter oder anderer Umstände auf sich warten lassen (Tab. 117) [242]). Deshalb sind in Billwerder und Meckelfeld Vorbahnhöfe geschaffen worden, auf denen Waggons mit Kohle, Zement, Düngemitteln und ähnlichen Gütern auf Abruf aufbewahrt werden (Tab. 118, Spalte Bemerkungen).

239) Statistisches Bundesamt: Die Güterbewegungen auf den Eisenbahnen im Jahre 1955. Wiesbaden 1957.
240) Statistisches Landesamt der Freien und Hansestadt Hamburg: Statistisches Jahrbuch 1957. Hamburg 1958. S. 179
241) Benrath, H.: Die Verkehrsanlagen des Hamburger Hafens. Verkehr und Technik. 10. Jg., Heft 8. Berlin 1957. S. 209
242) Heinze, G.: Die Deutsche Bundesbahn im Hafen Hamburg. Die Bundesbahn. 29. Jg., Heft 19. Darmstadt 1955. S. 824

Ladestelle	Empfang / Versand	Waggon-zahl	Gut	Abgangs- / Zielbahnhof	Bemer-kungen
Schuppen 23	E	30	Verschiedenes	Verschiedene	
„ 37	V	150	Bananen	„	
	V	270	„	„	
„ 53	E	580	Salpeter	Linz	
„ 72	E	15	Autos	Rüsselsheim	
„ 73	E	600	Zucker	SBZ	Bi.
	E	15	Kali	Volkenroda	Abr.
	V	50	Butter	CSR	
Grevenhof	V	50	Verschiedenes	SBZ	
Schuppen 74	E	17	Zucker	SBZ	Bi.
„ 80	E	10	Autos	Fallersleben	
	E	30	Salpeter	Linz	
„ 83	E	20	Zucker	CSR	
	E	30	Salpeter	Linz	
	E	27	Zement	Karsdorf	Bi.
„ 84	E	26	Kartoffeln	Stade	Abr.
	E	12	Autos	Rüsselsheim	Abr.
„ 85	E	20	Salpeter	Wanne	
Holthusen	V	40	Munition	Britische Zone	
Getreidelagerhaus	V	360	Hafer	CSR	
Anthrazitwerk	V	150	Kohlen	Hamburg	
Sloman	E	30	Zucker	SBZ	Bi.
Neuer Kohlenheber	V	50	Phosphate	Vienenberg	
	E	300	Phosphate	CSR	
Holzm.	E	29	Zement	Karsdorf	
	V	70	Fleisch	SBZ	
	V	95	Fleisch	SBZ	

Anmerkung: Bi = Billwerder, Abr. = Abruf
Gültig ab 30. 11. 1954

Tabelle 118 **Auszug aus dem Dispositionsplan des Hafenbahnhofs Hamburg Süd**

Die starke Belastung macht auch die Aufstellung eines genauen Dispositionsplanes notwendig, von dem ich hier einen Auszug wiedergeben möchte, da er einen sehr guten Einblick in die Funktionen des Eisenbahnverkehrs innerhalb des Seehafens vermittelt (Tab. 118)[243]. Die Spalte der Abgangs- und Zielbahnhöfe deutet den bahnseitigen Einzugsbereich des Hamburger Hafens an, der neben dem Lokalverkehr mit anderen Güterbahnhöfen des Verkehrsraumes, den Verkehr mit dem Umland (z. B. Stade) und den Fernverkehr mit den Ländern der Bundesrepublik, der Sowjetischen Besatzungszone und der Tschechoslowakei umfaßt; die Spalte des beförderten Gutes kennzeichnet Hamburg als Ausfuhrhafen für Düngemittel, Zement und Fertigwaren (z. B. Kraftwagen) sowie Einfuhrhafen für montane Rohstoffe und Nahrungsmittel, insbesondere Südfrüchte, und die Spalte der Ladestellen bestätigt die aufgezeigten Funktionen der einzelnen Anlagen des Hafens im Bahn-Seeschiff-Transit.

Der Bahnhof Hamburg Süd ist jedoch nicht nur Verschiebebahnhof und Zustellbahnhof für die Anschlüsse der oberen, links-norderelbischen Hafengruppen, sondern auch Zugbildungsbahnhof für Züge mit verderblichen Sendungen (z. B. Südfrüchte), die von ihm als Schnellgüterzüge direkt nach Mittel- und Süddeutschland laufen. Im allgemeinen dagegen werden die Waggons, dem Schichtwechsel im Hafen entsprechend, dreimal am Tag zur Zugbildung nach Wilhelmsburg (Frachtgüter) oder Hamburg Han (Eilgüter) überführt.

Ähnliches wie für den Hafen-Hauptbahnhof gilt auch für den auf dem rechten Ufer der Norderelbe gelegenen Hafenbahnhof Kai Rechts, der die Waggons für die Sammelgutschuppen, die 15 Kaischuppen der Europafahrt, die 20 Kaispeicher des Brooks, ein Kühlhaus, einige Industriebetriebe (z. B. Gaswerk, Werft) und die Kohlenkippanlage am Kirchenpauerkai, durch die z. Zt. monatlich ca. 1 000 – 2 000 Waggonladungen Ruhrkohle für Berlin auf Binnenschiffe verladen werden, zustellt. Gleistechnisch ist er mit dem Hafen-Hauptbahnhof, dem Frachtgüter-Zubringungsbahnhof Wilhelmsburg und dem Eilgüter-Zugbildungsbahnhof Hamburg Han verbunden, für die er täglich bis zu 500 Waggons im Ausgang vorbehandeln kann.

Der unteren, links-norderelbischen Hafengruppe ist der auf einen täglichen Ausgang von 600 Waggons eingerichtete Hafenbahnhof Waltershof zugeordnet, der die Werftbetriebe auf Finkenwerder sowie die Massengutkais für Holz und Kohle der Waltershofer Häfen betreut und vor allem Kesselwagen für den Mineralöl-Abtransport der dort ansässigen Mineralölfirmen stellt. Seit dem Bau der Waltershof-Bostelbeker Bahn werden seine Waggons zum Bahnhof Unterelbe überführt, während die Trajektverbindung zum Hafen-Hauptbahnhof nur noch von Bauzügen der Hafenbahn und bei eiligen Fahrten benutzt wird.

Gemäß der Struktur des Hamburger Seehafens sind nicht nur für die Hafengruppen der zentralen Marsch, sondern auch für die Uferhäfen der Verkehrssubzentren Altona und Harburg Hafenbahnhöfe vorhanden.

Der rechtselbische Hafenbahnhof Altona Kai im Norden, dessen Stammgleislänge wegen des geringen Platzes auf dem schmalen Vorland unterhalb der steilen Geeststirn nur 1.3 km beträgt, ist für 40 Ladestellen, darunter 7 Fischhallen mit verarbeitenden Betrieben, 4 Kaischuppen, 2 Kühlhäuser, eine Kohlenumschlagsanlage,

243) Heinze, G.: Die Deutsche Bundesbahn im Hafen Hamburg. Die Bundesbahn. 29. Jg., Heft 19. Darmstadt 1955. S. 824

ein Getreidelagerhaus und Speditionsfirmen, zuständig. Seine größte Stellzahl erreichte er vor dem Ersten Weltkrieg (1912) mit 13694 Waggons pro Jahr[244]). Durch den folgenden Rückgang der Schiffahrt und der Fischerei ging sie zunächst auf 2128 Waggons pro Jahr (1951/52) zurück, so daß man bereits die Einstellung des Betriebes erwog, ist jedoch in der letzten Zeit entsprechend der allgemeinen Verkehrsbelebung wieder angestiegen[245]). Heute werden an verkehrsreichen Tagen bei Anlandung mehrerer Fischdampfer täglich bis zu 150 Waggons gestellt, die zur Zugbildung nach Eidelstedt überführt werden oder als Fisch-Eilgutzüge von hier direkt ins Binnenland fahren.

Der linkselbische Hafenbahnhof Unterelbe im Süden bedient die Anschlüsse der Harburger Seehäfen (Umschlagsanlagen für Mineralöl, Kohle, Koks, Erz und Schrott), des Harburger Binnenhafens (Kalisilo, Getreidespeicher, Kraftfutterwerk, Kohlen- und Holzlager) und der Hafenbetriebe (Werft, eisenverarbeitende Industrie). Er ist Hamburgs Spezial-Bahnhof für den Versand von Mineralöl und Mineralölprodukten, der entsprechend dem seewärtigen Empfang nach dem Zweiten Weltkrieg ständig angestiegen ist (Tab. 119[246]); vergl. Tab. 95 und 116). Heute ist sein Verkehrsaufkommen so groß, daß er Zugbildungsbahnhof für Kesselwagenzüge ist.

Jahr	Menge
1949	191 000 t
1950	381 000 t
1951	503 000 t
1952	466 000 t
1953	475 000 t
1954	656 000 t

Tabelle 119 Versand von Mineralölerzeugnissen vom Bahnhof Unterelbe

Hafenbahnhof für den Binnenschiffshafen ist Hamburg Han, der ehemalige Hannöversche Bahnhof, zu dessen Funktionsbereich der 1730 m lange Freiladekai am Oberhafen gehört, über den meist Kohlen in die Elbkähne verladen werden. Nach Abbruch der kriegszerstörten Hallenkonstruktion des Bahnhofs, der noch bis zum letzten Weltkrieg als Personenbahnhof benutzt wurde, hat er auf seinen 12 Haupt- und 98 Nebengleisen die Bildung der Eilgüterzüge des Hamburger Raumes übernommen, deren Frachten in den Eilgutschuppen und an dem 2300 m langen Freiladegleis des Gemüsemarktes aufkommen oder als Wagenladungen von den anderen Bahnhöfen überführt werden.

244) Kalbfus: Eisenbahnen und Bahnhöfe (in Altona). In: Hamburg und seine Bauten unter Berücksichtigung der Nachbarstädte Altona und Wandsbek 1914. II. Band. Architekten- und Ingenieurverein zu Hamburg. Hamburg 1914. S. 672

245) Angaben der Eisenbahn-Gesellschaft Altona–Kaltenkirchen–Neumünster, Hamburg

246) Heinze, G.: Die Deutsche Bundesbahn im Hafen Hamburg. Die Bundesbahn. 29. Jg., Heft 19. Darmstadt 1955. S. 821

2. Güterverkehr der Industriebahnhöfe

Wie der Hamburger Hafen für den Landweg/Wasserweg- bzw. Wasserweg/Landweg-Transit, so benötigen auch zahlreiche der Hamburger Industriebetriebe, die seeseitig empfangene Rohstoffe verarbeiten oder für den lokalen Bedarf produzieren, eine Eisenbahnverbindung, um die infolge ihrer überörtlichen Funktion angefertigten Produkte auf dem Schienenweg zu den kontinentalseitigen Absatzmärkten versenden bzw. wegen der Armut des Hamburger Raumes an eigenen Rohstoffvorkommen benötigte Rohstoffe mitteleuropäischer Vorkommen auf dem Schienenweg empfangen zu können.

Demzufolge besitzen die Areale des Hamburger Verkehrsraumes, in denen sich die transportorientierte Industrie konzentriert hat, nicht nur Wasserstraßen, sondern auch ausgedehnte Eisenbahnanlagen, deren meist vollspurige Gleise in die Straßen eingepflastert oder parallel zu ihnen auf eigenen, ebenerdigen Gleiskörpern gebettet sind.

Das größte Güteraufkommen hat die Wilhelmsburger Industriebahn, die den umfangreichsten, geschlossenen Industriekomplex des Hamburger Marschenraumes bedient, der über 1 000 gewerbliche und 60 große, industrielle Betriebe beherbergt, unter denen die am seeseitigen Empfang und landseitigen Versand beteiligte Mineralölindustrie mit ihren Umschlagsanlagen, Tanklagerflächen und Veredlungsbetrieben, in denen Benzine, Schmieröle, Teer, Asphalt, Farben, Lacke und Wachs hergestellt werden, dominiert, sowie ebenfalls am seeseitigen Empfang und landseitigen Versand beteiligte Umschlags-, Lagereibetriebe und Verarbeitungswerke (z. B. Säge- und Hobelwerke, Metallhütten, Zinkfabriken, Kupferschmelzen, Bleifarbenwerke, Lackfabriken, Asbest- und Gummifabriken, Garnfabriken, Pflanzenölmühlen) und am landseitigen Empfang und seeseitigen Versand beteiligte Umschlags- und Lagereibetriebe (z. B. Kalisilo) vorhanden sind, die durch am seeseitigen und landseitigen Güterempfang beteiligte Unternehmen der lokalen Bedarfsdeckung (z. B. Werft, Baustoffhandel) ergänzt werden.

Verkehrsbezirk	Gesamtverkehr		davon			
			Industrieverkehr		Überseeverkehr	
	Zahl der Wagen	Mengen in t	Zahl der Wagen	Mengen in t	Zahl der Wagen	Mengen in t
Gesamt	76 426	1 262 660	30 430	496 459	45 996	766 201
davon Wilhelmsburg	17 382	287 195	16 746	275 673	618	11 523
Neuhof	16 187	242 330	12 431	178 022	3 756	64 308
Hohe Schaar	42 857	733 135	1 235	42 764	41 622	690 370

Tabelle 120 Güterverkehr der Wilhelmsburger Industriebahn nach Lage und Art der Anschließer (1956)

Von ihnen sind im zentralen Wilhelmsburger Bezirk 62 verschiedenartige Firmen, auf der Insel Schluisgrove 5 Mineralölfirmen (1957: 4716 Kesselwagen gestellt), auf der Insel Neuhof 13 Firmen, darunter fünf Mineralölfirmen (1957: 14352 Wagen), ein Kaltasphaltwerk (1957: 648 W.) und eine Getreidemühle, und auf der Hohen Schaar eine Kaliumschlagsanlage (1957: 12612 W.), vier Getreidespeicher (1957: 7982 W.), ein Hobelwerk und eine Betonbau-Gesellschaft an die Wilhelmsburger Industriebahn angeschlossen, die ihnen jährlich ca. 75000 Waggons mit ca. 1 Million Tonnen Fracht zustellt und abholt (Tab. 120 [247]). Vergl. Tab. 116).

Ihr Transportgut besteht entsprechend dem Güterversand und -empfang der Werke vorwiegend aus Massengütern, von denen Mineralöl und Getreide im Versand sowie Kali im Empfang ca. 90% der Gesamtmenge ausmachen (Tab. 121 [248]). Vergl. Tab. 95, 116, 118, 119).

Güterart	1957	1956
Gesamt davon	877 176	1 262 660
Öle und Fette	394 962	418 327
Getreide	124 380	380 112
Kali	206 245	330 676
Kohle	29 838	24 257
Chemische Erzeugnisse	20 048	21 261
Säuren	19 831	9 398
Eisen und Stahl	13 826	16 332
Holz	13 636	15 409
Metalle	10 837	11 321
Futtermittel	8 706	17 549
Steine und Schlacken	5 940	5 592
Erz	5 671	4 054

Tabelle 121 Güterverkehr der Wilhelmsburger Industriebahn nach Güterarten (Mengen in t)

Die Wilhelmsburger Industriebahn nimmt, wie man aus der der oben gegebenen Charakterisierung ihrer Anschließer ersieht, nicht nur den Eisenbahnverkehr der Industrie, sondern besonders in dem an den für Seeschiffe zugänglichen Wasserstraßen von Köhlbrand, Rethe und Reiherstieg gelegenen Bezirk Hohe Schaar auch den des Hafens wahr, der 61% ihres Gesamtverkehrs ausmacht (Tab. 120) [249].

247) Angaben der Wilhelmsburger Industriebahn G. m. b. H., Hamburg
248) Angaben der Wilhelmsburger Industriebahn G. m. b. H., Hamburg
249) Angaben der Wilhelmsburger Industriebahn G. m. b. H., Hamburg

Ihre Beteiligung am Seeschiff-Eisenbahn-Transit des Hamburger Verkehrsraumes kommt auch gleichermaßen in der Art der beförderten Güter und in der Ausdehnung ihres landseitigen, den Südosten Mitteleuropas umfassenden Verkehrseinflußbereiches zum Ausdruck (Tab. 121, 122).

Verkehrs-bezirk	Güterart	Zahl der Wagen	Mengen in t	Bemerkung
Gesamt		76 426	1 262 660	
davon nach der SBZ	Getreide	11 272	181 080	aus Übersee
„	„	830	13 144	
„	Öle	358	6 815	aus Übersee
der CSR	Getreide, Schrot	7 277	117 596	aus Übersee
Österreich	Getreide, Schrot	1 758	19 301	aus Übersee
Ungarn	Schrot	28	415	
davon aus der SBZ	Kali	5 477	96 799	nach Übersee
„	Sammelgut	43	683	
der CSR	Sammelgut	31	612	nach Übersee

Tabelle 122 **Güterverkehr der Wilhelmsburger Industriebahn nach Verkehrsbezirken und Güterarten (1956)**

Den gleichen Umfang wie der Industrieverkehr der Wilhelmsburger Industriebahn hat der Güterverkehr des Industriebahnhofs Billbrook (1956: 569474 t), von dem aus über ein 40 km langes Stammgleis das Billbrooker Industriegebiet, in dem 105 Teilnehmer über einen eigenen Gleisanschluß verfügen, 127 Teilnehmer auf dem Stammgleis bzw. den Ladestraßen laden und weitere 244 Teilnehmer Stückgut aufgeben und empfangen, und die Strecken der Vierländer Eisenbahn (Bergedorf – Zollenspieker), der Bergedorfer-Geesthachter Eisenbahn und der Südstormarnschen Kreisbahn (Tiefstack – Glinde) mit zusammen 19 Gleisanschlüssen, 81 Stammgleisladestellen und 110 Stückgutkunden bedient werden (1956: 224036 Zug-km, 2 898 625 t-km).

Das Verhältnis der Menge der beförderten Güter (1956: 569474 t) zur Zahl der gestellten Wagen (1956: 11 627) und der große Anteil der Stückgutlader kennzeichnen den jedoch andersartigen Aufgabenbereich dieser Industriebahn, die nicht in den Massengutverkehr des Hafens und der Hafenindustrie mit eingeschaltet ist, sondern die Fertigprodukte kleinerer, spezialisierter Fertigungsbetriebe (z. B. Chemische Fabriken, Eisengießerei, Kupferverwertung, Gummiverarbeitung, Maschinenbau; Beton-, Hartsteinwerk; Emballagen, Kartonagen; Speiseölfabrik, Marmeladen-, Sauerkrautfabrik, Reismühle, Milchabfüllung) und die Frachten von Lagereibetrieben (z. B. Speditionsfirmen; Kohlen-, Altmetall-, Schrotthandel; Eisen-, Baustoff-, Treibstoff-, Möbel-, Papier-, Futtermittel-, Lebensmittelgroßhandelslager) versendet (1956: 169606 t, darunter Schrott, Teerprodukte, Treibstoff, Betonschwellen, Maschinen, Milchkonserven, Stückgut), die ihre benötigten Materialien auf dem Schienenweg empfangen (1956: 395507 t, darunter Kohle, Gießereikoks, Baumaterial, Obst, Gemüse). (Zahlenwerte nach [250])).

Die Vielfalt der im Hamburger Verkehrsraum erzeugten und beförderten Industrieprodukte, die Herkunft ihrer Rohstoffe und die Lage ihrer Absatzmärkte werden ebenfalls durch den Güterverkehr des Wandsbeker Industriebahnhofs illustriert [251]). 45 % des beförderten Gutes sind Melasse für die Branntweinherstellung, die von den Zuckerrübenfabriken bei Schleswig und Uelzen in Kesselwagen eintrifft, von denen allein während der Saison (Oktober bis Dezember) ca. 1000 Wagen der Branntweinfabrik zugestellt werden. Weitere Massen- und Stückgüter für die 35 Anschließer des 16 km langen Stammgleises kommen im Lokalverkehr aus dem Hamburger Seehafen (z. B. Rohtabak für eine Zigarettenfabrik, Obst für ein Kühlhaus, Benzin für die chemische Industrie, Holz) und dem Wilhelmsburger Industriegebiet (Benzin für die chemische Industrie) sowie im zentripetalen Verkehr mit dem Verkehrseinflußbereich aus den Industrie- und Rohstoffbezirken an Rhein und Ruhr (z. B. aus dem Ruhrgebiet: Kohle für Hausbrand und Industrie, Gießereikoks; Eisenröhren, -bleche, Masten, Feldbahnmaterial für die Bauindustrie; Benzin, Benzol, Naphtalin, Schwerspat, Bleiazetat für die chemische Industrie; aus Ludwigshafen: Wasserglas, Chlorgas und andere Chemikalien für die chemische Industrie) und aus Mittel- und Süddeutschland (z. B. Kisten, Kleinmöbel, Landmaschinen, Torf und Düngemittel für Auslieferungsbetriebe bzw. Gärtnereien). Im Versand sind nur für den mitteldeutschen Raum bestimmte Zigaretten- und Branntweinsendungen sowie Kunstharze, Bleicherden, Terpentin, Verdampferapparate und Rahmenzellen zu verzeichnen, da die Abfuhr der Fertigwaren meist mit Lastkraftwagen erfolgt.

Die Zustellung der jährlich ca. 5000 Wagen (Beförderungsmaximum: 9527 Wagen mit 125780 t (1922)) wird dadurch erschwert, daß es im Gegensatz zu den relativ jungen und geschlossenen Industriegebieten der Marsch, die von vornherein mit Schienenwegen ausgebaut wurden, im Wandsbeker Industrie-Wohn-Mischgebiet der Geest wegen der durch die Enge der Straßen bedingten geringen Kurvenradien (minimaler Kurvenradius: 15 m) der Fabriktoreinfahrten und des Stammgleises nicht mehr möglich war, ein Vollspurgleis anzulegen. Denn die Industriebahn wurde in das bereits dichtbesiedelte Gebiet erst hereingeholt (1916), nachdem der ursprüngliche Plan, durch Kanalisation der Wandse einen Wasserweg zur Alster und damit zum Hafen zu schaffen, am Widerstand der Hamburger gescheitert war, die die begonnene Schiffbarmachung der unteren Wandse kurz vor der Hamburg-Wandsbeker Grenze abbrachen, da sie eine Konkurrenz der Wandsbeker Industrie befürchteten, die außerhalb des hamburgischen und innerhalb des preußischen Zollgebietes lag, dessen großer Absatzmarkt von der Hamburger Industrie nur nach der den Preis erhöhenden Verzollung ihrer Waren beschickt werden konnte. Deshalb konnte nur ein 1000 mm Schmalspurgleis verlegt werden, für das die normalspurigen Eisenbahnwagen am Industriebahnhof Holstenhof auf mit zwei Drehgestellen versehene Schienen-Rollwagen gesetzt werden müssen, die wegen

250) Angaben der Eisenbahn-Gesellschaft Altona-Kaltenkirchen-Neumünster, Hamburg
251) Angaben der Wandsbeker Industriebahn G. m. b. H., Hamburg

der kleinen Kurvenradien, wegen der beim Überqueren der Fernbahnlinie nach Lübeck zu überwindenden Steigung (1 : 40) und, um eine Behinderung des übrigen Straßenverkehrs zu vermeiden, zu je sechs von zwei kleinen, gekoppelten Diesellokomotiven gezogen werden, die bei größerem Bedarf mehrere Überführungen am Tag vornehmen.

Jahr	Zahl der Wagen
1898	1 344
1912	11 413
1951/2	5 803
1952/3	4 689
1953/4	3 907
1954/5	3 643

Tabelle 123 **Verkehr der Ottensener Industriebahn**

Die gleichen betrieblichen Schwierigkeiten bestehen für die Industriebahn der ebenfalls nach zollpolitischen und nicht nach verkehrsgeographischen Gesichtspunkten entstandenen Industrie-Wohn-Mischgebiete der Ottensener und Bahrenfelder Geest, in deren engen Straßen (minimaler Kurvenradius: 20 m) nachträglich (1898) nur noch 1 000 mm Schmalspurgleise eingepflastert werden konnten. Da das auf den Industriebahnhöfen Gaußstraße und Ruhrstraße erfolgende Umsetzen der normalspurigen Güterwagen auf schmalspurige Achsen-Rollböcke, die früher von acht Pferden gezogen wurden und heute von Schwerlast-Zugmaschinen des Straßenverkehrs gezogen werden, sehr zeitraubend und im Winter bei Glatteis auch gefährlich ist, gehen die Anschließer immer mehr auf den Lastkraftwagenbetrieb über, so daß die Zahl der beförderten Wagen seit ihrem Maximum (1912) ständig zurückgeht (Tab. 123)[252]),[253]) und die Zahl der am Industriebahnverkehr beteiligten, teils auf eigenem Stichgleis, teils auf dem 28 km langen Stammgleis ladenden Firmen sich von über 100 vor dem Ersten Weltkrieg auf 80 vermindert hat[254]). Unter diesen befinden sich hauptsächlich auf den Eisenbahntransport ihrer Massengüter (z. B. organische Öle und Fette) und ihrer sperrigen Güter (z. B. Baggergeräte, Schiffsschrauben, Zahnräder, Eisen- und Stahlteile) angewiesene Betriebe (z.B. Margarinefabrik, Maschinen-, Schiffsschrauben-, Zahnrad,- Draht- und Eisenindustrie), sowie Kohlenhändler, Bauunternehmer, Steinbearbeitungsbetriebe, Kisten-, Sperrholz- und Möbelfabriken, Konservenfabriken für Fisch und Gemüse und Lager des Lebensmittelgroßhandels.

Wie bei dem bisher untersuchten Industriebahnverkehr immer wieder beobachtet, sind Massengut transportorientierter oder konsumorientierter Firmen im Eingang (z. B. Kohle, Baustoffe, organische Öle und Fette, Fischabfälle) und für Verkehrssenken des Hamburger Verkehrseinflußgebietes bestimmte Fertigwaren für den überörtlichen Bedarf produzierender Firmen im Ausgang (z. B. Bier, Fischkonserven, Margarine) auch das Transportgut der Bahrenfelder Industriebahn. Sie stellt

252) Staisch, E.: Eisenbahnen rollen durch das Tor zur Welt. Hamburg 1956. S. 92
253) Angaben der Eisenbahn-Gesellschaft Altona-Kaltenkirchen-Neumünster, Hamburg
254) Angaben der Eisenbahn-Gesellschaft Altona-Kaltenkirchen-Neumünster, Hamburg

den 34 Anschließern der aus 7 Stichgleisen bestehenden 16.5 km langen Stammgleisstrecke täglich ca. 70 Wagen zu, von denen die meisten Kesselwagen für die Margarineindustrie am Bahrenfelder Bahnhof oder Kohlenwagen für den Kohlenhandel an der Kohlentwiete in Altona sind[255]). Der Entwicklung des Industriebahnverkehrs der anderen Geestgebiete entgegengesetzt, hat ihr Transportvolumen, abgesehen vom Gleis Kohlentwiete, in den vergangenen Jahren leicht zugenommen (Tab. 124)[256]), sicher nicht zuletzt deswegen, weil das von ihr betreute, entlang der Eisenbahnfernstrecke Langenfelde – Altona – Bahrenfeld gelegene, relativ homogene Industriegebiet nicht wie die älteren, in Eisenbahnferne entstandenen Industriebezirke der Geest erst nachträglich mit einem den Betriebsablauf erschwerenden, langen, nur dem Antransport dienenden, schmalspurigen Stammgleis, sondern wie die Industriebezirke der Marsch von Anfang an mit vollspurigen, kurzen Stichgleisen versehen wurde.

Jahr	Gleis							Gesamt
	Bahrenfeld Bahnhof	Altona Kohlentwiete	Eidelstedt West	Altona Marggrafstraße	Eidelstedt Palaschgleis	Eidelstedt Ost	Bahrenfeld Lagerhalle	
1951/2	10 908	7 334	1 186	741	872	278	109	21 428
1952/3	11 646	7 787	1 083	531	758	113	97	22 015
1953/4	11 594	6 051	1 271	833	1 031	216	285	21 281
1954/5	11 970	4 782	1 474	912	816	166	395	20 515

Tabelle 124 Verkehr der Bahrenfelder Industriebahn (Zahl der beförderten Wagen)

Zugleich wird durch diese zusammenfassende Gegenüberstellung die Funktion der Eisenbahn in den fünf isolierten, in der Marsch gelegenen oder den Verkehrssubzentren der Geest zugeordneten Bezirken der für den Bedarf der Schiffahrt, des Hafens und der Stadtbewohner arbeitenden und Seehafen-Importgüter für den überörtlichen Bedarf verarbeitenden Industrie des Hamburger Verkehrsraumes charakterisiert und erneut deren daraus resultierende Verkehrsorientiertheit bzw. Angewiesensein auf leistungsfähige Verkehrswege bestätigt.

3. Güterverkehr der Ortsgüterbahnhöfe

Das System der nur den Güterverkehr abwickelnden Hafen- und Industriebahnhöfe, die Ausgangspunkte weitverzweigter Netze meist stumpf endender Zustellgleise sind, wird durch mehrere, über die ganze Stadt verteilte Ortsgüterbahnhöfe ergänzt, die an Durchgangsstrecken oder stumpf endenden Zustellstrecken liegen (z. B. Lokstedt – Ochsenzoll), entweder mit Personenbahnhöfen kombiniert oder nur

255) Angaben der Eisenbahn - Gesellschaft Altona – Kaltenkirchen – Neumünster, Hamburg
256) Angaben der Eisenbahn - Gesellschaft Altona – Kaltenkirchen – Neumünster, Hamburg

Um den „schnellen Hafen" Hamburg auch mit schnellen Eisenbahnverbindungen zu versehen, sind der Expreßgutdienst, dessen Umfang ständig wächst (Tab. 126)[261], und der Eilgutdienst, der vor allem im Südfrucht-, Gemüse- und Fischversand in Anspruch genommen wird, besonders gut ausgebaut.

Zur schnellen Verbindung Hamburgs mit anderen Gebieten trägt ebenfalls der dem Hamburger Hauptbahnhof gleistechnisch angeschlossene und mit dessen sieben Dienstbahnsteigen durch einen Tunnel verbundene Postbahnhof Hühnerposten bei, auf dem ein großer Teil der in Hamburg anfallenden Postsendungen täglich in ca. 100 Bahnpostwagen verladen wird (Tab. 127)[262]. Da wegen des gestiegenen Verkehrsvolumens des Hauptbahnhofes ein Rangieren der Bahnpostwagen nicht mehr möglich ist, wird die Post nur noch bei einigen Schnellzügen direkt zugestellt, meist aber in geschlossenen Postzügen zum Reisezugbildungsbahnhof Langenfelde überführt (Abb. 29)[263], in dessen Nähe (jetziger Bahnhof Altona-AKN) deshalb ein neuer, geräumigerer Postbahnhof geplant ist, um die Überführungsfahrten zu sparen. Lediglich am Bahnhof Hamburg-Harburg wird noch die Bahnzustellung der in dem südlich der Elbe gelegenen Verkehrssubzentrum aufkommenden Post vorgenommen, um den Zeitverlust zu vermeiden, der durch die zweimalige Überquerung des Alster- und Elbetales entstehen würde.

Jahr	Briefe		Pakete	
	Gesamt	davon ins Ausland	Gesamt	davon ins Ausland
1954	384 898 400	32 722 800	10 936 700	285 300
1955	400 076 700	29 244 000	11 905 300	341 200
1956	417 575 900	21 100 300	13 351 900	352 400

Tabelle 127 **Postverkehr im Postamtsbezirk Hamburg**

Insgesamt beträgt der jährliche Verkehrsumfang der sechs Hafen- und fünf Industriebahnbezirke sowie der 25 Ortsgüterbahnhöfe des Verkehrsraumes ca. 10 Mill. t, wobei der den zentrifugalen Verkehr überwiegende zentripetale Verkehr Hamburg als Konsum- und Verarbeitungsgebiet, der den Stückgutverkehr übertreffende Wagenladungsverkehr die Bedeutung des Schienenweges für den kontinentalseitigen Massenguttransport kennzeichnet (Tab. 128).

261) Staisch, E.: Eisenbahnen rollen durch das Tor zur Welt. Hamburg 1956. S. 75
262) Angaben der Deutschen Bundespost, Oberpostdirektion Hamburg, Hamburg
263) Buchfahrpläne des Güterverkehrs der Bundesbahndirektion Hamburg. Winterfahrplan 1957/58. Hamburg 1957

Güterbahnhof (Jahr)	Gesamt			
	Güter	Vieh	Wagenladung	Stück
	Mengen in t	Stück	Mengen in t	
Gesamt (1938)	12 375 902	504 206	6 739 099	436
davon				
Hamburg Süd	3 052 910	48	1 301 987	9
Hamburg Berl	2 619 879	0	2 348 346	271
Wilhelmsburg	1 253 189	18	706 632	12
Unterelbe	1 100 668	0	240 516	26
Hamburg Han	901 591	0	0	
Altona Güterbahnhof	649 966	0	419 593	25
Kai Rechts	404 693	0	188 197	[illegible]
Bergedorf	399 973	3 768	266 339	8
Harburg	362 486	3 200	163 710	17
Barmbek	353 794	0	305 310	7
Sternschanze	211 031	434 451	169 817	1
Altona Eilgut	179 617	1 253	14 287	13
Hamburg-Hauptbahnhof Eilgut	116 131	392	37 573	18
Stellingen	107 361	0	91 908	1
Ohlsdorf	43 620	250	38 074	1
Schnelsen	13 652	46	9 473	[illegible]
Eidelstedt Ost	9 128	1	5 897	[illegible]
Altona AKN-Bahnhof	1 472	23	464	[illegible]
Gesamt (1954)	9 781 399	196 820	6 039 397	87
davon				
Hafenbahnhöfe	7 094 380	732	4 066 172	9
Stadtbahnhöfe	2 687 019	196 088	2 033 225	78
Gesamt (1955)	10 976 199	243 458	6 471 543	88
davon				
Hafenbahnhöfe	7 305 810	427	3 771 729	10
Stadtbahnhöfe	3 670 389	243 031	2 699 184	78

Tabelle 128 Güterverkehr de

davon					
		Versand			
ɔßvieh	Kleinvieh	Wagenladung	Stückgut	Großvieh	Kleinvieh
Stück		Mengen in t		Stück	
58 311	434 045	4 771 071	429 108	8 036	3 814
19	7	1 725 324	16 161	22	0
0	0	0	0	0	0
6	0	509 113	24 643	12	0
0	0	828 525	5 507	0	0
0	0	749 701	151 890	0	0
0	0	158 941	46 283	0	0
0	0	212 783	3 185	0	0
182	3 433	114 635	10 669	150	3
1 022	10	167 126	14 606	2 134	34
0	0	24 680	16 062	0	0
55 124	372 226	38 007	1 292	3 725	3 376
427	0	71 032	80 818	566	260
222	0	36 210	23 564	146	24
0	0	11 705	2 271	0	0
106	65	3 187	837	79	0
26	7	3 739	122	13	0
1	0	1 546	1 444	0	0
20	0	247	492	3	0
08 094	55 931	3 529 025	125 514	26 318	6 477
309	23	3 062 850	16 021	352	48
07 785	55 908	466 175	109 493	25 966	6 429
57 609	43 989	4 304 485	111 364	34 563	7 297
305	62	3 515 532	8 111	60	0
57 304	43 927	788 953	103 253	34 503	7 297

hn nach Bahnhöfen

Eine Gegenüberstellung der Art und des Umfanges der Güterbewegungen der einzelnen Bahnhöfe an Hand der mir zur Verfügung stehenden Unterlagen mag noch einmal ihre unterschiedlichen, wesenhaften Funktionen herausstellen (Tab. 128)[264], [265], [266], [267], [268], [269], [270], [271].

Fast die Hälfte aller Verkehrsvorgänge wird von dem Hafen-Hauptbahnhof Hamburg Süd (25 %), der als wichtigster Bahnhof im Bahn-Schiff-Transit entsprechend vom Vorherrschen des Massengutes beim seeseitigen Empfang das Maximum des Wagenladungsverkehrs im bahnseitigen Versand besitzt, und dem Ortsgüterbahnhof Hamburg Berl (22 %), der als Güterbahnhof des über keinen Gleisanschluß verfügenden Industrie- und Gewerbegebietes der Hammer und Hammerbrooker Marsch entsprechend der Rohstoffarmut des Hamburger Raumes das Maximum im Wagenladungsempfang aufweist, durchgeführt. Weitere 20 % des gesamten Verkehrsumfanges werden von den am Güterverkehr des Hafens und der Industrie beteiligten Bahnhöfen Wilhelmsburg (11 %) und Unterelbe (9 %) abgewickelt, so daß sich der Güterempfang und -versand der Eisenbahn innerhalb des Hamburger Verkehrsraumes zu insgesamt 82 % auf den wenigen, großen Bahnhöfen des Marschenraumes, des zentralen Arbeitsgebietes der Stadt, abspielt, während der Rest auf die Vielzahl der größeren und kleinen Ortsgüteranlagen des Geestraumes, des peripheren Wohngebietes der Stadt, entfällt.

Das Verhältnis des Wagenladungsempfanges zum -versand (E : V) charakterisiert, ebenfalls in Übereinstimmung mit den bisherigen Ausführungen, die Hafenbahnhöfe durch das Vorherrschen des zentrifugalen Massengutverkehrs (z. B. Unterelbe E : V = 1 : 4) als Mittler des See-Land-Transits von Rohstoffen, die Ortsgüterbahnhöfe durch das Überwiegen des zentripetalen Massengutverkehrs (z. B. Ohlsdorf E : V = 13 : 1) als Mittler der kontinentalseitigen Rohstoffzufuhr. Dies wird durch die andersartigen Verhältnisse des Stückgutverkehrs bestätigt, bei dem der Versand auf den Bahnhöfen der Industrie- und Gewerbegebiete (z. B. Eidelstedt Ost E : V = 1 : 7; Barmbek E : V = 1 : 2), der Stückguthäfen (z. B. Kai Rechts E : V = 1 : 6) sowie des Fischhafens (Altona Eilgut E : V = 1 : 6), der Empfang hingegen auf denen der Massenguthäfen (z. B. Unterelbe E : V = 5 : 1 (Massengut im seeseitigen Eingang, Stückgut als Rückfracht)) dominiert. Die Funktion der Bahnhöfe der Kleinindustrie-Gewerbe-Wohn-Mischgebiete als Empfangsbahnhof für Massengut-Rohstoffe und Versandbahnhof für Stückgut-Fertigwaren kommt nicht zuletzt darin zum Ausdruck, daß der Güterbahnhof Hamburg Berl das Maximum des Wagenladungsempfangs, der ihn im Versand ergänzende, benachbarte Güterbahnhof Hamburg Han das Maximum des Stückgutversandes aller Hamburger Bahnhöfe hat.

264) Verwaltung für Handel, Schiffahrt und Gewerbe der Gemeindeverwaltung der Hansestadt Hamburg, Handelsstatistisches Amt: Handel und Schiffahrt des Hafens Hamburg 1938. Hamburg 1938. S. 185, 188
265) Behörde für Wirtschaft und Verkehr der Freien und Hansestadt Hamburg, Handelsstatistisches Amt: Handel und Schiffahrt des Hafens Hamburg 1950. Hamburg 1951. S. 208
266) Behörde für Wirtschaft und Verkehr der Freien und Hansestadt Hamburg, Handelsstatistisches Amt: Handel und Schiffahrt des Hafens Hamburg 1951. Hamburg 1952. S. 238
267) Behörde für Wirtschaft und Verkehr der Freien und Hansestadt Hamburg, Handelsstatistisches Amt: Handel und Schiffahrt des Hafens Hamburg 1952. Hamburg 1953. S. 250
268) Behörde für Wirtschaft und Verkehr der Freien und Hansestadt Hamburg, Handelsstatistisches Amt: Handel und Schiffahrt des Hafens Hamburg 1953. Hamburg 1954. S. 241
269) Behörde für Wirtschaft und Verkehr der Freien und Hansestadt Hamburg, Handelsstatistisches Amt: Handel und Schiffahrt des Hafens Hamburg 1954. Hamburg 1955. S. 340
270) Behörde für Wirtschaft und Verkehr der Freien und Hansestadt Hamburg, Handelsstatistisches Amt: Handel und Schiffahrt des Hafens Hamburg 1955. Hamburg 1956. S. 356
271) Angaben der Deutschen Bundesbahn, Bundesbahndirektion Hamburg, Hamburg

Im Viehverkehr, bei dem der Empfang des Konsumortes Hamburg den Versand des Marktortes Hamburg bei weitem übertrifft, entfallen 86% der Gesamtmenge auf den Vieh-Hauptbahnhof Sternschanze, je 0.6% auf die Bahnhöfe der über einen eigenen Schlachthof verfügenden Verkehrssubzentren Harburg und Bergedorf sowie ein noch geringerer Anteil auf den in der Nähe der Viehlandebrücke St. Pauli gelegenen Eilgutbahnhof Altona Kai.

Ein Vergleich der Vorkriegs- und Nachkriegswerte zeigt bei annähernder Gleichheit der Summenwerte eine Konstanz des Wagenladungsverkehrs, aber eine Abnahme des Stückgutverkehrs auf 20%, in der sich die Umstrukturierung des See-Land / Land - See - Transits im Hafen und die immer mehr erfolgende Übernahme des Stückgutverkehrs durch den Lastkraftwagen gleichermaßen widerspiegeln. Auch der Viehtransport der Eisenbahn ist durch den ständig stärker werdenden Lastkraftwagenverkehr im Nahbereich um die Hälfte gesunken. (Anm. Das auffallende Anwachsen des Großvieh- und Absinken des Kleinviehverkehrs beruht weniger auf strukturellen Unterschieden als vielmehr auf verschiedenartigen Zählmethoden der Statistik; beachte dazu die differenzierte Aufgliederung der Transportart und des Transportgutes in Abschnitt B. V. 2 der Arbeit).

4. Waggonverkehr der Verschiebebahnhöfe

Eckpunkte dieses umfangreichen Güterverkehrs sind die mit den einzelnen Güterbahnhöfen und untereinander durch ein- oder zweigleisige Schienenstränge, von denen der am stärksten belastete Verbindungsbahnabschnitt gleichzeitig dem Reisezugverkehr dient (Abb. 29) [272], verbundene Verschiebebahnhöfe Wilhelmsburg im Süden, Rothenburgsort im Osten und Eidelstedt im Norden, die wegen der exzentrischen Lage des Verkehrsraumes Hamburg am oberen Ende des Elbeästuars einen nach Westen geöffneten Halbring bilden.

Verschiebebahnhof	a	b
Wilhelmsburg	3 300	3 700
(Harburg)	(1 700)	
Eidelstedt	3 200	2 700
Rothenburgsort	1 500	2 700
Anmerkung: a = Durchschnitt Oktober 1957 [273] b = Durchschnitt 1927; berechnet nach der Achsenzahl [274]		

Tabelle 129 Täglicher Waggonausgang der Verschiebebahnhöfe

272) Buchfahrpläne des Güterverkehrs der Bundesbahndirektion Hamburg. Winterfahrplan 1957 / 58. Hamburg 1957

273) Angaben der Deutschen Bundesbahn, Bundesbahndirektion Hamburg, Hamburg

274) Kümmel, Stein, Leo: Die Aufgaben des Verkehrs von Hamburg und Umgebung. In: Hamburg und seine Bauten mit Altona, Wandsbek und Harburg - Wilhelmsburg 1918 – 1929. Architekten- und Ingenieurverein zu Hamburg. Hamburg 1929. S. 50

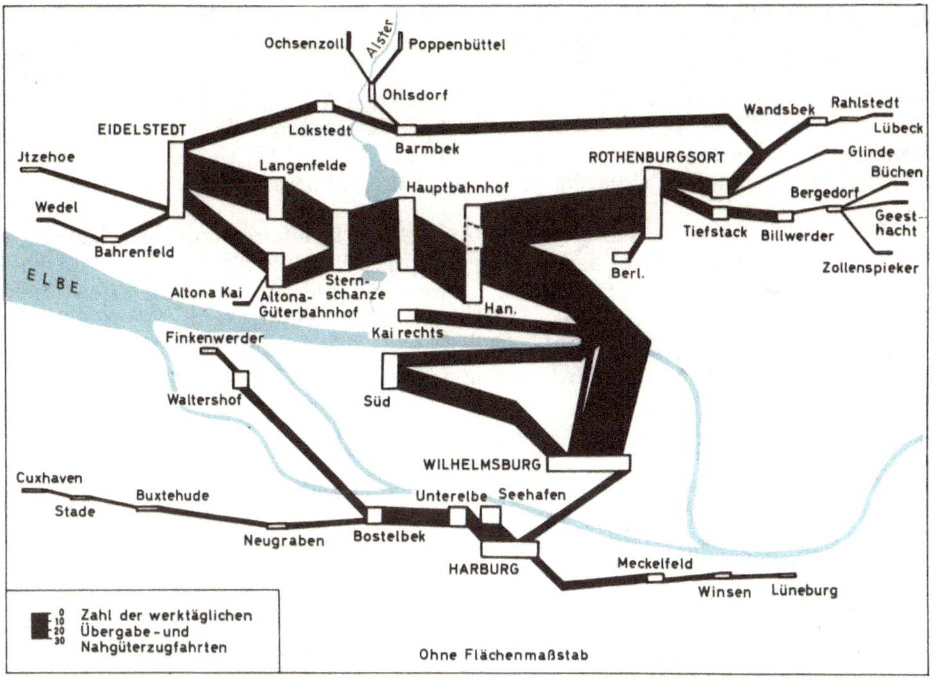

Abbildung 29 **Werktäglicher Güterzugverkehr Hamburgs**

Entsprechend den oben gemachten Ausführungen hat der im Zentrum der Elbmarsch gelegene Verschiebebahnhof Wilhelmsburg die größte Zahl von Waggons zu verschieben, während die des Ostbahnhofs Rothenburgsort infolge der politischen Nachkriegsentwicklung im Gegensatz zu der der anderen unter den Vorkriegsstand gesunken ist.

Funktion der Verschiebebahnhöfe ist es, in zahlreichen Übergabe- und Nahgüterzugfahrten die Waggons den ihnen jeweils zugeordneten Hamburger Bestimmungsbahnhöfen zuzustellen bzw. sie von dort abzuholen oder sie einem der anderen Verschiebebahnhöfe zur Weiterbehandlung zu übergeben (Abb. 29), die eintreffenden Güterzüge aufzulösen, da nur wenige Ferngüterzüge Hamburg durchfahren (Viehzug Husum – Ruhrgebiet / Rheinland, Güterschnellzug Flensburg – Hamburg – Basel, Flensburg – Hamburg – Aachen, Lübeck – Hamburg – Hamm[275]), obwohl hier die erste Übergangsmöglichkeit oberhalb des 130 km langen Elbästuars besteht, die infolgedessen einen starken Gütertransit aufweist, und die Hamburg verlassenden Frachtgüterzüge zu bilden, die, aus den auf Hamburger Güterbahnhöfen behandelten Waggons und den auf Grund der Lage Hamburgs in überörtlicher Funktion verschobenen Waggons nichthamburgischer Güterbahnhöfe bestehend, von hier direkt bis an die Grenzen Deutschlands laufen, so daß Hamburg mit allen

275) Buchfahrpläne des Güterverkehrs der Bundesbahndirektion Hamburg. Winterfahrplan 1957 / 58. Hamburg 1957

wichtigen Verschiebebahnhöfen Mitteleuropas unmittelbar verbunden ist (Durchgangsgüterzüge: Eidelstedt – Marne / Hemmingstedt / Heide / Husum, Eidelstedt – Bremen / Hamm / Marl / Wanne, Eidelstedt – Uelzen / Hannover / Basel; Rothenburgsort – Büchen / Dresden / Tetschen; Han – Saßnitz, Han – Celle, Han – Rotenburg / Hamm, Han – Minden / Köln; Wilhelmsburg – Lübeck, Wilhelmsburg – Bremen / Kirchweyhe/ Hamm, Wilhelmsburg – Braunschweig, Wilhelmsburg – Lehrte / Göttingen / Rüsselsheim; Harburg – Stade / Cuxhaven, Harburg – Fulda / Stuttgart [276])).

Trotz dieser zugtechnisch günstigen Anschlüsse Hamburgs und des Hamburger Hafens an die anderen kontinentalen Verkehrsbezirke sind die mit Dampflokomotiven befahrenen Fernstrecken weniger leistungsfähig als die elektrifizierten Strecken Süd- und Westdeutschlands, so daß manches Import- und Exportgut, das sonst seinen Weg über den Seehafen Hamburg nehmen würde, auf die „schnellen" Strecken der Rheinmündungshäfen abwandert.

5. Personenverkehr der U-Bahn

Als leistungsfähigstes Landverkehrsmittel zur Bewältigung großer Beförderungsmengen hat die Eisenbahn nicht nur einen wesentlichen Anteil am kontinentalseitigen Güterverkehr Hamburgs, sondern auch an seinem Personenverkehr im Innern, mit dem Umland und dem Verkehrseinflußgebiet.

Innerhalb der Hamburger Innenstadt bedienen die aus maximal vier Doppelwagen bestehenden Züge der elektrisch betriebenen U-Bahn, deren 450 Wagen auf der 68 km langen Gesamtstrecke 1956 33712400 Wagenkilometer zurücklegten und bei einem Angebot von 106 Plätzen je Wagen alter Bauart bzw. 138 Plätzen je Wagen neuer Bauart 154214700 Beförderungsfälle zu verzeichnen hatten [277]), [278]) (vergl. Tab. 1), zwischen den an den mittelalterlichen Torlagen befindlichen Bahnhöfen St. Pauli (am Millerntor), Stephansplatz (am Dammtor) und Hauptbahnhof (am Steintor) das Geschäftshausviertel der Altstadt mit den Stationen Mönckebergstraße, Rathausmarkt / Jungfernstieg sowie den Südrand der Neustadt mit den für den Personenverkehr des Hafens wichtigen Haltepunkten Landungsbrücken und Baumwall, während das die stärkste Arbeitsplatzkonzentration aufweisende Bürohausviertel der Altstadt wegen der Beschaffenheit seines Untergrundes bisher keine Schnellbahnverbindung erhalten hat. Die Funktion dieses die Gebiete großer Arbeitsplatzdichte verbindenden südlichen Halbringes als Sammler und Verteiler der hier vor allem im Berufsverkehr anfallenden Beförderungsmengen kommt in der relativ gleichmäßigen Streckenbelastung (Abb. 30) [279]), in dem verstärkten Platzangebot in den Morgen- und Abendstunden (Verstärkungsverkehr auf den Abschnitten Jungfernstieg – Flughafenstraße, Ring – Barmbek – Volksdorf, Hauptbahnhof – Hellkamp zwischen 6.00 – 9.00 Uhr werktags, 13.00 – 15.00 Uhr sonnabends, 16.00 – 19.00 Uhr montags bis freitags [280]); vergl. Tab. 112) und dem stoßweisen Fahrgastandrang (z. B. Landungsbrücken: durchschnittlicher Zu- und Abgang 300 bis 400 Personen/Stunde; 6.30 – 6.45 Uhr: 3000 Personen, 17.00 – 17.30 Uhr: 5000 Personen [281]); vergl. Tab. 112) zum Ausdruck.

---

276) Buchfahrpläne des Güterverkehrs der Bundesbahndirektion Hamburg. Winterfahrplan 1957 / 58. Hamburg 1957

277) Statistisches Landesamt der Freien und Hansestadt Hamburg. Statistisches Jahrbuch 1957. Hamburg 1958. S. 181

278) Angaben der Hamburger Hochbahn Aktiengesellschaft, Hamburg

279) Angaben der Hamburger Hochbahn Aktiengesellschaft, Hamburg

280) Fahrplan der Hamburger Hochbahn Aktiengesellschaft Hamburg, Winterfahrplan 1957 / 58. Hamburg 1957. Sommerfahrplan 1958. Hamburg 1958

281) Angaben der Hamburger Hochbahn Aktiengesellschaft, Hamburg

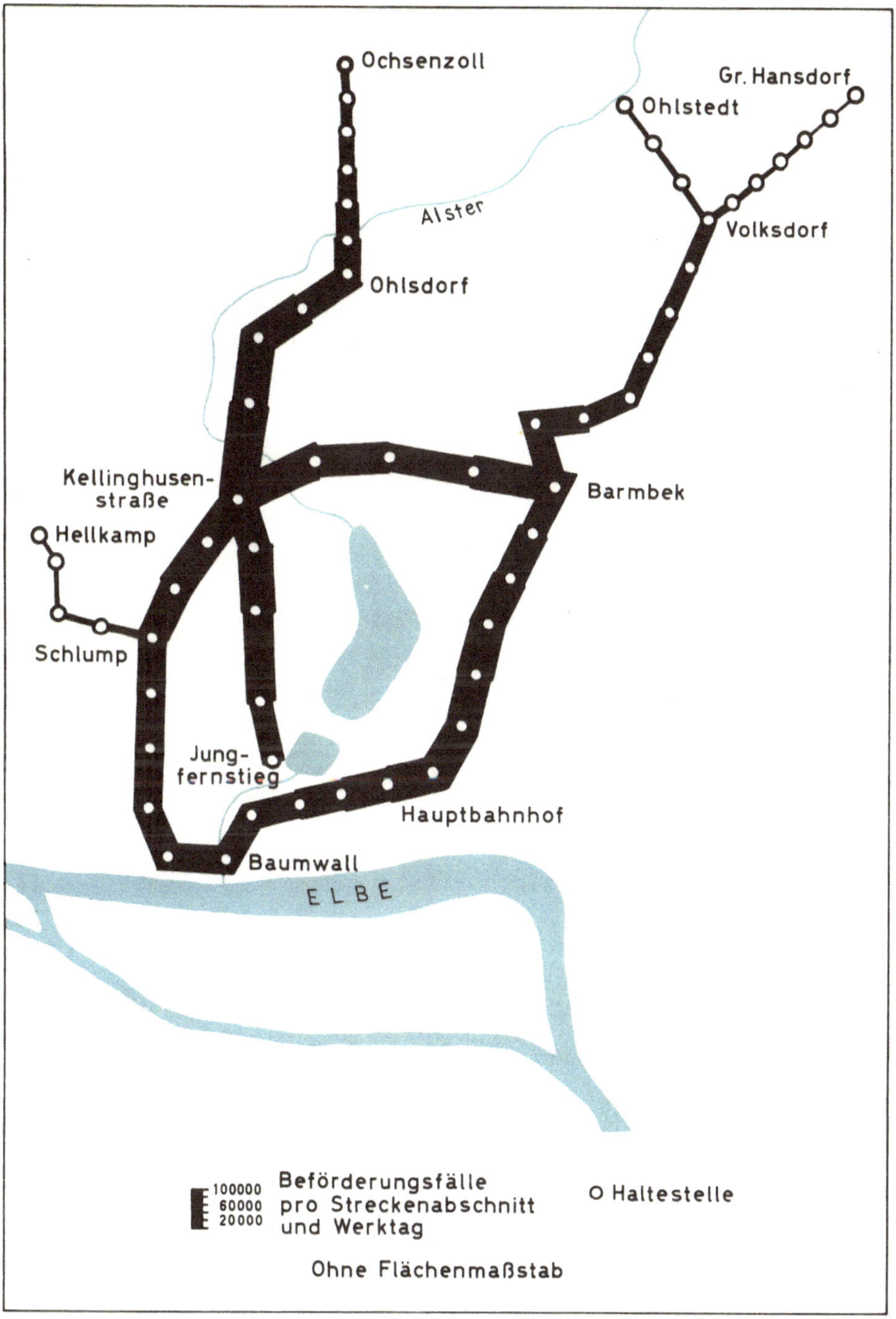

Abbildung 30 **Werktägliche Streckenbelastung im U-Bahn-Verkehr Hamburgs**

Er wird durch einen die Wohngebiete der nördlichen Geest verbindenden Halbring mit 16 Stationen ergänzt, der wegen der hier vorliegenden kulturgeographisch variierten, geomorphologischen Verhältnisse erst oberhalb des Mühlenstauteiches der Großen Alster geschlossen werden kann. Von ihm, dessen Mittlerfunktion zwischen den Verkehrsquellen und -senken des Wohngebietes und dem südlichen Arbeitsplatz-Halbring ebenfalls in der relativ konstanten Streckenbelastung von 65 – 83 000 Beförderungsfällen pro Tag deutlich wird (Abb. 30), gehen außerhalb der Torlagen fächerförmig Stichbahn-Linien in die alt-hamburgischen Stadtteile.

Strecke	Gefälle
Barmbek – Ohlstedt / Gr. Hansdorf	5.8 : 1
Kellinghusenstraße – Ochsenzoll	4.3 : 1
Schlump – Hellkamp	2.7 : 1

Tabelle 130 **Belastungsgefälle der Radialstrecken der U-Bahn**

Wie in dem linearen Fahrgastgefälle von den Umsteigestationen zu den Endstationen (Abb. 30, Tab. 130)([282]) und dem Verhältnis der Zahl der Haltepunkte der Radiallinien zu der der Arbeitsplatz-Tangente (31 : 6) sichtbar wird, ist es die Funktion dieser Radialstrecken, die Fahrgäste der dezentralisierten Wohngebiete der nördlichen Geest zu sammeln bzw. zu verteilen und ihnen an den Umsteigebahnhöfen (Tab. 130), die infolgedessen am stärksten belastet sind (z. B. steigen am Bahnhof Kellinghusenstraße täglich 158 169 Personen ein, aus und um oder durchfahren ihn), den Anschluß an den nördlichen Halbring, auf dem sie, sich überlagernd, eine fast gleichmäßige Streckenbelastung (maximales Gefälle: 1.3 : 1; vergl. Tab. 130) mit geringer Verstärkung in der Nähe der Umsteigebahnhöfe und auf dem Innenstadtabschnitt hervorrufen, und damit an den südlichen Halbring der konzentrierten Arbeitsplatzgebiete des nördlichen Marsch-Geest-Grenzraumes zu vermitteln. Das vom Zentrum zur Grenze des Verkehrsraumes gerichtete Gefälle der Beförderungszahlen wird ebenfalls durch die Benutzung der Endbahnhöfe gekennzeichnet, von denen der an der Stelle des ehemaligen Mühlentores der Altstadt gelegene Bahnhof Jungfernstieg mit 51 308 Fahrgästen pro Tag (= 10 % der gesamten Beförderungszahl) das Maximum aufweist, während der Bahnhof Ochsenzoll, der durch seine Lage am Schnitt mehrerer Moorpaßstraßen Endpunkt verschiedener Omnibuslinien des Umlandes und der Alsternordbahn, die 1956 1 222 000 Fahrgäste beförderte[283]) ist, nur von 21 328 Fahrgästen pro Tag benutzt wird, an den Endstationen der die relativ dünn besiedelten Walddörfer bedienenden Linien täglich 10 732 Fahrgäste ein- und aussteigen und die Endstation Hellkamp des einen starken Auspendlerstrom besitzenden Eimsbüttler Gebietes sogar nur von 6 016 Fahrgästen am Tag aufgesucht wird, da dieser Bezirk gleichzeitig durch mehrere Straßenbahnlinien erschlossen ist, auf denen die Fahrgäste schneller und ohne Umsteigen in die Innenstadt gelangen können[284]) (Stand 1954; zum Vergleich Beförderungszahlen: 1954: 157 149 400 Personen, 1956: 154 214 700 Personen[285])).

282) Angaben der Hamburger Hochbahn Aktiengesellschaft, Hamburg
283) Statistisches Landesamt der Freien und Hansestadt Hamburg: Statistisches Jahrbuch 1957. Hamburg 1958. S. 182
284) Angaben der Hamburger Hochbahn Aktiengesellschaft, Hamburg
285) Statistisches Landesamt der Freien und Hansestadt Hamburg: Statistisches Jahrbuch 1957. Hamburg 1958. S. 181

Die Nachteile dieses hauptsächlich auf die Hafenbahnhöfe abgestimmten U-Bahn-Netzes bestehen also darin, daß im Arbeitsstättenbereich das Kontorhausviertel der Altstadt und der Hafen nur randlich berührt und im Wohnstättenbereich die ehemals preußischen Gebiete überhaupt nicht erfaßt werden, an den Knotenbahnhöfen oft ein Umsteigen erforderlich ist (z. B. ist der Streckenabschnitt Kellinghusenstraße – Hudtwalckerstraße (– Alsterdörfer) mit 91 143 Fahrgästen / Tag stärker belastet als der Streckenabschnitt Kellinghusenstraße – Klosterstern (– Innenstadt) mit 77 515 Fahrgästen / Tag, während der Ring im Vergleich mit den anschließenden Streckenabschnitten hier ein relatives Maximum besitzt; Abb. 30) und von den im nordwestlichen Sektor zwischen Alster und Elbe gelegenen Stadtteilen die Altstadt nur nach einem Umweg über die Hafenbahnhöfe erreicht werden kann (siehe geringe Belastung der Linie Hellkamp – Schlump).

Demzufolge ist entsprechend dem Verlauf der Ströme des innerstädtischen Personenverkehrs eine Ergänzung der hafenorientierten, zyklonalen Linie durch altstadt-orientierte, radiale Linien erforderlich, von denen der Zubringer Kellinghusenstraße – Jungfernstieg der Langenhorner Schnellbahn bereits 1931 fertiggestellt und 1958 an die Station Rathausmarkt des Innenstadt-Halbringes angeschlossen wurde, der Zubringer Farmsen bzw. Wandsbek-Gartenstadt – Hauptbahnhof der Walddörferlinie zur Zeit abschnittsweise im Bau ist, der Zubringer Schlump – Meßberg der Eimsbüttler Linie geplant ist[286]) und der Abschnitt Jungfernstieg – Meßberg – Hauptbahnhof des Kontorhausviertels sich zur Zeit im Bau befindet.

Als zweiter Grund für einen weiteren Ausbau des U-Bahn-Netzes ist die Erweiterung deren Funktionsbereiches anzuführen. Fiel, als durch das Anwachsen der Bevölkerung und die Umsiedlungen im Zuge der Sanierungsmaßnahmen in der Innenstadt die Erschließung neuer Wohngebiete und damit die Schaffung leistungsfähiger Verkehrsverbindungen zu den in ihrer Lage beharrenden Arbeitsstätten notwendig wurden, die Wahl des Zubringers wegen des Fehlens anderer geeigneter Verkehrsmittel (z. B. Straßen-Kraftfahrzeuge) 1912 auf die U-Bahn, so muß sie heute wegen des Überhandnehmens dieser Verkehrsmittel außer ihrem Zubringer-Dienst noch zur Entlastung des Oberflächenverkehrs beitragen. Das bedeutet jedoch nicht nur eine Verdichtung des Liniennetzes, sondern auch des Stationsnetzes auf den vorhandenen Linien (z. B. Haltepunkt Johnsallee, Kiwittsmoor geplant; Tab. 131).

Linie	Abstand
Walddörfer	1 800 m
Alsterdörfer	1 200 m
Ring	800 m
Planung	600 m

Tabelle 131 Mittlerer Haltestellenabstand der U-Bahn

286) Denkschrift des Senats der Freien und Hansestadt Hamburg: Neuordnung des Hamburger Stadtverkehrs. Hamburg 1956. S. 30

Erschwerend für diese Neubauten wirkt sich die durch das bestehende Verkehrsbedürfnis bedingte Konvergenz der neuen Trassen in der Altstadt aus, deren enge Bebauung und wegen seiner geologischen und hydrologischen Eigenschaften für den unterirdischen Schnellbahnbau ungeeigneter Untergrund kostspielige Maßnahmen erfordern, die wegen ihres spezifischen Charakters auch durch die Wahl eines anderen Bahnsystems nicht wesentlich vermindert werden können (z. B. Alweg-Bahn, die bei gleichen Nebenkosten für Kabelverlegung, Gebäudeabsicherung und Tunnelgrubenerstellung statt der zwei Stahlschienen und deren Gleisbett zwar nur eine Betonschiene, dafür aber ein größeres Tunnelprofil benötigt und die hier vorliegende, dichte Zugfolge mit wechselnden Fahrstraßen nicht zu bewältigen vermag).

6. Personenverkehr der S-Bahn

Das Netz der S-Bahn, das in seinen Grundzügen zwar gemeinsam mit dem der U-Bahn 1893 von dem städtischen Oberingenieur F. A. Meyer konzipiert wurde, auf Grund von Kompetenzschwierigkeiten jedoch verwaltungsmäßig und betriebstechnisch eine andere Ausbildung erfuhr, berührt, dem Lauf der sich an die mittelalterliche Befestigungslinie anlehnenden Verbindungsbahn folgend, nur im Osten und Norden die Hamburger Altstadt (Bahnhof Hamburg Hauptbahnhof am Steintor) und Neustadt (Bahnhof Dammtor) sowie die Vorstädte St. Georg (Bahnhof Berliner Tor) und St. Pauli (Bahnhof Sternschanze), an deren Torlagen-Bahnhöfen jeweils ein Übergang zur U-Bahn möglich ist. Diese Nordost-Tangente des mittelalterlichen Stadtkernes ist die Ausgangslinie für die insgesamt 42 Kilometer lange und 27 Stationen aufweisende, biradionale Stadtstrecke der S-Bahn, die von 67 elektrisch angetriebenen Halbzügen befahren wird, deren drei Wagen jeweils 693 Personen fassen. Ihre Bahnhöfe Hamburg-Altona und Hamburg Hauptbahnhof bzw. Berliner Tor sind gleichzeitig die stadtseitigen Kopfbahnhöfe des von Dampfzügen bedienten, vier monoradiale Strecken (100 km Länge, 28 Stationen) umfassenden Vorortnetzes der S-Bahn, das den Fernbahngleisen folgt.

Die Funktion der S-Bahn, deren Züge 1956 7 082 500 Zugkilometer zurücklegten und 138 311 500 Fahrgäste beförderten[287]), als altstadt-orientierter Zubringer von den weiträumigen Wohngebieten der nördlichen und südlichen Geest zum kleinräumigen Arbeitsstättengebiet der Hamburger Innenstadt wird durch die starke Belastung der Torlagen-Bahnhöfe Hamburg Hauptbahnhof und Hamburg Dammtor, an denen über 25 % aller Fahrgäste einsteigen (Tab. 132)[288]), und die wesentlich geringere Belastung der übrigen Bahnhöfe charakterisiert, wobei das gleichmäßige Kern-Rand-Gefälle der Fahrgastziffern von relativen Minima in den Verkehrssubzentren unterbrochen wird (Abb. 31)[289]).

Bestätigt wird diese Funktion dadurch, daß sich die Entwicklung der Belastungszahlen entsprechend der Verlagerung der Wohngebiete durch die Kriegsereignisse vollzog (Abb. 31). Denn im Zeitvergleich 1936/51 steht der Verkehrsabnahme in den schwer zerstörten Stadtteilen nordöstlich des Zentrums eine Zunahme in

---

287) Statistisches Landesamt der Freien und Hansestadt Hamburg: Statistisches Jahrbuch 1957. Hamburg 1958. S. 178

288) Weinrich: Die öffentlichen Nahverkehrsmittel für die Personenbeförderung in Hamburg. Hamburg in Zahlen. Jg. 1956, Heft 16. Statistisches Landesamt der Freien und Hansestadt Hamburg. Hamburg 1956. S. 157

289) Weinrich: Die öffentlichen Nahverkehrsmittel für die Personenbeförderung in Hamburg. Hamburg in Zahlen. Jg. 1956, Heft 16. Statistisches Landesamt der Freien und Hansestadt Hamburg. Hamburg 1956. S. 157

den Außenbezirken gegenüber, die jedoch durch die einsetzende Bautätigkeit allmählich wieder ausgeglichen worden ist, so daß 1954 die Stationen der zentrumsnahen Stadtteile teils ihre Vorkriegswerte wieder erreicht, teils sogar überschritten haben, während bei denen der peripheren Bezirke eine Abnahme festzustellen ist, deren Ursachen sowohl in der Rücksiedlung der Ausgebombten als auch in der Abwanderung auf die Straßenverkehrsmittel (z. B. Omnibus ZOB – Harburg, Privatkraftwagen) zu suchen sind.

Zähldatum	10. 9. 1936	26. 6. 1951	11. 11. 1954
Summe aller S-Bahn Stationen	253 000	370 787	425 056
davon Hauptbahnhof und Dammtor	64 106	97 336	113 981
prozentualer Anteil	25.3 %	26.3 %	26.7 %

Anmerkung: Die Gesamtzahl für 1936 wurde wegen des Fehlens exakter Angaben für die seinerzeit noch in Privatbesitz befindliche Lübecker Strecke entsprechend der Zuwachsrate der anderen Außenstrecken geschätzt.

Tabelle 132 **Zahl der eingestiegenen Fahrgäste im S-Bahn Verkehr**

Drittes Merkmal für die Zubringer-Rolle der S-Bahn im Rahmen des innerstädtischen Berufsverkehrs ist die, entsprechend dem Lebensrhythmus des differenzierten Stadtorganismus, nach dem morgens und abends umfangreiche Verkehrsströme zwischen den räumlich getrennten Wohn- und Arbeitsstättenbereichen fließen, zweimal ansteigende Kurve der täglichen Fahrgastzahlen (Abb. 32)[290]), deren Morgenspitze wegen des gleichzeitigen Arbeitsbeginnes aller Geschäfte, Kontore, gewerblichen und industriellen Betriebe und Schulen auf einen Zeitraum von weniger als 90 Minuten zusammengedrängt wird[291]), während die niedrigere Abendspitze sich wegen der Staffelung der Arbeitsendzeiten, abgesehen vom mittäglichen Schülerverkehr, über 120 Minuten erstreckt, und die sich im Fahrplan durch einen verstärkten Zugeinsatz in den Hauptverkehrszeiten widerspiegelt[292]) (vergleiche Abb. 39, 40 und Tab. 112).

Nachteil dieses Bahnsystems ist es, daß geeignete Hafenbahnhöfe fehlen, da die Station Oberhafen zerstört und die Station Veddel zu weit abgelegen ist, und die an den teils geomorphologisch, teils historisch bedingten Kopfbahnhöfen infolge der sich hier kreuzenden Fahrstraßen erforderliche Einhaltung längerer Blockzeiten eine weitere Verdichtung der Zugfolge nicht mehr zuläßt. Eine dem steigenden Verkehrsbedürfnis angepaßte Leistungserhöhung ist daher nur durch die Einführung des die Rangierzeit ersparenden Schiebezugbetriebes auf den dampfbetriebenen Strecken (z. B. Harburger Strecke), deren Umgestaltung zu elektrifizierten Strecken, die eine größere Reisegeschwindigkeit zulassen (z. B. Bergedorfer Strecke) und den die Kopfbahnhöfe meidenden Zusammenschluß der monoradialen Linien zu biradionalen (z. B. Bergedorf – Hauptbahnhof – Pinneberg; z. Zt. abschnittsweise im Bau bzw. geplant) möglich.

290) Weinrich: Die öffentlichen Nahverkehrsmittel für die Personenbeförderung in Hamburg. Hamburg in Zahlen. Jg. 1956, Heft 16. Statistisches Landesamt der Freien und Hansestadt Hamburg. Hamburg 1956. S. 156

291) Hamburger Hochbahn Aktiengesellschaft, Hamburg: Fahr mit uns. Zeitschrift der Hamburger Hochbahn Aktiengesellschaft, Hamburg. Heft 4, 1957. Hamburg 1957. S. 4 ff.

292) Amtlicher Kleinfahrplan. Hamburger Nahverkehr. Deutsche Bundesbahn, Bundesbahndirektion Hamburg. Winterfahrplan 1957/58, Hamburg 1957. Sommerfahrplan 1958, Hamburg 1958

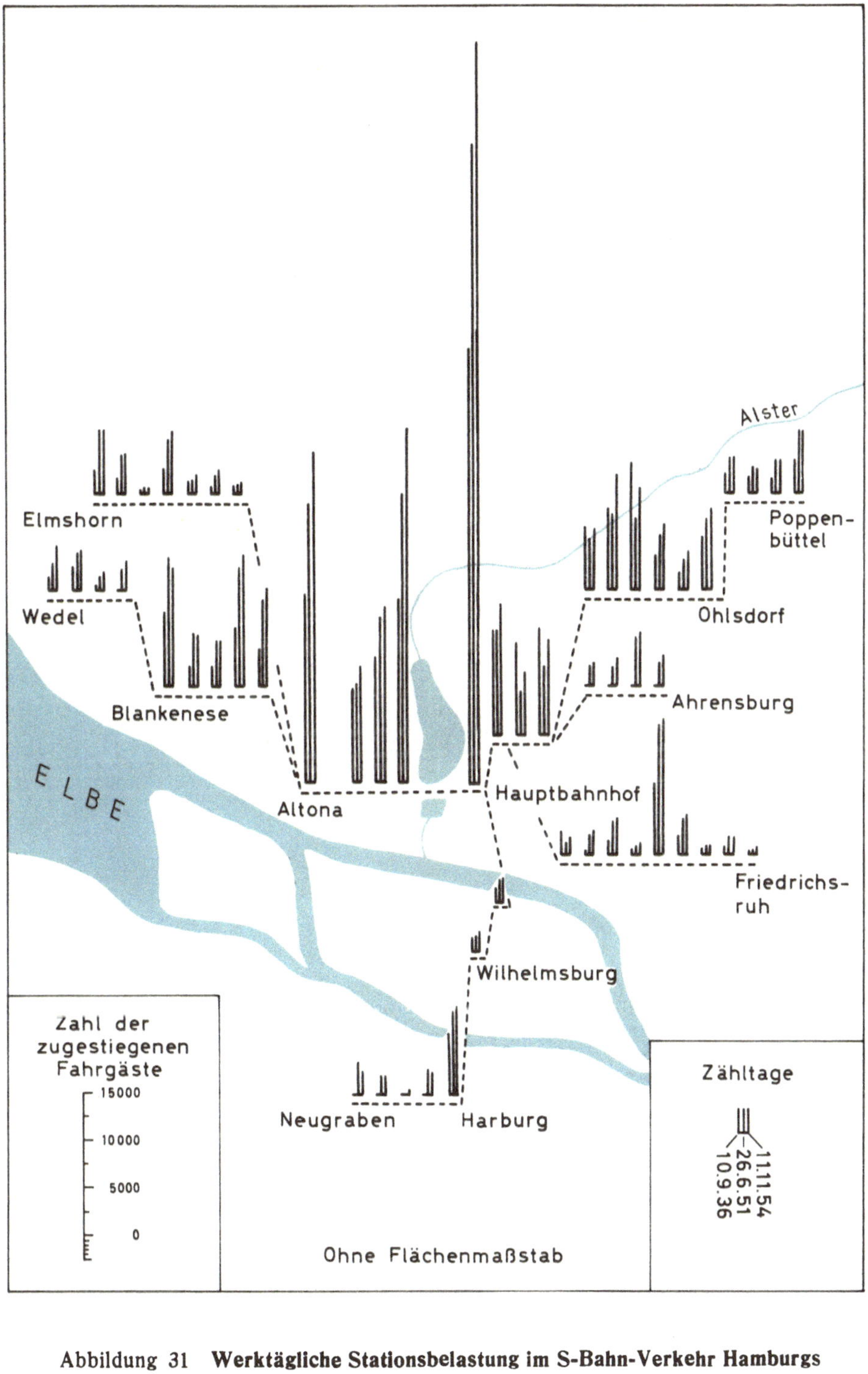

Abbildung 31 **Werktägliche Stationsbelastung im S-Bahn-Verkehr Hamburgs**

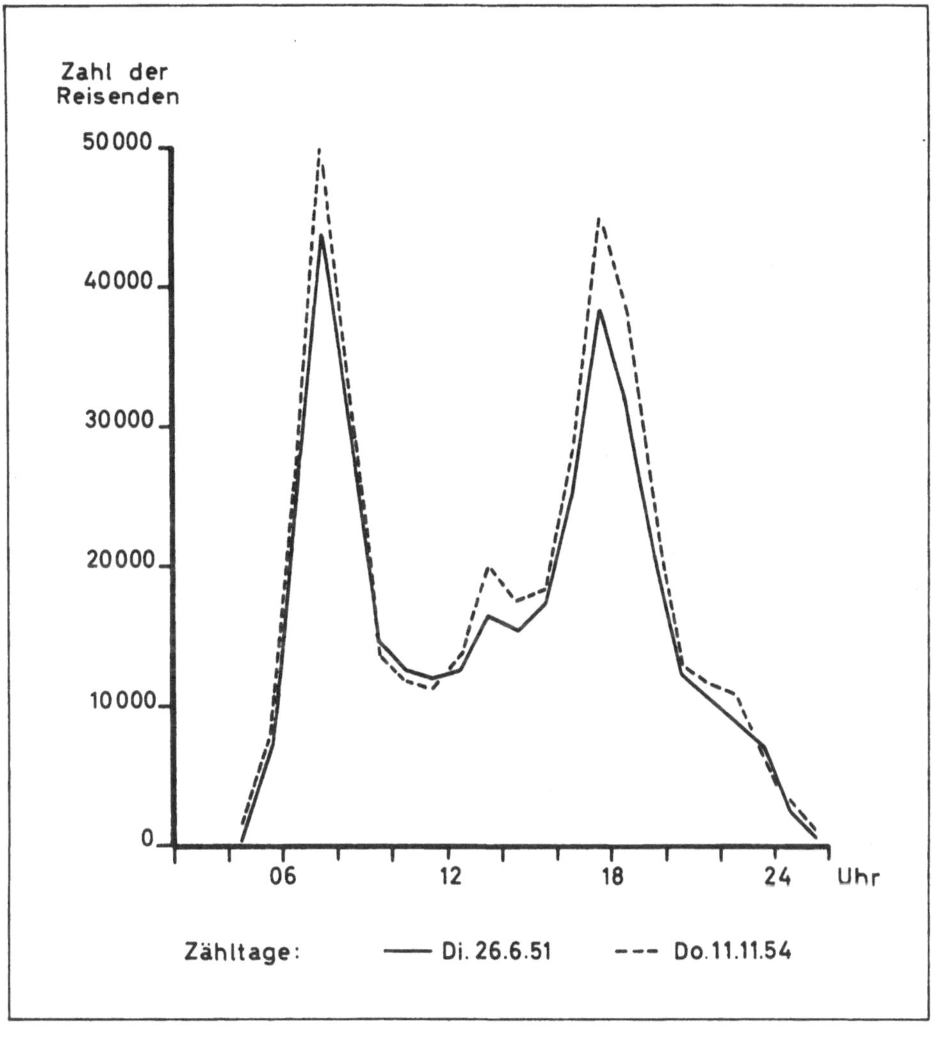

Abbildung 32 **Zahl der Reisenden im S-Bahn-Verkehr Hamburgs**

Die S-Bahn unterscheidet sich somit in Netzgestaltung und Funktion von der U-Bahn. Durchfährt diese die alt-hamburgischen Stadtteile und nimmt neben dem Zubringer-Dienst der radialen Linien (31 Stationen) in immer stärkerem Maße den innerstädtischen Verkehr in den engbebauten Stadtteilen wahr (10 Stationen zwischen Sternschanze und Berliner Tor; mittlere Haltestellenentfernung 800 m), so durchquert jene die bis 1937 preußischen Stadtteile und führt einen reinen Zubringer-Dienst von den 51 in großen Abständen (mittlere Haltestellenentfernung 2600 m) angeordneten Stationen der Vororte und zum Teil auch des Umlandes (z. B. Elmshorn) zu den vier Bahnhöfen der Nordost-Tangente des Stadtkernes durch.

Gemeinsam erschließen die U-Bahn und S-Bahn, auf die fast 50% der Beförderungsfälle des Hamburger öffentlichen Nahverkehrs entfallen (Tab. 54, Abb. 12), vor allem die Wohngebiete der diluvial geformten Flächen des Hamburger Verkehrsraumes, da sich nach der Stillegung der Eisenbahnen der Vier- und Marschlande (1952/53) und der Rothenburgsorter Strecke der U-Bahn (1943) nur noch 9 der insgesamt 113 dem Personenverkehr dienenden Bahnhöfe in der Marsch befinden. Diese Tatsache, die durch die im Zuge der optimalen Inwertsetzung der naturgeographischen Gegebenheiten hervorgerufene siedlungsgeographische Struktur Hamburgs bedingt ist, ist zugleich eine Erklärung für die eingangs aufgezeigte Bedeutung der Marsch-Geest-Grenze für den Verlauf der Grenze des Verkehrsraumes Hamburg in der von mir gegebenen Definition.

7. Personenverkehr der Fernbahnen

Ausgangs- bzw. Endpunkte des Reisezug-Fernverkehrs, dessen Personen-, Eil- und Schnellzüge den Verkehrsraum Hamburg mit seinem Umland und Verkehrseinflußgebiet verbinden, sind die an der Stadtstrecke der S-Bahn gelegenen, durch die Alster getrennten Bahnhöfe Hamburg Hauptbahnhof für die Hamburger Innenstadt und Hamburg-Altona für das Subzentrum Altona sowie der isoliert gelegene Bahnhof Altona AKN.

Das von ihnen im Personenzugverkehr direkt zu erreichende Gebiet umschließt bei einer maximalen Entfernung von ca. 200 km vom Zentrum die Bahnhöfe Schleswig-Holsteins südlich der Linie Westerland – Kiel und die des niedersächsischen Raumes zwischen der Weser (Bremen) und dem nördlichen Mittelgebirgsrand (Lehrte). Seine Außenstrecken werden jedoch täglich nur von ein oder zwei Zugpaaren befahren, da die Mehrzahl der Personenzüge bereits im Umland endet (mittlere Länge der Personenzugfahrten = 45 km[293]), (vergl. Abb. 1; Abb. 33)).

Die Funktion des Personenzugverkehrs, Fahrgäste zwischen dem agrarisch orientierten Umland und dem zentralen Hamburg mit seinen Arbeitsstätten, Einkaufsstätten, Märkten und anderen zentralen Institutionen bzw. zwischen der Stadt und ihren Erholungsarealen im Umland zu befördern, wird durch die Wahl der Hamburger Bahnhöfe als End- bzw. Ausgangsbahnhöfe für alle Personenzüge außer den beiden tangentialen Zügen Itzehoe – Hamburg – Buxtehude und Neugraben – Harburg – Winsen und die Anordnung ihrer Fahrzeiten erkenntlich (Abb. 33, 34)[294]).

---

293) Amtlicher Kleinfahrplan. Hamburger Nahverkehr. Deutsche Bundesbahn, Bundesbahndirektion Hamburg. Winterfahrplan 1957/58, Hamburg 1957. Sommerfahrplan 1958, Hamburg 1958

294) Amtlicher Kleinfahrpaln. Hamburger Nahverkehr. Deutsche Bundesbahn, Bundesbahndirektion Hamburg. Winterfahrplan 1957/58, Hamburg 1957. Sommerfahrplan 1958, Hamburg 1958

Denn bei der Kurve der Zugankünfte ist an den Werktagen zwischen 7 und 8 Uhr eine ausgeprägte Spitze ausgebildet, der bei der Kurve der Zugabfahrten morgens nur eine kleine Spitze, die durch die auf kurzen Strecken erfolgende Rückfahrt der Leerzüge zum zweiten Einsatz hervorgerufen wird, nachmittags aber eine größere Spitze, die sonnabends früher liegt als montags bis freitags, gegenübersteht, während sich der im allgemeinen ausgeglichenere Verlauf der Kurve des sonntäglichen Verkehrs durch Morgen- und Mittagsspitzen in der Abfahrt und eine Abendspitze in der Ankunft auszeichnet. An Werktagen folgt also dem zentripetalen Personenzugverkehr am Morgen der zentrifugale am Nachmittag, am Sonntag hingegen befindet sich das Maximum des zentrifugalen Verkehrs vor dem des zentripetalen (vergl. Abb. 39, 40; Tab. 112).

Noch stärker als im zeitlichen Ablauf des Personenzugfahrplanes tritt die tägliche Fluktuation der Personenverkehrsströme zwischen dem zentralen Hamburger Raum und seinem Umland in der zeitlichen Verteilung der Zugbelastung in Erscheinung, die ich wegen ihrer charakteristischen Struktur an der Fahrgastmobilität der Eisenbahn Altona – Kaltenkirchen – Neumünster, die mit 10 dieselhydraulischen Triebwagen und 19 Personenzugwagen bei 739 676 gefahrenen Zugkilometern, davon 6 821 Zugkilometer im Ausflugsverkehr, 1956 2 873 390 Personen, davon 1 657 601 im Berufsverkehr, beförderte, exemplarisch aufzeigen möchte[295]).

Von den im Laufe eines Tages auf dem Bahnhof Altona AKN aussteigenden Reisenden kommen bereits 60 % zwischen 6.29 und 7.30 Uhr, also innerhalb einer Stunde, und nur 33 % zwischen 7.36 und 23.12 Uhr, also innerhalb der restlichen 16 Stunden der Betriebszeit, an (Abb. 35)[296]). Betrachtet man bei den drei die meisten Fahrgäste befördernden Zügen die Fahrgastbewegungen entlang der Strecke, so zeigt sich eine ständige Zunahme der Zahl der Reisenden, die, nachdem nur ein kleiner Teil den Zug in Kaltenkirchen, Ulzburg, Ellerau oder Quickborn, wo sich höhere Schulen, gewerbliche Betriebe und Übergangsmöglichkeiten zur ANB – U-Bahn befinden, verlassen hat, erst beim Halt an den wenigen Hamburger Stationen abnimmt, deren Konzentration im Arbeitsstättenbereich (5 Stationen / 9 km) sich von der Weitständigkeit der Stationen im Wohnstättenbereich des Pendler-Einzugsgebietes (21 Stationen / 60 km) unterscheidet.

Die Rückfahrten ergeben das Spiegelbild der dargelegten Verhältnisse (Abb. 36). Bei insgesamt 17 Abfahrten pro Tag sind bis 16.22 Uhr erst 22 % aller einsteigenden Fahrgäste abgefahren; die drei folgenden Züge dagegen werden von 53 % aller am Bahnhof Altona AKN einsteigenden Fahrgäste benutzt. Rechnet man noch die beiden nächsten, ebenfalls stark besetzten Züge hinzu, erhält man für den Berufsverkehr eine Rückfahrzeit von ca. 2 Stunden, die von gleicher Dauer wie die der S-Bahn, aber wegen der Abseitslage des Bahnhofs Altona AKN, der nur durch zusätzliche Inanspruchnahme von Straßenverkehrsmitteln erreicht werden kann, gegen diese zeitlich verschoben ist (Abb. 32, 35, 36).

Die größte Zahl der aussteigenden Fahrgäste, die sich wieder gleichmäßig auf die Pendlergemeinden verteilen, hat etwa bis Kaltenkirchen – Bad Bramstedt (45 km) den Zug verlassen. Hier verläuft auch ungefähr die Grenze zwischen den Pendler-Einzugsgebieten von Hamburg und Neumünster, deren entgegengesetzt gerichtete Verkehrsströme durch die Besetzung der Gegenzüge erkennbar sind (Abb. 28, 35, 36).

295) Angaben der Eisenbahn-Gesellschaft Altona – Kaltenkirchen – Neumünster, Hamburg
296) Angaben der Eisenbahn-Gesellschaft Altona – Kaltenkirchen – Neumünster, Hamburg

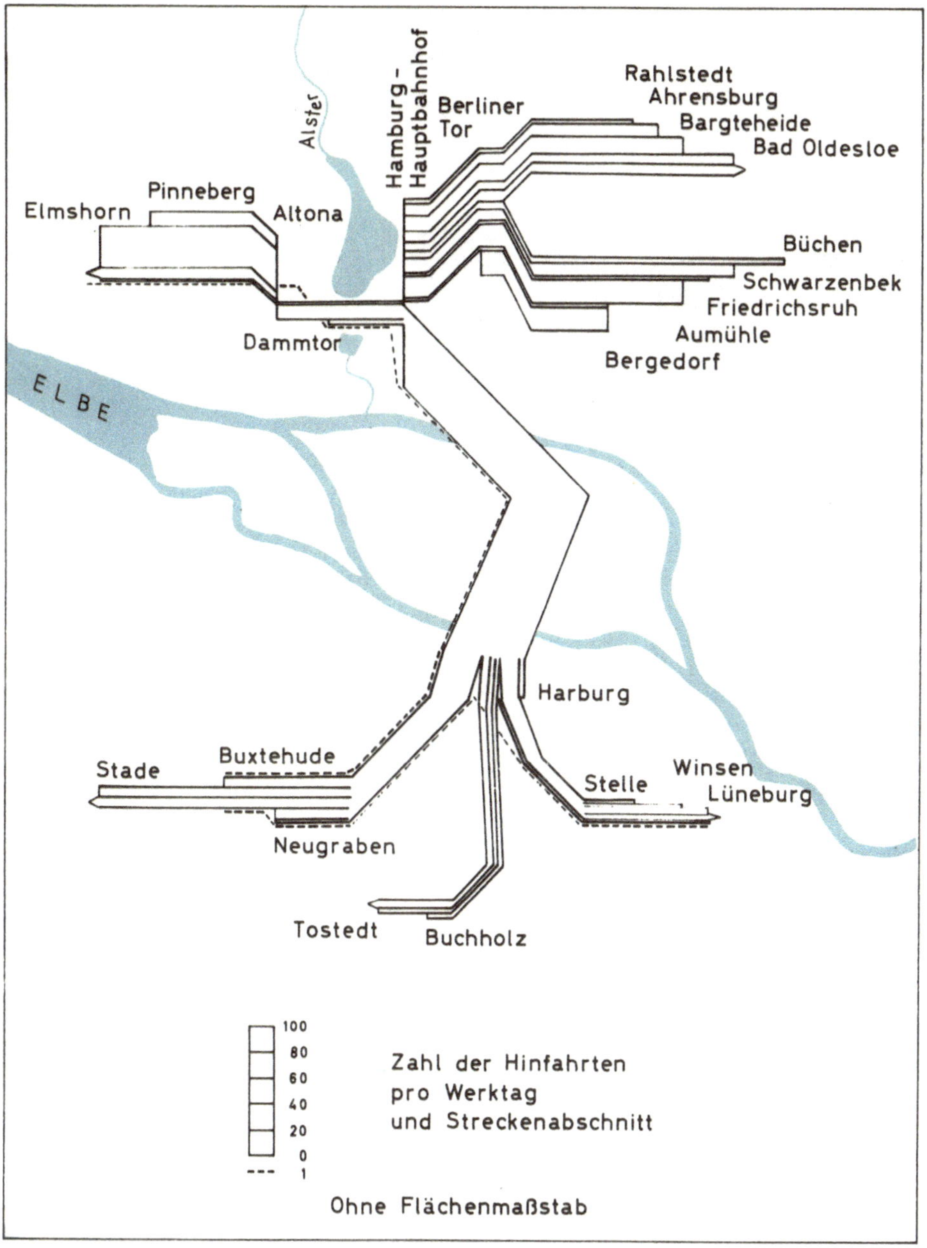

Abbildung 33 **Werktäglicher Personenzugverkehr Hamburgs**

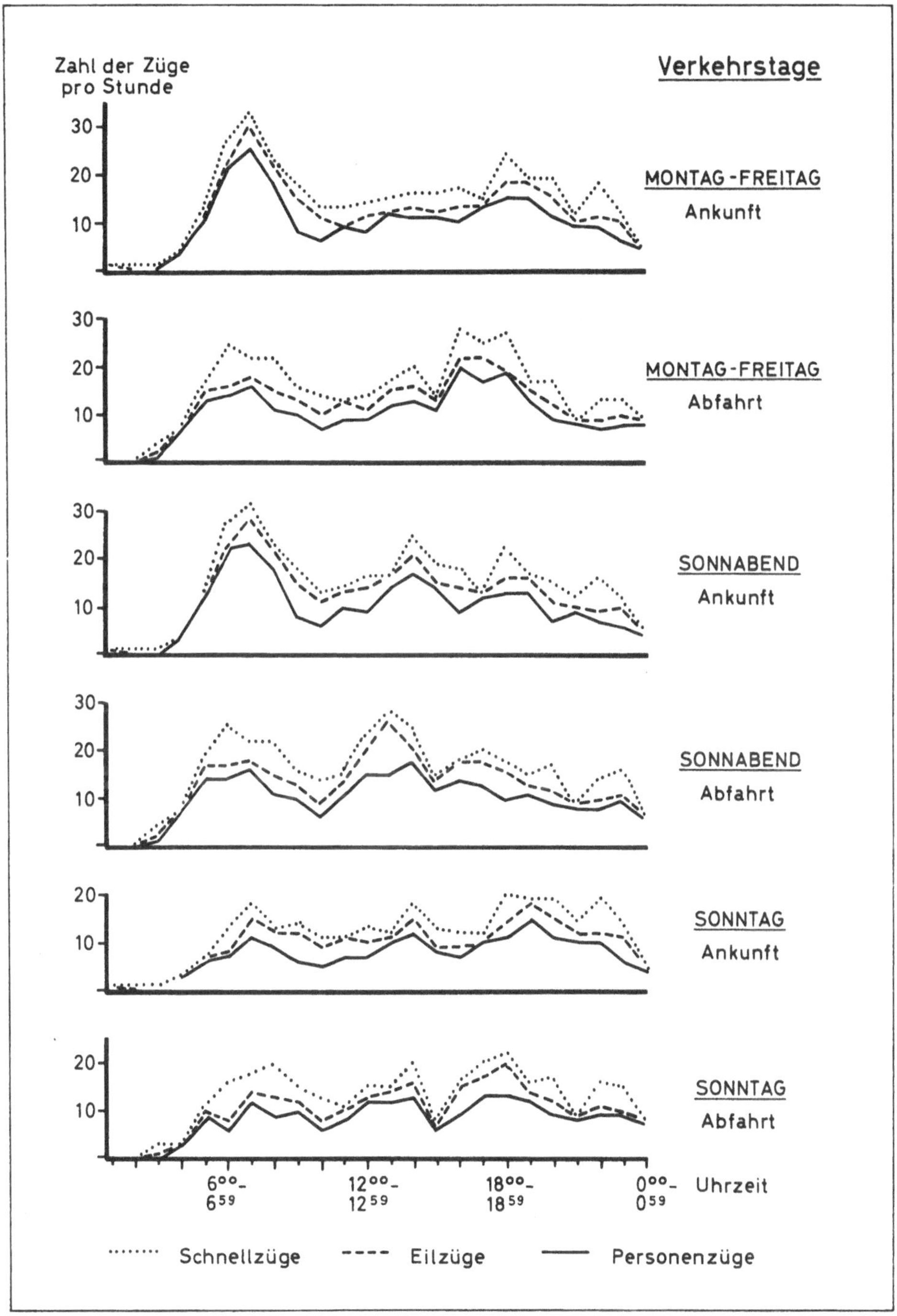

Abbildung 34 **Reisezugverkehr — Hamburg-Hauptbahnhof**

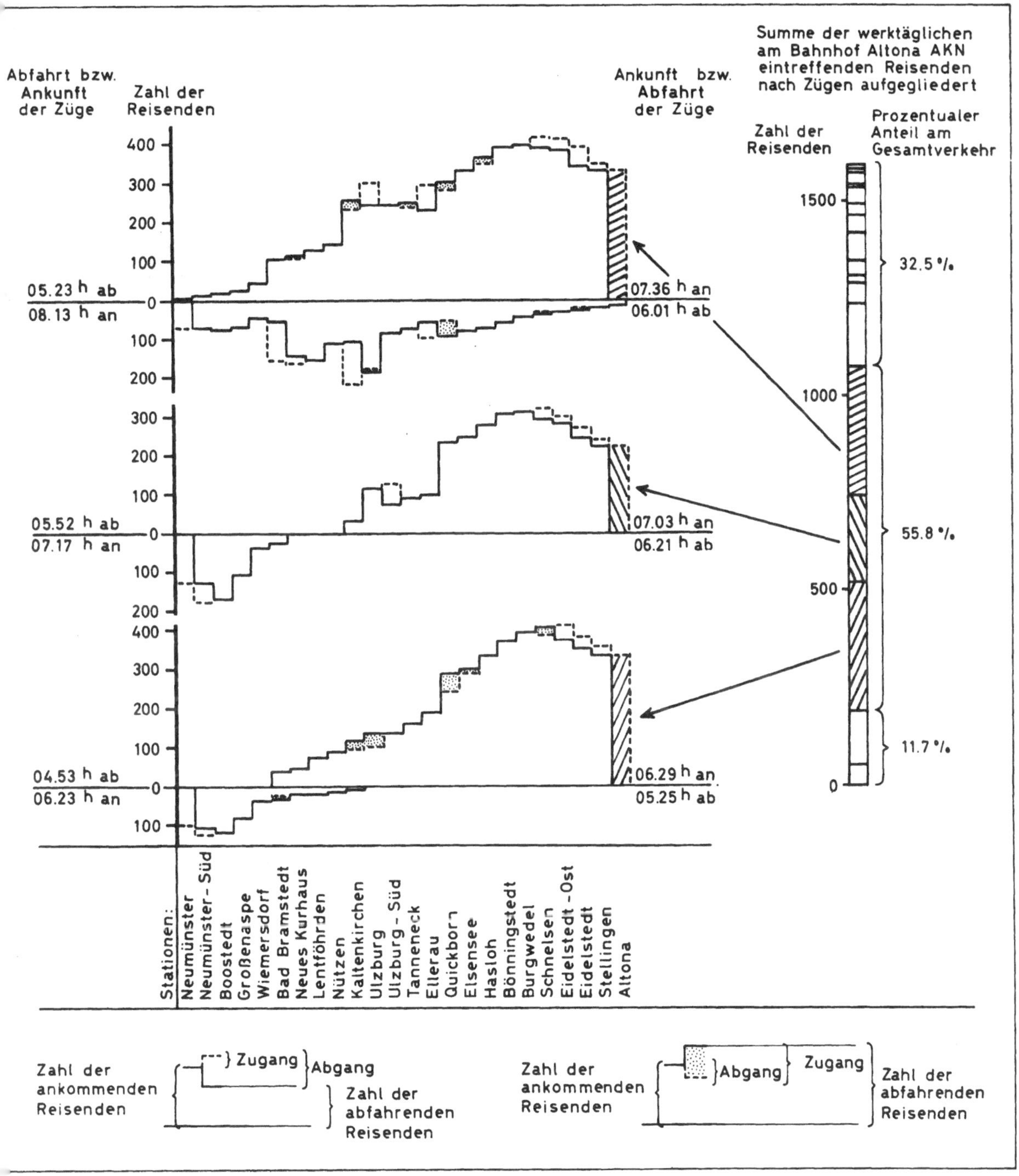

Abbildung 35 **Werktägliche Fahrgastbewegungen auf der Altona—Kaltenkirchen—Neumünster-Eisenbahn (Mittel vom 27. 11. und 28. 11. 1956)**

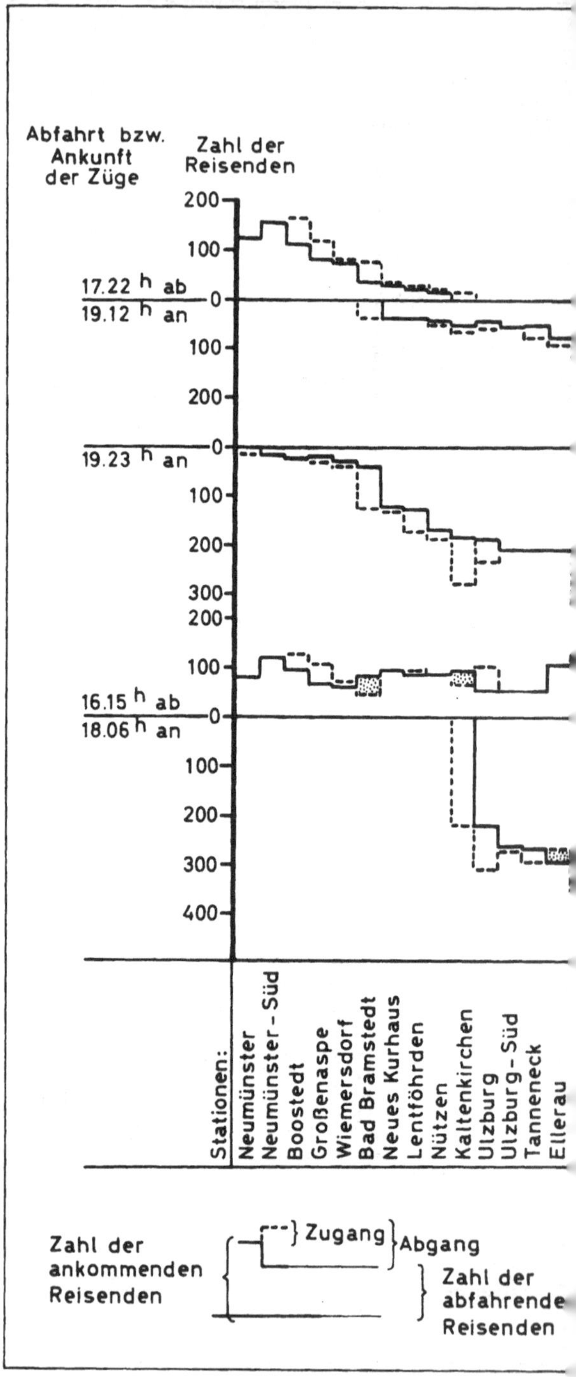

Abbildung 36 **Werktägliche Fahrgastbewegu**
(Mittel vo

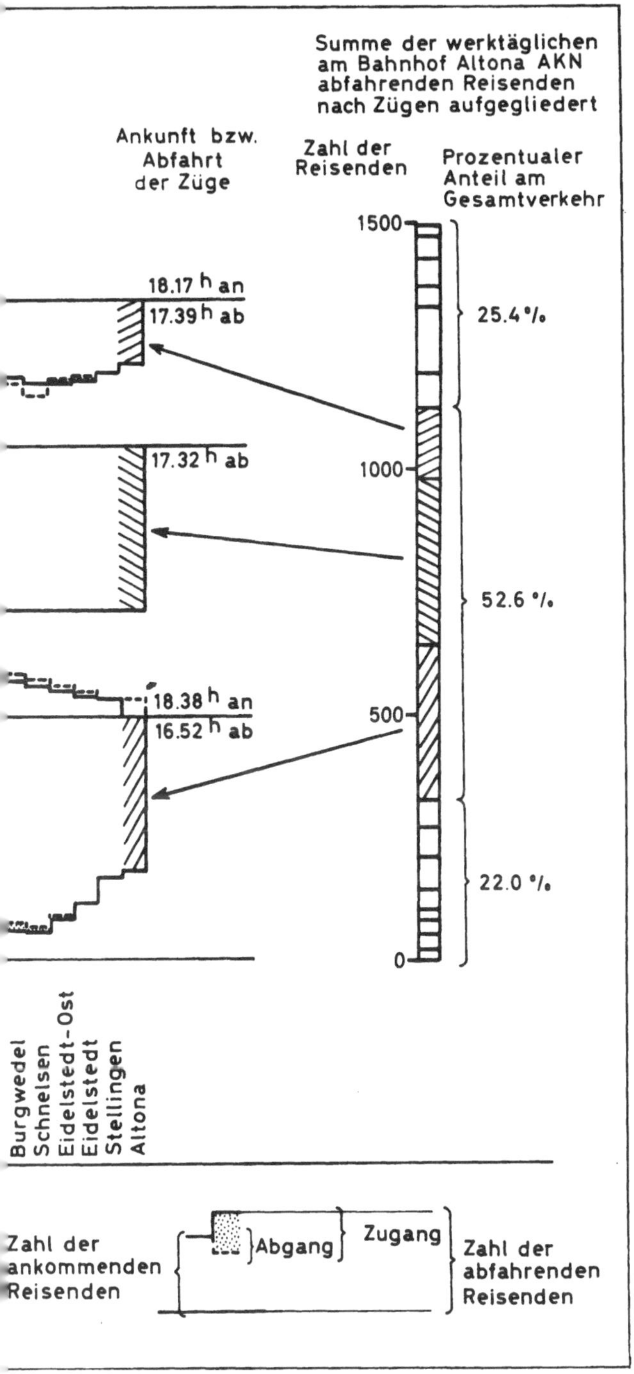

der Altona—Kaltenkirchen—Neumünster-Eisenbahn
und 28. 11. 1956)

Im Vergleich der jetzigen Belastungszahlen der Bahnhöfe mit denen der Vorkriegszeit spiegelt sich ebenfalls das Anwachsen der Pendlerströme des Umlandes wider (Tab. 133[297]); vergl. Abb. 31).

Bahnhof	1938	1950	1956
Altona AKN	494	1 918	1 590
Stellingen	33	80	145
Eidelstedt	31	200	256
Eidelstedt Ost	29	99	213
Schnelsen	75	215	322
Zusammen	662	2 512	2 526

Tabelle 133 **Zahl der täglich angekommenen Fahrgäste auf der AKN**

In das Verkehrseinflußgebiet fahren täglich 15 Fern-Schnellzüge, darunter der Trans-Europa-Expreß „Helvetia" (Hamburg – Zürich (Fahrzeit: 10.12 Std.)), 40 Schnell- und 54 Eilzüge, die gegebenenfalls mehrmals am Tage alle Eilzugstationen des Norddeutschen Flachlandes (Westerland (3.59 Std.) – Flensburg (2.12 Std.); Dannenberg (2.21 Std.) – Hannover (3.01 Std.) – Osnabrück (3.27 Std.) – Düsseldorf (7.35 Std.)) und der im Mittelgebirgsbereich gelegenen Strecken (Kassel (6.06 Std.), Trier (12.37 Std.)) bzw. alle Schnellzugstationen Deutschlands und die wichtigsten der kontinentalen, europäischen Staaten (Frederikshavn (8.59 Std.), Oslo (22.32 Std.) / Stockholm (22.42 Std.) – Kopenhagen (6.19 Std.); Hoek van Holland (6.13 Std.), Paris (14.05 Std.), Lyon (22.09 Stad.), Mailand (19.40 Std.), Rom (28.36 Std.), Wien (19.24 Std.), Belgrad (32.48 Std.)) mit ihren zahlreichen Umsteigemöglichkeiten auf das jeweilige, lokale Teilnetz direkt anlaufen.

Der in Hamburg, meist am Bahnhof Hamburg-Altona, erfolgende Einsatz von 98 der insgesamt 120 den Verkehrsraum täglich verlassenden Ferienreisezüge kennzeichnet die Hafen- und Handelsstadt als starke Quelle eines weiträumigen Personenverkehrs; die Fahrtstrecken der 11 translokalen Züge bestätigen die aufgezeigte Bedeutung der Hamburger Alster- und Elbbrücken für den Eisenbahnverkehr zwischen der jütländischen Halbinsel und dem westlichen Abschnitt des mitteleuropäischen Geosynklinalraumes (Stockholm / Kopenhagen / Kiel – Bremen / Aachen / Amsterdam / Paris) sowie dem Verkehrspaß des Leinetalgrabens (Kopenhagen / Kiel – München / Innsbruck / Rom). Entsprechende Ausführungen gelten mutatis mutandis für die Gegenzüge[298]).

297) Urban: Die öffentlichen Nahverkehrsmittel für die Personenbeförderung in der Hansestadt Hamburg. Hamburg in Zahlen. Jg. 1952, Heft 1. Statistisches Landesamt der Freien und Hansestadt Hamburg. Hamburg 1952. S. 45

298) Amtliches Kursbuch Nordwestdeutschland. Deutsche Bundesbahn, Bundesbahndirektion Wuppertal. Winterfahrplan 1957/58, Wuppertal 1957. Sommerfahrplan 1958, Wuppertal 1958

Jahr	Gesamt	davon			dazu Rangierfahrten der Stellwerke 1956		
		S-Bahn-verkehr	Reise-zug-verkehr	Güter- u. Leerzug-verkehr			
1907	407	189	152	66	Hp	(Postbahnhof)	1 243
1949	884	344	375	165	Hbw	(Betriebsbahnhof)	1 224
1951	1 066	396	450	220	Hs	(Elbbrücke)	699
1952	1 104	404	510	190	Hn	(Alsterbrücke)	488
1953	1 140	400	530	210	Ho	(Berliner Tor)	267
1954	1 160	400	550	210			3 921
1955	1 228	408	570	250			
1956	1 363	420	580	363			

Tabelle 134 **Maximalbelastungen des Hamburger Hauptbahnhofes (Zahl der täglichen Zugfahrten)**

Zentrum des Personenverkehrs der Eisenbahn, das Gegenstück zum Hafen-Hauptbahnhof Hamburg Süd, dem Zentrum des Güterverkehrs der Marsch, ist der am Steintor der Altstadt-Geest errichtete Hamburger Hauptbahnhof mit seinen fünf Personen- und sieben Dienstbahnsteigen sowie zehn Bahnsteig- und zwei Durchfahrtsgleisen, der zugleich Durchfahrtsbahnhof für den Güterzugverkehr, Zwischenbahnhof für den Reisezug-Fernverkehr und Endbahnhof für den Personenzug-Nahverkehr ist, in dessen 43 km Gleis und 521 Weichen enthaltenden Bereich täglich über 5 000 Fahrten durchgeführt werden (Tab. 134) [299]) und in dessen 120×140 m großer Halle täglich ca. 200 000 Personen (= 11 % der Einwohnerzahl Hamburgs) ein-, aus- oder umsteigen.

III. FLUGZEUGVERKEHR

Zentrum des Flugzeugverkehrs ist der Land-Flughafen in Fuhlsbüttel, der eine wesentliche komplementäre Verkehrseinrichtung der Hafen-, Handels- und Industriestadt Hamburg darstellt, da in zunehmendem Maße im trans-ozeanischen Güterverkehr der Transport von verderblichen und wertvollen Handelswaren, von schnell benötigten Ersatzteilen für Schiffsreparaturen, von Warenproben und von Postsendungen mit Flugzeugen durchgeführt wird, da im trans-ozeanischen Personenverkehr von den Kaufleuten beim Besuch ihrer ausländischen Handelspartner und von den Reedern bei notwendig werdenden Reisen ihrer Besatzungsmitglieder von oder nach ausländischen Häfen sowie beim Entsenden von Facharbeitern etwa zur Durchführung von Schiffsreparaturen oder zur Überholung exportierter Spezialmaschinen der hiesigen Industrieproduktion ebenfalls der schneller

299) Staisch, E.: Eisenbahnen rollen durch das Tor zur Welt. Hamburg 1956. S. 69

Güterart	1956	1955	1954
Empfang			
Gesamt	1 506	1 395	1 185
davon Lebende Pflanzen, Zierpflanzen	243	233	201
Därme	215	176	117
Maschinen aller Art	126	96	71
Bücher, Karten, Bilder	115	196	189
Fische, Fischzubereitung	93	63	89
Mustersendungen	77	59	49
Elektrotechnische Erzeugnisse	73	60	49
Wollgewebe	64	62	52
Fahrzeuge	36	31	30
Umzugsgut, Leergut	32	27	16
Optische Erzeugnisse	28	20	14
Filmmaterial	27	45	21
Versand			
Gesamt	1 657	1 377	1 194
davon Maschinen aller Art	307	249	208
Optische Erzeugnisse	158	177	171
Elektrotechnische Erzeugnisse	147	124	107
Bücher, Karten, Bilder	114	77	49
Waren aus unedlen Metallen	74	61	30
Nahrungsmittel-Maschinen	67	31	38
Mustersendungen	51	40	37
Umzugsgut, Leergut	42	28	26
Kraftfahrzeuge	40	44	19
Musikinstrumente	33	11	6
Lebende Pflanzen	29	37	32
Fische, Fischzubereitung	28	20	24

Tabelle 135 **Güterverkehr des Flughafens mit dem Ausland nach Güterarten (Mengen in t)**

zurückzulegende Luftweg dem Seeweg vorgezogen wird und da nicht zuletzt auch innerhalb des europäischen Kontinents der Flugverkehr zu einer zeitsparenden Ergänzung des Eisenbahnverkehrs geworden ist, so daß mit der Entfernung die Zahl der Flugverbindungen die der Eisenbahnverbindungen übersteigt (Tab. 135[300]; Tab. 136[301], [302]).

Gegenpol	Zeitgewinn (Stunden)	Zahl der wöchentlichen Flüge ab Hamburg	Zahl der wöchentlichen Fahrten ab Hamburg
Stockholm	19.42	21	14
Oslo	19.22	17	7
Paris	12.00	19	14
Zürich	7.31	23	21
München	7.11	8	49
Stuttgart	7.00	7	35
Frankfurt / M.	6.50	65	69
Kopenhagen	6.19	35	35
Amsterdam	5.57	28	14
Köln	5.30	10	90
Nürnberg	4.07	7	33
Düsseldorf	3.47	40	69
Berlin	2.51	41	14
Hannover	1.20	20	180
Bremen	0.46	21	166
Anmerkung: Zeitgewinn = Differenz zwischen minimaler Flug- und Fahrtzeit (Reisezeiten)			

Tabelle 136 Frequenz- und Zeitrelation des Eisenbahn- und Flugzeugverkehrs

Um diesen Ansprüchen zu genügen, verfügt der zu betrachtende Verkehrsraum sowohl über einen leistungsfähigen Charterdienst als auch über einen gut ausgebauten Liniendienst, der regelmäßige, meist in Hamburg endende bzw. beginnende Direktverbindungen zu 61 Flughäfen fast aller Kontinente bietet[303]. Im nationalen Verkehrsbereich werden durch ihn vor allem die nordwestdeutschen

300) Statistisches Landesamt der Freien und Hansestadt Hamburg: Statistisches Jahrbuch 1957. Hamburg 1958. S. 176

301) Amtlicher Kleinfahrplan. Hamburger Nahverkehr. Deutsche Bundesbahn, Bundesbahndirektion Hamburg. Winterfahrplan 1957/58. Hamburg 1957. Sommerfahrplan 1958. Hamburg 1958

302) Flugpläne der den Hamburger Flughafen bedienenden Fluggesellschaften. Winterflugplan 1957/58

303) Flugpläne der den Hamburger Flughafen bedienenden Fluggesellschaften. Winterflugplan 1957/58

Nachbarflughäfen und der zentrale Rhein-Main-Flughafen in Frankfurt, auf dem ein Umsteigen in zahlreiche andere Linien möglich ist (Tab. 137)[304]), angeflogen, während die Flughäfen südlich der Main-Linie im Verkehrsschattengebiet Hamburgs liegen (Tab. 136) und die „Insel" Berlin eine Sonderstellung einnimmt (Tab. 136).

Umsteigehafen	Zahl der Passagiere	davon mit Zielhafen in	
Kopenhagen	15 939	Nord- und Nordosteuropa	(15 344)
Amsterdam	6 366	Westeuropa	(4 395)
Frankfurt / M.	4 725	Süd- und Osteuropa	(1 500)
		Westeuropa	(1 344)
		Bundesrepublik	(1 212)
Gesamtzahl der gestarteten Passagiere	232 114	100 %	
davon umsteigende Passagiere	30 519	13 %	

Tabelle 137 Umsteigepassagiere (1956)

Im europäischen Verkehrsbereich werden Linien zu den Umsteige-Flughäfen (z. B. Amsterdam, Kopenhagen (Tab. 136, 137)), zu den Flughäfen der Hafenstädte (z. B. Göteborg (14 Hinflüge / Woche; 3.00 Std. Reisezeit), Malmö (14; 2.05), Manchester (3; 3.55), Stavanger (1; 4.15)) und zu den Flughäfen der Hauptstädte mit ihren Anschlußmöglichkeiten an das jeweilige nationale Flugnetz (z. B. London (22; 3.00), Helsinki (21; 3.00), Wien (9; 4.20), Brüssel (7; 2.30), Reykjavik (4; 9.30), Madrid (3; 8.00), Athen (2; 7.00), Lissabon (2; 11.00), Rom (2; 8.40)) und im außereuropäischen Verkehrsbereich besonders die Linien zu den Flughäfen der atlantischen Gegengestade, aber auch des Fernen Ostens und Südens beflogen (z. B. New York (17; 18.00), Buenos Aires (3; 34.00), Tokio (1; 44.00); Johannesburg (1; 28.00)).

Die Wichtigkeit des Fuhlsbüttler Luftverkehrs für die Stadt wird allein dadurch dokumentiert, daß es z. B. täglich mehr Flugverbindungen zwischen Hamburg und Frankfurt / M. als Omnibusverbindungen zwischen Hamburg und nur 20 km vom Zentrum entfernten Orten seines Umlandes gibt und daß die Verkehrsfrequenz von durchschnittlich 56 Starts bzw. Landungen pro Tag fast der einer Straßenbahnhaltestelle im intra-urbanen Verkehr entspricht (Tab. 138[305]); Tab. 136).

Geringere Bedeutung hat der auch die Direktverladung zwischen Wasserfahrzeugen und Wasserflugzeugen erlaubende Flughafen Finkenwerder, der zur Zeit der Berliner Blockade Umschlagplatz zahlreicher Güter war, heute aber nur von der dortigen Flugzeugwerft zur Abwicklung ihrer Probeflüge in Anspruch genommen wird.

304) Statistisches Landesamt der Freien und Hansestadt Hamburg: Statistisches Jahrbuch 1957. Hamburg 1958. S. 173

305) Statistisches Landesamt der Freien und Hansestadt Hamburg: Statistisches Jahrbuch 1957. Hamburg 1958. S. 171

Flugzeugbewegungen								
Jahr	Gelandete Flugzeuge				Gestartete Flugzeuge			
	Gesamt	davon			Gesamt	davon		
		Linienverkehr		Charterverkehr		Linienverkehr		Charterverkehr
		Inland	Ausland			Inland	Ausland	
1596	21 523	5 676	4 994	1 819	21 549	5 851	4 826	1 764
1955	22 698	5 019	4 884	2 046	22 706	5 292	4 628	2 039
1954	16 500	4 353	4 745	4 649	16 504	4 561	4 554	4 635

Beförderungsleistungen					
Jahr	Ankunft		Abgang		Durchgang
	Gesamt	davon Ausland	Gesamt	davon Ausland	
	Fracht (Mengen in kg)				
1956	8 969 900	1 580 000	3 011 100	1 735 100	2 380 000
1955	10 884 700	1 486 200	2 822 300	1 480 200	1 712 900
1954	30 471 600	1 147 300	3 134 400	1 329 800	1 123 300
	Post (Mengen in kg)				
1956	584 700	355 000	638 700	356 400	80 800
1955	649 900	382 800	606 500	331 700	314 800
1954	601 400	326 900	531 900	294 300	271 900
	Fluggäste				
1956	253 195	104 013	232 114	108 273	47 902
1955	220 132	84 769	190 254	86 374	42 367
1954	168 205	63 168	143 553	63 639	33 656

Anmerkung: Ankommende inländische Fracht:		
1950 1951 1952 1953	2 241 330 kg 7 554 344 kg 22 796 362 kg 45 665 600 kg	Das von der Entwicklung der übrigen Posten abweichende, kurzfristige, starke Ansteigen der ankommenden, inländischen Fracht ist auf den politisch bedingten intensiven Flugverkehr mit Berlin zurückzuführen (s. obige Zahlen) [306].

Tabelle 138 Umfang des Luftverkehrs

306) Urban, Oechsle: Der Hamburger Flugverkehr. Hamburg in Zahlen. Jg. 1953, Heft 9. Statistisches Landesamt der Freien und Hansestadt Hamburg. Hamburg 1953. S. 75

Flugverkehr			Flughafenfläche		
Jahr	Landungen	Starts	Jahr	Fläche	
1920	171	173			Anm.: Flächen in qm, Längen in m.
1924	618	629	1911	2 110 000	
1925	2 484	2 481	1934	3 250 000	
1937	5 010	5 015	1957	3 740 000	
1950	5 893	5 895	Planung	8 000 000	
1953	20 123	20 122			

Hallen		Hallenvorfeld		Rollfeld		Rollbahnen			
Jahr	Fläche	Jahr	Fläche	Jahr	Fläche	Jahr	Bahn	Länge	Breite
				1921	424 000	1946	I	1 880	45
1914	1 870	1925	8 000	1933	1 020 000		II	1 469	45
1925	7 200	1949	48 000	1939	2 790 000	1956	I	2 260	45
1954	12 200	1954	100 000	1954	3 270 000		II	1 469	45

Tabelle 139 **Entwicklung des Flughafengeländes**

Verkehrsmittel	von	nach	Fahrzeit (in Minuten)	Fahrfrequenz (in Minuten)	Bemerkungen
U-Bahn	Haptbahnhof	Flughafen-Straße	30	10	+ 10 Min. Fußweg
Straßenbahn	„	„ Eingang	40	15	
Linien Omnibus	ZOB	„ „	40	20	
Flughafen-Omnibus	„	„ „	jeweils 75 Min. vor Abflug		
Personenkraftwagen	„	„ „	18		

Tabelle 140 **Landseitige Verkehrsverbindungen des Flughafens**

Der immer umfangreicher werdende Flugverkehr macht jedoch nicht nur einen ständigen Ausbau des Flughafengeländes (Tab. 138; Tab. 139) [307], [308], [309]) und der Reparatur- und Wartungsbetriebe (Ausbau der Luftwerft seit 1953) [310], sondern auch eine geeignete Eingliederung des Flughafens in das intra-urbane Verkehrsnetz notwendig, weil in Fuhlsbüttel, abgesehen von dem relativ geringen Anteil des Transits zwischen den skandinavischen und westeuropäischen Staaten, vornehmlich Flugreisen begonnen bzw. beendet werden (Tab. 137, 138), also eine Verknüpfung zwischen dem Luft- und Landweg stattfindet. Da der auf der Geest gelegene Flughafen weder über einen Wasserstraßen- noch über einen Eisenbahnanschluß verfügt und die täglich ca. 1600 Fluggäste von den gebotenen Möglichkeiten (Tab. 140) [311], [312], zu 63 % den Personenkraftwagen [313], sonst zum größten Teil den Flughafen-Omnibus, der auch die großen Hotels am Hauptbahnhof bedient, vorziehen und im Frachtverkehr (ca. 40 t/Tag) stets der bewegliche Lastkraftwagen benutzt wird, ist vor allem die Gestaltung eines bisher nicht vorhandenen, flughafenorientierten Straßennetzes erforderlich, damit insbesondere nach der bevorstehenden Aufnahme des Luftverkehrs mit Strahltriebflugzeugen die Flugzeitgewinne nicht durch die Fahrzeit wieder verloren gehen. Seine Trassen müssen sich entsprechend dem landseitigen Einzugsbereich des Flughafens, der aus dem Verkehrsraum Hamburg, Schleswig-Holstein und Teilen von Niedersachsen besteht, nach der Lage des Seehafens, des Hamburger Verkehrszentrums, der Elbbrücken und dem Verlauf des schleswig-holsteinischen Überlandstraßennetzes richten und etwa folgenden Verlauf nehmen:

Innenstadt des Hamburger Verkehrsraumes:

(a) Steintor – Lübeckertordamm – Eilbeker Weg – Wagnerstraße – Saarlandstraße – Sengelmannstraße – Zeppelinstraße

(b) Millerntor – Glacischaussee – Karolinenstraße – Grindelhof – Hochallee – Tarpenbekstraße – Alsterkrugchaussee – (a)

Seehafen:

(c) Rechtsnorderelbische Häfen – Brandstwiete – Ost-West-Achse – (a) oder (b)

(d) Linksnorderelbische Häfen – Norderelbbrücken – Heidenkampsweg – Bürgerweide – Hinrichsenstraße – Hirschgraben – (a)

Umland:

(e) Westliches Schleswig-Holstein (Bundesstraßen 4 und 5) – Niendorf – Niendorfer Weg – Weg beim Jäger – Zeppelinstraße

(f) Östliches Schleswig-Holstein (Bundesstraßen 75 und 404) – Wandsbeker Straße – Nordschleswiger Straße – Habichtstraße – Dennerstraße – (a)

(g) Östliches Holstein (Lübecker Autobahn) – Sievekingsallee – (d)

(h) Östliches Holstein (Bundesstraße 5) – Washingtonallee – (g)

(i) Östliches Niedersachsen (Bremer und Hannover Autobahn, Bundesstraßen 4, 73, 75) – Veddel – Norderelbbrücke – (d).

---

307) Bahlert, Oechsle: Der Luftverkehr des Flughafens Hamburg-Fuhlsbüttel bis 1953/54. Hamburg in Zahlen.
308) Bahlert, Oechsle: Der Luftverkehr des Flughafens Hamburg-Fuhlsbüttel bis 1953/54. Hamburg in Zahlen
Jg. 1954, Heft 13. Statistisches Landesamt der Freien und Hansestadt Hamburg. Hamburg 1954. S. 147
Jg. 1954, Heft 13. Statistisches Landesamt der Freien und Hansestadt Hamburg. Hamburg 1954. S. 150

309) Statistisches Landesamt der Freien und Hansestadt Hamburg: Statistisches Jahrbuch 1957, Hamburg 1958. S. 171

310) Borchers, H.: Der Flughafen Hamburg-Fuhlsbüttel. In: Planung, Bau und Betrieb von Verkehrsanlagen in Hamburg. Forschungsarbeiten aus dem Straßenwesen. Neue Folge, Heft 36. Bielefeld 1958. S. 107 ff.

311) Fahrplan der Hamburger Hochbahn Aktiengesellschaft, Hamburg. Winterfahrplan 1957/58. Hamburg 1957. Sommerfahrplan 1958, Hamburg 1958

312) ZOB-Kursbuch. Zentral-Omnibus-Bahnhof G.m.b.H., Hamburg. Winterfahrplan 1957/58. Hamburg 1957. Sommerfahrplan 1958, Hamburg 1958

313) Angaben der Behörde für Wirtschaft und Verkehr der Freien und Hansestadt Hamburg, Amt für Verkehr

Die geplante Einrichtung eines Hubschrauber-Zubringerdienstes Innenstadt – Flughafen, dessen Trassierung über der anbaufreien Alster- und Tarpenbekniederung möglich ist und für den in der Innenstadt bereits vereinzelt Landeplätze auf den Dächern von Geschäftshäusern vorhanden sind, dürfte demgegenüber kaum zu einer wesentlichen Verkürzung der Anreisezeit beitragen, da auch diese Landeplätze in der Innenstadt mit den Landverkehrsmitteln aufgesucht werden müssen und ein zweimaliger Fahrzeugwechsel erforderlich ist.

Diese relativ günstige Lage des Flughafens zu seinem landseitigen Einzugsgebiet hat allerdings den Nachteil, daß er mit seiner 374 ha messenden Flughafenfläche und den jeweils 300 m×800 m messenden Sicherheitszonen an seinen vier Flugschneisen eine große Sperrfläche für den intra-urbanen Verkehr darstellt und im Zuge der Stadtentwicklung fast vollständig von Wohngebieten umschlossen wurde (Tab. 139), deren Bewohner durch den bei den im Werft- und Wartungsbetrieb durchgeführten Probeläufen entstehenden, oft lange andauernden, lautstarken Lärm gestört werden (Tab. 141).

Phon	Beispiel
40	Ruhige Wohnstraße
60	Personenkraftwagen
65	Straßenbahn, Eisenbahn
80	Verkehrsreiche Straße
90	Schwerer Lastkraftwagen
95	U-Bahn
100	Motorrad
110	Sehr lautes Hupen
130	Schmerzender Lärm

Tabelle 141 **Lautstärke von Verkehrsgeräuschen**

Für dieses Problem gibt es außer technischen Möglichkeiten (z. B. Bau einer Lärmschutzhalle) grundsätzlich zwei Lösungen, nämlich den trotz der bekannten Lärmbelästigung ständig weiter durchgeführten Wohnungsbau zu stoppen oder diesen Flughafen aufzuheben. Für eine Verlegung stehen z. B. in Kaltenkirchen und Heidmoor Freiflächen zur Verfügung, die zwar einen moorigen Untergrund geringerer Mächtigkeit als der des Oh-Moores und wegen ihrer Höhenlage weniger Schlechtwettertage als die Tarpenbekniederung aufweisen, für die Fluggäste aus Niedersachsen und Hamburg, das den größten Anteil von ihnen stellt, jedoch einen wesentlich längeren Zufahrtsweg als bisher bedingen (Tab. 142)[314], [315]. Da diese

314) Denkschrift des Ministeriums für Landwirtschaft und Verkehr des Landes Schleswig-Holstein: Der Ausbau Kaltenkirchens als Düsenflughafen. Kiel 1956

315) Borchers, H.: Der Flughafen Hamburg-Fuhlsbüttel. In: Planung, Bau und Betrieb von Verkehrsanlagen in Hamburg. Forschungsarbeiten aus dem Straßenwesen. Neue Folge, Heft 36. Bielefeld 1958. S. 109 ff.

Lösung also einen Verlust der zentrumsnahen Lage des Flughafens und nur eine Verschleppung des Kardinalproblems bedeutet, denn unter Umständen werden später auch diese Gebiete von der sich ausbreitenden Großstadt oder ihren Trabanten erfaßt und damit die Lärmfrage erneut akut werden, sollte man meines Erachtens von der Verlegung des Flughafens absehen und statt dessen wie beim Seehafen den Wohnungsbau in diesem Gebiet einstellen, eventuell den bisherigen Anwohnern Tauschmöglichkeiten bieten und in der Nähe der Flughafenfläche geeignete Gewerbebetriebe (Flachbauten ohne hohe Schornsteine) einrichten, die vielleicht sogar flughafenorientiert sein können (z. B. Zulieferbetriebe für die Flugzeugwerft). Zu den Ländern Schleswig-Holstein und Niedersachsen können von dem Flughafen Fuhlsbüttel – Oh-Moor durch Ausbau des Straßennetzes und von Hubschrauber-Linien (z. B. Lüneburg – Hamburg – Lübeck – Kiel – Flensburg – Neumünster) bessere Verbindungen hergestellt werden.

Aufenthaltsort des Fluggastes		Flughafen		Relative Zeit-differenz
Land	Ort	Fuhlsbüttel	Kaltenkirchen	
		Minimale Anreisezeit		
Hamburg	Steintor	20 Min.	50 Min.	+ 150 %
Niedersachsen	Lüneburg	80 Min.	110 Min.	+ 37 %
Schleswig-Holstein	Rendsburg	100 Min.	70 Min.	– 30 %

Tabelle 142 **Anreisezeit zum Flughafen für Personenkraftwagen**

IV. TEILNEHMER DES STRASSENVERKEHRS

1. Güterverkehr der Lastkraftwagen

Die Straße stellt, wie in den vorangegangenen Abschnitten immer wieder herausgearbeitet worden ist, den wichtigsten Verkehrsweg der großstädtischen Verkehrslandschaft dar; denn der Wasser-, Schienen- und Luftverkehr ist durch die Betriebseigenarten seiner Fahrzeuge an bestimmte, lineare Trassen und isolierte, oft weiträumig angeordnete Stationen gebunden, an denen jedoch stets eine Verknüpfung mit dem Straßenverkehr gegeben ist, der wegen seiner flächenhaften, alle kontinentalen Punkte erreichenden Bedienung des gesamten Verkehrsraumes als Zubringer bzw. Abholer für die anderen Verkehrsmittel herangezogen werden muß.

Darüber hinaus ist speziell der Lastkraftwagen durch seine technische Fortentwicklung zu einem selbständigen Verkehrsmittel geworden, das in steigendem Umfang nicht nur im intra-urbanen Verkehr, sondern auch im Verkehr mit dem Umland und dem kontinentalseitigen Verkehrseinflußgebiet eingesetzt wird, weil er räumlich beweglicher ist als die in ihren Trassen und Stationen starren Binnenschiffe und Eisenbahnen und deshalb einen Direktverkehr von der Verkehrsquelle zur -senke ohne mehrmaliges Überladen zwischen verschiedenartigen Verkehrsmitteln ermöglicht, nicht an den Fahrplan eines Verkehrsunternehmens gebunden ist, sondern in seinen Fahrzeiten vom Versender bzw. vom Empfänger selbst disponiert werden kann und außerdem für firmeneigene Belange (z. B. Ausrichten von Bestellungen, Annahme von Aufträgen, Kassieren) und für Werbezwecke Verwendung finden kann (Tab. 143) [316]), [317]).

Jahr	Kraftfahrzeuge Gesamt	davon				
		Last- kraftwagen	Kombinations- kraftwagen	Zugmaschinen	Sonderfahrzeuge	Anhänger
1938	82 080	16 580		1 334	387	
1949	53 288	18 783		1 589	639	
1950	70 094	22 256		1 666	756	
1951	76 498	23 961		1 683	853	12 682
1952	90 566	25 513		1 809	939	13 004
1953	106 714	26 700		1 931	1 024	13 427
1954	124 125	27 021	1 244	1 932	1 140	13 549
1955	137 836	26 280	2 448	2 120	1 219	13 130
1956	155 946	27 829	3 737	2 383	1 330	12 435

Tabelle 143 Entwicklung des Lastkraftwagenbestandes in Hamburg

Insbesondere ist der Lastkraftwagen durch die Verlagerung der Verkehrsspannungen im Transitverkehr des Seehafens und die damit verbundene Änderung der Struktur des Transit-Umschlages in immer stärkeren Maße in den kontinentalseitigen Verkehr des Seehafens mit eingeschaltet worden (Tab. 99), wie im Versand von seewärtig empfangenen Gütern (z. B. Mineralöl, tierische und pflanzliche Rohstoffe, Südfrüchte, Getreide) und im Empfang von seewärtig zu versendenden Gütern (z. B. Industrieerzeugnisse, Maschinen und Apparate) zum Ausdruck kommt (Tab. 144) [318]).

Ebenfalls an der Art des transportierten Gutes sichtbar, verwendet auch die Hamburger Industrie beim Versand ihrer Halbfertig- und Fertigfabrikate (z. B. Mineralölderivate, Genußmittel, chemische Erzeugnisse, Rohkupfer, Kupferlegierungen) ins Inland den Lastkraftwagen (Tab. 144). Durch den Einsatz von Straßenfahrzeugen im An- und Abtransport sind sogar neue Standorte für nicht auf den Massengutempfang bzw. -versand angewiesene Werke der Veredlungsindustrie (z. B. Radioröhrenfabriken, chemische Fabriken) gewonnen worden (z. B. an der ehemals preußisch-hamburgischen Grenze in Lokstedt).

316) Bahlert: Der Kraftfahrzeugbestand in Hamburg im Jahre 1951. Hamburg in Zahlen. Jg. 1952, Heft 28. Statistisches Landesamt der Freien und Hansestadt Hamburg. Hamburg 1952. S. 319

317) Weinrich: Die öffentlichen Nahverkehrsmittel für die Personenbeförderung in Hamburg. Hamburg in Zahlen. Jg. 1956, Heft 16. Statistisches Landesamt der Freien und Hansestadt Hamburg. Hamburg 1956. S. 137

318) Statistisches Landesamt der Freien und Hansestadt Hamburg: Statistisches Jahrbuch 1957. Hamburg 1958. S. 187

Empfang		Versand	
Güterart	Menge	Güterart	Menge
Gesamt	2 097 400	Gesamt	2 721 000
davon Sammelgut	168 900	davon Sammelgut	261 500
Eisen-, Stahlwaren	151 200	Mineralöl, -derivate	259 500
Industrieerzeugnisse	147 900	Tierische, pflanzliche Rohstoffe	235 500
Natursteine	112 700	Obst, Südfrüchte	228 000
Papier, Pappen	108 300	Speisefette	143 800
Chemische Erzeugnisse	107 500	Industrieerzeugnisse	140 100
Künstliche Steine	104 900	Nahrungs-, Genußmittel	132 800
Stab-, Formeisen	98 600	Getreide, Hülsenfrüchte	96 500
Maschinen, Apparate	80 400	Futtermittel	91 400
Eisen-, Stahlbleche	72 700	Chemische Erzeugnisse	86 900
Eisen-, Stahlrohre	68 100	Rohprodukte, Kupferlegierung	72 900
Schnittholz	64 700		
Verbrauchszucker	56 900	Fette und Öle	68 000

Tabelle 144 **Güterfernverkehr mit Lastkraftwagen nach Güterarten 1955 (Mengen in t)**

Im Straßengüterverkehr mit dem Umland sind außer Gemüse, Vieh und Milch wiederum Baumaterialien das wichtigste Beförderungsgut (Tab. 144).

Diesem die Grenze des Verkehrsraumes überquerenden zentripetalen und -fugalen Lastkraftwagenverkehr stehen die am Alster- und Elbübergang gebündelten nationalen und internationalen Fernstraßen zur Verfügung, die nach Schleswig-Holstein (– Husum – Tondern, – Kiel – Flensburg – Skandinavien, – Lübeck – Großenbrode – Skandinavien, – Mölln – Ratzeburg, – Lauenburg – Berlin), nach Niedersachsen (– Cuxhaven, – Bremen – Westeuropa) und in den mitteldeutschen Raum (– Hannover – Leinetalgraben – Südwesteuropa, – Lüneburg – Nürnberg – Südosteuropa) führen. Während jedoch in der Nähe des Hamburger Verkehrsraumes die meist zweispurigen Landstraßen nach Bremen, Hannover und Lübeck durch leistungsfähigere, vierspurige Fern-Autobahnen ergänzt worden sind, ist der Verkehr nach Westdeutschland ab Bremen, nach Nordeuropa ab Lübeck und nach Süddeutschland ab Hannover auf die oft unzureichenden, nicht kreuzungsfrei ausgebauten Landstraßen angewiesen. Erschwerend tritt noch der Umstand hinzu, daß

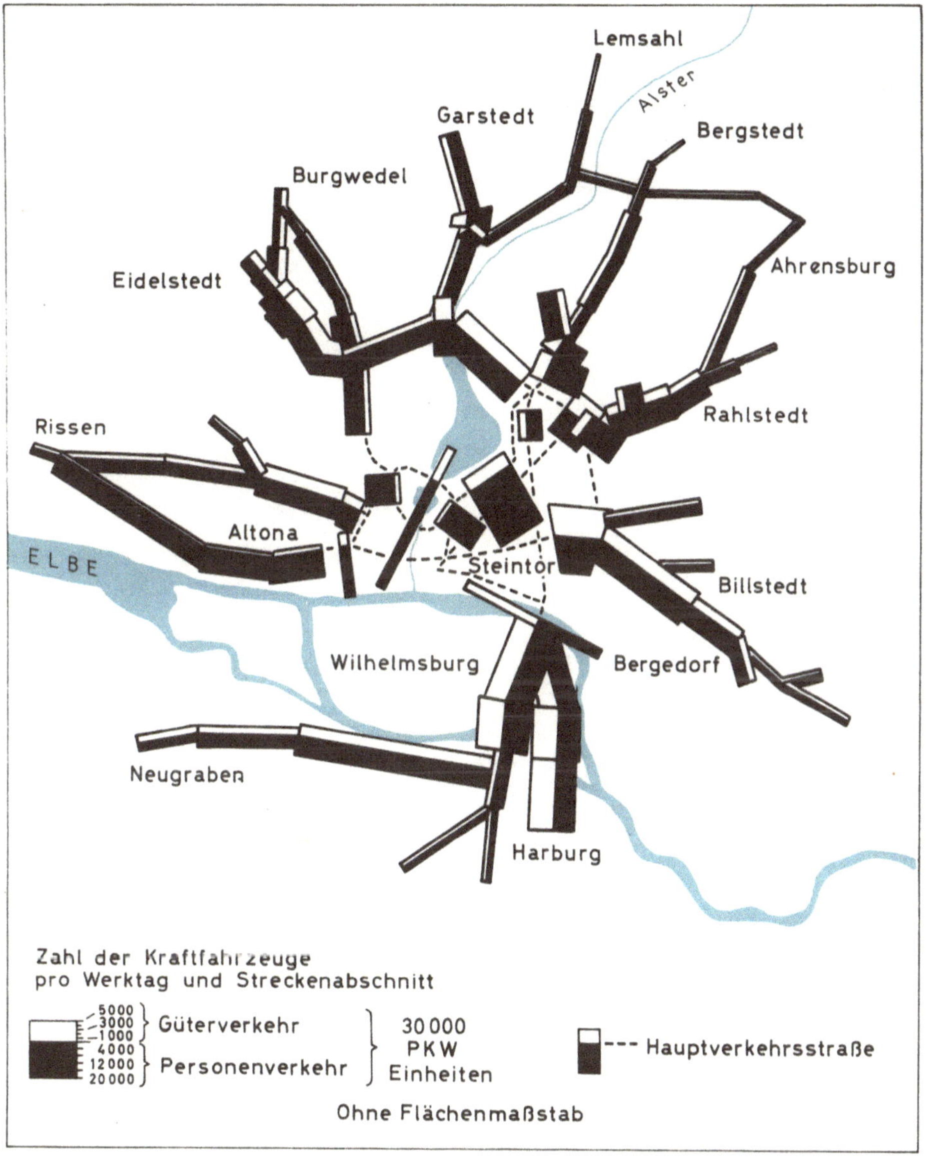

Abbildung 37 **Werktägliche Streckenbelastung im Kraftfahrzeugverkehr Hamburgs**

die wichtige Nordsüd- bzw. Nordsüdostverbindung Hamburg – Lüneburg – Erfurt – Coburg – Nürnberg – München / Passau durch die in Mitteldeutschland weit nach Westen vorspringende Zonengrenze unterbrochen ist und den Verkehr auf die Trasse Hamburg – Celle – Hannover – Leinetalgraben verweist und die Verbindung nach Osten durch die Zonengrenze fast ganz abgeschnitten ist. So hat sich die ehemals günstige Lage Hamburgs im Landstraßennetz in eine ungünstige im Autobahnnetz verwandelt, die einen großen Zeitverlust für den Straßenverkehr mit dem süd- und mitteldeutschen Gebiet hervorruft. Besonders spürbar wird dies im Seehafen-Umschlag, da die Seehafenspediteure Mittel- und Süddeutschlands den Weg über das gut ausgebaute Autobahnnetz zu den Rheinmündungshäfen den über das schlecht ausgebaute Landstraßennetz nach Hamburg vorziehen [319]), so daß ein baldiger Ausbau insbesondere der Autobahnstrecken Hannover – Northeim und Bremen – Hamm notwendig ist, um den Seehafen-Transit zu beleben.

Innerhalb des Verkehrsraumes sind die Pole des Lastkraftwagen-Güterverkehrs teils, wie es seinen Aktionsmöglichkeiten entspricht, über den ganzen Raum verteilt, teils an bestimmten Punkten konzentriert, so im Seehafen, am Flughafen, an den Güterbahnhöfen der Eisenbahn, an den Märkten und besonders im Stadtteil Hammerbrook, der wegen seiner Nahlage zum Seehafen, zu den Industriestandorten der Marsch und zu den durch den Elbübergang, der in Hamburg den stärksten Lastkraftwagenverkehr aufweist (Abb. 37) [320]), gebündelten Ausfallsstraßen sowie wegen der geringen Eignung des dortigen Marschuntergrundes für den Wohnungsbau ein bevorzugter Standort der Speditionsfirmen ist (z. B. Autohof Süderstraße 50 Lastzug-Stellplätze). Der intra-urbane Güterverkehr erfolgt fast ausschließlich mit dem Lastkraftwagen (Tab. 54).

2. Personenverkehr der Straßenbahn

Die Straßenverkehrsmittel sind ebenfalls in die Abwicklung des Personenverkehrs eingeschaltet, der nach den bisherigen Ausführungen im Innern des Verkehrsraumes sein Maximum annimmt. Da hier aber die S-Bahn auf einige wenige, geomorphologisch vorgezeichnete Trassen und die U-Bahn auf einige wenige, verwaltungspolitisch vorgezeichnete Trassen beschränkt sind, ein weiterer Ausbau oberirdischer Schnellbahnlinien wegen der bereits zu weit fortgeschrittenen Bebauung kaum noch möglich ist und ein weiterer Ausbau unterirdischer Schnellbahnlinien wegen der schwierigen hydrologischen und geologischen Verhältnisse des Baugrundes sehr viel Zeit beansprucht, ist der Personenverkehr in mehreren Stadtteilen (z. B. Lokstedt, Stellingen) ausschließlich auf die Straßen angewiesen und infolgedessen so stark, daß er bisher nur mit Hilfe leistungsfähiger Straßenbahnen bewältigt werden konnte.

Ihre Bedeutung für den intra-urbanen Personenverkehr wird bereits dadurch charakterisiert, daß sie 1956 mit 272547700 Fahrgästen über die Hälfte aller Beförderungsfälle des öffentlichen Nahverkehrs abwickelte (Abb. 12), mit 411 Trieb- und 539 Beiwagen (je 102 Plätze), die 1956 42729300 Wagen-km (= 1000×Erdumfang) zurücklegten, einen größeren Wagenpark, mit 186 Strecken-km eine größere Streckenlänge und mit 347 Haltestellen mehr Stationen aufweist als die wie sie elektrisch betriebenen S-Bahn und U-Bahn [321]).

319) Bundesministerium für Verkehr, Abteilung Straßenbau: Ergebnisse der Straßenverkehrszählung 1956, Verkehrsmengen auf Bundesautobahnen und Bundesstraßen. Bonn 1958
320) Angaben der Baubehörde der Freien und Hansestadt Hamburg, Tiefbauamt
321) Statistisches Landesamt der Freien und Hansestadt Hamburg: Statistisches Jahrbuch 1957. Hamburg 1958. S. 181 ff.

Das Liniennetz der Straßenbahn ist ein Spiegel der naturgeographischen Gegebenheiten und der bestehenden kulturgeographischen Verkehrsspannungen. Zehn biradionale Linien der insgesamt siebzehn Linien laufen strahlenförmig von den Wohnbezirken der nördlichen Geest auf die Alsterfurt und den Geestsporn der Hamburger Altstadt, das Zentrum der Arbeitsplätze, zu und bilden somit zwei durch den Alsterstau getrennte, viertelkreisartige Fächer, deren Basis die Verkehrssperrlinie der Norderelbe ist. Nur zwei die Außenbezirke untereinander verbindende, semizyklonale Linien, die westlich der Alster oberhalb der Geeststeilkante in der Vorstadt St. Pauli bzw. dem Subzentrum Altona ihren Ausgang nehmen und östlich der Alster unterhalb der Geeststeilkante auf der Elbinsel Veddel bzw. im äußeren Hammerbrook enden, benutzen die obere Winterhuder Alsterfurt, während drei Linien im Zuge des mittelalterlichen Wallringes über die Lombardsbrücke führen. Im Gegensatz zu den fünfzehn die Alsterniederung durchquerenden Straßenbahnlinien, durchquert nur eine die Elbmarsch (20 Haltestellen von 347). Zwei kurze, tangentiale Stichlinien gehen vom Subzentrum Altona nach Langenfelde und vom Berliner Tor mit seinen Übersteigmöglichkeiten von der S-Bahn und U-Bahn sowie Umsteigmöglichkeiten von den dem Geeststeilufer folgenden Straßenbahnlinien in das Industriegebiet von Billbrook.

Die Funktion der Straßenbahn als Zubringer zwischen den Wohngebieten der nördlichen Geest und den Arbeitszentren der Hamburger Altstadt und der Elbe- und Billemarsch tritt sowohl in dem auf den morgend- und abendlichen Stoßverkehr zugeschnittenen Einsatzplan der Straßenbahnwagen (Abb. 39) als auch in ihrem Streckenbelastungsbild in Erscheinung (Abb. 38 [322]). Zahlen für 1954, zum Vergleich: Zahl der Beförderungsfälle 1954: 258118400, 1956: 272547700).

Strecke	Zahl der beförderten Personen
Steintor	166 377
Dammtor	124 851
Holstentor	58 015
Deichtor	31 073
Millerntor	19 474
Hafentor	14 129
Summe (Querverkehr)	413 919
Wallring (Längsverkehr)	41 181
Summe (Gesamtverkehr)	455 100
Gesamtnetz ca.	900 000

Tabelle 145 **Wallring-Verkehr der Straßenbahn pro Tag**

322) Angaben der Hamburger Hochbahn Aktiengesellschaft, Hamburg

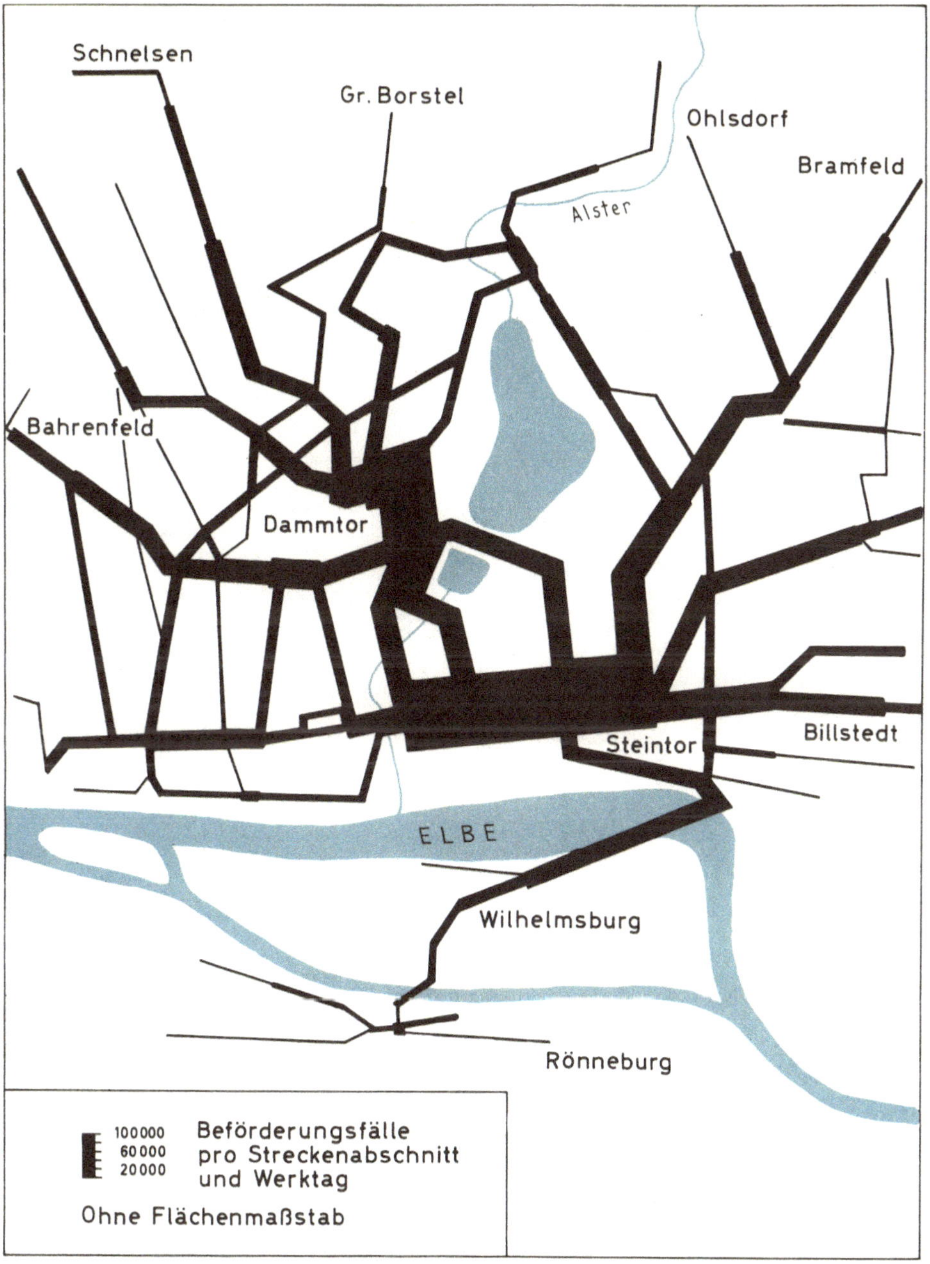

Abbildung 38 **Werktägliche Streckenbelastung im Straßenbahnverkehr Hamburgs**

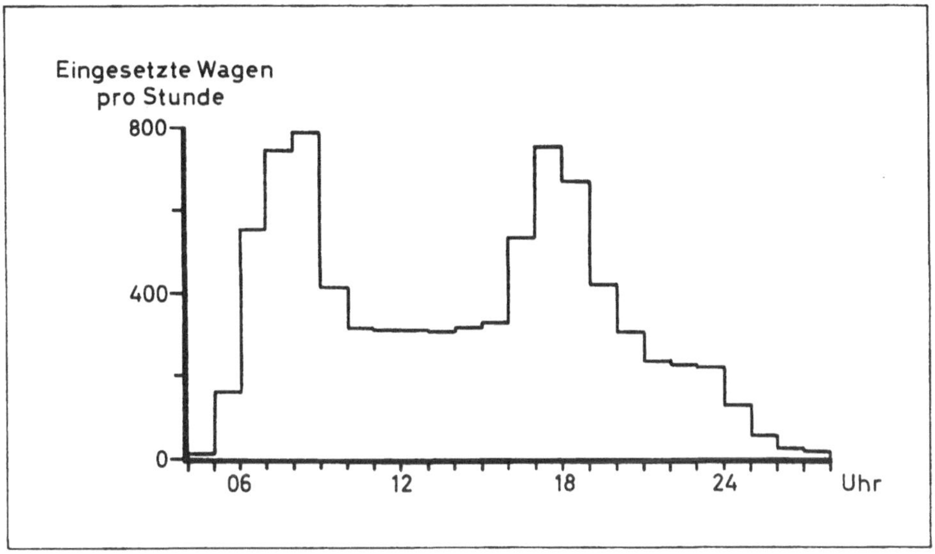

Abbildung 39 **Zahl der werktäglich eingesetzten Straßenbahnwagen in Hamburg**

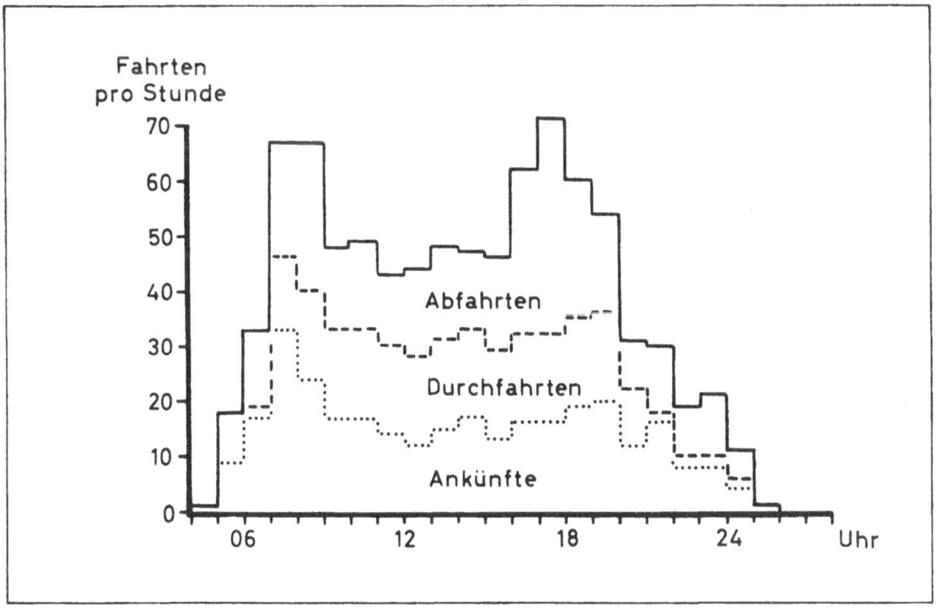

Abbildung 40 **Zahl der werktäglichen Verkehrsvorgänge auf dem Hamburger ZOB**

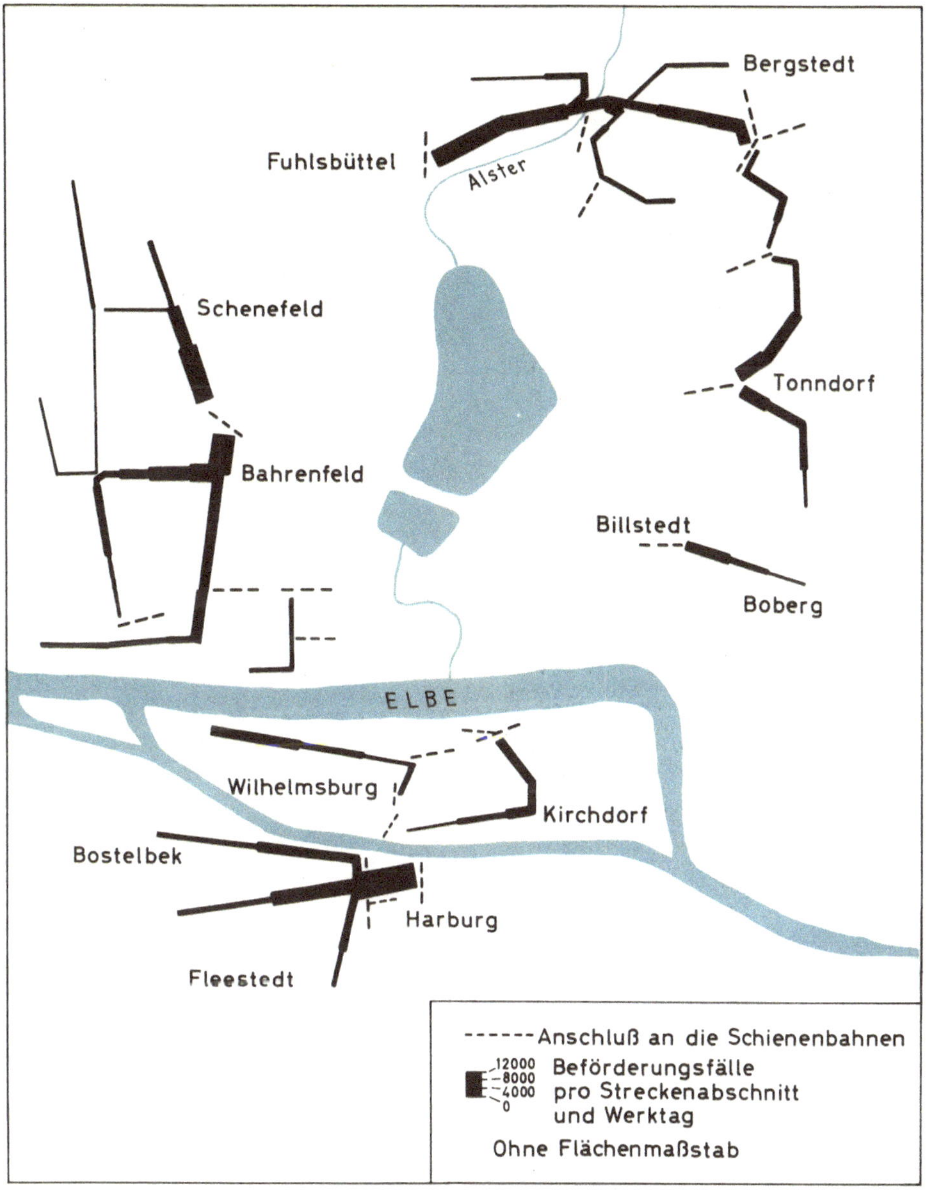

Abbildung 41 **Werktägliche Streckenbelastung des Omnibusverkehrs in Hamburg**

Mit über 200 000 Fahrgastfällen pro Tag ist das mittelalterliche Steintor der Altstadt der am stärksten belastete Knotenpunkt. Aber auch die anderen Geesttore und mit Abstand die Marschtore treten als Ballungspunkte des Straßenbahnverkehrs in Erscheinung (Tab. 145, Abb. 38), die die stark belasteten Streckenabschnitte der Innenstadt von den weniger stark belasteten der Außengebiete trennen, an deren Belastungsgefälle sich die Sammler- bzw. Verteilerfunktion der Straßenbahn ablesen läßt. An den Endstationen unterscheidet sich das Fahrgastaufkommen der schwach benutzten Strecken in den zum Teil durch bessere Dampferverbindungen erschlossenen Marschgebieten (z. B. Freihafen 1 204 Pers. / Tag) deutlich von dem der in dünn besiedelten Gebieten blind endenden Strecken (z. B. Bahrenfeld Volkspark 4 315 Pers. / Tag), von dem der zu Schnellbahnlinien parallel laufenden Strekken (z. B. Othmarschen 5 506 Pers. / Tag) und von dem der Strecken, die Anschluß an ein Netz von Zubringer-Omnibussen haben (z. B. Tonndorf 25 336 Pers. / Tag). Die zwischen dem Verkehrszentrum Hamburg (207 558 Pers. / Tag) und seinem Subzentrum Harburg (11 545 Pers. / Tag) liegende Strecke der Elbmarsch weist wiederum ein Beförderungsminimum auf (5 964 Pers. / Tag).

3. Personenverkehr der Omnibusse

Der Omnibusverkehr, der ergänzend zum Straßenbahnverkehr hinzutritt, hat im Hamburger Verkehrsraum mehrere Funktionen wahrzunehmen.

In seinen relativ gering besiedelten, peripheren Stadtteilen, deren Verkehrsaufkommen den Einsatz einer Bahn nicht notwendig macht (vergl. Abb. 14, 18), sind die Omnibuslinien als monoradiale Zubringer-Linien ausgebildet, deren Sammler- bzw. Verteiler-Funktion am Gefälle der Beförderungsziffern ablesbar ist (z. B. Tonndorf 11 380 Pers. / Tag – Willinghusen 813 Pers. / Tag) und deren innenstadtseitige Endstationen an den Stationen der die Innenstadt erreichenden Schnellbahnen liegen (z. B. U-Bahn Bhf. Fuhlsbüttel, S-Bahn Bhf. Poppenbüttel, Straßenbahnhst. Bahrenfeld), oder stellen Verbindungen zwischen den peripheren Stadtteilen her, die auf Grund der bestehenden Verkehrsspannungen allerdings nur wenig benutzt werden (z. B. Waldenau – Iserbrook 181 Pers. / Tag) (Abb. 41 [323]; vergl. Anmerkung zu Abb. 38).

Eine Direktverbindung zwischen den Außenbezirken und der Innenstadt ist durch sechs biradiale Schnellbus-Linien gegeben, deren Linienführung ungefähr der der Straßenbahn angenähert ist, die aber einen größeren Haltestellenabstand haben und daher geringere Reisezeiten benötigen (z. B. Strecke Schnelsen – Hauptbahnhof Hamburg / ZOB, Reisezeit: Straßenbahn: 44 Min., Schnellbus: 37 Min.)

Die gleiche Struktur zeigt das Liniennetz der die Pendler-Gemeinden des Umlandes bedienenden Omnibusse, die teils an den Stationen des Bahnnetzes enden (z. B. U-Bahn Ochsenzoll, S-Bahn Bhf. Wedel, Straßenbahnhst. Eidelstedt), teils bis zum Verkehrszentrum durchfahren. In ihm ist für sie außerhalb des Steintores in der Vorstadt St. Georg ein 9 400 qm großer Zentral-Omnibus-Bahnhof (ZOB) mit einem ca. 60 Omnibusse fassenden 4 000 qm großen Parkplatz geschaffen worden, an dessen 12 Bussteigen auf 61 Linien werktäglich 612 Abfahrten abgewickelt werden und ca. 50 000 Personen ein-, aus- oder umsteigen [324], [325]. Von ihm

323) Angaben der Hamburger Hochbahn Aktiengesellschaft, Hamburg

324) Mroß, M.: Zentral-Omnibus-Bahnhof in Hamburg. Verkehr und Technik. 3. Jahrgang, Heft 12. Berlin 1950. S. 369

325) ZOB-Kursbuch. Zentral-Omnibus-Bahnhof G.m.b.H., Hamburg. Winterfahrplan 1957/58. Hamburg 1957. Sommerfahrplan 1958, Hamburg 1958

führen aber nicht nur zahlreiche Linien ins Umland, deren Eingespanntsein in den täglichen Rhythmus des Pendlerstromes sich aus dem Ablauf des Omnibusfahrplanes (Abb. 40), dem Anteil der zum ermäßigten Tarif beförderten Personen und dem analog zum Anstieg des Pendlerstromes anwachsenden Verkehrsumfang ersehen läßt, (Tab. 146) [326]), sondern auch in das Verkehrseinflußgebiet, das durch Omnibusse im Norden bis nach Oslo (27.30 Stunden Reisezeit; 1 wöchentliche Hinfahrt bzw. Rückfahrt) und Kopenhagen (10.45 Std.; 8), im Westen bis nach Hoek van Holland (13.55 Std.; 2) und Paris (57.00 Std.; 3), im Süden bis nach Basel (34.00 Std.; 2) und Rom (107.15 Std.; 1) und im Osten bis nach Berlin (7.25 Std.; 13) erschlossen wird (Abb. 27).

Jahr	Ortslinienverkehr	Nachbarorts-	Überland-	Arbeiter-	Gelegenheits- und Mietwagenverkehr
		linienverkehr			
	Wagenkilometer				
1955	8 446 300	4 073 400	1 792 400	434 000	5 334 000
1956	10 395 500	2 045 700	3 691 400	664 600	5 485 500
	Beförderte Personen				
1955	42 950 800	7 324 900	3 332 300	287 100	1 330 200
1956	47 390 800	4 874 500	6 501 700	440 900	1 584 300
	davon mit Ermäßigungstarif				
1955	23 946 400	3 800 300	1 901 880	287 100	
1956	24 578 800	2 498 400	3 643 900	440 900	

Anmerkung: Die Einzelposten sind nur bedingt vergleichbar, da einige Linien ab 1. 7. 1956 anderen Verkehrsarten zugeordnet sind.

Tabelle 146 Umfang des Omnibusverkehrs

Innerhalb der Hamburger Innenstadt verkehren außer der U-Bahn, der Straßenbahn und den Schnellbussen kleine (18 Plätze), wendige Omnibusse, sog. City-Busse, die in Abständen von 5 Minuten die peripheren Parkplätze und Bahnstationen des Wallringes anlaufen und in der Innenstadt über ein dichtes Haltestellennetz verfügen (29 Haltestellen / 240 ha, das ergibt im Mittel bis zur nächsten Haltestelle einen maximalen Fußweg von 200 m). Wegen ihrer relativ komplizierten Linienführung, die zum Teil durch die Anordnung der Einbahnstraßen und der Abbiegeverbote bedingt ist, und der relativ geringen Ausdehnung des innerstädtischen Einkaufsgebietes (maximale Längenausdehnung 2 km) ist die Benutzung der City-Busse bisher gering geblieben (ca. 1 000 Pers. / Tag) [327]). Eine wesentliche Verbesserung könnte meines Erachtens eine zweckmäßigere Gestaltung des Netzes bringen, das den Verkehrsspannungen entsprechend aus mehreren biradialen, den tororientierten Straßen folgenden Linien bestehen müßte, die zeitsparende Verbindungen (heutiger Stand s. Tab. 147) zwischen den Verkehrspolen des Wallringes und der Innenstadt herstellen (z. B. Dammtor – Jungfernstieg, Millerntor – Ost-West-Achse).

326) Statistisches Landesamt der Freien und Hansestadt Hamburg: Statistisches Jahrbuch 1957. Hamburg 1958. S. 188

327) Angaben der Hamburger Hochbahn Aktiengesellschaft, Hamburg

Fahrzeug	Strecke	
	Dammtor – Rathaus	Millerntor – Rathaus
U-Bahn	2 Min.	7 Min.
Straßenbahn	7 Min.	7 Min.
City-Bus	9 Min.	10 Min.

Tabelle 147 **Fahrzeitspiegel**

Jahr	Streckenlänge		Linienlänge		Anzahl der Haltestellen	
	Straßen-bahn	Omnibus	Straßen-bahn	Omnibus	Straßen-bahn	Omnibus
1938	217 km	173 km	390 km	193 km	616	186
1953	171 km	98 km	251 km	108 km	340	159
1954	178 km	109 km	259 km	121 km	337	176
1955	187 km	147 km	294 km	163 km	347	232
1956	187 km	170 km	296 km	196 km	347	267

Tabelle 148 **Entwicklung der intra-urbanen, öffentlichen Verkehrsmittel**

Ein Vergleich des Straßenbahn- und Omnibusdienstes zeigt (Tab. 148) [328], daß der Omnibusbetrieb in der letzten Zeit ständig ausgebaut worden ist und seinen Vorkriegsstand wieder erreicht bzw. überschritten hat, während der Ausbau des Straßenbahnbetriebes stagniert, ohne den Vorkriegsumfang wieder angenommen zu haben. Diese Relationen charakterisieren die Entwicklung der Straßenbahn von einem zahlreiche Haltestellen aufweisenden, sehr viele Straßenzüge bedienenden Flächenverkehrsmittel zu einem nur auf wenigen Trassen mit großem Haltestellenabstand verkehrenden, schnellbahnartigen, linearen Verkehrsmittel und die Entwicklung der Omnibusse zu zeitgemäßen Flächenverkehrsmitteln (vergl. Tab. 149).

328) Statistisches Landesamt der Freien und Hansestadt Hamburg: Statistisches Jahrbuch 1957. Hamburg 1958. S. 192

4. Personenverkehr der Personenkraftfahrzeuge

Den größten Anteil am intra-urbanen Personenverkehr haben, gemessen an der Zahl der Fahrzeuge, die Personenkraftfahrzeuge (Tab. 149[329], [330]; vergleiche Tab. 54). Abgesehen vom Kraftdroschkenverkehr, dessen an 275 Ständen stationierte 1 600 Fahrzeuge 1956 allein über den zentralen Autoruf 757 470 Bestellungen erhielten[331], ist der individuelle Kraftfahrzeugverkehr in der Nachkriegszeit aus wirtschaftlichen und soziologischen Gründen in großem Maße angewachsen, und die Zahl der Personenkraftwagen scheint im Gegensatz zu denen der anderen Verkehrsmittel noch immer gleichmäßig zuzunehmen (Tab. 149; vergl. Tab. 143).

Jahr	Kraftfahrzeuge Gesamt	davon			PKW pro 1000 Einwohner
		Personenkraftwagen	Krafträder	Omnibusse	
1938	82 080	39 260	24 205	314	37
1949	53 288	15 162	9 418	282	16
1950	70 094	23 473	13 205	359	23
1951	76 498	33 197	16 779	390	30
1952	90 566	40 530	22 121	392	38
1953	106 714	48 952	28 284	435	45
1954	124 125	60 119	33 562	487	54
1955	137 836	71 697	36 210	530	61
1956	155 946	87 498	37 533	584	70

Tabelle 149 **Entwicklung des Personenkraftfahrzeugbestandes in Hamburg**

Wie alle bisher betrachteten Personenverkehrsmittel zeigt auch der Personenkraftwagenverkehr eine zunehmende Konzentration von der Grenze zum Zentrum des Verkehrsraumes (z. B. Bergstedter Chaussee 582 PKW / Tag, Alte Lombardsbrücke 36 577 PKW / Tag (Abb. 37)[332] (April 1956)[333]) und eine zeitliche Gerichtetheit der Verkehrsströme, die ihn als Teil des Berufsverkehrs markieren (Abb. 42)[334]. Im Mittel macht der Spitzenstundenverkehr, dessen Richtungsanteile

329) Weinrich: Die öffentlichen Nahverkehrsmittel für die Personenbeförderung in Hamburg. Hamburg in Zahlen. Jg. 1956, Heft 16. Statistisches Landesamt der Freien und Hansestadt Hamburg. Hamburg 1956. S. 137

330) Bahlert: Der Kraftfahrzeugbestand in Hamburg im Jahre 1951. Hamburg in Zahlen. Jg. 1952, Heft 28. Statistisches Landesamt der Freien und Hansestadt Hamburg. Hamburg 1952. S. 319

331) Bahlert, Oechsle: Die öffentlichen Nahverkehrsmittel für die Personenbeförderung in Hamburg 1952. Hamburg in Zahlen. Jg. 1953, Heft 13. Statistisches Landesamt der Freien und Hansestadt Hamburg Hamburg 1953. S. 131

332) Angaben der Baubehörde der Freien und Hansestadt Hamburg, Tiefbauamt

333) Groth, H. A.: Verkehrserhebungen. In: Planung, Bau und Betrieb von Verkehrsanlagen in Hamburg. Forschungsarbeiten aus dem Straßenwesen. Neue Folge, Heft 36. Bielefeld 1958. S. 19

334) Angaben der Baubehörde der Freien und Hansestadt Hamburg, Tiefbauamt

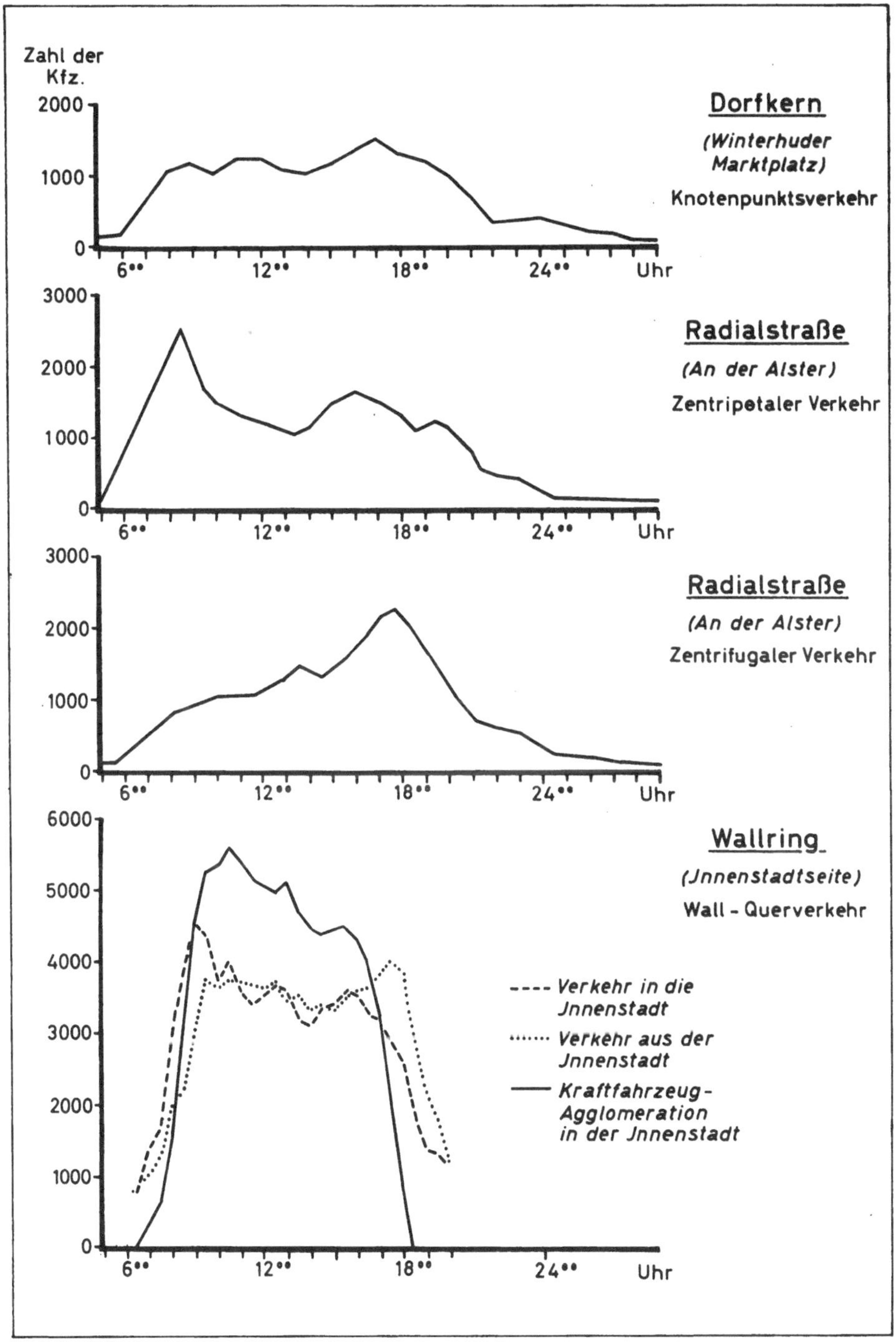

Abbildung 42 **Werktäglicher Pegel des Kraftfahrzeugverkehrs in Hamburg**

sich auf den auf die Alsterfurt der Innenstadt zuführenden, monoradialen Geestrückenstraßen, auf denen sich die An- bzw. Abfahrt des Berufverkehrs abspielt, in der Regel wie 33 : 66 verhalten und sich nur auf der Lombardsbrücke des Wallringstraßenzuges, auf der es wegen ihrer Sammler- und Verteilerfunktion zwischen den Straßen der Innenstadt und den radialen Ausfallsstraßen zu einer Interferenz räumlich verschiedenartig gerichteter Verkehrsströme kommt, wie 50 : 50 verhalten, 8 % des gesamten 24 Stunden-Verkehrs aus und ist damit von gleicher Größenordnung wie der gesamte Nachtverkehr (22 – 6 Uhr), der im Mittel 10 % des 24 Stunden-Verkehrs ausmacht, jedoch wiederum auf der Lombardsbrücke und der Reeperbahn, der Hauptverkehrsstraße des Hamburger Vergnügungsviertels in der Vorstadt St. Pauli, höher liegt [335]) (vergl. Abb. 32, 34, 39, 40).

Trotz der Analogie im tageszeitlichen Verkehrsablauf aller Personenverkehrsmittel besteht im Betriebsablauf ein wesentlicher Unterschied zwischen den öffentlichen und individuellen Verkehrsmitteln; denn diese sind meist als biradiale Linien geführt, d. h. durchfahren die Innenstadt, oder können auf besonderen Parkflächen abgestellt werden (z. B. ZOB), jene aber müssen tagsüber in den Arbeitsgebieten der Innenstadt geparkt werden, wie die Summenlinie der Differenz des ein- und ausstrahlenden Kraftfahrzeugverkehrs der Innenstadt verdeutlicht (Abb. 42), so daß hier analog zur Entwicklung des Kraftfahrzeugbestandes ein immer größer werdender Parkraumbedarf entsteht.

Vorgang / Fahrzeugart	Anzahl
Parken	
PKW	3 979
LKW	1 002
LKW-Zug	124
Halten	
PKW	495
LKW	687
LKW-Zug	109

Tabelle 150 **In der Innenstadt ruhende Fahrzeuge**

Bereits 1951 wurden in der vom Wallring umgrenzten Innenstadt bei 6 941 Möglichkeiten gleichzeitig 6 629 parkende und haltende Kraftfahrzeuge gezählt (Tab. 150) [336]), von denen die Langparker (Parkdauer 1.30 – 13.00 Stunden) 69 % der zur Verfügung stehenden Fläche in Anspruch nahmen.

335) Groth, H. A.: Verkehrserhebungen. In: Planung, Bau und Betrieb von Verkehrsanlagen in Hamburg. Forschungsarbeiten aus dem Straßenwesen. Neue Folge, Heft 36. Bielefeld 1958. S. 19 ff.
336) Sill, O.: Die Parkraumnot. In: Schriften zum Bau-, Wohnungs- und Siedlungswesen. Heft 7. Hamburg 1951

Durch die 1953 erfolgte Einführung von Parkgebühren und Parkuhren, von denen es heute in dem Geschäfts- und Bürohausviertel der Alt- und Neustadt ca. 1 900 gibt, verschob sich die Benutzung der Parkflächen von den Langparkern auf die Kurzparker (Tab. 151) [337].

Parkdauer	Anteil der Fahrzeuge		Benutzte Fläche	
	vor	nach	vor	nach
	Erhebung der Parkgebühr			
bis 1 Std.	38 %	69 %	11 %	46 %
1 - 2 Std.	24 %	17 %	16 %	22 %
2 - 3 Std.	11 %	10 %	9 %	21 %
über 3 Std.	27 %	4 %	64 %	11 %

Tabelle 151 **Parkflächenausnutzung**

Für die Zukunft rechnet man für die Lösung des Parkproblems, dessen Bedeutung für den gesamten Kraftfahrzeugverkehr daraus ersehen werden mag, daß nach einer Luftbildauswertung von dem um 11.00 Uhr in der Innenstadt befindlichen Kraftfahrzeugen nur 16 % fuhren und 84 % ruhten (1956) [338], mit einem Bedarf von etwa 25 000 Stellplätzen (Tab. 152) [339]. Da die dafür benötigte ebenerdige Fläche ca. 25 % der gesamten Innenstadtfläche bzw. 50 % der bebauten Innenstadtfläche einnehmen würde und die Bordkante der Fahrstraßen weitgehend von ruhenden Fahrzeugen befreit werden sollen, ist der Bau von Parketagen unumgänglich (Tab. 152, Tab. 153) [340].

Parkraum	Zahl der Plätze	
	1958	Planung
Öffentliche Plätze	3 835	3 600
Private Plätze	2 960	5 760
Bordkante	2 500	1 000
Parkhäuser	2 290	9 850
Trümmerflächen	1 800	–
Park and Ride	200	4 790
Summe	13 585	25 000

Tabelle 152 **Kraftfahrzeug-Stellflächen in der Innenstadt**

337) Baubehörde der Freien und Hansestadt Hamburg: Das Baujahr 1953/54 in Hamburg. In: Schriften zum Bau-, Wohnungs- und Siedlungswesen. Heft 21. Hamburg 1954
338) Angaben der Baubehörde der Freien und Hansestadt Hamburg, Tiefbauamt
339) Wilhelm, F.: Parkraumbilanz für die Hamburger Innenstadt. In: Planung, Bau und Betrieb von Verkehrsanlagen in Hamburg. Forschungsarbeiten aus dem Straßenwesen. Neue Folge, Heft 36. Bielefeld 1958, S. 33
340) Sill, O.: Die Parkraumnot und ihre Auswirkungen. In: Probleme des modernen Straßenverkehrs. Verkehrswissenschaftliche Veröffentlichungen des Ministeriums für Wirtschaft und Verkehr Nordrhein-Westfalen. Heft 26. Düsseldorf 1952. S. 98

Nutzungsart	Anteil
Gebäudeflächen	50 %
Straßenflächen	42 %
Wasserflächen	4 %
Parkplatzflächen	2 %
Grünflächen	2 %

Tabelle 153 **Flächenaufteilung der Innenstadt**

Zur Zeit gibt es im Geschäftsviertel der Altstadtgeest und der Neustadtmarsch bereits drei, an Nebenstraßen gelegene Parkhochhäuser (z. B. Parkhaus Große Bleichen mit 648 Stellplätzen, von denen 450 regelmäßig besetzt sind), deren jeweiliger Einzugsbereich einen Radius von ca. 500 m hat, im Kontorhausviertel des Marsch-Geest-Randes der Altstadt kleinere Kellergaragen (z. B. Johanniswall-Garagen 300 Stellplätze) und an verschiedenen Stellen der Innenstadt Parkplätze auf den Dächern (z. B. Kaufhaus Karstadt) sowie in den Innenhöfen (z. B. Alsterhaus) der Gebäude. Aber selbst durch den Bau weiterer Parkhochhäuser auf dafür bereits vorhandenen Freiflächen und weiterer Kellergaragen am Geestrand unter Ausnutzung des dortigen Höhenunterschiedes sowie durch eine stärkere Inanspruchnahme von Keller-, Dachgeschossen und Hofflächen wird der zukünftige Parkraumbedarf kaum innerhalb der Innenstadt gedeckt werden können, zumal die Trümmerflächen ehemals bebauter Grundstücke und zugeschütteter Fleete für die Errichtung von Neubauten und Straßen beansprucht werden (Tab. 152). Deshalb müssen auch außerhalb des Wallringes Parkflächen angelegt werden, wobei prinzipiell drei Wege zu beschreiten sind.

Unmittelbar am Rand der Innenstadt können Stellflächen nur in den ehemaligen Vorstädten St. Georg und St. Pauli (z. B. Parkplatz Heiligengeistfeld 200 Plätze) geschaffen werden, da die Hamburger Innenstadt im Norden und Süden von Wasserflächen begrenzt wird. Eine weitere Möglichkeit ist die Einrichtung von Parkplätzen an den außerhalb der Innenstadt gelegenen Stationen der öffentlichen Verkehrsmittel (z. B. S-Bahn Bhf. Berliner Tor, U-Bahn Bhf. Kellinghusenstraße). In beiden Fällen dieses Park-and-Ride-Systems wird die Verbindung zwischen den Parkflächen und der Innenstadt, dem Ziel bzw. der Quelle sehr vieler Verkehrsbewegungen innerhalb des Verkehrsraumes Hamburg, durch die in der Innenstadt nicht parkenden, öffentlichen Verkehrsmittel hergestellt (z. B. City-Bus bei den Parkplätzen an den Torlagen, Schnellbahn bei den übrigen). Die dritte und fundamentale Lösung des Problems würde demnach darin bestehen, diese Zubringer-Verkehrsmittel so komfortabel zu gestalten, daß die Kraftfahrzeugbesitzer bei der Fahrt zur Innenstadt von vornherein auf ihr eigenes Fahrzeug verzichten und dadurch die Straßen und Parkplätze entlasten (z. B. wird die Schnellbuslinie Blankenese–Innenstadt zu 20 % von ehemaligen Teilnehmern des Kraftfahrzeug-Individualverkehrs benutzt [341]).

341) Angaben der Hamburger Hochbahn Aktiengesellschaft, Hamburg

Aber selbst in den innenstadtfernen Wohnbezirken sind infolge des unerwarteten Anstieges des Personenkraftfahrzeugbestandes nicht genügend Stellplätze auf den Grundstücken vorhanden, so daß zahlreiche Halter ihre Fahrzeuge auf der Straße abstellen (im Bezirk Mitte 18.3 %, im Bezirk Altona 12.1 %[342]), die neben ihrer Funktion als Verkehrsweg nun auch die eines Parkplatzes für Personenkraftfahrzeuge wahrzunehmen hat.

5. Fahrradverkehr

Ebenfalls am Individualverkehr beteiligt ist der Fahrradverkehr. Da, abgesehen von den Geeststirn- und Endmoränengebieten, die Reliefunterschiede des Hamburger Verkehrsraumes relativ gering sind, besitzt jeder zehnte Hamburger ein Fahrrad (1956 185 000 Fahrräder), das er an Sonn- und Feiertagen im Ausflugsverkehr, in den weitläufigen Außenbezirken im innerbezirklichen Besorgungsverkehr und im Berufsverkehr, dessen Umfang sich wiederum in den hohen Werten des maximalen Stundenverkehrs am Morgen und Abend und den geringen des Nachtverkehrs sowie in der starken Belastung der Ausfallsstraßen ausdrückt, benutzt (Tab. 154)[343]).

Straßenzug	Täglicher Umfang des Fahrradverkehrs im Jahresmittel		
	Gesamt	davon	
		maximaler Stundenverkehr	Nachtverkehr 22 – 6 Uhr
Lombardsbrücken	13 000	1 924	820
An der Alster	9 000	1 500	500
Kieler Straße	6 000	880	440
Hamburger Straße	6 000	970	370
Norderelbbrücke	5 000	1 230	410
Wandsbeker Markt	4 000	–	–
Süderelbbrücken	3 000	550	240
Billstedter Hauptstraße	2 000	–	–
Millerntordamm	2 000	–	–

Tabelle 154 **Zahl der werktäglichen Radfahrer 1958**

342) Groth, H. A.: Verkehrserhebungen. In: Planung, Bau und Betrieb von Verkehrsanlagen in Hamburg. Forschungsarbeiten aus dem Straßenwesen. Neue Folge, Heft 36. Bielefeld 1958. S. 23
343) Groth, H. A.: Radverkehr. In: Planung, Bau und Betrieb von Verkehrsanlagen in Hamburg. Forschungsarbeiten aus dem Straßenwesen. Neue Folge, Heft 36. Bielefeld 1958. S. 99

So fuhren z. B. 1956 86400 Hamburger und 2654 Einpendler aus dem Umland mit dem Fahrrad direkt zu ihrer Hamburger Arbeitsstätte und weitere 2564 Hamburger bis zur nächsten Bahnstation [344]).

Dieser im Maximum 90000 Fahrten pro Tag betragende Fahrradverkehr Hamburgs ist jedoch nicht immer von gleicher Größe, sondern, da die Radfahrer Wind, Regen und Schnee ausgesetzt sind, von allen Verkehrsarten am stärksten jahreszeitlichen Schwankungen unterworfen (Tab. 155) [345]). Analog zum Witterungsablauf liegen seine höchsten Werte in den Sommermonaten Mai bis August und seine niedrigsten Werte in den Wintermonaten Dezember bis März, während im Juli durch die Ferien- und Urlaubszeit ein relatives Minimum auftritt.

Monat	Mittlere Tagesmenge
Januar	30 000
Februar	36 000
März	36 000
April	60 000
Mai	84 000
Juni	90 000
Juli	78 000
August	90 000
September	66 000
Oktober	60 000
November	48 000
Dezember	30 000

Tabelle 155 **Jahreszeitliche Schwankungen im Fahrradverkehr**

Der Bedeutung dieser Verkehrsart entsprechend, gibt es in Hamburg bei einer Straßenlänge von insgesamt ca. 3200 km 400 km Radfahrwege, die teils parallel zu den wichtigsten Kraftfahrzeugverkehrsstraßen (z. B. Heidenkampsweg), teils getrennt von diesen (z. B. Alstervorland in Harvestehude) verlaufen, besondere Verkehrsampeln für Radfahrer (z. B. Loignyplatz) und von kreuzenden Kraftverkehrsströmen freie Fahrradtunnel (z. B. Sechslingspforte) an den stark belasteten Verkehrsknoten und Fahrradparkplätze an den Bahnhöfen der Innenstadt (z. B. Hamburger Hauptbahnhof) und der Außenbezirke (z. B. Ochsenzoll), in der Innenstadt (z. B. Jungfernstieg), am Hafen (z. B. Elbtunnelschacht St. Pauli) und an zahlreichen Gebäuden (z. B. Arbeitsämter, Bezirksämter, Postämter, Schulen, Läden).

344) Groth, H. A.: Radverkehr. In: Planung, Bau und Betrieb von Verkehrsanlagen in Hamburg. Forschungsarbeiten aus dem Straßenwesen. Neue Folge, Heft 36. Bielefeld 1958. S. 99 ff.
345) Groth, H. A.: Radverkehr. In: Planung, Bau und Betrieb von Verkehrsanlagen in Hamburg. Forschungsarbeiten aus dem Straßenwesen. Neue Folge, Heft 36. Bielefeld 1958. S. 100

6. Zusammenfassung des Fahrverkehrs

Alle diese Fahrzeugströme und ein allerdings relativ geringer Pferdefuhrwerksverkehr (z. B. von Brauereien, Wäschereien, Speditionsfirmen) treffen auf dem 3 268 km langen Straßennetz des Hamburger Staatsgebietes zusammen (Tab. 156)[346], dessen Trassierungspunkte meist durch naturgeographische oder tradierte kulturgeographische Faktoren vorgezeichnet sind und dessen einzelne Abschnitte in Grund- und Aufriß gemäß den an sie gestellten Aufgaben eine unterschiedliche Ausgestaltung erfahren haben.

Straßentyp	Länge in km
Gesamt	3 268
davon Gemeindestraßen	2 452
Unternehmerstraßen	503
Landstraßen	203
Bundesstraßen	
bebaut	77
anbaufrei	18
Autobahnen	15
Straßendichte im Mittel: 4.3 km / qkm	

Tabelle 156 **Straßenspiegel**

Nur dem Kraftwagenverkehr dienen die anbaufreien, vierspurigen Betonbänder der durch die Freiflächen der Moor- und Endmoränengebiete trassierten, modernen Autobahnen, die auf wenige Kilometer bis an das Verkehrszentrum herangeführt werden konnten. Die daran anschließenden, bis zu 42 m breiten Hauptverkehrsstraßen besitzen außer eigenen Wegen für die Straßenbahn und die Radfahrer vier Spuren (je 3.00 m) für den Durchgangsverkehr und zwei weitere Spuren für haltende und parkende Fahrzeuge der Anlieger (z. B. Heidenkampsweg). Die oft den Scheitellinien der Geestinseln der Grundmoränenfläche folgenden, intra-urbanen, tororientierten oder nach Subzentren orientierten, als Bundesstraßen oder Landstraßen klassifizierten Ausfallsstraßen weisen in der Regel nur vier Spuren (je 2.50 m) auf, von denen zwei dem Straßenbahnverkehr und zwei den parkenden und haltenden Fahrzeugen der Anlieger dienen, so daß der Fahrverkehr auf den Raum angewiesen ist, den ihm die Straßenbahn und unbenutzte Standspuren lassen. In den ehemals preußischen Gebieten sind ruhende und fahrende Fahrzeuge einschließlich Straßenbahn und Radfahrer auf drei Spuren angewiesen (z. B. Wilstorfer Straße) und außerhalb des Straßenbahnbereiches sind die Landstraßen nur

346) Baubehörde der Freien und Hansestadt Hamburg: Das Baujahr 1954/55 in Hamburg. In: Schriften zum Bau-, Wohnungs- und Siedlungswesen. Heft 22. Hamburg 1955. S. 102

noch zweispurig (z. B. Rissener Landstraße). Lediglich innerhalb der Hamburger Innenstadt mit ihrer starken Verkehrskonzentration sind die Hauptverkehrsstraßen (z. B. Ost-West-Achse, Mönckebergstraße) sechsspurig ausgebaut und mit Haltestelleninseln für die Straßenbahn (zwischen den Haltestellen Dammtor und Steintor) und Haltebuchten für die Omnibusse (z. B. Speersort) versehen.

Da diese durch ruhende Fahrzeuge verstellten Straßen insbesondere zur Zeit des Berufsverkehrs den starken Straßenbahn- und Kraftfahrzeugverkehr nicht mehr zu bewältigen vermögen, sind alternierende Einbahnstraßen eingerichtet (z. B. Adolfstraße – Sierichstraße: 4 – 12 Uhr Einbahnstraße für den zentripetalen Verkehr, 12–4 Uhr Einbahnstraße für den zentrifugalen Verkehr) oder während der Hauptverkehrszeit Halteverbote erlassen worden (z. B. Hoheluftchaussee 7 – 9 Uhr in zentripetaler Richtung, 16 – 19 Uhr in zentrifugaler Richtung). In den übrigen Tagesstunden ist der Verkehr der Anlieger durch Parkverbote (z. B. Rothenbaumchaussee) und Parkuhren (z. B. Eppendorfer Baum) beschränkt.

Die als Gemeindestraßen klassifizierten, zwei- oder dreispurigen, selten vierspurigen (z. B. Schlankreye) Anliegerstraßen, die 75 % des gesamten Straßennetzes ausmachen (Tab. 156), sind wegen des großen Verkehrsumfanges im Geschäftsviertel der Innenstadt nur noch als Einbahnstraßen befahrbar, so daß bei zwei Fahrspuren für Kraftwagen, Fahrräder und gegebenenfalls Straßenbahnen (z. B. Gerhofstraße), die allerdings oft von ruhenden Fahrzeugen versperrt sind, für den Bedarf der Anlieger ein oder zwei Standspuren zur Verfügung stehen, deren Benutzung durch Parkuhren (z. B. Neuer Wall) und Parkdauerbeschränkungsschilder (z. B. Gerhofstraße) geregelt wird, die bei Straßen mit nur einer Standspur im täglichen Turnus umgesetzt werden (z. B. Gerhofstraße: Standspur auf der rechten Seite: montags, mittwochs, freitags, Standspur auf der linken Seite: dienstags, donnerstags, sonnabends, sonntags), um allen Anliegern gerecht zu werden.

Diese Angaben über die Zahl der Fahrspuren eines Straßenzuges sind zugleich ein Maß für die Belastbarkeit des Hamburger Straßennetzes, da die Leistungsfähigkeit einer Fahrspur, wie folgende Überlegungen ergeben, begrenzt ist.

Ist nämlich l_f die Fahrzeuglänge, l_s der Sicherheitsabstand zwischen zwei aufeinanderfolgenden Fahrzeugen, l_r der während der Reaktionszeit und l_b der während der Bremszeit zurückgelegte Weg, so errechnet sich die virtuelle Fahrzeuglänge l_v nach den Regeln der Mechanik bei einer Fahrgeschwindigkeit v, einer Reaktionszeit t_r und einer Geschwindigkeitsminderung b beim Bremsvorgang zu

$$l_v = l_f + l_s + l_r + l_b \qquad (1)$$

und nach leicht durchzuführender Integration zu

$$l_v = l_f + l_s + v\,t_r + \frac{v^2}{2\,b} \qquad (2)$$

Danach beträgt die Zahl der Fahrzeuge Z_f pro Spur und Zeiteinheit

$$Z_f(v) = \frac{v}{l_v} = \frac{v}{l_f + l_s + v\,t_r + \frac{v^2}{2\,b}} \qquad (3)$$

und, wie sich durch einfache Differentiation nach v ergibt, im Maximalfall

$$(Z_f)_{max} = \frac{\sqrt{2b(l_f + l_s)}}{2(l_f + l_s) + \sqrt{2b(l_f + l_s)}\, t_r} \qquad (4)$$

Durch Einsetzen der entsprechenden Werte erhält man im Falle einer Non-stop-Fahrt für Personenkraftwagen (z. B. $l_f = 5.5$ m, $l_s = 0.5$ m, $b = 3$ m/sec, $t_r = 0.8$ sec) eine Spurleistung von ca. 1 200 PKW/h und im Falle eines Fahrbetriebes mit Haltestellen-Aufenthalt für Straßenbahnzüge (z. B. $l_f = 22$ m, $l_s = 0.5$ m, $b = 3$ m/sec, $t_r = 0.8$ sec $+ t_h$ (t_h ist die Haltezeit der Bahn (z. B. $t_h = 20$ sec))) eine Spurleistung von ca. 150 Straßenbahnzügen/h[347].

Ein Vergleich der maximalen Belastbarkeit der Straßenzüge mit ihrer derzeitigen Belastung zeigt (Abb. 37), daß der Fahrzeugstrom infolge der durch die in Anlehnung an geomorphologische Leitlinien hervorgerufene Konvergenz der Hauptverkehrsstraßen am Alsterübergang der Innenstadt und der bestehenden Verkehrsspannungen von 4000–8000 Kraftfahrzeugen pro Tag und Straßenzug an der Grenze des Verkehrsraumes auf ca. 80000 Kraftfahrzeuge an der die Geestufer des Alster-Mühlenstaus verbindenden Wallring-Brücke und auf ca. 60000 Kraftfahrzeuge pro Tag an dem ebenfalls geomorphologisch vorgezeichneten und anthropogen ausgestalteten Übergang durch das Urstromtal der Elbe, dessen transfluminaler Kraftfahrzeugstrom entsprechend der Bedeutung der Marschlandschaft für den Güterverkehr und ihrer Sperrwirkung für den Personenverkehr zu einem Drittel aus Lastkraftwagen besteht, anwächst.

Straßenzug	Gemessene Belastung (Zahl der Kfz.)	Ausnutzung der errechneten maximalen Belastbarkeit in Prozenten
Norderelbbrücke	1 430	119
An der Alster	1 185	100
Alte Lombardsbrücke	935	78
Millerntordamm	857	71
Neue Lombardsbrücke	785	65
Hamburger Straße	647	54
Süderelbbrücke	623	52
Autobahn von Bremen	516	43

Tabelle 157 Maximale Stundenbelastung Hamburger Verkehrsstraßen je Spur und Hauptrichtung

347) Korte, I. W.: Der Verkehr in der Stadtplanung. In: Stadtverkehr heute und morgen. Verkehrswissenschaftliche Veröffentlichungen des Ministeriums für Wirtschaft und Verkehr Nordrhein-Westfalen. Heft 31. Düsseldorf 1954. S. 29

Obwohl die maximale Belastbarkeit der Straßenzüge über den ganzen Tag noch nicht in Anspruch genommen wird, kommt es zeitweilig zu einer Überbelastung (Tab. 157)[348]), die durch den morgens und abends kurzfristig anwachsenden Verkehrsanteil der zwischen ihren Arbeits- und Wohnstätten pendelnden Berufstätigen bedingt ist (Abb. 39, 40, 42). Denn, abgesehen von den Engpässen an den transfluminalen Übergängen über die Elbe und die Alster, sind die Dammstrecken des mittelalterlichen Stadtgrabens, die tororientierten Sammeltangenten und die radialen Geestinsel-Scheitellinien-Straßen am stärksten ausgelastet bzw. überlastet, während die Kraftfahrzeug-Fernstraßen nur zu 43 % beansprucht werden.

Die Leistungsfähigkeit der Straßenzüge wird jedoch nicht nur durch ihre Spurenzahl, sondern auch durch die Leistungsfähigkeit ihrer Verkehrsknoten bestimmt, an denen sich die Fahrzeugströme kreuzen, sammeln und verteilen. Denn in der Regel ist das Verkehrsvolumen dieser meist durch tradierte kulturgeographische Momente festgelegten Knotenpunkte des Straßenverkehrs so stark, daß die Installation von Lichtsignalen notwendig ist (1958: 145 lichtsignalisierte Verkehrsknoten innerhalb des Verkehrsraumes), die zwar den Verkehrsablauf sicherer und flüssiger gestalten, aber zugleich durch die Sperrphasen die Leistungsfähigkeit der angeschlossenen Straßenzüge herabsetzen (Leistungsfähigkeit einer Straßenspur mit Lichtsignalregelung:

$$(Z_f)_{\text{Knoten}} = (Z_f)_{\text{Straße}} \cdot \frac{3\,600 - n\,t}{3\,600} \qquad (5)$$

mit n = Zahl der Rot-/Gelblichtphasen pro Stunde, t = Dauer der Rot-/Gelblichtphase in sec, $(Z_f)_{\text{Straße}}$ siehe Formel (3) und (4)).

Um diese Behinderungen des Straßenverkehrs auf ein Minimum zu beschränken, werden benachbarte Lichtsignalanlagen, soweit die aufgezeigte Heterogenität und Multifunktionalität des Straßennetzes und die Anforderungen der in ihrem Betriebsablauf verschiedenartigen Verkehrsmittel es ermöglichen, als zentralgesteuerte, sogenannte „Grüne Welle" geschaltet (1958 wurden 42 der 145 lichtsignalisierten Knoten zentral gesteuert[349])). Daß derartige Maßnahmen bei der dargelegten komplizierten Struktur des Hamburger Straßenverkehrs nur durch zahlreiche Kompromisse zu erreichen sind, zeigt das Beispiel des die Sechslingspforte und das Ferdinandstor verbindenden Straßenzugs „An der Alster", der ein Abschnitt der 16 lichtsignalisierte Knoten umfassenden, 2 km langen Strecke Rathausmarkt – Mundsburger Brücke ist, die mit allen lichtsignalisierten Knoten der Hamburger Altstadt, des die Innenstadt umgebenden, mittelalterlichen Wallring-Straßenzuges und des den Alster- und Elbübergang verbindenden Wall-Straßenzuges der Vorstadt St. Georg verknüpft ist.

Bei einem weiteren Anwachsen des Straßenverkehrs wird eine Erhöhung der Knotenkapazität meist nur noch durch die Schaffung mehrstöckiger Verkehrsanlagen zu erzielen sein, deren Bau an vielen Punkten des Verkehrsraumes durch die geomorphologischen Gegebenheiten begünstigt wird.

---

348) Groth, H. A.: Verkehrserhebungen. In: Planung, Bau und Betrieb von Verkehrsanlagen in Hamburg. Forschungsarbeiten aus dem Straßenwesen. Neue Folge, Heft 36. Bielefeld 1958. S. 20

349) Breenkötter, G.: Verkehrsregelung mit Lichtsignalen. In: Planung, Bau und Betrieb von Verkehrsanlagen in Hamburg. Forschungsarbeiten aus dem Straßenwesen. Neue Folge, Heft 36. Bielefeld 1958. S. 50 ff.

Die heutige Leistungsfähigkeit des Straßennetzes wird stellenweise dadurch vermindert, daß einzelne Straßenabschnitte ganz oder teilweise, kurz- oder langfristig (bis zu 18 Monaten) gesperrt werden müssen, um Neubauten und Reparaturen an den Verkehrsanlagen (Straße und U-Bahn) und an den unter den Straßen verlaufenden Versorgungs- (Gas, Wasser, Fernwärme, Elektrizität) und Nachrichtenleitungen (für Post, Polizei, Feuerwehr) sowie an der Kanalisation durchführen zu können. So wurden 1957 in Hamburg ca. 32000 Aufgrabescheine (bei 3200 km Straßenlänge) ausgegeben und an einem Stichtag im September 1958, dem jahreszeitlichen Maximum der Aufgrabetätigkeit, allein in der Innenstadt 68 Aufgrabungen gezählt, von denen die meisten von Privaten vorgenommen wurden, die die Hausleitungen ihrer Neubauten an das öffentliche Versorgungsnetz anschlossen (Tab. 158)[350].

Zahl	Aufgräber	Zweck
44	Private	Leitungsanschluß
13	Hamburgische Electricitäts Werke	Fernheizungsbau und Kabelverlegung
6	Baubehörde Hamburg, Tiefbauamt	U-Bahn Bau
3	Baubehörde Hamburg, Tiefbauamt	Straßenbau
1	Hamburger Gaswerke	Leitungsverlegung
1	Deutsche Bundespost	Kabelverlegung
68	Aufgrabungen an einem Tag im September 1958	

Tabelle 158 **Straßenaufgrabungen in der Hamburger Innenstadt**

Die bisherigen Ausführungen dieses Abschnittes ergaben als Resultat die heterogene Zusammensetzung des Straßennetzes und der Verkehrsteilnehmer, die Multifunktionalität und zeitweise völlige Auslastung einzelner Straßenzüge. Aufgabe zukünftiger Planungen muß es demzufolge sein, durch den Ausbau flächensparender Verkehrsmittel den Verkehr flächenfressender Verkehrsmittel einzuschränken (z. B. Schnellbus, U-Bahn statt Personenkraftwagen des Individualverkehrs), die stark belasteten Trassen mehrstöckig auszubauen (z. B. U-Bahn statt Straßenbahn), den Straßenverkehr zu homogenisieren (z. B. getrennte Wege für Zweiräder, Wagen und Straßenbahnen, ggf. Omnibusse statt Straßenbahnen) und das Straßennetz in Grundriß und Funktion stärker als bisher zu differenzieren. Dafür legen die dargestellten natur- und kulturgeographischen Gegebenheiten und verkehrsgeographischen Erfordernisse folgende Lösungen nahe: durch neu zu trassierende, anbaufreie, intra-urbane Autobahnen den zentripetalen und translokalen Verkehr weiter als bisher in die Stadt hineinzuführen bzw. tangential am Zentrum vorbeizuführen, durch semizyklonale Verkehrsstraßen Verbindungen zwischen den äußeren Stadtteilen herzustellen, die in ihren Trassen tradierten Hauptverkehrsstraßen für den Fahr- und Lieferverkehr des Umlandes sechsspurig auszubauen (zwei Stand-, vier Fahrspuren) und die Anliegerstraßen weitgehend gegen die Fahrstraßen abzuschließen.

350) Angaben der Baubehörde der Freien und Hansestadt Hamburg, Tiefbauamt

7. Fußgängerverkehr

Ergänzend zum gesamten Fahrverkehr tritt der Fußgängerverkehr hinzu, an dem in Hamburg ca. 2 Millionen Personen beteiligt sind. Er setzt sich zusammen aus dem Verkehr von bzw. zu den Stationen der Fahrzeuge, aus dem Verkehr zwischen Wohn- und Arbeitsstätten, der von 19% der in Hamburg Berufstätigen zu Fuß zurückgelegt wird[351], und dem Kurzstreckenverkehr zwischen den Wohnungen, Geschäften, Schulen und ähnlichen Einrichtungen. Seine Weglängen schwanken zwischen einigen Metern und einigen hundert oder gar tausend Metern (z. B. bei Boten).

Im allgemeinen verteilt sich der Fußgängerverkehr über große Flächen und zeigt nicht die starken Konzentrationen des auf wenige Trassen beschränkten Fahrverkehrs. Lediglich in der Innenstadt kommt es zu umfangreichen Ballungen der Fußgänger. Die größte Belastung weist auch hier das Steintorgebiet auf, dessen Fußgängerübergang Mönckebergstraße – Südwesteingang Hauptbahnhof täglich von ca. 60 – 80 000, während der Hauptverkehrszeit stündlich von ca. 10 000 Fußgängern benutzt wird[352]. Am Dammtor der Neustadt überschreiten in den Hauptverkehrszeiten stündlich ca. 4 000 Fußgänger den Loignyplatz im Norden und ca. 2 000 Fußgänger die Tiergartenstraße im Süden des Dammtorbahnhofes[353].

Den Fußgängern stehen innerhalb des Verkehrsraumes mit Platten ausgelegte, oft mit Baumreihen bestandene, beiderseits der Fahrbahnen verlaufende Fußwege zur Verfügung, deren Querprofil zwischen 8 m breiten Promenaden (z. B. Jungfernstieg) und gut 1 m breiten „Fußgängerpfaden" (z. B. Gerhofstraße) wechselt und oft durch abgestellte Kraftfahrzeuge eingeengt wird (z. B. Rothenbaumchaussee). Gänzlich vom Fahrverkehr getrennt sind die den Ufern der Flüsse folgenden Wanderwege. Auch innerhalb einzelner Wohn- und Einkaufszentren sind geschlossene und vom Fahrverkehr ungestörte Fußgängerbereiche vorhanden (z. B. Grindelhochhäuser) bzw. geplant (z. B. Wilstorfer Straße).

Schwierigkeiten im Verkehrsablauf treten nur dort auf, wo sich starke Fußgänger- und Fahrzeugströme kreuzen. Um sie zu entflechten, werden getrennte Verkehrsebenen geschaffen, die, um die verlorenen Steigungen auf ein Minimum zu beschränken, den jeweiligen topographischen Gegebenheiten entsprechend als Fußgängertunnel (z. B. Sechslingspforte, Bahnhof Harburg, Steintor geplant) oder als Fußgängerbrücken (z. B. Hafentor) ausgeführt werden. An zahlreichen Punkten erleichtern sogenannte „Zebrastreifen" (1958: 733 Übergänge) und Lichtsignalanlagen für Fußgänger, die bei Knoten mit gleichmächtigem Fahr- und Gehverkehr als automatische Anlagen (1958: 145 Anlagen, z. B. Loignyplatz), bei Knoten mit überwiegendem Fahrverkehr als Druckknopfampeln mit Fußgängeranforderung (1958: 50 Anlagen, z. B. An der Alster) und bei Knoten mit überwiegendem Gehverkehr als Druckschwellenampeln mit Kraftfahrzeuganforderung (1958: 1 Anlage Tiergartenstraße) ausgebildet sind, eine sichere Abwicklung des Fahr- und Gehverkehrs innerhalb des Verkehrsraumes Hamburg.

351) Sill, O.: Der Stadtverkehr. In: Planung, Bau und Betrieb von Verkehrsanlagen in Hamburg. Forschungsarbeiten aus dem Straßenwesen. Neue Folge, Heft 36, Bielefeld 1958. S. 10

352) Winkler, G.: Mehr Sicherheit für Fußgänger vor Bahnhöfen. In: Planung, Bau und Betrieb von Verkehrsanlagen in Hamburg. Forschungsarbeiten aus dem Straßenwesen. Neue Folge, Heft 36. Bielefeld 1958. S. 103

353) Winkler, G.: Mehr Sicherheit für Fußgänger vor Bahnhöfen. In: Planung, Bau und Betrieb von Verkehrsanlagen in Hamburg. Forschungsarbeiten aus dem Straßenwesen. Neue Folge, Heft 36. Bielefeld 1958. S. 105 ff.

ERGEBNIS DER UNTERSUCHUNGEN

I. ABGRENZUNG DES STÄDTISCHEN VERKEHRSRAUMES

Zu Beginn der Untersuchung habe ich, auf der heutigen Definition des geographischen Stadtbegriffes fußend, versucht, durch Anwendung der Frequenzzonen-, der Tarifzonen- und der Isochronenmethode empirisch eine Grenze des städtischen Verkehrsraumes Hamburg aufzuzeigen.

Als geeignetstes Abgrenzungsmittel erwies sich dabei die Frequenzzonenmethode, die, wie ich vorbehaltlich des Nachweises an anderen Beispielen behaupten möchte, stets das adäquateste Mittel zur Abgrenzung städtischer Verkehrsbereiche darstellt, da sie die Verkehrszentren und -ströme lokalisiert, ohne daß wie bei anderen Methoden erst Annahmen über den Ausgangspunkt der Zählung gemacht zu werden brauchen, und da sie die Funktion der einzelnen Bereiche des Verkehrsraumes qualitativ und quantitativ charakterisiert, z. B. die Verkehrsaffinität der Gebiete untereinander angibt oder die Gebiete mit primären Personen-Quellverkehr als Wohngebiete, die mit sekundärem Personen-Quellverkehr als Arbeitsgebiete und die Gebiete mit vorwiegend zentrifugalem Güterverkehr als Rohstoff- und Produktionsgebiete, die mit vorwiegend zentripetalem Güterverkehr als Konsumgebiete kennzeichnet.

II. DIE BEDEUTUNG DES VERKEHRS FÜR GRUNDRISS UND AUFRISS DER STADTLANDSCHAFT

Innerhalb dieses durch die 51 Fahrten-Frequenz-Zone abgegrenzten Hamburger Verkehrsraumes hat das Verkehrswesen im Grundriß und Aufriß zahlreicher Elemente der Stadtlandschaft seinen Niederschlag gefunden, die ich nach der Intensität ihrer Verknüpfung mit dem Verkehrswesen in drei Gruppen unterteilen möchte.

Die erste Gruppe umfaßt die ausführlich dargestellten, nur dem Verkehr dienenden, meist großflächigen Verkehrsanlagen mit ihren Gebäudekomplexen, die wegen der großen Bedeutung des Verkehrs für die Hafen-, Handels- und Industriestadt Hamburg fast ein Fünftel ihrer gesamten Fläche einnehmen (Tab. 159).

Zur zweiten Gruppe gehören die Einrichtungen, die zwar nicht unmittelbar in den Verkehrsablauf eingeschaltet sind, aber vom Verkehrswesen benötigt werden wie z. B. das Deutsche Hydrographische Institut, das Seewetteramt und das Tropenkrankenhaus, deren geschlossener Gebäudetrakt oberhalb der steilen Geestkante der Vorstadt St. Pauli ein charakteristisches Gepräge verleiht, und die sich um das Alstertor und die Binnenalster gruppierenden Buchungsbüros der Schiffs- und Fluggesellschaften, deren mit Karten und Bildern aus allen Erdteilen, mit Schiffs- und Flugmodellen dekorierten Schaufenster ein Spiegel der weltweiten Verkehrsbeziehungen Hamburgs sind.

Art	Größe in ha	Anteil
Schiffshafen	7 507	10.9 %
Straßen	4 838	6.5 %
Bahnanlagen	460	0.6 %
Flughafen	374	0.5 %
Summe	13 179	18.5 %
Gesamtfläche	74 6C0	100.0 %

Tabelle 159 **Verkehrsflächen Hamburgs**

Zur letzten Gruppe möchte ich alle diejenigen Elemente der Stadtlandschaft zählen, die vom Phänotyp, d. h. vom Erscheinungsbild, her nicht unmittelbar mit dem Verkehrswesen zusammenhängen und in anderen Orten unter veränderten Standortbedingungen ebenso auftreten können, die aber vom Genotyp, d. h. von ihrer Entstehungsursache, her speziell im Hamburger Raum durch den Verkehr bedingt sind. Darunter fallen die in der Hamburger Altstadt aus Klinkern und Hausteinen aufgeführten Verwaltungsgebäude der Verkehrsbetriebe, die Kontorhäuser der Import-, Export- und Speditionsfirmen, deren im Erscheinungsbild charakteristischer Vertreter wohl das wie ein Schiffsrumpf gestaltete Chilehaus ist, die außerhalb des mittelalterlichen Stadtwalles beiderseits der Außenalster in gepflegten Gärten gelegenen, einzelstehenden Großvillen, in die die für den internationalen Verkehr Hamburgs wichtigen Konsularbehörden eingezogen sind, durch deren 49 konsularische Vertretungen Hamburg nach New York an zweiter Stelle in der Weltliste der Konsulatsstädte steht, und die Hotels, Pensionen, Motels und Fernfahrerheime, die das Bild der innenstadt- und hafennahen Stadtteile St. Pauli, St. Georg und Rotherbaum sowie der Fernverkehrsstraßen kennzeichnen. Ebenfalls eine Folge des Verkehrs ist ein großer Teil der Industrie des Verkehrsraumes, deren Betriebe nicht wie etwa im Ruhr- und Saargebiet als große Zechen-, Hochofen- und Walzstraßenkomplexe, sondern als zahlreiche kleinere und mittlere Werke einer vielfältigen Veredlungsindustrie und Verarbeitungsindustrie in Erscheinung treten, im Durchschnitt eine Beschäftigtenzahl von 70 Personen aufweisen und, abgesehen von den großen Anlagen der Werft- und Mineralölindustrie, auf mehrere Stadtteile dezentralisiert sind, in deren Wohn-Industrie-Mischgebieten die in den Hinterhöfen befindlichen Fabriken oft nur durch einen mauerartigen Straßenabschluß und ein großes Einfahrtstor erkenntlich sind. Nicht zuletzt ist auch das vor dem Dammtor gelegene Vorlesungsgebäude des Kolonialinstituts, der Keimzelle der heutigen Universität, eine infolge der globalen Hamburger Verkehrsbeziehungen geschaffenen Institution, die die Kaufleute mit der Sprache und den Eigenheiten der Länder ihrer Handelspartner vertraut machen soll.

III. STRUKTUR UND FUNKTION DES VERKEHRS

Der Grundriß dieses aus mehreren Subzentren bestehenden Verkehrsraumes hat die Form eines zentralen Rechtecks, dem im Norden und Süden Halbkreise verschiedener Größe angegliedert sind. Die Frage nach den Ursachen dieser eigenartigen Struktur, die in den einzelnen Abschnitten der Arbeit in mannigfachen Variationen, teils unter Betonung des zentralen Teils, teils unter Betonung der peripheren Teile und teils unter Betonung ihrer gegenseitigen Verknüpfung immer wieder auftrat, bestimmte den weiteren Gang der Untersuchung, in deren Verlauf sich immer deutlicher die Verknüpftheit des Verkehrs mit allen als spezifisch räumlich zu bezeichnenden Eigenheiten zeigte.

Die vorgegebenen natur- und kulturgeographischen Faktoren des Raumes, die Gestaltung seiner Verkehrsanlagen sowie Umfang und Verlauf seiner Verkehrsspannungen und -ströme stehen untereinander in einem engen, wechselseitigen Verhältnis und weisen einen derart intensiven, kausalen Zusammenhang auf, daß es, um die geographische Aufgabe einer komplexen Behandlung der räumlichen Erscheinungen zu erfüllen, in der Darstellung oft nicht möglich war, das eine von dem anderen zu trennen.

Es wurde sichtbar, wie gerade im Hamburger Raum die städtische Verkehrslandschaft weder durch die naturgeographischen Gegebenheiten eindeutig determiniert ist, noch allein nach anthropogener Konzeption geschaffen wurde, sondern erst die Synthese beider Komponenten das heutige Resultat ergab. Charakteristisch ist, daß das Hamburger Verkehrsnetz nicht nach einheitlichen Gesichtspunkten geplant wurde, sondern sich parallel zum Anstieg der Bevölkerungszahl teils schnell, teils allmählich, den günstigsten Trassen folgend, entwickelte, und dadurch eine starke Anlehnung an die naturgeographischen Gegebenheiten besitzt.

Flußfurt- und Stromuferlage waren die verkehrsgeographischen Grundlagen des Siedlungsansatzes. Der leicht zu passierende Alsterübergang am Durchbruch der Alster durch die Geestkante zog wie ein Magnet alle Landverkehrswege der Umgebung an, die, die trockenen Geestrücken, Vorgeeststreifen und Flußufer als Leitlinien bevorzugend, die feuchten Moore und Flußniederungen sowie die stark reliefierten Endmoränenwälle meidend, sich nach den Trassierungspunkten der Moorpässe und Flußfurten orientierend, fächerförmig die Geestflächen überzogen. Die Moore, deren Freiflächen noch heute die Möglichkeit bieten, moderne, großflächige Verkehrsanlagen in Zentrumsnähe anzulegen, überspringend, bildet sich, von den Hauptstraßen ausgehend, ein wirres Netz von Anliegerstraßen, das sich besonders um die Kerne der ehemaligen Geestdörfer gruppiert, deren Anger zu Knotenpunkten des Straßenverkehrs wurden.

Die mittelalterlichen Befestigungsanlagen umgeben noch heute wie ein Ring die Hamburger Innenstadt und lassen an den wenigen Toren stark belastete Belastungspunkte entstehen, von denen das Steintor der Hamburger Altstadt das Maximum aller Vorgänge des Personenverkehrs aufweist.

Das unmittelbare Herantreten der Wasserarme der Marsch an den kein Steilufer besitzenden Alster-Bille-Mündungssporn und die leichte Bearbeitbarkeit des Marschenkörpers im Stromspaltungsgebiet ermöglichten die einzigartige Entwicklung der Hafenverkehrslandschaft von der Anlegestelle am Billelauf zum privilegierten Hafen im Alstertief und zu den modernen Hafenbecken in der Elbmarsch, dem Zentrum des Hamburger Güterverkehrs. Den Landverkehrsmitteln hingegen wurde das von zahlreichen Wasserarmen durchzogene Stromspaltungsgebiet, das noch heute die Personenverkehrsbereiche der nördlichen und südlichen Grundmoränenfläche trennt, erst sehr spät zugänglich gemacht und der unterirdische Schnellbahnbau wird wegen des stark kompressiblen Untergrundes sogar erst jetzt in Angriff genommen.

Diese lokalen, naturgeographischen Potenzen, die globale Lage Hamburgs im Zentrum der landmassenreichen Halbkugel der Erde und zugleich am Grenzsaum zwischen den eurasischen Kontinentalraum und dem atlantischen Maritimraum sowie die lokale Lage Hamburgs an der Mündung der Alster und am oberen Abschnitt des seeschifftiefen Elbeästuars sind die condiciones sine quibus non für die Entwicklung des Verkehrsraumes mit seinen Funktionen als doppelter Brückenort und Hafenort, Umschlagsplatz und Stapelplatz für den Transitverkehr zwischen den Weltmeeren und dem Südosten des europäischen Kontinentes.

Am Konvergenzpunkt dieser translokalen Verkehrsspannungen entstand durch die Arbeit des Menschen unter optimaler Inwertsetzung der naturgeographischen Potenzen die Hafen-, Handels- und Industriestadt Hamburg, deren primären, translokalen Verkehrsströme bald durch die zentripetalen und zentrifugalen Verkehrsströme sekundärer Art, die zwischen den Rohstoffländern, dem Hamburger Industrieraum und seinen Absatzmärkten fließen, ergänzt wurden.

Durch den Ausbau des zentralen Marschenraumes zu Hafen- und Industrieanlagen, die Citysierung der Innenstadt zu einem hafennahen Kontor- und Geschäftshausviertel und den dadurch erforderlich werdenden Ausbau der peripheren Geestgebiete zu Wohnvierteln ergab sich eine funktionale Differenzierung des Raumes, deren Folgen umfangreiche Pendlerbewegungen und eine Einbeziehung des agrarischen Umlandes als Versorgungs-, Erholungs- und zusätzlicher Wohnraum sind, so daß die autochthonen, sekundären Verkehrsströme die allochthonen, primären Verkehrsströme heute mengenmäßig bei weitem übertreffen.

An ihrer Bewältigung sind alle Verkehrsmittel zu Wasser, zu Lande und in der Luft beteiligt, von denen die Wasserverkehrsmittel das Maximum des jährlich ca. 70 Mill. t umfassenden Güterverkehrs, die Landverkehrsmittel das Maximum des jährlich ca. 900 Mill. Beförderungsfälle aufweisenden Personenverkehrs abwickeln, dessen Tagesgang durch den Arbeitsrhythmus der Stadt bestimmt wird.

IV. PROBLEME DES VERKEHRS

Die dargestellte Heterogenität und Unterdimensionierung des zahlreiche empfindliche, oft tradierte Ballungspunkte bildenden Hamburger Verkehrsnetzes und die Interferenz der oben genannten, umfangreichen Verkehrsströme sind die Ursachen für die lokale Verkehrsproblematik.

Ihre Lösung im Sinne einer komplexen Stadtverkehrsplanung ist meines Erachtens jedoch weniger in einer Beseitigung der zur Zeit sichtbaren Symptome als vielmehr in der Beseitigung ihrer Ursachen zu sehen. Das bedeutet, daß die mannigfachen Verkehrsströme, die infolge ihres Gewachsenseins sich auf kleinstem Raum zusammenballen, homogenisiert und dezentralisiert werden müssen. Wenn auch der Seehafen und die seehafennahen Arbeitsgebiete, der Motor allen Hamburger Verkehrs, immer Ballungsgebiete bleiben werden und nicht verlegt werden können, so könnten doch viele der nicht unmittelbar mit dem Hafen verbundenen Betriebe, insbesondere seit der Ausgestaltung des Lastkraftwagenverkehrs, verlagert werden und in ihrer Lage zu den Wohngebieten so angeordnet werden, daß der tägliche Arbeitsweg auf ein Minimum beschränkt wird. Denn, um den modernen Stadtbewohner nicht zu einem Sklaven des Verkehrs zu degradieren, dessen Gesetzen er sich bedingungslos unterzuordnen hat, sondern den Verkehr zu einem ihm willigen Hilfsinstrument zu gestalten, sollten Arbeits- und Wohngebiete, Grünflächen für die Erholung und agrarisch genutzte Flächen für die Versorgung stets so einander zugeordnet sein, daß der Pendler- und Versorgungsverkehr klein bleiben.

Für Hamburg gibt es, wie der Hamburger Städteplaner Fritz Schumacher bereits nach dem Ersten Weltkrieg nachwies, durch seine natur- und kulturgeographische Situation eine Reihe von Möglichkeiten, außerhalb des heutigen städtischen Raumes unter Beibehaltung der ihn umgebenden Acker- und Grünlandflächen etwa in den Gebieten von Elmshorn, Bad Oldesloe, Winsen, Buchholz, Stade komplementäre Siedlungszellen zu schaffen, von denen der Winsener Raum, für dessen Ausbau bereits Pläne nach dem Vorbild des Greater London Planes vorliegen, wegen des Vorhandenseins relativ unkultivierter Flächen und leistungsfähiger Wasserstraßen-, Eisenbahn- und Autobahnanschlüsse die günstigsten Voraussetzungen für die Errichtung neuer Arbeits- und Wohnstätten bietet.

Zwar kann die Durchführung derartiger Maßnahmen nicht revolutionär, sondern immer nur evolutionär unter Abwägung aller Eventualitäten erfolgen, die heutige Verkehrssituation macht es aber dringend erforderlich, die sich immer mehr anbahnende Entwicklung aufzuhalten und ihre Ursachen zu beseitigen. Dabei darf die Ausführung der Planungen nicht an verwaltungspolitischen Grenzen haltmachen, wie es vor der Schaffung Groß-Hamburgs geschah und eine Entwicklung des Verkehrswesens hervorrief, deren Nachteile sich noch heute sehr stark auswirken, und wie es trotz dieser deutlich sichtbaren Nachteile auch heute noch zu geschehen droht.

Im Innern der Stadt heißt es, sich in dem gegebenen Raum einzurichten und ein dem mitteleuropäischen Empfinden entsprechendes Raumleben zu ermöglichen, indem man Verkehrsströme, -mittel und -wege geeignet koordiniert, flächensparenden Verkehrsmitteln vor flächenfressenden den Vorzug gibt, die Verkehrsströme homogenisiert und stark belastete Trassen durch sich ästhetisch in die Stadtlandschaft einfügende, mehrstöckige Verkehrsanlagen leistungsfähiger gestaltet.

Diese lokalen Verkehrsprobleme werden von den temporalen überlagert. Durch die derzeitige Lage des Hamburger Verkehrsraumes am Ostrand der circum-atlantischen Verkehrsgemeinschaft in einer Entfernung von nur 50 km von der Westgrenze des asiatischen Verkehrsraumes ist die Stadt verkehrsgeographisch in eine Abseitslage gerückt, die ihren Ausdruck in der Abnahme der großräumigen Verkehrsspannungen findet.

Die Schaffung eines Verkehrs-Großraumes Hamburg, wie er oben kurz skizziert wurde, und dessen vollwertige Eingliederung in den mitteleuropäischen Verkehrsraum dürfte meines Erachtens die geographisch angemessenste Lösung der aufgezeigten Verkehrsprobleme sein.

Ein andersartiges temporales Verkehrsproblem ist die teils verkehrstechnisch, teils verkehrspolitisch bedingte Umstrukturierung innerhalb der Verkehrsträger, die mehrfach belegt wurde. Die zunehmende Verlagerung des transozeanischen Verkehrs vom Seeschiff auf das Flugzeug und des transkontinentalen Verkehrs vom Binnenschiff auf die Eisenbahn, von der Eisenbahn auf den Lastkraftwagen und in jüngster Zeit auf die Fernleitungen, von denen z. B. die tägliche Transportleistung der 380 kV Stromleitung Ruhrgebiet – Süddeutschland der von ca. drei Güterzügen entspricht und die der im Bau befindlichen pipe - line Wilhelmshaven – Köln – Wesseling im Endausbau der von ca. sechzig Kesselwagenzügen entsprechen wird, stellt neue Anforderungen, an die es die Verkehrsanlagen, etwa durch den Umbau von Kanälen zu Straßen, anzupassen gilt.

Endziel hamburgischer Verkehrsplanung muß stets die maximale Erzeugung der produktiven fernräumlichen Verkehrsspannungen, die minimale Erzeugung der unproduktiven nahräumlichen Verkehrsspannungen und, um allen Anforderungen der zahlreichen in der Stadtlandschaft Hamburg interferierenden Verkehrsströme gerecht zu werden, in ständiger Auseinandersetzung mit den räumlichen Gegebenheiten der optimale Ausbau des intra - urbanen Verkehrswesens sein.

QUELLENNACHWEIS

1. Literatur

Anonym: Der Plan der Hamburger Elbehochbrücke. Die Bautechnik. 16. Jg., Heft 19. Berlin 1938

Anonym: Elbeschiffahrt 1956. Zeitschrift für Binnenschiffahrt. Jg. 1957, Heft 4. Duisburg 1957

Bahlert: Der Kraftfahrzeugbestand in Hamburg im Jahre 1951. Hamburg in Zahlen. Jg. 1952, Heft 28. Statistisches Landesamt der Freien und Hansestadt Hamburg. Hamburg 1952

Bahlert: Die Straßenverkehrsunfälle im Jahre 1952 im Vergleich mit den Vorjahren. Hamburg in Zahlen. Jg. 1953, Heft 6. Statistisches Landesamt der Freien und Hansestadt Hamburg. Hamburg 1953

Bahlert: Die Straßenverkehrsunfälle im Jahre 1953 im Vergleich mit den Vorjahren. Hamburg in Zahlen. Jg. 1954, Heft 7. Hamburg 1954

Bahlert: Die Straßenverkehrsunfälle im Jahre 1954. Hamburg in Zahlen. Jg. 1955, Heft 14. Hamburg 1955

Bahlert, Oechsle: Die öffentlichen Nahverkehrsmittel für die Personenbeförderung in Hamburg 1952. Hamburg in Zahlen. Jg. 1953, Heft 13. Statistisches Landesamt der Freien und Hansestadt Hamburg. Hamburg 1953

Bahlert, Oechsle: Der Luftverkehr des Flughafens Hamburg-Fuhlsbüttel bis 1953/54. Hamburg in Zahlen. Jg. 1954, Heft 13. Statistisches Landesamt der Freien und Hansestadt Hamburg. Hamburg 1954

Baubehörde der Freien und Hansestadt Hamburg: Das Baujahr 1950/51 in Hamburg. In: Schriften zum Bau-, Wohnungs- und Siedlungswesen. Heft 10. Hamburg 1951

Baubehörde der Freien und Hansestadt Hamburg: Das Baujahr 1951/52 in Hamburg. In: Schriften zum Bau-, Wohnungs- und Siedlungswesen. Heft 13. Hamburg 1952

Baubehörde der Freien und Hansestadt Hamburg: Das Baujahr 1952/53 in Hamburg. In: Schriften zum Bau-, Wohnungs- und Siedlungswesen. Heft 16. Hamburg 1953

Baubehörde der Freien und Hansestadt Hamburg: Das Baujahr 1953/54 in Hamburg. In: Schriften zum Bau-, Wohnungs- und Siedlungswesen. Heft 21. Hamburg 1954

Baubehörde der Freien und Hansestadt Hamburg: Das Baujahr 1954/55 in Hamburg. In: Schriften zum Bau-, Wohnungs- und Siedlungswesen. Heft 22. Hamburg 1955

Benrath, H.: Der Aufbau und Wiederaufbau des Hafens Hamburg. In: Hamburg, Großstadt und Welthafen. Festschrift zum XXX. Deutschen Geographentag in Hamburg 1955. Kiel 1955

Benrath, H.: Die Verkehrsanlagen des Hamburger Hafens. Verkehr und Technik. 10. Jg., Heft 8. Berlin 1957

Biehl, Th.: Bremen, eine landschaftskundliche Stadtuntersuchung. Bremen 1922

Blum, O.: Verkehrsgeographie. Berlin 1936

Bobek, H.: Grundfragen der Stadtgeographie. Geographischer Anzeiger. Gotha 1927

Böhm: Fischmarkt und Fischwirtschaft in Hamburg. Hamburg in Zahlen. Jg. 1956, Heft 23. Statistisches Landesamt der Freien und Hansestadt Hamburg. Hamburg 1956

Böhrnsen, H.: Wirtschaft und Verkehr in Schleswig-Holstein. Die Bundesbahn. 29. Jg., Heft 19. Darmstadt 1955

Bolland, J.: Hamburgs Weg zur Großstadt. In: Hamburg, Großstadt und Welthafen. Festschrift zum XXX. Deutschen Geographentag in Hamburg 1955. Kiel 1955

Borchers, H.: Der Flughafen Hamburg-Fuhlsbüttel. In: Planung, Bau und Betrieb von Verkehrsanlagen in Hamburg. Forschungsarbeiten aus dem Straßenwesen. Neue Folge, Heft 36. Bielefeld 1958

Breenkötter, G.: Verkehrsregelung mit Lichtsignalen. In: Planung, Bau und Betrieb von Verkehrsanlagen in Hamburg. Forschungsarbeiten aus dem Straßenwesen. Neue Folge, Heft 36. Bielefeld 1958

Brünger, W.: Die Landschaft Hamburgs und ihre natürliche Gliederung. In: Hamburg, Großstadt und Welthafen. Festschrift zum XXX. Deutschen Geographentag 1955 in Hamburg. Kiel 1955

Brunner, K.: Der Verkehr als Bindeglied zwischen Stadt und Land. Raumforschung und Raumordnung. 14. Jg. Berlin 1956

Bundesministerium für Verkehr: Handbuch für die deutsche Handelsschiffahrt. Berlin 1955

Bundesministerium für Verkehr, Abteilung Straßenbau: Ergebnisse der Straßenverkehrszählung 1956, Verkehrsmengen auf Bundesautobahnen und Bundesstraßen. Bonn 1958

Burkhardt, H.: Der Wiesbadener Fremdenverkehr und seine wirtschaftliche Bedeutung. Dissertation. Frankfurt 1946

Carol, H.: Die Wirtschaftslandschaft und ihre kartographische Darstellung. Geographica Helvetica Nr. 1. Bern 1946

Christaller, W.: Die zentralen Orte Süddeutschlands. Jena 1933

Christaller, W.: Die Parallelität des Verkehrs und der zentralen Orte dargestellt am Beispiel der Schweiz. Verhandlungen des XXVIII. Deutschen Geographentages in Frankfurt 1951. Remagen 1952

Denkschrift des Ministeriums für Landwirtschaft und Verkehr des Landes Schleswig-Holstein: Der Ausbau Kaltenkirchens als Düsenflughafen. Kiel 1956

Denkschrift des Senats der Freien und Hansestadt Hamburg: Hamburgs Verkehrsaufgabe, Konsequenzen für die deutsche Verkehrspolitik. Hamburg 1952

Denkschrift des Senats der Freien und Hansestadt Hamburg: Neuordnung des Hamburger Stadtverkehrs. Hamburg 1956

Deutsches Hydrographisches Institut: Hoch- und Niedrigwasser-Zeiten für das Elbegebiet. Hamburg 1958

Dickinson, R.: The regional functions und zones of influence of Leads und Bradford. Geography. London 1929

Dörries, H.: Der gegenwärtige Stand der Stadtgeographie. Petermanns Mitteilungen, Ergänzungsheft 209. Gotha 1930

Dörries, H.: Siedlungs- und Bevölkerungsgeographie. Geographisches Jahrbuch 55. Gotha 1940

Effenberger, E.: Das Kohlenoxyd und dessen Bedeutung in der Hygiene. Medizinisch metereologische Hefte, Heft 12. Hamburg 1956

Egli, E.: Die neue Stadt in Landschaft und Klima. Zürich 1951

Ehlers: Hafenbauten, 4. Hafenschleusen. In: Hamburg und seine Bauten unter Berücksichtigung der Nachbarstädte Altona und Wandsbek 1914. II. Band. Architekten- und Ingenieurverein zu Hamburg. Hamburg 1914

Ennen, E.: Neuere Arbeiten zur Geschichte des nordwesteuropäischen Städtewesens. Vierteljahresschriften für Sozial- und Wirtschaftsgeschichte. 1949

Fellmann, J.: Truck transportations patterns of Chicago. Research papers 12, University Chicago. Chicago 1950

Ferber, K.: Der ursprüngliche Lauf von Alster und Elbe in der Hamburger Stadtmarsch. Mitteilungen der Geographischen Gesellschaft in Hamburg, Nr. 34. Hamburg 1922

Fessel, M.: Hamburgs Hafenschiffahrt. Schiff und Hafen. Jg. 9, Heft 7. Ütersen 1957

Fessel, M.: Hamburgs Hafenschiffahrt. Zeitschrift für Binnenschiffahrt. Heft 9. Duisburg 1957

Festschrift: 50 Jahre Eisenbahndirektion Altona. o. J.

Feyer, N.: Die Vorortentwicklung von Hannover außerhalb des politischen Stadtgebietes. Stuttgart 1948

Fick, K. E.: Buxtehude. Hamburger geographische Studien, Heft 1. Hamburg 1952

Flughafenverwaltung: Hamburg, Luftkreuz des Nordens. Hamburg 1954

Fochler-Hauke, G.: Verkehrsgeographie. Geographisches Seminar, Band 4. Braunschweig 1957

Früh, H.: Beiträge zur Stadtgeographie von Schaffhausen. Dissertation. Zürich 1950

Geddes, P.: Cities in Evolution. London 1915

Geer, Sten de: Greater Stockholm. Geographical Review. 1923

Geologisches Landesamt Hamburg: Gutachten des Geologischen Landesamtes über die Untergrundverhältnisse im Bereich der geplanten U-Bahnstrecke Jungfernstieg–Farmsen der Hamburger Hochbahn Aktiengesellschaft. Hamburg 1955

Grabke, W.: Wandsbek und Umgebung. Hamburg 1954

Griegoriew, A.: Die Natur der Stadt Moskau und ihrer Umgebung. Akademie der Wissenschaft UdSSR. Moskau 1947

Gripp, K.: Geologie von Hamburg und seiner näheren und weiteren Umgebung. Hamburg 1933

Groth, H. A.: Radverkehr. In: Planung, Bau und Betrieb von Verkehrsanlagen in Hamburg. Forschungsarbeiten aus dem Straßenwesen. Neue Folge, Heft 36. Bielefeld 1958

Groth, H. A.: Verkehrserhebungen. In: Planung, Bau und Betrieb von Verkehrsanlagen in Hamburg. Forschungsarbeiten aus dem Straßenwesen. Neue Folge, Heft 36. Bielefeld 1958

Hamburger Hochbahn Aktiengesellschaft, Hamburg: Fahr mit uns. Zeitschrift der Hamburger Hochbahn Aktiengesellschaft, Hamburg.

Hamburger Hochbahn: 60 Jahre Straßenbahn. Hamburg o. J.

Hartke, W.: Pendelwanderung und kulturgeographische Raumbildung im Rhein-Main-Gebiet. Petermanns Mitteilungen. Gotha 1939

Hassert, K.: Allgemeine Verkehrsgeographie. Berlin 1931

Hassinger, H.: Beiträge zur Verkehrs- und Siedlungsgeographie von Wien. Mitteilungen der Geographischen Gesellschaft Wien. 53. Band. Wien 1910

Hassinger, H.: Großstadtgrenzen erörtert am Beispiel Wiens. Raumforschung und Raumordnung. 6. Jg. Berlin 1942

Heidmann, J.: Hamburger Verkehrsmittel und Wohnungsverhältnisse. Hamburg 1891

Hein, K.: Unterelbeschiffahrt. Zeitschrift für Binnenschiffahrt. Heft 9. Duisburg 1957

Heinsohn: Die Ergebnisse der Wanderungsbewegung in Hamburg. Hamburg in Zahlen. Jg. 1955, Heft 11. Statistisches Landesamt der Freien und Hansestadt Hamburg. Hamburg 1955

Heinze, G.: Die Deutsche Bundesbahn im Hafen Hamburg. Die Bundesbahn. 29. Jg., Heft 19. Darmstadt 1955

Helberg, W.: Der Bundesbahndirektionsbezirk Hamburg. Die Bundesbahn. 29. Jg., Heft 19. Darmstadt 1955

Hensen, W.: Stromregulierungen, Hafenbauten, Sturmfluten in der Elbe und ihr Einfluß auf den Tideablauf. In: Hamburg, Großstadt und Welthafen. Festschrift zum XXX. Deutschen Geographentag in Hamburg 1955. Kiel 1955

Hettche, O.: Die Wirkung der Auspuffgase auf den Menschen und seine Umgebung. VDI Berichte. Bd. 25. Düsseldorf 1957

Hettner, A.: Die Geographie, ihre Geschichte, ihr Wesen und ihre Methoden. Breslau 1927

Hettner, A.: Allgemeine Geographie des Menschen. Band III. Verkehrsgeographie. Stuttgart 1952

Hetzell, Wedekind: Hamburgs Hafenbauten auf Waltershof. Die Bautechnik. 7. Jg., Heft 50. Berlin 1929

Hoffmann, R.: Die Erweiterung und Kapazitätserhöhung unseres Wasserstraßennetzes durch die Kanalisierung der Elbe und Saale mit Anschluß der Stadt Leipzig an die Elbwasserstraße. Wissenschaftliche Zeitschrift der Hochschule für Verkehrswesen in Dresden. Dresden 1956

Hoffmann, R.: Der Verkehr als Mittel zur Abgrenzung von Stadt und Umland. Raumforschung und Raumordnung. Berlin 1956

Hohmann: Die Versorgung Hamburgs mit Vieh und Fleisch im Jahre 1955. Hamburg in Zahlen. Jg. 1956, Heft 11. Statistisches Landesamt der Freien und Hansestadt Hamburg. Hamburg 1956

Hüttmann, E.: Verkehrsgeographische Probleme Schleswig-Holsteins. Dissertation. Hamburg 1949

Kabel, E.: Hamburgs Stadtkern in seiner städtebaulichen Entwicklung. Dissertation. Hannover 1928

Kalbfus: Eisenbahnen und Bahnhöfe (in Altona). In: Hamburg und seine Bauten unter Berücksichtigung der Nachbarstädte Altona und Wandsbek 1914. II. Band. Architekten- und Ingenieurverein zu Hamburg. Hamburg 1914

Klöpper, R.: Das Netz der zentralen Siedlungen in Niedersachsen. Verhandlungen des XXVIII. Deutschen Geographentages in Frankfurt 1951. Remagen 1952

Klöpper, R.: Entstehung, Lage und Verteilung der zentralen Siedlungen in Niedersachsen. Forschungen zur deutschen Landeskunde, Band 71. Remagen 1952

Klöpper, R.: Der Einzugsbereich einer Kleinstadt. Raumforschung und Raumordnung. 11. Jg. Berlin 1956

Klöpper, R.: Die deutsche geographische Stadt-Umland-Forschung. Raumforschung und Raumordnung. 14. Jg. Berlin 1956

Klöpper, R.: Der geographische Stadtbegriff. Geographisches Taschenbuch. Wiesbaden 1956/57

Kloth, H.: Altona in Vergangenheit und Gegenwart. Hamburg 1951

Kloth, H.: Vor den Toren Altonas. Hamburg 1952

Koch, E.: Beiträge zur Geologie des Untergrundes von Hamburg. Hamburg 1927

Köhler, H.: Köln, natürliche Grundlagen des Werdens einer Großstadt. Dissertation. Köln 1941

Koehne, W.: Grundwasserkunde. Stuttgart 1928

Kohl, J.: Der Verkehr und die Ansiedelungen der Menschen in ihrer Abhängigkeit von der Gestaltung der Erdoberfläche. Dresden 1841

Korte, I. W.: Der Verkehr in der Stadtplanung. In: Stadtverkehr heute und morgen. Verkehrswissenschaftliche Veröffentlichungen des Ministeriums für Wirtschaft und Verkehr Nordrhein-Westfalen. Heft 31. Düsseldorf 1954

Kraus, Th.: Altstadtbereiche westdeutscher Großstädte und ihr Wiederaufbau nach der Kriegszerstörung. Erdkunde VII. Bonn 1953

Kraus, Th.: Aufgabe der siedlungsgeographischen Forschung. Geographisches Taschenbuch. Wiesbaden 1956/57

Krause, M.: Wellen, Fernmeldetechnik im Hafen. Der Hafen. Jg. 85, Heft 5. Hamburg 1957

Krause, M.: Die Elbe, Hamburgs Lebensader. Ihre Betreuung durch die Wasser- und Schiffahrtsdirektion Hamburg. In: Hamburg, Großstadt und Welthafen. Festschrift zum XXX. Deutschen Geographentag in Hamburg 1955. Kiel 1955

Krause, M., Moseke, F.: Geesthacht, die erste Staustufe der deutschen Elbe. Zeitschrift für Binnenschiffahrt. Jg. 1956, Heft 3. Duisburg 1956

Kreß: Bemerkenswerte Bauausführungen bei der Berliner und Hamburger Hochbahn. Die Bautechnik. 2. Jg., Heft 37. Berlin 1924

Krüger, K.: Die Straßen der Welt. Berlin 1937

Kümmel, Stein, Leo: Die Aufgaben des Verkehrs von Hamburg und Umgebung. In: Hamburg und seine Bauten mit Altona, Wandsbek und Harburg-Wilhelmsburg 1918–1929. Architekten- und Ingenieurverein zu Hamburg. Hamburg 1929

Lademann, F.: Der öffentliche Nahverkehr in Hamburg. In: Hamburg, Großstadt und Welthafen. Festschrift zum XXX. Deutschen Geographentag in Hamburg 1955. Kiel 1955

Laucht, H.: Dalbenliegeplätze für Seeschiffe im Hamburger Hafen. Schiff und Hafen. Jg. 9, Heft 10. Ütersen 1957

Lembcke, C.: Städte am Wasser. Berlin 1952

Legat: Die öffentlichen Verkehrsmittel Hamburgs und Schleswig-Holsteins als Verkehrsträger der Pendelwanderung. Hamburg in Zahlen. Jg. 1957, Heft 11. Statistisches Landesamt der Freien und Hansestadt Hamburg. Hamburg 1957

Leichtweiß: Gedanken zum Ausbau des Nord-Süd-Kanals und dem Ausbau der Elbe. Zeitschrift für Binnenschiffahrt. Jg. 1957, Heft 9. Duisburg 1957

Leo, G.: Kanäle und Schleusen, Alsterregulierung. In: Hamburg und seine Bauten unter Berücksichtigung der Nachbarstädte Altona und Wandsbek 1914. II. Band. Architekten- und Ingenieurverein zu Hamburg. Hamburg 1914

Leo, G.: Erweiterung der sogenannten „Neuen Elbbrücke" und der Billhorner Brücke in Hamburg. Die Bautechnik. 6. Jg., Heft 54. Berlin 1928

Lukner, B.: Der Elbübergang Hamburg–Harburg in seiner Verkehrsbedeutung. Ungedruckte Dissertation im Geographischen Institut der Universität Hamburg. Hamburg 1950

Lütgens, R.: Der Hamburger Hafen und seine geographische Entwicklung. Geographische Zeitschrift. 38. Jg. Berlin 1932

Lütgens, R.: Hansestadt Hamburg. Geographische Zeitschrift. 43. Jg. Berlin 1937

Mandel, G.: Der U-Bahn-Bau in Hamburg. In: Planung, Bau und Betrieb von Verkehrsanlagen in Hamburg. Forschungsarbeiten aus dem Straßenwesen. Neue Folge, Heft 36. Bielefeld 1958

Mayer, R.: Methoden zur Bestimmung der Stadtgrenze. Zeitschrift für Erdkunde. 4. Jg. Frankfurt / M. 1936

Mecking, L.: Die Entwicklung der Großstädte in den Hauptländern der Industrie. Hamburg 1949

Melhop, W.: Die Alster. Hamburg 1933

Melhop, W.: Geographische Lage. In: Hamburg und seine Bauten unter Berücksichtigung der Nachbarstädte Altona und Wandsbek 1914. I. Band. Architekten- und Ingenieurverein zu Hamburg. Hamburg 1914

Melhop, W.: Historische Topographie der Freien und Hansestadt Hamburg von 1880 bis 1895. Band I., II. Hamburg 1895

Melhop, W.: Historische Topographie der Freien und Hansestadt Hamburg von 1895 bis 1920. Band III. Hamburg 1925

Michel, E.: Die Altstadt von Köln und ihr Wiedererwachen nach der Zerstörung. Forschungen zur deutschen Landeskunde. Stuttgart 1955

Möller, E.: Großstädtische Verkehrsprobleme. Hamburg 1949

Moseke, F.: Stand der Bauarbeiten an der Baustufe Geesthacht. Zeitschrift für Binnenschiffahrt. Jg. 1957, Heft 9. Duisburg 1957

Mroß, M.: Zentral-Omnibus-Bahnhof in Hamburg. Verkehr und Technik. 3. Jahrgang, Heft 12, Berlin 1950

Neef, E.: Das Problem der zentralen Orte. Petermanns Mitteilungen. Gotha 1950

Otremba, E.: Allgemeine Geographie des Welthandels und des Weltverkehrs. In: Erde und Weltwirtschaft. Band 4. Stuttgart 1957

Passarge, S.: Stadtlandschaften der Erde. Hamburg 1930

Perlewitz, G.: Das Klima von Hamburg. Hamburg 1928

Peschges, H.: Der Neubau der Bundesautobahnstrecke „Südliche Umgehung Hamburg". In: Planung, Bau und Betrieb von Verkehrsanlagen in Hamburg. Forschungsarbeiten aus dem Straßenwesen. Neue Folge, Heft 36. Bielefeld 1958

Peter, K.: Rund um das Rollfeld. Hamburg 1922

Pfeil, E.: Großstadtforschung. Veröffentlichung der Akademie für Raumforschung und Landesplanung. Bremen-Horn 1950

Pirath, C.: Die Verkehrsplanung, Grundlagen und Gegenwartsprobleme. Aufbau-Sonderhefte. Heft 4. Stuttgart 1948

Plate, E.: Der Hafen braucht die Bahn. Die Bundesbahn. 29. Jg., Heft 19. Darmstadt 1955

Preis, H.: Die Verunreinigung von Luft und Staub durch Blei aus dem Autobenzin. Allgemeine Techniker-Zeitschrift. Jg. 59, Nr. 10. Düsseldorf 1957

Randzio, E.: Unterirdischer Städtebau am Beispiel Groß-Berlins. Veröffentlichung der Akademie für Raumforschung und Landesplanung. Abh. 20. Bremen-Horn 1951

Rasch: Eisenbahnbau. Köln 1951

Rauers, F.: Zur Geschichte der Handelsstraßen in Deutschland. Petermanns Mitteilungen. 52. Band. Gotha 1906

Rautenberg, O.: Stadterweiterung und Landgebiet. In: Deutschlands Städtebau, Hamburg. Berlin 1922

Reidat, R.: Klimadaten für Bauwesen und Technik. Hamburg 1953

Reincke, H.: Die Alster als Lebensader Hamburgs. Hamburg 1950

Reinstorf, E.: Geschichte der Elbinsel Wilhelmsburg. Hamburg 1955

Richthofen, F. v.: Siedlungs- und Verkehrsgeographie. Berlin 1908

Ritter, K.: Die Erdkunde im Verhältnis zur Natur und Geschichte des Menschen. Berlin 1817

Ritter, K.: Einleitung zur allgemeinen vergleichenden Geographie und Abhandlung zur Begründung einer mehr wissenschaftlichen Behandlung der Erde. Berlin 1852

Rubic, Y.: The geographic limitation surrounding a town. Zagreb 1949

Schamp, H.: Verkehrsgeographie und Luftfahrt. Bericht über die Fluglärmtagung. Alfeld 1956

Schiffer-Betriebsverband für die Elbe: Verkehrsbericht der Elbeschiffahrt. Hamburg 1957

Schiller, K.: Hamburgische Anliegen zur Wirtschafts- und Verkehrspolitik. Hamburg 1952

Schimpff, G.: Hamburg und sein Ortsverkehr. Hamburg 1903

Schimpff, G.: Die Hochbahn in Hamburg. Organ für Fortschritte des Eisenbahnwesens. Jg. 1915, Heft 17–20. Wiesbaden 1915

Schindler, R.: Hamburg in vor- und frühgeschichtlicher Zeit. In: Hamburg, Großstadt und Welthafen. Festschrift zum XXX. Deutschen Geographentag in Hamburg 1955. Kiel 1955

Schlüter, O.: Die Aufgaben der Verkehrsgeographie im Rahmen der reinen Geographie. Petermanns Mitteilungen. Ergänzungsheft 209. Gotha 1930

Schöller, P.: Aufgaben und Probleme der Stadtgeographie. Erdkunde VII. Bonn 1953

Schröck, R.: 25 Jahre Hamburger Flughafen. Zeitschrift zur Förderung des Luftverkehrs und der Industrie zur Anlage und Einrichtung von Flughäfen. III. Jg., Heft 10 bis 12. Berlin 1936

Schultheiß, L.: Der Hamburger Hafen, sein Wiederaufbau 1945–51. Hamburg 1952

Schultze, J.: Zur Anwendbarkeit der Theorie der zentralen Orte. Petermanns Mitteilungen. Gotha 1951

Schumacher, F.: Veröffentlichungen des hamburgischen Landesplanungsausschusses. Hamburg 1932

Schwieker, F.: Hamburg, eine landschaftskundliche Stadtuntersuchung. Hamburg 1925

Seilkopf, H.: Zum Lageklima und Witterungsklima des Hamburger Raumes. In: Hamburg, Großstadt und Welthafen. Festschrift zum XXX. Deutschen Geographentag in Hamburg 1955. Kiel 1955

Siebert, B.: Bemerkenswerte Bauwerke der neuen Hamburger Untergrundbahnlinie. Die Bautechnik. 7. Jg., Heft 16. Berlin 1929

Siebert, B.: Erweiterungsbau des Hamburger Untergrundbahnnetzes. In: Die Bautechnik. 9. Jg., Heft 1. Berlin 1931

Siebert, B.: Der Bau des Alstertunnels der Untergrundbahnlinie Kellinghusenstraße – Jungfernstieg in Hamburg. Die Bautechnik. 11. Jg., Heft 54. Berlin 1933

Sill, O.: Die Parkraumnot. In: Schriften zum Bau-, Wohnungs- und Siedlungswesen. Heft 7. Hamburg 1951

Sill, O.: Die Parkraumnot und ihre Auswirkungen. In: Probleme des modernen Straßenverkehrs. Verkehrswissenschaftliche Veröffentlichungen des Ministeriums für Wirtschaft und Verkehr Nordrhein-Westfalen. Heft 26. Düsseldorf 1952

Sill, O.: Grundlagen für Straßenverkehrsplanungen. In: Probleme des modernen Straßenverkehrs. Verkehrswissenschaftliche Veröffentlichungen des Ministeriums für Wirtschaft und Verkehr in Nordrhein-Westfalen. Heft 26. Düsseldorf 1952

Sill, O.: Städtische Schnellverkehrsstraßen. Brauchen wir auch Stadtautobahnen? Manuskript eines Vortrages in München 1956

Sill, O.: Der Stadtverkehr. In: Planung, Bau und Betrieb von Verkehrsanlagen in Hamburg. Forschungsarbeiten aus dem Straßenwesen. Neue Folge, Heft 36. Bielefeld 1958

Skorczyk, E.: Der Obst- und Gemüsemarkt Hamburg unter besonderer Berücksichtigung seiner Probleme. Dissertation. Hamburg 1944

Sobotschinski: Hamburg im überseeischen Personenverkehr. Hamburg in Zahlen. Jg. 1953, Heft 12. Statistisches Landesamt der Freien und Hansestadt Hamburg. Hamburg 1953

Specht, L.: Die Pendelwanderung in Schleswig-Holstein. Landeskunde von Schleswig-Holstein. Kiel 1953

Sperber, F.: Die dritte (sogenannte Freihafen-) Elbbrücke bei Hamburg. Die Bautechnik. 2. Jg., Heft 26. Berlin 1924

Sperber, F.: Stadterweiterung, Sanierung und Straßendurchbrüche. In: Hamburg und seine Bauten unter Berücksichtigung der Nachbarstädte Altona und Wandsbek 1914. II. Band. Architekten- und Ingenieurverein zu Hamburg. Hamburg 1914

Stacks, A.: Die Schienenbahnen des Hamburger Nahverkehrs. Internationales Archiv für Verkehrswesen. Jg. 8, 1956 / 57. 1956

Staisch, E.: Eisenbahnen rollen durch das Tor zur Welt. Hamburg 1956

Stenzel, G.: Hamburgs industrielle Entwicklung. Hamburg als Industrieplatz. Hamburg 1952

Stieghahn, Ch.: Harburg, eine natur- und kulturgeographische Betrachtung einer Stadtlandschaft im Niederelberaum. Dissertation. Hamburg 1950

Stockhausen: Der Elbtunnel. In: Hamburg und seine Bauten unter Berücksichtigung der Nachbarstädte Altona und Wandsbek 1914. II. Band. Architekten- und Ingenieurverein zu Hamburg. Hamburg 1914

Sürth, A.: Verkehrs- und Siedlungspolitik der Freien und Hansestadt Hamburg. Hamburg 1919

Tramborg, R.: Zeitgemäße Brückenbauten im Seehafen Hamburg. Schiff und Hafen. Jg. 9, Heft 7. Ütersen 1957

Tuominen, O.: Turku. Fennia Nr. 71. Helsinki 1949

Urban: Die öffentlichen Nahverkehrsmittel für die Personenbeförderung in der Hansestadt Hamburg. Hamburg in Zahlen. Jg. 1952, Heft 1. Statistisches Landesamt der Freien und Hansestadt Hamburg. Hamburg 1952

Urban, Oechsle: Der Hamburger Flugverkehr. Hamburg in Zahlen. Jg. 1953, Heft 9. Statistisches Landesamt der Freien und Hansestadt Hamburg. Hamburg 1953

Vogler, P., Kühn, E.: Medizin und Städtebau. München-Berlin 1957

Voigt, H.: Die Veränderung der Großstadt Kiel durch den Luftkrieg. Kiel 1950

Wegewitz, W.: Harburger Heimat. Hamburg 1950

Weinrich: Die öffentlichen Nahverkehrsmittel für die Personenbeförderung in Hamburg. Hamburg in Zahlen. Jg. 1956, Heft 16. Statistisches Landesamt der Freien und Hansestadt Hamburg. Hamburg 1956

W e i s , D. : Die Großstadt Essen. Forschungen zur deutschen Landeskunde. Stuttgart 1951

W i c h e r s , H. : Die Eisenbahnverhältnisse Groß-Hamburgs. Hamburger Blätter. 2. Jg., Heft 8/11. Hamburg 1950

W i e b e l , E. : Die Städte am Rande Berlins. Forschungen zur deutschen Landeskunde. Stuttgart 1954.

W i l h e l m , F. : Parkraumbilanz für die Hamburger Innenstadt. In: Planung, Bau und Betrieb von Verkehrsanlagen in Hamburg. Forschungsarbeiten aus dem Straßenwesen. Neue Folge, Heft 36. Bielefeld 1958

W i l l i g e r o d , F. : Neue Straßen in modernen Bauweisen. In: Planung, Bau und Betrieb von Verkehrsanlagen in Hamburg. Forschungsarbeiten aus dem Straßenwesen. Neue Folge, Heft 36. Bielefeld 1958

W i n k l e r , G. : Mehr Sicherheit für Fußgänger vor Bahnhöfen. In: Planung, Bau und Betrieb von Verkehrsanlagen in Hamburg. Forschungsarbeiten aus dem Straßenwesen. Neue Folge, Heft 36. Bielefeld 1958

W i t t , F. : Hamburgs Straßen und ihre Geschichte. Hamburg 1954

2. Periodika und Statistiken

Die Bautechnik. Berlin

Die Güterbewegungen auf den Eisenbahnen im Jahre 1955. Statistische Bundesanstalt. Wiesbaden 1957

Fahr mit uns. Zeitschrift der Hamburger Hochbahn Aktiengesellschaft. Hamburg

Hamburger Hafennachrichten. Hamburg

Hamburg in Zahlen. Veröffentlichung des Statistischen Landesamtes der Freien und Hansestadt Hamburg. Hamburg

Hamburg und seine Bauten. Veröffentlichung der Hamburger Baudeputation. Hamburg

Handel und Schiffahrt des Hafens Hamburg. Veröffentlichung der Verwaltung für Handel, Schiffahrt und Gewerbe der Gemeindeverwaltung der Hansestadt Hamburg, Handelsstatistisches Amt, Hamburg bzw. der Behörde für Wirtschaft und Verkehr der Freien und Hansestadt Hamburg, Handelsstatistisches Amt. Hamburg

Neues Hamburg. Zeugnisse vom Wiederaufbau einer Stadt. Hamburg

Schriften zum Bau-, Wohnungs- und Siedlungswesen. Herausgegeben von der Baubehörde Hamburg. Hamburg

Statistik des Hamburgischen Staates. Herausgegeben vom Statistischen Landesamt der Freien und Hansestadt Hamburg. Hamburg

Statistisches Jahrbuch. Herausgegeben vom Statistischen Landesamt der Freien und Hansestadt Hamburg. Hamburg

Statistisches Jahrbuch für Niedersachsen. Herausgegeben vom Statistischen Landesamt Hannover. Hannover

Statistisches Jahrbuch für Schleswig-Holstein. Herausgegeben vom Statistischen Landesamt Kiel. Kiel

Verkehr und Technik. Berlin

Wirtschaftskorrespondent. Hamburg

3. Karten

Baubehörde der Freien und Hansestadt Hamburg, Vermessungsamt: Deutsche Grundkarte 1 : 5 000. Hamburg

Geologisches Landesamt der Freien und Hansestadt Hamburg: Baugrundkarte bzw. Baugrundplanungskarte 1 : 10 000. Hamburg

Landesvermessungsamt Schleswig-Holstein: Topographische Karte 1 : 25 000. Kiel

Behörde für Wirtschaft und Verkehr der Freien und Hansestadt Hamburg, Strom und Hafenbau: Der Hafen Hamburg 1 : 40 000. Hamburg 1955

Eggers, W.: Karte der geologischen Landschaftsformen von Hamburg und Umgebung. 1 : 100 000. Hamburg 1933

Deutsche Generalkarte. 1 : 200 000. Blatt 2, Stuttgart 1957, Blatt 5, Stuttgart 1956

Bentz, A.: Geologische Übersichtskarte von Nordwestdeutschland. 1 : 300 000. Hannover 1951

Atlas für Hamburger Schulen. I. Braunschweig 1956; II., III. Braunschweig 1957

Bundesministerium für Verkehr, Abteilung Straßenbau: Ergebnisse der Straßenverkehrszählung 1956, Verkehrsmengen auf Bundesautobahnen und Bundesstraßen. Bonn 1958

4. Fahrpläne

(Winterfahrplan 1957 / 58, Sommerfahrplan 1958)

Amtlicher Kleinfahrplan. Hamburger Nahverkehr. Deutsche Bundesbahn, Bundesbahndirektion Hamburg. Hamburg

Amtliches Kursbuch Nordwestdeutschland. Deutsche Bundesbahn, Bundesbahndirektion Wuppertal. Wuppertal

Amtliches Omnibuskursbuch. Deutsche Bundesbahn – Deutsche Bundespost. Posttechnisches Zentralamt Darmstadt. Deutsche Bundesbahn, Oberbetriebsleitung West, Essen. Berlin

Buchfahrpläne des Güterverkehrs der Bundesbahndirektion Hamburg. Hamburg

Fahrplan der Hamburger Hochbahn Aktiengesellschaft Hamburg. Hamburg

Bergedorf–Stormarnscher Fahrplan. Verkehrsbetriebe Hamburg-Holstein A. G. Hamburg, Hamburg

ZOB-Kursbuch. Zentral-Omnibus-Bahnhof G. m. b. H., Hamburg. Hamburg

Fahrpläne privater Kraftverkehrsunternehmer

Flugpläne der den Hamburger Flughafen bedienenden Fluggesellschaften

Täglicher Hafenbericht. Hamburg

Hamburger Expeditionsliste. Hamburg

5. Auskünfte und Unterlagen

Baubehörde der Freien und Hansestadt Hamburg, Tiefbauamt

Behörde für Ernährung und Landwirtschaft der Freien und Hansestadt Hamburg, Amt für Ernährung

Behörde für Wirtschaft und Verkehr der Freien und Hansestadt Hamburg, Amt für Marktwesen, Deichtormarktverwaltung

Behörde für Wirtschaft und Verkehr der Freien und Hansestadt Hamburg, Amt für Verkehr

Behörde für Wirtschaft und Verkehr der Freien und Hansestadt Hamburg, Handelsstatistisches Amt

Behörde für Wirtschaft und Verkehr der Freien und Hansestadt Hamburg, Strom- und Hafenbau

Deutsche Bundesbahn, Bundesbahndirektion Hamburg, Hamburg

Deutsche Bundespost, Oberpostdirektion Hamburg, Hamburg

Deutsches Hydrographisches Institut. Hamburg

Eisenbahn-Gesellschaft Altona–Kaltenkirchen–Neumünster, Hamburg

Hamburger Gaswerke G. m. b. H., Hamburg

Geologisches Landesamt der Freien und Hansestadt Hamburg

Hamburger Hochbahn Aktiengesellschaft, Hamburg

Museum für Hamburgische Geschichte, Hamburg

Schiffsmeldedienst Hamburg G. m. b. H., Hamburg

Statistisches Landesamt Hamburg

Verkehrsbetriebe Hamburg-Holstein A. G., Hamburg

Wandsbeker Industriebahn G. m. b. H., Hamburg

Wilhelmsburger Industriebahn G. m. b. H., Hamburg

Referate des Politischen Seminars der Volkshochschule Hamburg

Referate der Deutschen Verkehrswissenschaftlichen Gesellschaft in Hamburg

„Grünes Licht für Hamburgs Verkehr". Ausstellung der Baubehörde Hamburg, Tiefbauamt. Hamburg 1957

MIX

Papier | Fördert gute Waldnutzung

FSC® C083411

Kolibri 360 GmbH
Ferdinand-Jühlke-Straße 7
99095 Erfurt, Deutschland
produktsicherheit@kolibri360.de